SPring-8 の高輝度放射光を利用した
グリーンエネルギー分野における電池材料開発

Battery Material Development in Green Energy Fields using the SPring-8 High Brilliance Synchrotron Radiation

SPring-8 グリーンエネルギー研究会　編
監修：安保正一，杉浦正洽，山川　晃
Supervisor : Masakazu Anpo, Masahiro Sugiura, Akira Yamakawa

シーエムシー出版

まえがき

―SPring-8グリーンエネルギー分野における次世代電池材料開発研究の動向―

　SPring-8放射光の産業利用を促進するため企業ユーザーを支援する団体としてSPring-8産業利用推進協議会がある。本協議会は会員のSPring-8利用促進のための諸施策を実施しており，その中の研究開発委員会はSPring-8の利用技術の情報交換，先端技術の開示などによって，産業界からのさらなる利用拡大と利用技術の高度化を期待して各種の「研究会」を開催している。SPring-8グリーンエネルギー研究会もその1つで，2009年4月から2013年3月までの4年間開催され活動を行ってきた。その設立趣意書は次の通りである。

　「グリーンエネルギー」を環境にやさしいエネルギーと定義し，本研究会では環境にやさしい次世代電池（二次電池，燃料電池，太陽電池など）や次世代触媒（環境触媒，光触媒など）に関連する物質・材料の構造と機能の原子分子レベルでの科学的解明を行い，それに基づいてグリーンエネルギー分野の着実な進展を支援することを目的として活動する。
　環境やエネルギーに関わる材料の研究開発は，20世紀における豊富な物質文明世界を支えてきた電気，化学，自動車などメーカーの材料戦略において常に重要な位置を占めてきた。しかし，20世紀末になって顕在化してきた地球温暖化などの地球規模の環境汚染や石油資源の枯渇懸念など，私達を取り巻く環境とエネルギー事情の急速な悪化が大きな緊急の課題となっている。
　このような背景の下，現在，エネルギーや環境に関わる材料の開発研究は，地球にやさしく環境に調和したグリーン材料の開発が中心となっている。自動車，事業所，家庭用の新しい二次電池，燃料電池，太陽電池などと関連するグリーン材料の開発研究と実用化研究は大規模な国家プロジェクトとして進んでいるが，これらグリーン材料の開発研究と設計はナノテクノロジーに基づいていることは言うまでもない。
　このような状況下にあって，原子分子レベルで物質や材料の構造と機能の特性を明らかにするために，SPring-8などの放射光を利用する解析研究は益々重要となっている。XAFS（X-ray Absorption Fine Structure）による構造解析では，活性元素周辺の局所構造を明らかにし，触媒の反応活性サイトとその機能を最大限引き出す周辺の原子配列について議論することが，また，in-situ XAFSでは，使用環境下における活性元素の挙動と反応性の関連を議論することが可能となっている。X線イメージングによる電池内部の解析研究では，固体高分子型燃料電池における電解質内の水発生メカニズムが原子レベルで解明されている。X線回折・散乱を用いた研究では，二次電池用材料の結晶構造の変化が電池特性に及ぼす影響についての議論や，太陽電池の表面におけるSi配列と欠陥構造などが電池特性に及ぼす影響を議論することが可能となっている。

このように，放射光を利用する実験は，強力なツールとして，最近のグリーン材料の開発研究において欠かすことの出来ない有力な手法となっている。工業先進立国として，世界最高性能の放射光施設，SPring-8を有効に利用して，最先端のグリーンエネルギーに関連する材料の開発研究で世界をリードすることは，私達が現在および未来の社会に大きく貢献できる道である。

　研究会では，年に2回程度，エネルギーにかかわる材料の開発研究を取り巻く最新の情報を交換するとともに，放射光を利用する実験を中心とした実験手法や解析手法に関する啓蒙と習得を目指す活動を行ってきた。（活動期間：2009年4月～2011年3月）その後，グリーンエネルギーにかかわる材料の開発研究を取り巻く環境がさらに重要であったことから，本研究会の活動は，2013年3月まで延長され，活動が続いた。

　本書は，「SPring-8グリーンエネルギー研究会」で講演された次世代電池（二次電池，燃料電池，太陽電池）にかかわる最新の情報内容に加え，SPring-8で実施・公開された次世代電池にかかわる研究成果と新たにSPring-8で開発された利用技術を広く抽出して，1冊の書としてまとめたものである。今後の，グリーンエネルギーにかかわる材料の開発研究の進展と啓蒙に大いに貢献することを期待している。

　2013年12月

SPring-8グリーンエネルギー研究会
安保正一，杉浦正洽，山川　晃

執筆者一覧（執筆順）

安保 正一	大阪府立大学　理事；副学長
杉浦 正洽	日本化学会フェロー ㈿(公財)高輝度光科学研究センター
山川 晃	(公財)高輝度光科学研究センター　常務理事
廣沢 一郎	(公財)高輝度光科学研究センター　産業利用推進室室長　主席研究員
本間 徹生	(公財)高輝度光科学研究センター　産業利用推進室　主幹研究員
大坂 恵一	(公財)高輝度光科学研究センター　産業利用推進室 材料構造解析チーム　技師
佐藤 眞直	(公財)高輝度光科学研究センター　産業利用推進室　主幹研究員
小金澤 智之	(公財)高輝度光科学研究センター　産業利用推進室　研究員
梶原 堅太郎	(公財)高輝度光科学研究センター　産業利用推進室　副主幹研究員
陰地 宏	(公財)高輝度光科学研究センター　産業利用推進室　技師
尾崎 哲也	㈱GSユアサ　研究開発センター　第二開発部　担当課長
野中 敬正	㈱豊田中央研究所　分析・計測研究部　ナノ解析研究室　研究員
折笠 有基	京都大学　大学院人間・環境学研究科　助教
荒井 創	京都大学　産官学連携本部　特定教授
内本 喜晴	京都大学　大学院人間・環境学研究科　教授
藪内 直明	東京理科大学　総合研究機構　講師
山際 清史	東京理科大学　理学部　助教
駒場 慎一	東京理科大学　理学部　総合研究機構　教授
伊藤 孝憲	AGCセイミケミカル㈱　CSR室品質保証グループ　分析解析ユニット ユニットリーダー課長
井川 直樹	㈶日本原子力研究開発機構　量子ビーム応用研究部門　研究主幹
北村 尚斗	東京理科大学　理工学部　工業化学科　助教
井手本 康	東京理科大学　理工学部　工業化学科　教授
矢加部 久孝	東京ガス㈱　基盤技術部　エネルギーシステム研究所　所長
唯 美津木	名古屋大学　物質科学国際研究センター　教授
笹部 崇	名古屋大学　大学院理学研究科　物質理学専攻（化学系）　助教

宇高 義郎	横浜国立大学 大学院工学研究院 教授	
大德 忠史	秋田県立大学 システム科学技術学部 機械知能システム学科 助教	
是澤 亮	横浜国立大学 大学院工学府	
出口 博史	関西電力㈱ 研究開発室 電力技術研究所 シニアリサーチャー	
吉田 洋之	(一財)電力中央研究所 材料科学研究所 ㈱関西電力㈱ 研究開発室 エネルギー利用技術研究所 副主任研究員	
稲垣 亨	関西電力㈱ 研究開発室 エネルギー利用技術研究所 チーフリサーチャー	
津久井 茂樹	大阪府立大学 大学院工学研究科 准教授	
大下 祥雄	豊田工業大学 大学院工学研究科 半導体研究室 教授	
高野 章弘	富士電機㈱ 太陽電池部 担当部長	
新船 幸二	兵庫県立大学 大学院工学研究科 機械系工学専攻 准教授	
三木 祥平	兵庫県立大学 大学院工学研究科 機械系工学専攻	
大東 威司	㈱資源総合システム 太陽光発電事業支援部 担当部長	
難波江 裕太	東京工業大学 大学院理工学研究科 有機・高分子物質専攻 助教	
原田 慈久	東京大学 物性研究所 准教授	
尾嶋 正治	東京大学 放射光連携研究機構 特任教授	
今井 英人	㈱日産アーク デバイス機能解析部 部長	
岩澤 康裕	電気通信大学 燃料電池イノベーション研究センター センター長：特任教授	
永松 伸一	電気通信大学 燃料電池イノベーション研究センター 特任助教	
東 晃太朗	電気通信大学 燃料電池イノベーション研究センター 特任助教	
丸山 純	(地独)大阪市立工業研究所 環境技術研究部 炭素材料研究室 研究主任	
石原 顕光	横浜国立大学 グリーン水素研究センター 産学連携研究員	
太田 健一郎	横浜国立大学 グリーン水素研究センター 特任教授	
雨澤 浩史	東北大学 多元物質科学研究所 教授	

目　　次

序章　研究開発動向

1　電池分野におけるSPring-8活用状況
　　………………………… **杉浦正洽** ……　1
　1.1　はじめに ………………………………　1
　1.2　SPring-8利用状況 ……………………　1
　1.3　利用技術分野 …………………………　9
　1.4　あとがき ………………………………　12

第1章　SPring-8放射光を利用した新しい解析手法

1　総説 ……………… **廣沢一郎** ……　13
2　XAFS解析法 ……… **本間徹生** ……　15
　2.1　はじめに ………………………………　15
　2.2　XAFS解析法の概要 …………………　15
　2.3　XAFS測定方法 ………………………　17
　2.4　BL14B2におけるXAFS測定の実
　　　際 ………………………………………　18
　2.5　先端的なXAFS測定法と今後の展
　　　望 ………………………………………　21
3　BL19B2におけるハイスループット粉末
　　回折 ……………… **大坂恵一** ……　23
　3.1　はじめに ………………………………　23
　3.2　BL19B2の粉末回折装置 ……………　23
　3.3　大型デバイシェラーカメラのハイ
　　　スループット化 ………………………　26
　3.4　ハイスループット化による効果と
　　　今後の展望 ……………………………　29
4　小角X線散乱 ……… **佐藤眞直** ……　31
　4.1　小角X線散乱とは ……………………　31
　4.2　小角X線散乱データの見方 …………　32
　4.3　SPring-8産業利用ビームライン
　　　BL19B2の小角X線散乱装置 ………　35
5　薄膜X線散乱・回折 … **小金澤智之** ……　39
　5.1　概要 ……………………………………　39
　5.2　X線反射率法（X-ray Reflectivity,
　　　XRR） …………………………………　39
　5.3　微小角入射X線回折 …………………　42
　5.4　おわりに ………………………………　45
6　X線イメージング … **梶原堅太郎** ……　46
　6.1　はじめに ………………………………　46
　6.2　原理 ……………………………………　46
　6.3　装置 ……………………………………　49
　6.4　測定 ……………………………………　52
7　硬X線光電子分光（HAXPES）
　　………………………… **陰地　宏** ……　53
　7.1　序 ………………………………………　53
　7.2　HAXPESの原理および特徴 ………　53
　7.3　測定装置 ………………………………　56
　7.4　試料作製 ………………………………　58
　7.5　測定例 …………………………………　58
　7.6　まとめ …………………………………　60

I

第2章 二次電池

1 ニッケル水素電池の高容量化―La-Mg-Ni系合金の元素置換による局所構造の解明― ……… **尾崎哲也** …… 62
- 1.1 はじめに …………………………… 62
- 1.2 実験手法 …………………………… 63
- 1.3 粉末回折による相構造安定化のメカニズムの検討 …………………… 64
- 1.4 XAFS解析による劣化メカニズムの解明 ……………………………… 68
- 1.5 おわりに …………………………… 70

2 Ni系リチウムイオン電池正極材料のXAFS解析 ……… **野中敬正** …… 72
- 2.1 はじめに …………………………… 72
- 2.2 実験 ………………………………… 73
- 2.3 結果と考察 ………………………… 75
- 2.4 まとめ ……………………………… 78

3 放射光その場時間分解測定を用いたリチウムイオン電池正極の相変化機構解明 ……… **折笠有基, 荒井 創** …… 80
- 3.1 はじめに …………………………… 80
- 3.2 $LiFePO_4$中の相変化挙動解析 …… 80
- 3.3 $LiNi_{0.5}Mn_{1.5}O_4$電極の非平衡挙動 ………………………………… 85
- 3.4 まとめ ……………………………… 86

4 二次元イメージングX線吸収分光法を用いたリチウムイオン電池合剤電極の反応分布解析 ……… **折笠有基, 内本喜晴** …… 88
- 4.1 はじめに …………………………… 88
- 4.2 二次元イメージングX線吸収分光法 …………………………………… 89
- 4.3 空孔率の異なる合剤電極中の反応分布解析 …………………………… 90
- 4.4 まとめ ……………………………… 94

5 HAXPESを利用したリチウムおよびナトリウムイオン電池の開発 ……… **藪内直明, 山際清史, 駒場慎一** …… 95
- 5.1 はじめに …………………………… 95
- 5.2 X線光電子分光法 ………………… 95
- 5.3 リチウムイオン電池用シリコン系負極の解析 ……………………… 96
- 5.4 ナトリウムイオン電池用リン系負極表面被膜の解析 ………………… 99
- 5.5 おわりに ………………………… 102

第3章 燃料電池

1 放射光X線, 中性子を用いた固体酸化物型燃料電池材料の評価 ……… **伊藤孝憲, 井川直樹, 本間徹生** …… 104
- 1.1 はじめに ………………………… 104
- 1.2 放射光X線 ……………………… 104
- 1.3 中性子 …………………………… 105
- 1.4 中性子回折による結晶構造解析 ………………………………… 105
- 1.5 X線吸収スペクトル …………… 107
- 1.6 赤外分光 ………………………… 109

1.7 中性子準弾性散乱 …………… 110	……………唯 美津木, 笹部 崇 … 132
1.8 まとめ ………………………… 111	4.1 緒言 …………………………… 132
2 リートベルト解析,最大エントロピー法による固体酸化物型燃料電池材料の評価 …伊藤孝憲,北村尚斗,井手本康,大坂恵一 … 113	4.2 X線ラミノグラフィーXAFS法 … 132
	5 固体高分子形燃料電池のイメージング …… 宇高義郎, 大徳忠史, 是澤 亮 … 138
2.1 はじめに ……………………… 113	5.1 はじめに ……………………… 138
2.2 放射光X線 …………………… 113	5.2 GDL内部の酸素透過量測定手法 …………………………………… 139
2.3 リートベルト解析 …………… 114	5.3 GDL試料について …………… 140
2.4 リートベルト解析の重要性 … 115	5.4 SPring-8でのイメージングの概要 …………………………………… 140
2.5 微量不純物の検討 …………… 115	5.5 BL20B2ビームラインでの可視化解析例 ………………………… 141
2.6 電子密度分布 ………………… 117	
2.7 まとめ ………………………… 120	5.6 BL20XUビームラインでの可視化解析例 ………………………… 141
3 X線応力測定法によるSOFC電解質応力の in-situ 測定 …… 矢加部久孝 … 121	
3.1 緒言 …………………………… 121	5.7 GDL多孔質体内部の含水状態の変化と酸素透過量の同時計測 … 142
3.2 SOFCセルの構成とセルに発生する応力 ……………………… 122	5.8 撥水材含有量の影響 ………… 144
3.3 実験方法 ……………………… 123	6 参考資料 中温作動個体酸化物形燃料電池材料の放射光を用いた解析 …… 出口博史, 吉田洋之, 稲垣 亨 … 148
3.4 実験結果および考察 ………… 124	
3.5 結論 …………………………… 130	
4 固体高分子形燃料電池MEAの新しい非破壊3次元XAFS分析法	

第4章　太陽電池

1 ハイブリッド型太陽光・熱利用電池の研究開発 …………… 津久井茂樹 … 159	1.4 ハイブリッド素子の作製と評価 …………………………………… 162
1.1 再生可能エネルギー利用 …… 159	1.5 結言 …………………………… 164
1.2 作製方法 ……………………… 161	2 放射光XANESなどを利用した太陽電池用半導体材料の開発 …… 大下祥雄 … 165
1.3 太陽電池,熱電材料薄膜の評価 …………………………………… 161	2.1 序 ……………………………… 165

- 2.2 太陽電池の発電原理と変換効率を低下させる要因 ……… 165
- 2.3 多結晶シリコン中の結晶粒界一鉄複合体の局所解析 ……… 166
- 2.4 格子不正合系多接合太陽電池用結晶における応力緩和時の欠陥形成のその場観察 ……… 169
- 3 太陽電池用アモルファスシリコン薄膜の電気的および構造的評価 ……… 高野章弘, 佐藤眞直 …… 173
- 4 高輝度白色X線を用いた太陽電池用多結晶シリコン基板の評価 ……… 新船幸二, 三木祥平 …… 181
  - 4.1 はじめに ……… 181
  - 4.2 実験方法 ……… 182
  - 4.3 結果および考察 ……… 184
  - 4.4 まとめ ……… 186
- 5 参考資料 太陽光発電ビジネスの現状と展望 ……… 大東威司 …… 188

第5章 電池における触媒開発

- 1 カーボンアロイ触媒の開発, そしてその可能性 ……… 難波江裕太, 原田慈久, 尾嶋正治 …… 206
  - 1.1 はじめに ……… 206
  - 1.2 カーボンアロイ触媒の開発動向 ……… 206
  - 1.3 炭素化プロトコルの探求と放射光分光 ……… 210
  - 1.4 反応メカニズムに迫る放射光分光 ……… 214
  - 1.5 おわりに ……… 216
- 2 In situ XAFSによる燃料電池用触媒の劣化解析 ……… 今井英人 …… 218
  - 2.1 はじめに ……… 218
  - 2.2 固体高分子形燃料電池の触媒層とその劣化 ……… 218
  - 2.3 放射光を用いた電気化学環境下におけるナノ粒子の in situ 構造解析 ……… 219
  - 2.4 白金触媒の電気化学的酸化過程の in situ リアルタイムXAFS ……… 220
  - 2.5 酸化プロセスモデルと溶解劣化機構 ……… 222
  - 2.6 白金コバルト合金触媒の酸化過程と耐久性 ……… 223
- 3 Au@Pt/C (コアーシェル) 燃料電池電極触媒の電位依存 in situ XAFS構造解析 ……… 岩澤康裕, 永松伸一, 東晃太朗 …… 226
  - 3.1 はじめに ……… 226
  - 3.2 MEA Pt/C触媒の表面PtO相形成とbiphasic電位依存構造ヒステリシス ……… 227
  - 3.3 MEA Au@Pt/Cコアシェル触媒の表面再構成とヒステリシス ……… 230
  - 3.4 おわりに ……… 233
- 4 燃料電池正極触媒としての鉄含有炭素材料のXAFS測定による活性点構造解

|　　　析 …………………… 丸山　純 …. 237
4.1　はじめに ……………………………… 237
4.2　鉄タンパク質由来の炭素材料における触媒活性点 …………………… 237
4.3　窒素含有天然有機化合物・グルコース・鉄塩の混合物由来の炭素材料における触媒活性点 …………… 240
4.4　おわりに …………………………… 243
5　表面敏感なX線吸収分光法を用いた，4および5族酸化物をベースとした固体高分子形燃料電池用非白金酸素還元触媒の活性点の解明と触媒設計指針の提示 ……… 石原顕光，太田健一郎，今井英人 …. 245

5.1　はじめに ………………………………… 245
5.2　部分酸化した$TaC_{0.52}N_{0.48}$粉末触媒の活性点の解明 ………………… 246
5.3　おわりに ……………………………… 251
6　in-situ XAFS測定による固体酸化物形燃料電池の電極反応機構解析
　　………………………… 雨澤浩史 …. 252
6.1　はじめに ……………………………… 252
6.2　SOFC電極反応のin situ解析の重要性 …………………………………… 252
6.3　in situ硬X線XAFS法を用いたSOFC空気極の材料・反応の解析
　　……………………………………… 254
6.4　まとめ ………………………………… 258

序章　研究開発動向

1　電池分野におけるSPring-8活用状況

杉浦正治*

1.1　はじめに

　大型放射光施設Super Photon Ring 8 GeV（SPring-8）の放射光が1997年に一般ユーザーに使われるようになってから，2013年秋で16年である。研究者，技術者たちはこの施設を利用して数多くの新しい科学的知見を発見し新材料を開発して科学・産業技術の歴史を塗り替えている。電池分野においてもSPring-8の利用技術（計測技術）を利用して研究成果を多数生み出している。SPring-8のWebサイトには，利用研究課題が公開されている。本稿では，公開されている2005B期から2010B期の利用研究課題（SPring-8 User Experiment Report）[1,2]および成果報告書[3〜5]の中から電池分野の研究課題を抽出・分類して電池分野のSPring-8利用状況を紹介する。

1.2　SPring-8利用状況

　電池分野の研究課題（以下，電池研究課題）は主に「二次電池」，「燃料電池」，「太陽電池」の

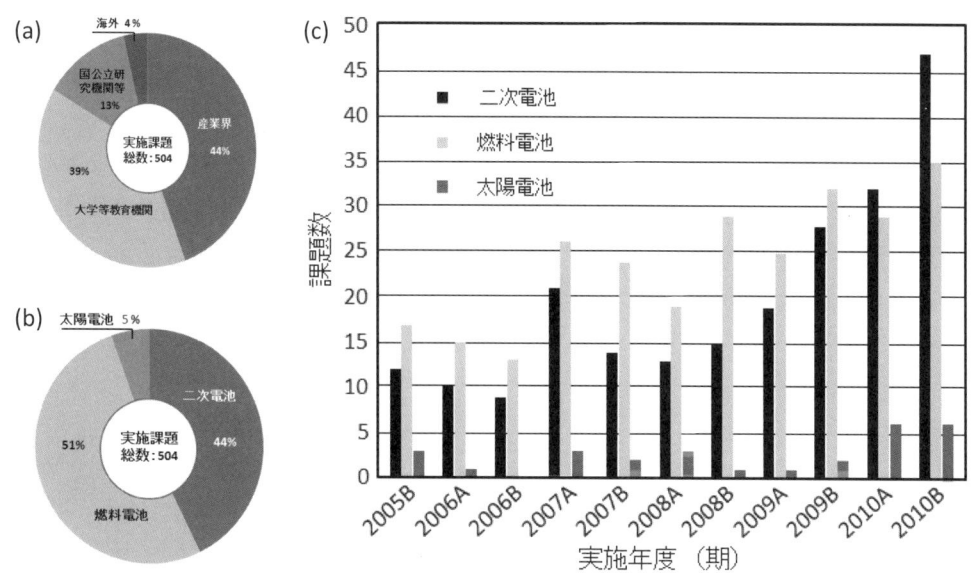

図1　(a)実施責任者が所属する研究機関別の電池研究課題数，(b)電池の種類で整理した
　　　課題数の割合と，(c)電池研究課題の種類別，実施年度別，課題数の推移

＊　Masahiro Sugiura　日本化学会フェロー；㈹(公財)高輝度光科学研究センター

3つのカテゴリーに分類できる。

1.2.1 電池研究課題数の比較

　図1(a)〜(c)は，それぞれ，実施責任者が所属する研究機関別の電池研究課題数，電池の種類で整理した課題数の割合，と電池研究課題の種類別，実施年度別，課題数の推移である。図1(a)において，課題総数504課題に対する研究機関別課題数は，多い方から産業界（産）が224，大学など教育機関（学）が197，国公立研究機関等（官）が65，そして海外が18である。学と官の合計すなわち学官の51％に比べて産が7％ほど少ないが，産の利用が44％と多いのは，一つは産業利用ビームライン（共用ビームライン），サンビーム（産業用専用ビームライン建設利用共同体），や兵庫県ビームライン（兵庫県）においてエネルギー関連企業が積極的にSPring-8を活用している，もう一つは産業利用推進を目的とするSPring-8戦略活用プログラム課題，SPring-8重点産業利用課題や成果公開優先利用課題など重点領域（利用支援プログラム）の施策により，SPring-8利用に対する敷居が低くなったためと考えられる。図1(b)において，電池研究課題を種類別に整理したときの課題数は多い方から，燃料電池256，二次電池220，太陽電池28である。太陽電池の課題数は二次電池や燃料電池に比べて全体の5％と極めて少ない。図1(c)において，実施年度を通して見ると，二次電池の課題数は2005Bから2006B期までは各期10程度であるが，2007A期になると20を超え，2007B期に一旦減少するも，2008AB期から急速に増加している。これに対して，燃料電池は2008A期まで3期毎にわずか減少するものの，この5年半の期間では増加傾向にあり，2010B期の課題数は2005B期の約2倍である。また，太陽電池の課題数は2010AとB期がそれぞれ6であるが，その他の期では3以下である。

　SPring-8で利用できる計測技術はSPring-8ホームページに紹介されている[6]。図2は電池の種類別計測技術の利用回数である。図2において，電池分野の研究で利用されたSPring-8計測技術は8種類であり，それらの利用回数は，多い方からX線吸収微細構造（X-ray Absorption Fine Structure：XAFS）とX線吸収分光（X-ray Absorption Spectroscopy：XAS）が合わせて278，X線回折・散乱（X-ray Diffraction・Scattering）161，X線光電子分光（X-ray Photoelectron

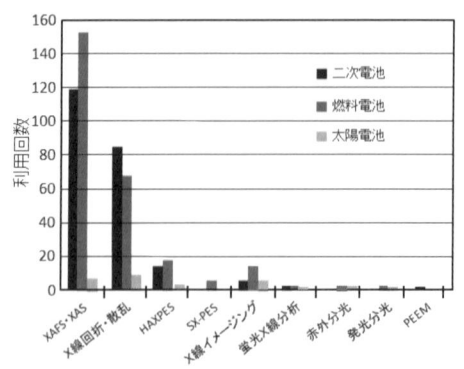

図2　電池の種類別計測技術の利用回数

序章　研究開発動向

Spectroscopy：XPS）44，X線イメージング（X-ray Imaging）25，蛍光X線分析（X-ray Fluorescence Analysis：XRF）5，赤外分光（Infrared Spectroscopy）4，発光分光（X-ray Emission Spectroscopy：XES）と光電子顕微鏡（Photoemission electron microscopy：PEEM）がともに1である。ただし，XPSの利用回数44は，硬X線光電子分光（Hard X-ray Photoelectron Spectroscopy：HAXPES）37と軟X線光電子分光（Soft X-ray Photoelectron Spectroscopy：SX-PES）7の合計である。これら8種類の中でXAFS，XAS測定が他の手法に比べて圧倒的に多い。次がX線回折・散乱であり，この両者で全体の94％である。またこれらにX線光電子分光とX線イメージングを加えると98％になる。これら8種の計測技術の利用は次のとおりである。XAFS，XASは硬X線と軟X線が利用できるため，広い吸収端で測定が可能である。結晶，非晶質にかかわらず，材料，物質を構成する元素の価数や原子間距離が測定・解析できることから，SPring-8における電池研究の最有力計測手段（278課題）になっている。XAFS，XAS を利用した研究課題（278課題）については，2.2.2～2.2.4項においてXAFS元素に関する図4，7，9で述べる。特殊な手法として，XAFSの一種，共鳴X線非弾性散乱（Resonance Incident X-ray Scattering：RIXS）により固体高分子形燃料電池（Polymer Electrolyte Fuel Cell：PEFC）のPt触媒活性種のPt-O結合エネルギー評価からその向上メカニズムが2010B期に研究されている。X線回折・散乱を利用した研究課題（161課題）は，粉末X線回折（Powder X-ray Diffraction）［リートベルト解析，MEM解析を含む］（100課題），応力測定（12課題），表面X線回折（12課題），表面X線CTR散乱［CTR：Crystal Truncation Rod Scattering］（10課題），小角X線散乱（Small Angle X-ray Scattering：SAXS）（8課題），すれすれ入射，または微小角X線散乱（Grazing-incident X-ray Scattering：GI-SAXS）（5課題），すれすれ入射，または，微小角入射X線回折（Grazing Incident X-ray Diffraction：GIXD）（4課題），X線反射率（4課題），異常分散（2課題），X線全散乱測定（2課題），広角X線散乱（Wide Angle X-ray Scattering：WAXS）（1課題）などの計測技術により測定された。これらの計測技術がどのように電池材料の研究・開発に利用されたか，それぞれ 2.2.2 二次電池，2.2.3 燃料電池，2.2.4 太陽電池 の項で紹介する。X線イメージングは，屈折コントラストイメージング，X線CT（Computed Tomography），マイクロトモグラフィー（Micro-tomography），三次元CT，白色X線トポグラフィー（X-ray Topography），蛍光X線イメージングなどがある。X線イメージングを利用した研究課題（25課題）は，リチウムイオン電池において正極合剤構造（2課題）と負極合金の構造（3課題），マグネシウムイオン電池の硫化物正極合剤の構造（1課題）の6課題であり，燃料電池においてPEFC電解質膜中の水分布（12課題），固体酸化物形燃料電池（Solid Oxide Fuel Cell：SOFC）の多孔質燃料極の形態解析・劣化挙動（3課題），空気極不純物（Cr）分布（1課題）の3課題である。そして太陽電池においては多結晶シリコン太陽電池基板内の微量不純物（Fe，Ni）濃度分布などの電池材料の構造・劣化解析の3課題である。次に，HAXPESを利用した研究課題（37課題）は，二次電池においてリチウムイオン電池電極元素の電子状態（15課題），燃料電池において，PEFC（17課題）とSOFC（1課題）の18課題であり，太陽電池においては，アモルファスシリコン太陽電池の膜中SiとOや化合物薄

膜太陽電池の価電子帯，光吸収層／バッファ層界面，色素増感太陽電池の多孔構造TiO_2／色素／電解質界面の構造解析などの4課題である。SX-PESを利用した研究課題（7課題）は，7課題ともPEFC電極触媒の活性種元素の電子状態の解析である。蛍光X線分析を利用した研究課題（5課題）は，二次電池の電極元素の2次元マッピング（2課題）と電極元素Mnの溶出（1課題）であり，燃料電池においてSOFC電解質材料の微量元素分析（1課題）であり，そして太陽電池においては多結晶シリコン太陽電池中不純物FeおよびNi濃度分布（1課題）である。赤外分光を利用した研究課題（4課題）は，太陽電池において多接合太陽電池GaAsN結晶の格子間O，Cの局在化の1課題とN-H複合欠陥の2課題，多結晶シリコン太陽電池の1課題，そして燃料電池においてはSOFC電解質材料の劣化挙動解析1課題のみである。PEEMを利用した課題（1課題）は，唯一，リチウムイオン電池正極活物質と電解質（ナノ構造）界面の電子状態に関する解析である。

1.2.2 二次電池

二次電池の種類，材料とその研究対象を分類すると，次のような用語で整理できる。すなわち，ニッケル水素電池，キャパシター，リチウムイオン電池，マグネシウムイオン電池，リチウム／ナトリウムイオン電池，正極材料，負極材料，電解質材料，全固体リチウムイオン電池，元素価数変化，界面反応などである。図3(a)，(b)はそれぞれ二次電池の種類別研究課題数および実施年度別課題数の推移である。図3(a)において，二次電池の課題総数（220）に対して，リチウムイオン電池の課題数は197，ニッケル水素電池は17，キャパシターは4，マグネシウムイオン電池は2，そしてリチウム／ナトリウムイオン電池は1である。ただしリチウム／ナトリウムイオン電池はリチウムイオン電池の課題の中に含まれている。図3(b)において，ニッケル水素電池の研究は毎期実施され，その数は各期とも3以下である。リチウムイオン電池研究の特徴は次の2つで

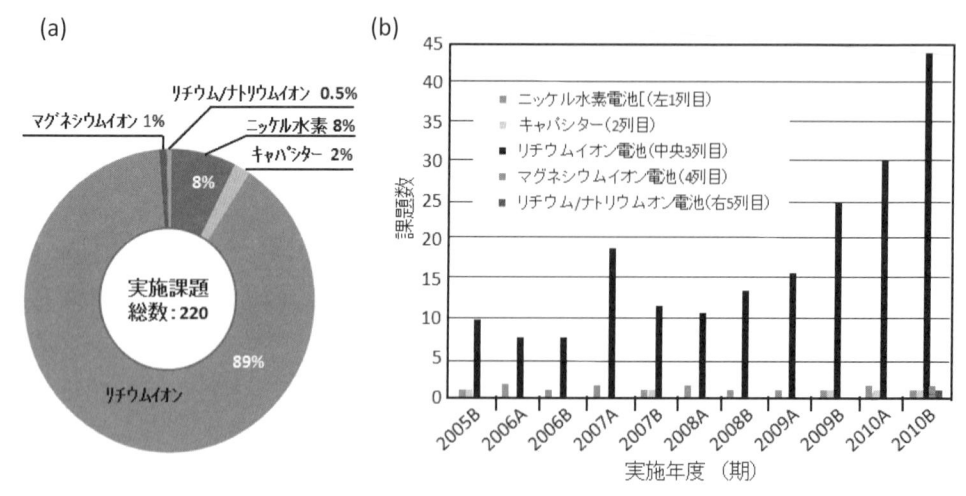

図3 二次電池の(a)種類別研究課題数と，(b)実施年度別課題数の推移

序章　研究開発動向

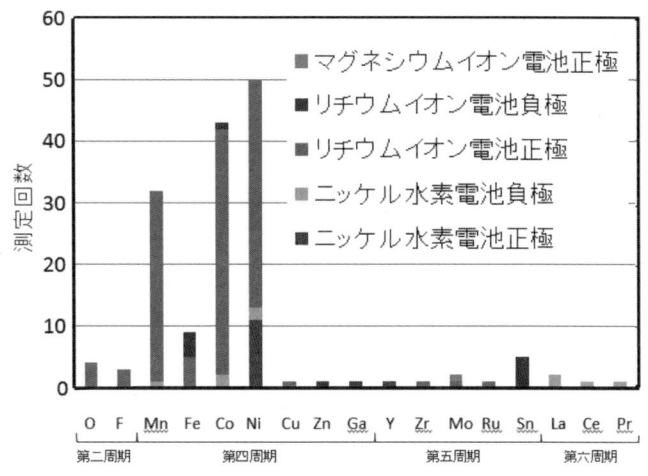

図4　二次電池の種類別，XAFS元素測定回数

ある。一つは，2005Bから2008A期までは毎期10課題前後であったが，2008B期から「産」の利用に加えて「学官」の利用が急速に増加したことで，もう一つは2008B期に次世代電池とも言うべきマグネシウムイオン電池と2010B期にリチウム／ナトリウムイオン電池の研究が登場したことである。ニッケル水素電池の課題（17課題）において，正極活物質 $Ni(OH)_2$ のNi（11課題）と負極材料（水素吸蔵合金）の元素La（1課題）価数の局所構造解析はXAFSにより，負極材料（水素吸蔵合金）（4課題）の結晶構造は粉末X線回折により解析され，そして正極元素Ni kα蛍光X線の強度分布（1課題）が測定された。キャパシターの課題（4課題）において，電気二重層キャパシター（炭素材料）（3課題）と強誘電体キャパシターのPZT膜（1課題）の結晶構造が粉末X線回折により解析された。リチウムイオン電池の課題（197課題）において，正極材料（47課題），負極材料（7課題）および全固体リチウムイオン電池（9課題），電極界面，合剤電極，積層薄膜電極（計8課）の結晶構造が粉末X線回折により，電極界面ナノ構造の電子状態がPEEMにより，そして負極炭素材およびバインダーの空孔・界面および構造（4課題）が小角X線散乱（SAXS）により解析された。マグネシウムイオン電池の課題（2課題）において，シェブレル型硫化物（Mo正極合材）のMoの局所構造がXAFSにより，合材の構造がX線イメージングで解析された。リチウムイオン／ナトリウムイオン電池の課題（1課題）において，電極材料のバルクおよび表面構造がHAXPESにより解析された。図4は二次電池の種類別，XAFS元素測定回数である。図4において，二次電池のXAFS測定回数の総数は158である。そのうちニッケル水素電池の正極元素測定回数はNi(11)，Ga(1)，Y(1) の計13回であり，負極元素測定回数はMn(1)，Co(2)，Ni(2)，La(2)，Ce(1)，Pr(1) の計9回である。次にリチウムイオン電池の正極元素測定回数は，O(4)，F(3)，Mn(31)，Fe(5)，Co(40)，Ni(37)，Cu(1)，Zr(1)，Mo(1)，Ru(1) の計124回であり，負極元素測定回数はFe(4)，Co(1)，Zn(1)，Sn(5) の計11回である。そして，マ

グネシウムイオン電池の正極元素測定回数は，Mo（1）のみである。測定回数が多い元素はNi，Co，Mn，Fe，Snである。Niはニッケル水素電池の，そしてNi，Co，Mnはリチウムイオン電池正極材料である。SnとFeはリチウムイオン電池負極材料を構成する元素である。またリチウムイオン電池の正極元素測定回数は全XAFS測定回数の78.5％である。このことはリチウムイオン電池正極材料の性能向上や劣化抑制を研究する上でXAFS測定が如何に重要であるかを示している。

1.2.3 燃料電池

燃料電池の種類，材料とその研究対象を分類すると，次のような用語で整理できる。すなわち，固体高分子形燃料電池（Polymer Electrolyte Fuel Cell：PEFC），固体酸化物形燃料電池（Solid Oxide Fuel Cell：SOFC），アニオン交換形燃料電池（Anion Exchange Fuel Cell：AEFC），正極材料，負極材料，電解質材料，セパレーター，白金系触媒，非白金系触媒，電極触媒・反応，界面反応，内部応力，水分布などである。

図5（a），（b）は，それぞれ燃料電池の種類別研究課題数と種類別，実施年度別課題数の推移である。図5（a）において，燃料電池の研究課題の総数（256）に対するPEFCの課題数は176，SOFCは74，そしてAEFCは6である。図5（b）において，SOFCの課題数は（2005B）から2010B期まで3から9の範囲でほぼ一定である。PEFCは5年半を通してほぼ比例して増加している。AEFCの研究は2010A期に現れる。PEFCの課題（176課題）において，電極触媒・反応（158課題）の解析はXAFC，X線回折とHAXPESにより，電解質材料および電極電解質界面内水分布の解析（12課題）はX線イメージングにより，金属セパレーター不純物の解析（4課題）はXAFSにより，そしてPEFC用高分子材料の構造解析（2課題）は小角X線散乱（WAXS）により行われている。SOFCの課題（74課題）においては，電解質材料構成元素の価数変化（39課題）解析はXAFS法により，電解質材料の構造解析（19課題）はXAFS，とX線回折により，内部応力（10

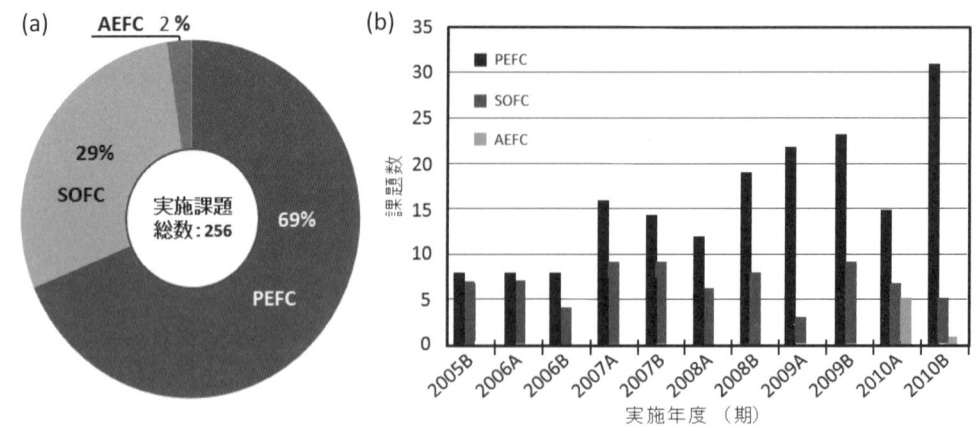

図5　燃料電池の(a)種類別研究課題数と，(b)種類別，実施年度別課題数の推移

序章　研究開発動向

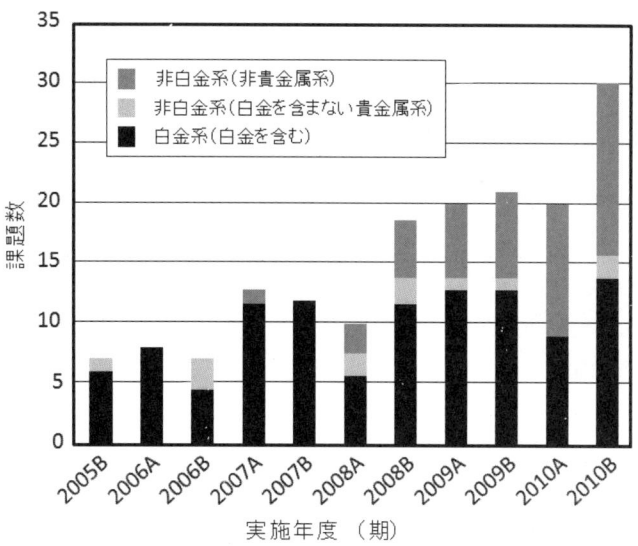

図6　PEFC用電極触媒活性種の実施年度別研究課題数の推移

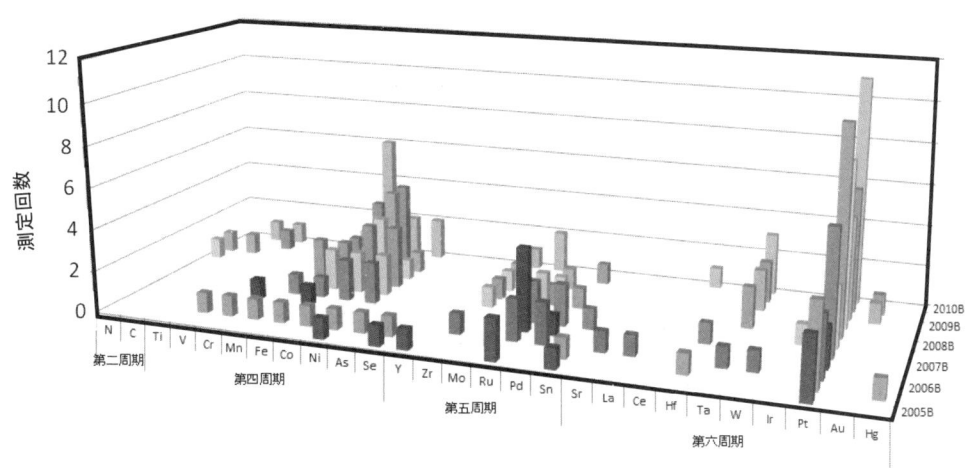

図7　燃料電池研究課題の実施年度別XAFS元素測定回数の推移

課題）はX線回折により行われている．AEFCの課題（6課題）において，電極触媒・反応（6課題）の解析はXAFS，X線回折，HAXPESとSX-PESにより行われている．図6はPEFC電極触媒活性種の実施年度別研究課題数の推移である．図6において，白金系触媒の課題数は，実施年度を通して見ると，途中増減はあるものの増加傾向にあり，2010B期の課題数は2005B期に比べて，約2倍である．それに対して，非白金系触媒の課題数は，2007A期に現れ，2008AB期から急速に増加している．図7は燃料電池研究課題の実施年度別XAFS元素測定回数の推移である．図7において，どのような種類の燃料電池がどの元素を対象に，何時頃研究されたかを知ること

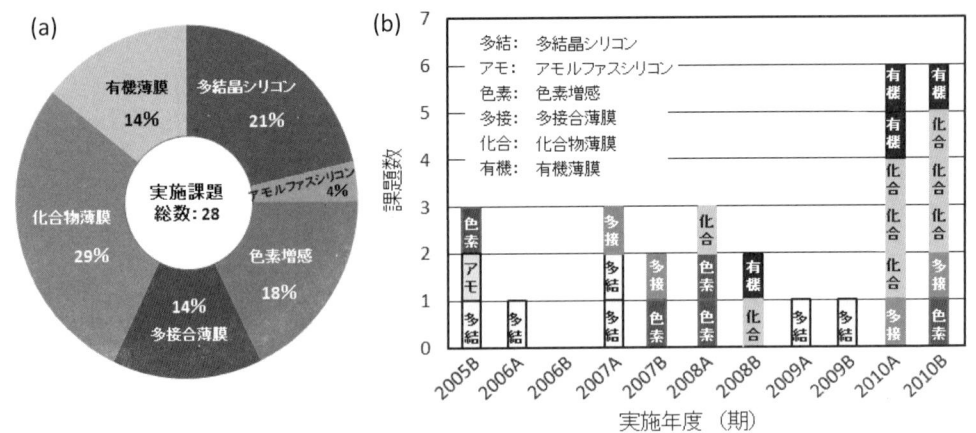

図8　太陽電池の(a)種類別研究課題数と(b)種類別，実施年度別課題数の推移

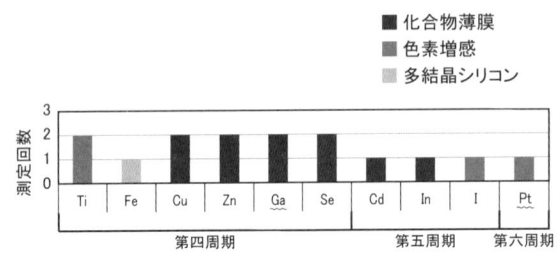

図9　太陽電池の種類別，XAFS元素測定回数

ができる。Ptを使用するPEFCの課題が2010B期まで年々増加している。一方，Ni，Mn，Co，Feを使用するSOFCの課題は2008B期が最大である。PtはPEFC電極触媒の白金系触媒，Co，Fe，Ta，Zr，Cr，Nは非白金触媒の活性種である。Ni，Mn，Co，FeはSOFC電解質材料の価数可変可能元素である。RuはSOFCアノード材料中の粒子元素，Yは電解質材料への添加元素，La，Srは電解質材料元素，Crは空気極被毒物，Hfは電解質材料に含まれる不純物元素である。その他の元素のほとんどはPEFC白金系触媒に含まれる第2，第3元素である。

1.2.4　太陽電池

太陽電池の種類，材料とその研究対象を分類すると，次のような用語で整理できる。多結晶シリコン太陽電池，化合物薄膜太陽電池，色素増感太陽電池，多接合太陽電池，有機薄膜太陽電池，アモルファスシリコン太陽電池，結晶基板，薄膜構造，不純物などである。図8(a)，(b)は，それぞれ太陽電池の種類別研究課題数と種類別，実施年度別課題数の推移である。太陽電池の課題数は燃料電池や二次電池に比べて極めて少ない。しかし，検討された太陽電池の種類は多い。多結晶シリコン太陽電池の実施課題数は6，化合物薄膜太陽電池は8，色素増感太陽電池は5，多接合太陽電池は4，有機薄膜太陽電池は4，そしてアモルファスシリコン太陽電池は1である。ア

モルファスシリコン太陽電池（1課題）はHAXPESにより薄膜評価が行われた。多接合太陽電池（2課題）はGaAsN中のN-H複合欠陥が赤外分光により，構造解析がX線回折により解析された。色素増感太陽電池（5）はXAFS，X線回折およびHAXPESにより材料解析が行われた。多結晶シリコン太陽電池（6課題）の材料はX線イメージングにより結晶基板中析出物や転移状態が観察され，XAFSにより不純物鉄の分布が，赤外顕微分光法により結晶中の格子間酸素が，そして蛍光X線分析により鉄クラスターの化学状態や空間分布の解明が行われた。化合物薄膜太陽電池材料の構造，薄膜界面解析（8課題）はXAFS（4），X線回折（2）およびHAXPES（2）により行われた。有機薄膜太陽電池は薄膜構造の解析（4課題）はX線回折・散乱（すれすれ入射X線回折（GIXD），斜入射X線小角散乱（GI-SAXS）により行われた。図9は太陽電池の種類別，XAFS元素測定回数である。図9において，第四周期のTi，Fe以外の元素と第六周期のCdとInは化合物薄膜材料の構成元素である。第六周期のPt，Iはそれぞれ色素増感太陽電池材料の光触媒（Pt/TiO_2）と電解液の沃素イオンである。第四周期のFeは多結晶シリコン中の不純物である。

1.3 利用技術分野

SPring-8の各ビームラインの利用技術・計測技術はホームページで紹介されている[6]。図10は利用技術分野別（ビームライン別）電池研究課題数である。縦軸の左段は利用技術の名称であり，右段はそのビームライン番号である。通常はビームライン番号で表現することが多い。また，表1

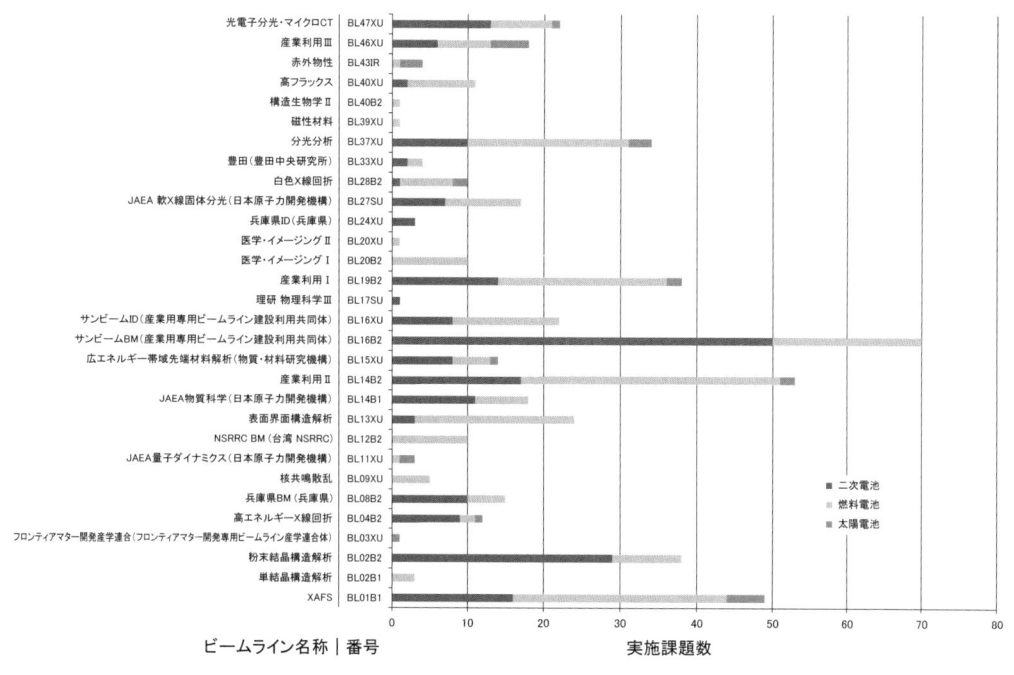

図10　利用技術分野別（ビームライン別）電池研究課題数

SPring-8の高輝度放射光を利用したグリーンエネルギー分野における電池材料開発

表1(a) 利用技術分野別（ビームライン別）電池研究課題数

ビームライン名称	ビームラインNo.	Σ
Σ	Σ	504
サンビームBM	BL16B2	71
産業利用Ⅱ	BL14B2	52
XAFS	BL01B1	49
産業利用Ⅰ	BL19B2	37
粉末結晶構造解析	BL02B2	34
分光分析	BL37XU	34
表面界面構造解析	BL13XU	22
サンビームID	BL16XU	22
光電子分光・マイクロCT	BL47XU	22
産業利用Ⅲ	BL46XU	19
JAEA物質科学	BL14B1	18
JAEA 軟X線固体分光	BL27SU	17
兵庫県BM（兵庫県）	BL08B2	15
広エネルギー帯域先端材料解析	BL15XU	14
高エネルギーX線回折	BL04B2	11
高フラックス	BL40XU	11
NSRRC BM（台湾 NSRRC）	BL12B2	10
医学・イメージングⅠ	BL20B2	10
白色X線回折	BL28B2	9
核共鳴散乱	BL09XU	5
豊田	BL33XU	4
赤外物性	BL43IR	4
単結晶構造解析	BL02B1	3
JAEA量子ダイナミクス	BL11XU	3
兵庫県ID	BL24XU	3
フロンティアマター開発産学連合	BL03XU	1
理研 物理科学Ⅲ	BL17SU	1
医学・イメージングⅡ	BL20XU	1
磁性材料	BL39XU	1
構造生物学Ⅱ	BL40B2	1

(b) 利用技術分野別（ビームライン別）二次電池研究課題数

ビームライン名称	ビームラインNo.	二次電池
Σ	Σ	220
サンビームBM	BL16B2	50
粉末結晶構造解析	BL02B2	29
産業利用Ⅱ	BL14B2	17
XAFS	BL01B1	16
産業利用Ⅰ	BL19B2	14
光電子分光・マイクロCT	BL47XU	13
JAEA物質科学	BL14B1	11
兵庫県BM（兵庫県）	BL08B2	10
分光分析	BL37XU	10
高エネルギーX線回折	BL04B2	9
広エネルギー帯域先端材料解析	BL15XU	8
サンビームID	BL16XU	8
JAEA 軟X線固体分光	BL27SU	7
産業利用Ⅲ	BL46XU	6
表面界面構造解析	BL13XU	3
兵庫県ID	BL24XU	3
豊田	BL33XU	2
高フラックス	BL40XU	2
理研 物理科学Ⅲ	BL17SU	1
白色X線回折	BL28B2	1

(a)〜(d)はそれぞれ利用技術分野別（ビームライン別）電池，二次電池，燃料電池，太陽電池の研究課題数である。図10と表1(a)に示すように，電池研究課題は30のビームラインで研究されている。各ビームラインで研究された課題数の割合が，電池，二次電池，燃料電池と太陽電池の研究課題総数に対して5％以上のビームラインはそれぞれつぎのとおりである。表1(a)において，電池研究課題総数504に対して，サンビームBM（BL16B2）が14.1％，産業利用Ⅱ（BL19B2）が

序章 研究開発動向

(c) 利用技術分野別（ビームライン別）燃料電池研究課題数

ビームライン名称	ビームラインNo.	燃料電池
Σ	Σ	256
産業利用Ⅱ	BL14B2	33
XAFS	BL01B1	28
サンビームBM	BL16B2	21
産業利用Ⅰ	BL19B2	21
分光分析	BL37XU	21
表面界面構造解析	BL13XU	19
サンビームID	BL16XU	14
NSRRC BM（台湾 NSRRC）	BL12B2	10
医学・イメージングⅠ	BL20B2	10
JAEA 軟X線固体分光	BL27SU	10
高フラックス	BL40XU	9
産業利用Ⅲ	BL46XU	8
光電子分光・マイクロCT	BL47XU	8
JAEA物質科学	BL14B1	7
白色X線回折	BL28B2	6
粉末結晶構造解析	BL02B2	5
兵庫県BM（兵庫県）	BL08B2	5
核共鳴散乱	BL09XU	5
広エネルギー帯域先端材料解析	BL15XU	5
単結晶構造解析	BL02B1	3
豊田	BL33XU	2
高エネルギーX線回折	BL04B2	1
JAEA量子ダイナミクス	BL11XU	1
医学・イメージングⅡ	BL20XU	1
磁性材料	BL39XU	1
構造生物学Ⅱ	BL40B2	1
赤外物性	BL43IR	1

(d) 利用技術分野別（ビームライン別）太陽電池研究課題数

ビームライン名称	ビームラインNo.	太陽電池
Σ	Σ	28
XAFS	BL01B1	5
産業利用Ⅲ	BL46XU	5
分光分析	BL37XU	3
赤外物性	BL43IR	3
JAEA量子ダイナミクス	BL11XU	2
産業利用Ⅱ	BL14B2	2
産業利用Ⅰ	BL19B2	2
白色X線回折	BL28B2	2
フロンティアマター開発産学連合	BL03XU	1
高エネルギーX線回折	BL04B2	1
広エネルギー帯域先端材料解析	BL15XU	1
光電子分光・マイクロCT	BL47XU	1

10.3％，XAFS（BL01B1）が9.7％，産業利用Ⅰ（BL14B2）が7.3％，そして粉末結晶構造解析（BL02B2）と分光分析（BL37XU）がともに6.7％である。表1(b)において，二次電池の課題総数220に対して，サンビームBM（BL16B2）が22.7％，粉末結晶構造解析（BL02B2）が13.2％，産業利用Ⅰ（BL14B2）が7.7％，XAFS（BL01B1）が7.3％，産業利用Ⅱ（BL19B2）と光電子分光・マイクロCT（BL47XU），がともに5.9％，そしてJAEA物質科学（BL14B1）が5％である。また少し5％に満たないが，兵庫県BM（BL08B2）と分光分析（BL37XU）はともに4.5％である。表1(c)において，燃料電池の課題総数256に対して，産業利用Ⅱ（BL19B2）が12.9％，XAFS

SPring-8の高輝度放射光を利用したグリーンエネルギー分野における電池材料開発

(BL01B1)が10.9％，サンビームBM（BL16B2），産業利用Ⅰ（BL14B2）と分光分析（BL37XU）がともに8.2％，表面界面構造解析（BL13XU）が7.4％，そしてサンビームID（BL16XU）が5.4％である。表1(d)において，太陽電池の課題総数28に対して，XAFS（BL01B1）と産業利用Ⅲ（BL46XU）がともに17.9％，分光分析（BL37XU）と赤外物性（BL43IR）がともに10.7％，そしてJAEA量子ダイナミックス（BL11XU），産業利用Ⅱ（BL19B2），産業利用Ⅰ（BL14B2）および白色X線回折（BL28B2）がともに7.2％である。

1.4 あとがき

SPring-8では，2012年4月に革新型蓄電池先端科学基礎研究ビームラインBL28XU[7]が，そして2013年1月から先端触媒構造反応リアルタイム計測ビームラインBL36XU[8]が本格稼働した。現在，BL28XUでは「革新型蓄電池」の実現をめざした研究が，そしてBL36XUでは固体高分子形燃料電池に用いられているPt（白金）をはじめとする電極触媒の耐久性の向上と高性能化を実現するための研究が進められている。このように，従来のビームラインに加えて電池専用ビームラインが2つ登場した。近い将来，安全安心・高性能・低コストと三拍子そろった次世代電池が開発・実用化されることを期待する。

文　　献

1) SPring-8 User Experiment Report,
   http://www.spring8.or.jp/ja/support/download/publication/user_exp_report/publicfolder_view）；(注)SPring-8 User Experiment Report は共用ビームラインおよび専用ビームラインで実施したすべての成果公開（非専有）課題の実験レポートである。
2) 採択課題一覧，成果公開優先利用課題採択実施課題，
   http://www.spring8.or.jp/ja/users/proposals/list/
3) 「文部科学省SPring-8戦略活用プログラム成果報告書」と「重点産業利用成果報告書」，JASRI産業利用推進室ホームページ，利用支援プログラム成果報告書，
   http://support.spring8.or.jp/report.html
4) 研究者向け情報，http://www.spring8.or.jp/ja/news_publications/publications/
5) 「文部科学省ナノテクノロジー総合支援プロジェクトSPring-8研究成果報告書」と「重点ナノテクノロジー支援課題研究成果報告書」，
   http://www.spring8.or.jp/ja/news_publications/publications/nano_tech/
6) SPring-8ビームライン一覧，http://www.spring8.or.jp/ja/facilities/bl/list/
7) SPring-8利用者情報，**17**(2)，p.117-121（2012）
   http://user.spring8.or.jp/sp8info/?p=23071
8) SPring-8利用者情報，**18**(1)，p.14-17（2013）
   http://user.spring8.or.jp/sp8info/?p=23561

第1章　SPring-8放射光を利用した新しい解析手法

1　総説

廣沢一郎*

　SPring-8における放射光利用技術，特に産業分野への応用展開については2008年に刊行した「機能物質・材料開発と放射光―SPring-8の産業利用」で幅広く紹介しているが，刊行から5年以上が経過してSPring-8の放射光利用も技術および利用制度の両面で大きく進展した。このため第1章では，それぞれの放射光利用技術における2008年以降の発展を中心とした記載となっているが，実験の実施にあたって必須となる基本的な事項は，既に前書にある内容でも現在の技術状況を踏まえた上で丁寧に記載している。

　2008年以降でX線散乱・回折，XAFSの両分野に共通した技術発展は測定自動化と高効率化の推進である。技術の詳細は各節で記載するが，BL19B2の粉末X線回折では回折データを得るための一連の手順である試料交換，試料位置調整，試料温度制御，X線露光の自動化を達成し，測定能率は最大で2007年の3倍程度にまで向上している。BL14B2のXAFSにおいても測定元素種に応じた測定機器調整の自動化と透過測定および一部の蛍光測定（いわゆる45°配置の測定）で試料交換の自動化を達成した上に，短時間でXAFSスペクトルが取得できるquick XAFSの運用開始もあって測定能率の大幅向上が実現した。これらの測定自動化は放射光実験効率の向上を実現したばかりでなく，機器調整・試料調整における実験者の判断や操作技術といった実験者個々の錬度（経験と勘）に左右される部分を排除したために測定データ再現性の向上をもたらした。更に従来，自動化は困難だと考えられていたBL19B2の多軸回折装置を用いた微小角入射X線散乱においても，最も手間のかかる試料位置調整の自動化が実現し，2008年以降に利用が活発になったBL19B2の小角・極小角散乱においても試料交換と露光の自動化（測定の全自動化がほぼ達成できている。利用者は測定試料を専用の試料台に取り付けて，測定開始コマンドを入力するだけで全試料の測定データが得られる。）が実現している。

　X線散乱・回折技術では，バックグラウンドが低く大きなダイナミックレンジを有するphoton counting型二次元検出器Pilatus（Dectris社）の導入と稼働が実験に大きな革命をもたらした。現在のところPilatusは，大きなダイナミックレンジと広い受光エリアを有する検出器が必要とされる小角，および極小角散乱の実験に最も適した検出器であり，BL19B2での小角・極小角散乱の自動化と高効率化に大きな役割を果たした。また，試料からの多数の回折を感度よく同時に捉えることができることから，時分割測定がさかんに行われるようになってきた。以前は他の検出器を

　＊　Ichiro Hirosawa　（公財）高輝度光科学研究センター　産業利用推進室室長　主席研究員

SPring-8の高輝度放射光を利用したグリーンエネルギー分野における電池材料開発

利用して時分割測定に取り組んできた利用者も現在はPilatusを用いて実験を行っている。このようにPilatusは従来ハードルが高かった産業利用分野におけるX線散乱・回折の時分割測定を身近なものにするとともに，放射光産業利用においては必須の二次元検出器となった。更に，PilatusはX線散乱・回折技術ばかりでなく，蛍光XAFS測定において位置分解能を有する蛍光X線検出器として使用され，深さ分解XAFSなど，新しいXAFS測定技術の開発においても威力を発揮している。

X線分光，特にXAFSにおいてはBL28XU，BL33XU，BL36XUでの高輝度な挿入光源を利用した微小・微量・時分割XAFS測定技術の開発が筆頭であろう。しかし，残念なことに以上3本のビームラインは全て専用ビームラインであり，設置者以外の一般利用者の実験には供されていないため技術紹介は行わない。そこで，XAFSにおいては共用ビームラインのBL14B2におけるその場観察技術の進展について紹介する。

以上のように新規な測定技術の登場や測定の高効率化などSPring-8の利用環境は大きく変化した。特に測定自動化により放射光利用経験が極めて少ない実験者でも，熟達した実験者と同様な測定データを容易に得られる状況が種々の放射光利用技術で実現されつつある。このため，以前から要望が多かった"利用者から測定試料の送付を受け，施設職員が利用者に代わって測定を行い，測定データと試料を利用者に返送"する"測定代行"を2008年度より本格実施したBL14B2での"XAFS測定代行"を皮切りに，現在ではBL19B2で"粉末回折測定代行"，BL46XUで"HAXPES測定代行"，"薄膜評価（XRR/GIXD）測定代行"を実施している。

測定技術と利用制度の発展により放射光利用実験に対するハードルが一層低くなってはいるが，良い結果を得るために必要な事項は不変である。SPring-8での放射光実験より高精度，高感度，高分解能といった"質の高いデータ"を得ることはできるが，利用者それぞれの問題解決に有効な"よい結果"をもたらすとは限らない。つまり，質の高いデータが得られても，それを理解，解釈してデータを活かすことができなければ良い実験ができたとは言えない。得られたデータを有効に活用するためには実験前に十分な検討と準備，得られたデータの多面的な検討が必要である。第1章に記載されているそれぞれの測定技術の紹介を放射光利用実験の事前検討に役立てて頂ければ幸甚である。

2　XAFS解析法

本間徹生*

2.1　はじめに

　SPring-8における放射光を利用した硬X線XAFS測定について紹介する。X線吸収微細構造（X-ray Absorption Fine Structure：XAFS）法は，物質に含まれる特定の元素の局所構造や電子状態を分析する手法であり，その主な特徴は，①元素選択的であること，②気体，液体，アモルファス物質などの結晶以外の材料にも適用可能なことである。更に，電池や触媒など実際の使用条件下において，材料を構成している特定の元素の価数や局所構造の変化を観察することが可能である。

　放射光を利用したXAFS測定については，文献[1~3]に詳しく紹介されている。ここでは，XAFS解析法の概要とSPring-8産業利用ビームラインBL14B2を例として放射光硬X線XAFS測定について紹介する。先端的なXAFS分析方法・事例については，2章以降において紹介されているので，そちらをご覧頂きたい。

2.2　XAFS解析法の概要

　XAFSはX-ray Absorption Fine Structureの頭文字をとったものであるが，その意味はまさにその名の通り「物質のX線吸収におけるエネルギー依存性において微細な構造が出現すること」に由来するものである。X線吸収微細構造についてもう少し詳しく説明する。X線は電磁波の一種であり空間を波として伝わる。このときの波の波長が，0.1〜数10 Å（$1 Å = 10^{-10}$ m）程度のものがX線である。電磁波は，物質を通過する際に物質を構成する原子核や電子と相互作用してそのエネルギーを失い吸収される。それが，物質によるX線の吸収であり，その吸収量はX線のエネルギーEによって変化する。物質に照射するX線のエネルギーを連続的に変化させたときの物質に入射するX線の強度を$I_0(E)$，透過してくるX線強度を$I(E)$とすると，物質の吸光度μt（μ：線吸収係数，t：厚さ）は，$\mu(E) t = \ln (I_0(E)/I(E))$と表される。吸光度を縦軸，X線のエネルギーを横軸にプロットしたものがX線吸収スペクトルである。図1に，MnOのMn K-edgeにおけるX線吸収スペクトルを示す。吸収が急激に増大するエネルギーが吸収端である。ただし，その定義は明確ではなく，例えば，傾きが最大となるエネルギーを吸収端と呼んでいる場合がある。吸収端における急激な変化は，物質を構成する原子の内殻電子がX線を吸収してエネルギーの高い準位に移ることに起因し，そのエネルギーはイオン化エネルギーに対応する。つまり，吸収端のエネルギーは元素ごとにほぼ決まった値になる。この特長によって元素選択的な情報を得ることが可能となる。また，X線吸収スペクトルは，吸収端近傍から高エネルギー側に微細な振動構造が現れる。この微細な構造を測定する手法がX線吸収微細構造（XAFS）法である。吸収端近傍と吸収端から数10 eV以上の領域とでその微細構造の起源が異なることから，前者をXANES

---

*　Tetsuo Honma　(公財)高輝度光科学研究センター　産業利用推進室　主幹研究員

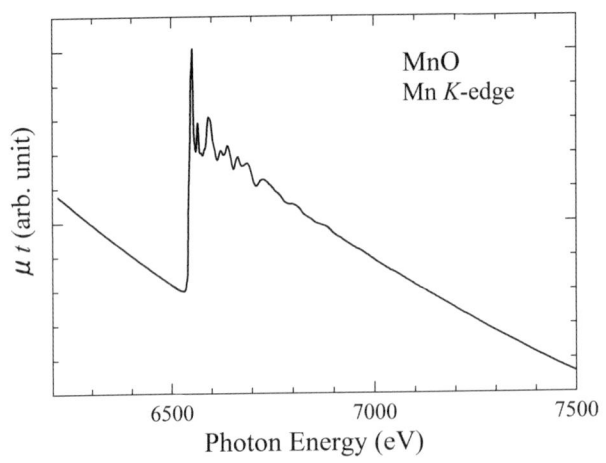

図1　MnOのMn K-edgeにおけるX線吸収スペクトル

（X-ray Absorption Near Edge Structure），後者をEXAFS（Extended X-ray Absorption Fine Structure）と分けて呼んでいる。次に，XANESとEXAFSについて，それらの起源と解析方法の概要について説明する。

　XANES領域は，X線の原子による吸収によって内殻電子が原子内の高いエネルギーをもった非占有の束縛状態とイオン化準位より少し高い準連続状態へ遷移する過程から生じるため，対応したエネルギー位置にピークまたは肩構造を示す。それ故，そのスペクトル構造は吸収原子の周りのローカルな対称性に敏感である。また，吸収原子が陽イオンの場合，一般的に，吸収端はその価数が大きくなると高エネルギー側にシフトする傾向がある。つまり，X線吸収原子の電子状態を反映し，その原子の価数に関する情報が得られる。また，混合物の場合，混合している元の状態のXANESスペクトルがあれば，それらの混合比を求めることが可能である。更に，構造が分かっている標準物質のXANESスペクトルとの比較による方法（指紋法）とは別の方法（第一原理計算を用いた方法など）で局所構造を解析することも可能であるが，これについては詳しく紹介している総説[5~7]があるので，そちらをご覧頂きたい。

　次にEXAFS領域について説明する。EXAFS領域の微細な振動構造は，光電子波の干渉の結果として説明される。物質にX線を照射すると，原子がX線を吸収して内殻電子が励起され光電子として原子の束縛から逃れ周囲に波として伝わる。その波は，周辺の原子によって散乱され，元の波と干渉が起きる。その干渉によって電子の遷移確率が変化し，XAFSスペクトルに微細な振動構造が現れる。つまり，EXAFS振動はX線を吸収する原子を中心とした周囲の環境を反映したもので，必ずしも結晶のように周期的な構造をとらない液体やアモルファス物質においても観測される。このEXAFS振動は，理論的に正弦波で記述される。その振幅は，散乱原子の数などに比例し，その周期は吸収原子と散乱原子との原子間距離に反比例する。X線吸収スペクトルか

第1章　SPring-8放射光を利用した新しい解析手法

らバックグランド成分を除去するなどの処理によってEXAFS振動成分を抽出し，そのフーリエ変換スペクトルを理論式によりフィッティングすることによって，配位数や原子間距離などの局所構造パラメータを決定することが可能である。この現象の原理は，幾つかの文献[1~4]において理論的に説明されている。

2.3　XAFS測定方法

　放射光を利用した硬X線XAFS測定方法について簡単に説明する。XAFSの測定方法には，主に透過法，蛍光法，転換電子収量法があり，試料の状態（形状，目的元素の濃度）や得たい情報（バルクか表面近傍かなど）によってそれらの手法を使い分ける。

　透過法によるXAFSスペクトルは，先に述べたようにX線が試料に入射する前の強度I_0と試料透過後の強度Iを測定し，吸光度$\mu t = \ln(I_0/I)$の式から吸収のエネルギー依存性を計算し得られたものである。透過法は，吸光度を求める上で近似などを使わないため，原理的に信頼性の高い測定法である。測定に必要なものはX線と検出器とそれに付随するエレクトロニクスである。ここで紹介するX線は，偏向電磁石によって電子の軌道が曲げられ，その接線方向に放出される放射光である。その光は広範囲のエネルギーを持った白色光であり，分光器を使って単色化してXAFS測定に使用する。一般的に検出器は，ガスフロータイプの電離箱（イオンチェンバー）が使用されている。電離箱によるX線強度の測定には，その平行平板の電極間に入射したX線が電極間に入れられたガスを電離することを利用している。ガスは使用するエネルギーによって吸収量が適当になるように，ヘリウム，窒素，アルゴン，クリプトンなどの不活性ガスまたはそれらの混合ガスを使用する。電離箱を使用する際に，特に気を付けなければならないことは，電離箱はエネルギー分解能がないため，入射X線の高次光や散乱X線が入らないようにすることである。分光器から出てくるX線の高次光は，X線全反射ミラー（Rhコーティングミラーなどを使用）に適当な角度でX線を入射することによって除去することが出来る。ところで，XAFS測定において最初にするべき最も重要なことは，XAFS測定に適した試料を準備することである。透過法によって測定する試料は，試料全体の吸収（total μt）と測定元素の吸収（$\Delta \mu t$）が適切な吸収量になるようにするために試料の厚みを調整する必要がある。ここで，$\Delta \mu t$とは，吸収端における吸収の変化量である。目安として，およそtotal $\mu t < 4$，$\Delta \mu t > 0.1$となるように試料の厚さを調製する必要がある。また，試料の厚みや組成にムラがあるとノイズのもとになるため，均一でかつ一様な厚みに成型する必要がある。例えば，粉末試料の場合は，錠剤成型器を用いペレットにすることが多い。その際，試料のみでは適切な厚みにするために必要な量が少なく自立したペレットを作製出来ない場合は，比較的X線に透明な軽元素で構成された物質（BNなど）をバインダーとして混ぜて，全体として適切な吸収になるようにペレットにする。試料調整法については，文献[1,2]に詳述されているので，そちらをご覧頂きたい。透過法に適した試料の必要量や適切な厚さを計算するためのソフトウェアがインターネットから入手可能である。例えば，http://support.spring8.or.jp/xafs.htmlの「XAFS試料調製ガイドプログラム」などがある。測定元素の濃度が低

SPring-8の高輝度放射光を利用したグリーンエネルギー分野における電池材料開発

い試料や透過法に適した厚さの調製が困難な試料の場合は，上記の条件を満たすことが出来ないため，蛍光法または転換電子収量法で測定することになる。

蛍光法は，原子がX線を吸収して内殻電子が光電子として飛び出したときに生じる空孔に外殻から電子が落ちてくるときに放出される蛍光X線を計測することによってX線吸収スペクトルを求める方法である。測定元素の濃度が低い場合や濃度が高くても試料の厚さが薄い場合（目安：total $\mu t>4$, $\Delta \mu t<0.1$）には，測定元素の蛍光X線強度は吸収係数にほぼ比例する。蛍光法で用いられる検出器としては，蛍光法用電離箱があり，開発者の名前をとってライトル検出器と呼ばれている。この検出器の特徴は，大口径の窓を持つことで全立体角の1割程度をカバーでき，検出効率が良い。ただし，電離箱を使用していることによって測定元素以外の元素の蛍光X線なども一緒に計測するため，それらの強度が強い場合，S/B比が悪く十分な精度で測定が出来ない場合がある。また，極端に濃度が低い場合も，S/N比が悪く測定が困難である。このような場合に，半導体検出器が利用されている。半導体検出器は，高いエネルギー分解能を持っていることから，弾性散乱X線や測定元素以外の元素による蛍光X線などの信号を電気的に分離し，測定元素からの蛍光X線のみを計測することが可能である。その結果，S/N比を改善することが可能となる。

一方で，透過法で測定可能な程度に測定元素の濃度が比較的高いが，透過法に適した厚さに調製出来ないような試料を測定する方法として転換電子収量法がある。この測定法は，蛍光X線と同様に，放出されるオージェ電子がX線吸収量にほぼ比例することを利用している。検出器は，試料が載っている電極と対極となる電極があり，通常ヘリウムガス雰囲気で使用される。試料から放出されたオージェ電子は，多数のヘリウム原子を電離し，多量のヘリウムイオンと電子を生成する。転換電子収量法は，これらを電流として計測する方法である。試料内における電子の飛距離はX線に比べかなり短く表面近傍からのオージェ電子を計測することになる。従って，表面敏感な測定手法となる。オージェ電子の脱出深度は，オージェ電子のエネルギーと試料の組成に依存する。例えば，文献[2]にSrTiO$_3$のTi K吸収端における測定深さは約30 nmであると紹介されている。

透過法，蛍光法，転換電子収量法の概要を紹介したが，それぞれの測定方法の問題点などについて十分に説明出来ていないので，詳細については，文献[1,2]を参考頂きたい。

2.4 BL14B2におけるXAFS測定の実際

SPring-8産業利用ビームラインBL14B2の実験ハッチ内に設置された透過法配置におけるXAFS測定システム（写真1）を例として実験装置およびXAFS測定の実際について紹介する。主に上流から入射X線を整形するための4象限スリット，I_0モニター用の電離箱，試料，Iモニター用の電離箱とそれらの間に真空パスが設置されている。

測定は，これらの機器をパソコンから制御し行われる。測定する吸収端を選択するだけで，I_0，Iの検出効率がそれぞれ約10〜20%，約50〜90%となるように電離箱に適切なガスを流し，目的元素の吸収端付近のエネルギーに分光器を調整するところから高調波除去のためのミラーの角度と

第1章　SPring-8放射光を利用した新しい解析手法

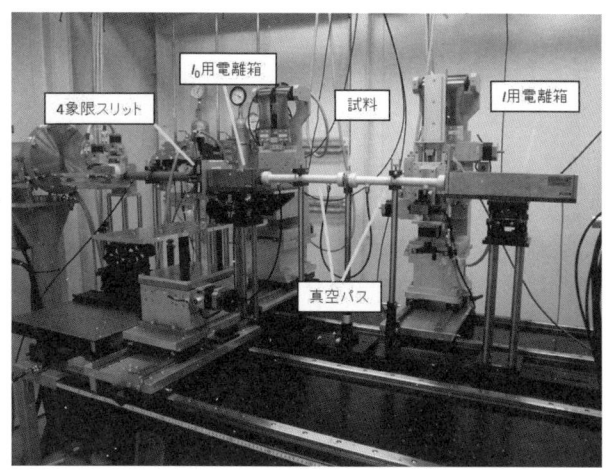

写真1　SPring-8産業利用ビームラインBL14B2におけるXAFS測定装置

その位置の調整およびXAFS測定系の位置調整までを完全に自動で行うプログラム[8]が用意されている。この調整時間は実験条件に応じて通常20分から40分程度である。試料のセットは，最初にレーザーが光軸と一致するように調整しておき，そのレーザーを使用してX線が試料の中心に当たるように位置を調整する。これで，測定の準備は終了である。

　透過法によるXAFS測定は，制御用パソコンのアプリケーションによって分光結晶の角度を変えながら，つまり入射X線のエネルギーを変えながらI_0とIのX線強度を測定し，上述の式によって試料による吸収のエネルギー依存性（図1）を計算することになる。以上で測定は終了である。しかし，ここで安心してはいけない。XAFS測定の主目的は，XAFSスペクトルから局所構造に関する情報を得ることであり，その解析の第一歩として，EXAFS振動スペクトル（図2）を抽出し，そのフーリエ変換から動径構造関数（図3）を導出する必要がある。図3の動径構造関数は，Mnの局所構造を反映しており，この最近接ピークはO，第2近接ピークはMnとの結合によるものである。動径構造関数のピークの1つをフーリエ逆変換し，それをEXAFS振動に対する理論式でフィッティングすることによって近接元素の種類，配位数，結合距離などの情報が得られる。フリーの解析ソフトや市販の解析ソフトなどを利用すると比較的容易にこれらの解析が可能である。ただし，XAFSスペクトル解析は任意性が高く気を付けられければならないことが多いため，文献[1,2]などにあるEXAFS解析法について熟読してから解析することが必須である。また，精度の良いデータが得られているかどうか確認するために，測定と同時に解析（少なくとも動径構造関数まで求める）し，試料の再調製や測定条件を変更し再測定する必要がないか確認しながら測定を進める必要がある。

　BL14B2に用意されている主な設備について紹介する。ユーザー実験の効率化と利便性向上を目的として，試料を最大80個セットすることが可能なサンプルチェンジャー（写真2）が用意され，

SPring-8の高輝度放射光を利用したグリーンエネルギー分野における電池材料開発

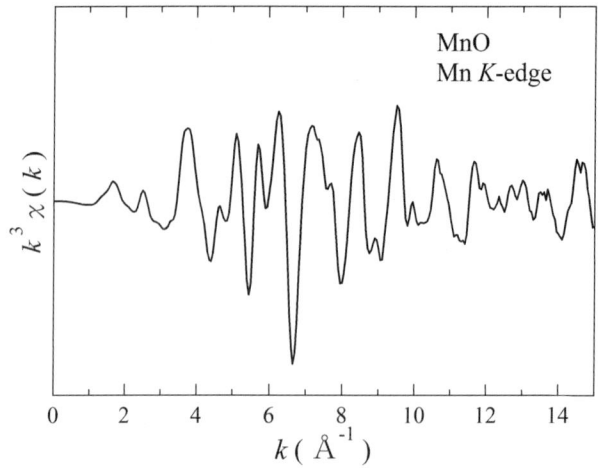

図2　MnOのMn K-edgeにおけるEXAFS振動スペクトル。横軸は波数に変換されている。

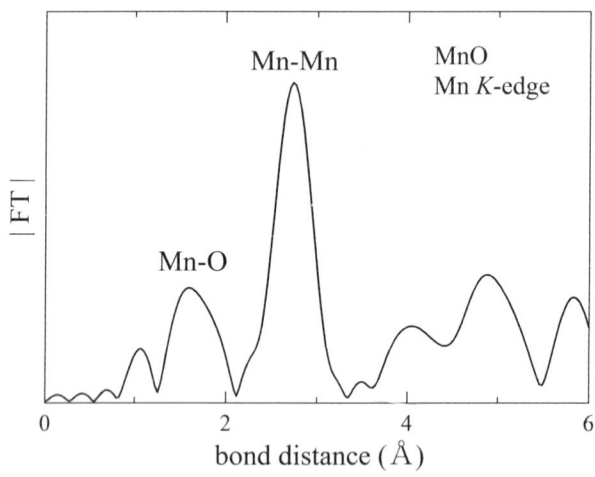

図3　MnOのMn K-edgeにおける動径構造関数（EXAFS振動のフーリエ変換スペクトル）

透過法と蛍光法（試料を入射X線に対して45度傾けた配置）による自動測定が可能となっている。その他に，低温測定用のクライオスタット（最低温度：約10 K，付属の試料ホルダーに取り付け可能な試料数：15個），最大5種類の反応性ガス（H_2，CO，NO，H_2S，O_2など）雰囲気下におけるその場測定を行うためのガス供給排気装置，および反応性ガスを流しながら室温から1000℃までの温度依存性の透過法による測定が可能な反応セルなどが用意されている。詳細については，文献[8,9]およびBL14B2のホームページhttp://support.spring8.or.jp/xafs.htmlを参考頂きたい。

第1章　SPring-8放射光を利用した新しい解析手法

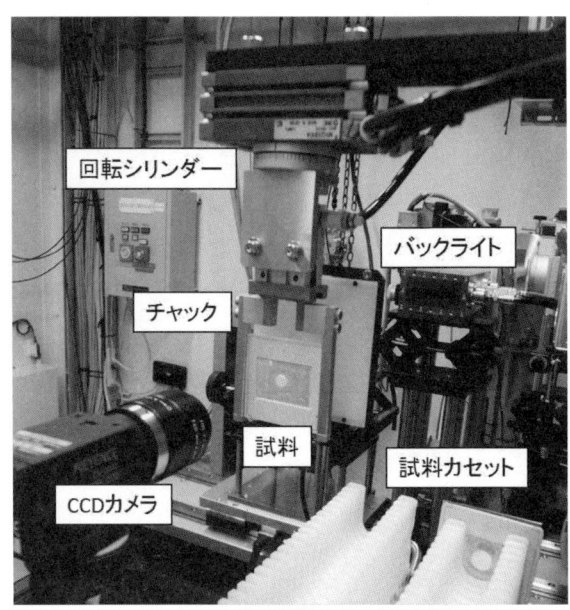

写真2　透過および蛍光XAFS測定用サンプルチェンジャー（名称：Sample Catcher）

2.5　先端的なXAFS測定法と今後の展望

　先端的なXAFS測定法である時間分解その場XAFS測定および深さ分解XAFS法について簡単に紹介する。時間分解その場XAFS測定は，反応中の化学状態変化を調べることができる強力な分析ツールである。時分割XAFS測定には主に二つの方法：Energy dispersive-XAFS（DXAFS）法[2,3]およびQuick-XAFS（QXAFS）法がある。DXAFS法の特徴は，高い時間分解能（数ミリ秒〜数秒）と原理的に測定エネルギー範囲全体を同時に計測することが可能なことである。ただし，適用可能な手法が透過法のみのため，測定したい元素が希薄な場合は測定が困難である。SPring-8では，BL28B2においてDXAFS測定が可能である[10]。DXAFS測定は，偏光電磁石光源から放射された白色X線を湾曲分光結晶によって単色化し，湾曲分光結晶上の各位置からの回折X線が試料位置で集光するように調整を行い，試料を透過してきたX線強度を1次元または2次元の位置敏感検出器を用いて計測する。一方で，Quick-XAFS（QXAFS）法は，分光結晶の角度を高速に変化させることによって短時間での測定を実現する手法である。SPring-8における偏光電磁石を光源としたXAFSビームラインでは，十数秒から数分程度の時間分解能での測定が行われている。QXAFSは，DXAFSとは異なり，透過法だけではなく蛍光法，電子収量法が使えるため，試料の濃度や形状に依存しない。また，DXAFSよりエネルギー分解能が高いという特徴がある[10]。従って，QXAFS法においては，DXAFS法では測定が困難な測定元素が希薄な試料や薄膜試料などの測定が可能となる。近年，SPring-8において宇留賀らは，ヘリカルアンジュレータを光源としたビームラインBL40XUにおいて，その光源の特徴である高フラックス，小パワー，かつ準単色

SPring-8の高輝度放射光を利用したグリーンエネルギー分野における電池材料開発

を利用し，小型のチャンネルカット分光器を高速に繰り返し振動させる方法で，ミリ秒オーダーでの時分割測定が可能なQXAFSシステムを開発した[11]。次に，深さ分解XAFS法を紹介する。機能性薄膜材料などにおいて，その表面から内部に向かって，組成，構造および化学状態が異なる場合に，それらと特性との間に相関があると考えられる。近年，宇留賀らによって，SPring-8 BL37XUにおいて深さ方向に関する局所構造情報が得られる手法としてピクセルアレイ型2次元検出器PILATUSを利用した深さ分解XAFS法が開発された。この深さ分解XAFS法は，X線を試料に照射することによって測定元素から放射される蛍光X線強度の試料表面に対する出射角依存性を，位置敏感検出器を用いて計測する手法である。低角に位置する素子によって検出される蛍光X線は，表面近傍から放射される蛍光X線のみであるが，高角になってくると表面から一定の深さまでの蛍光X線を検出することになる。深さ分解XAFS法を利用した分析事例として，鉄鋼材料の特性（表面物性）と表面付近における組成，化学状態および構造との相関についての研究[12]が報告されている。

　XAFS分析技術の発展によって，実用材料が持つ機能の発現とその機能と相関がある特定の元素の化学状態に関する情報が得られるようになってきている。また，高時間分解その場測定は，実際の使用条件下における材料劣化の機構解明などに必須のツールとなっている。更なる観測時間および空間の高分解能化が，次世代電池において重要な機能を担う電極などの機能性材料の高性能化および新機能性材料の開発に重要な知見をもたらすことが期待される。

文　　献

1) 宇田川康夫編，X線吸収微細構造，学会出版センター（1993）
2) 太田俊明編，X線吸収分光法，アイピーシー（2002）
3) 太田俊明，横山俊彦編，内殻分光，アイピーシー（2007）
4) 石井忠男，EXAFSの基礎，裳華房（1994）
5) 吉田朋子ほか，触媒，**48**(1), 44（2006）
6) 巽一厳ほか，触媒，**48**(4), 264（2006）
7) T. Yamamoto, Adv. X-ray Chem. Anal., Japan, **38**, 45（2007）
8) T. Honma, *et al.*, *AIP Conf. Proc.*, **1234**, 13（2010）
9) H. Oji, *et al.*, *J. Synchrotron Radiat.*, **19**, 54（2012）
10) K. Kato, *et al.*, *AIP Conf. Proc.*, **879**, 1214（2007）
11) T. Uruga, *et al.*, *AIP Conf. Proc.*, **882**, 914（2007）
12) K. Shinoda, *et al.*, *Defect and Diffusion Forum*, **864**, 297-301（2010）

3 BL19B2におけるハイスループット粉末回折

大坂恵一*

3.1 はじめに

「ものづくり」の原点は，アイデアと試行錯誤である。グローバル化が加速し，大量消費のフェーズに入った現代では，アイデアが浮かんだ時点からできる限り早く，ものを世に出すことが要求されている。そのためには，闇雲な試行錯誤から脱して，より効率的で洗練されたものづくりを実現しなければならない。このとき，ものの本質を理解するための「科学」との連携が，産業発展の鍵となっている。

新しい材料を開発するとき，様々な分析技術を駆使してその材料の素性を十分理解することが不可欠である。特に，X線を用いた分析には，材料を非破壊で分析できる利点があり，とりわけX線回折は，「構造」という側面から材料への理解を深める手法である。その中でも，本稿で取り扱う粉末X線回折は，産業界への応用用途が広い分析方法と言える。なぜならば，新たに見出された材料の多くは，構造解析が容易にできるような数百ミクロンもの大きな単結晶として生成することは稀だからである。しかも，その生成の初期段階で得られるのが，耳かき一杯にも満たないほど極微量であれば，十分な分解能を持ち，統計精度の高いデータを実験室レベルの装置で得ることは難しくなる。

そこで，指向性が高く，圧倒的なX線強度が得られる放射光を利用した実験技術が，産業界にとって今や欠かす事ができないツールとなっている。中でも粉末回折は，本誌で主題となっている次世代電池材料の開発に大きく貢献している。その詳しい中身についてはユーザによる記事に譲る事にして，本稿では，産業利用Iビームライン BL19B2 における粉末回折装置の現状を紹介する。

3.2 BL19B2の粉末回折装置

粉末X線回折計の光学系は2通りに分類される。ひとつは，ブラッグ−ブレンターノ光学系である。試料形状は平板であり，入射X線と平板試料表面，および検出器の角度を，一定の関係を保ちつつスキャンして回折線を測定（θ-2θスキャン）することから，「反射型」とも呼ばれる。反射型の粉末回折計では，粉末試料を広く平らに均すので，試料は数グラム程度必要である。できるだけ多くの結晶子からの回折線を観測するために，集光光学系にしたり，ソーラスリットを用いたりする必要もある。一方で，試料が多いので，X線管球など，比較的弱い線源を用いても一定の回折強度が得られる利点もある。そのため，実験室で利用できる粉末回折計は，この光学系を採用しているものが多い。

もうひとつのタイプは，デバイ−シェラー光学系である。これは，試料を透過する際に回折す

---

* Keiichi Osaka （公財）高輝度光科学研究センター 産業利用推進室 材料構造解析チーム 技師

るX線を観測するため,「透過型」とも呼ばれる。その名の通り,X線は試料を透過しなければならないので,試料の量が多すぎる,あるいは,重元素を多く含んでいる場合は,X線の吸収が顕著になり,この光学系を適用するのは難しい。ただし,透過性に優れた高エネルギーX線を利用できる場合はこの限りではない。また,試料の量が少ないと回折強度を十分得るためには長時間測定が必要であるが,大強度のX線源を利用できれば,この問題はクリアできる。言い換えれば,高エネルギー放射光X線を発生できるSPring-8は,透過型装置にとって最適なX線源である。

SPring-8には,粉末回折実験専用のJASRI共用ビームラインとしてBL02B2がある。このビームラインには,デバイーシェラー光学系を採用した粉末回折装置「大型デバイシェラーカメラ[1,2]」が設置されている。この装置は,その名の通り「カメラ」であり,回折現象を「画像」として記録する。したがって,広い角度範囲の複数の回折線を同時に観測できる。また,デバイリングを直接観察することによって,粉末結晶の粒度を評価し,良質なデータを収集するための検討ができる。産業利用IビームラインBL19B2の第2ハッチにも,2001年にBL02B2と同型の大型デバイシェラーカメラが設置され(図1),主に産業界ユーザの実験に利用されている。詳細は後述するが,ここ数年は,ユーザのニーズに応えるべく,試料交換の自動化など様々な改良を施しており,BL02B2とは違った方向性の進化をしている[3]。

大型デバイシェラーカメラは,試料をマウントして回転させるθ軸,および検出器が設置され

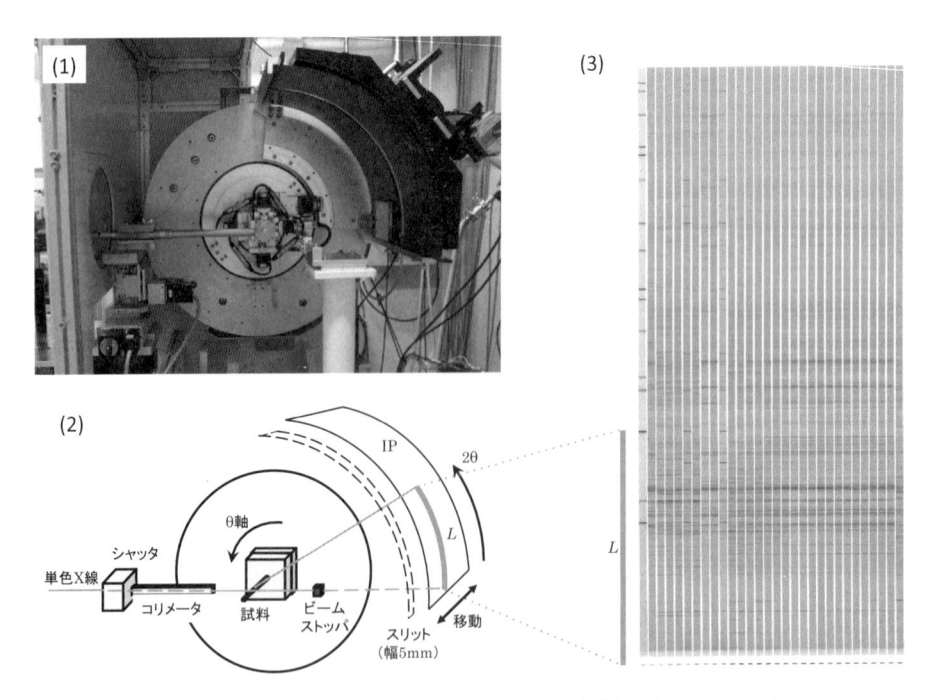

図1 BL19B2の第2実験ハッチに設置されている大型デバイシェラーカメラ
(1)概観写真,(2)概略図,(3)IPに記録された回折図形

第1章　SPring-8放射光を利用した新しい解析手法

る2θ軸からなるシンプルな構造であり，実験室で用いられる「手のひらサイズ」のデバイシェラーカメラとその基本的な構造は変わらない。

試料をマウントするθ軸には，位置合わせのための機構が取付けられている。通常，デバイシェラーカメラでは，粉末試料はガラスキャピラリなどに充填し，棒状にしてマウントする。回折データには，キャピラリからの散乱（ハロー）も重なって観測されるので，実験条件に応じて適切な材質や内径のキャピラリを選択することが重要である。キャピラリは内径0.1～0.5 mmのものがよく用いられ，X線が実際に照射される試料は数ミリグラム程度と極微量である。したがって，粒子統計が低く，粉末結晶の並び方の偏り（配向）が顕著に現れやすい。そこで，X線露光中に試料をθ軸周りに回転させ，その影響を低める必要がある。このとき，試料がθ軸上に正確に位置合わせ（センタリング）されていなければならない。当初はリガク社製のゴニオヘッドを取付けて，ドライバを使って手動でセンタリングしていたが，2008年以降は，これに変わる4軸自動ステージが設置され，時間効率・位置精度ともに飛躍的に向上している（詳しくは次項で述べる）。

2θ軸上には，イメージングプレート（以下，IP）が2θ方向に沿って円筒状に装着される。IPは，旧来のX線フィルムと同様に，X線を2次元画像として記録できるシートである。IPは，X線領域の光の照射量を記録することができる一方で，可視光を照射すると記録されたX線の情報が消去される特徴がある。この性質を利用することによって繰り返し再利用できるので，ランニングコスト圧縮にも一役買っている。また，柔らかく変形しやすいので，円筒形に沿って装着できるのもメリットである。試料とIPの間には，幅5 mmの金属製スリットを設置して，IPの一部分だけが露光するような仕組みになっている。これによって，スリットの背後でIPを水平方向に平行移動すれば，1枚のIPに複数の測定（最大30測定）が記録できる（図1(3)）。回折角2θは，IPに記録されたダイレクトビームとデバイリングの間の距離（図1(2)および(3)中のL)，ならびにカメラ半径から算出できる。IPの読取ピクセルサイズは0.05 mm四方であり，この大きさが2θの幅に換算して0.01°に相当するように，カメラ半径は286.48 mmに設定されている。観測できる回折角度範囲は概ね$2\theta=2-75°$で，実験室の装置のそれと比べると狭いが，SPring-8の特徴である高エネルギーX線を用いれば，この範囲でも高次数の回折線が観測できる。

BL19B2の粉末回折実験では，7～35 keVのX線エネルギーを任意に選択することで，試料によるX線吸収や蛍光X線の影響を低めることができる。入射X線は光学ハッチ内の2枚の全反射ミラーを用いて集光かつ高調波除去されており，試料位置での鉛直方向のビームサイズは半値幅0.1～0.15 mm程度で，粉末を充填するキャピラリと同程度の大きさになっている。図2は，米国立標準技術研究所（NIST）から標準試料として提供されているCeO_2粉末試料の回折プロファイルである。極少量の粉末を内径0.1 mmのリンデマンガラス製キャピラリに充填し，波長0.5 ÅのX線を5分間露光させて測定した。最強線である111回折線のピーク強度は15万カウントに上っており，$2\theta=75°$付近の回折線まで明瞭に観測されている。回折線の半値幅はおよそ0.04°で，複数の回折線が密集していてもそれぞれを分離することが容易である。このように，極微量の粉末か

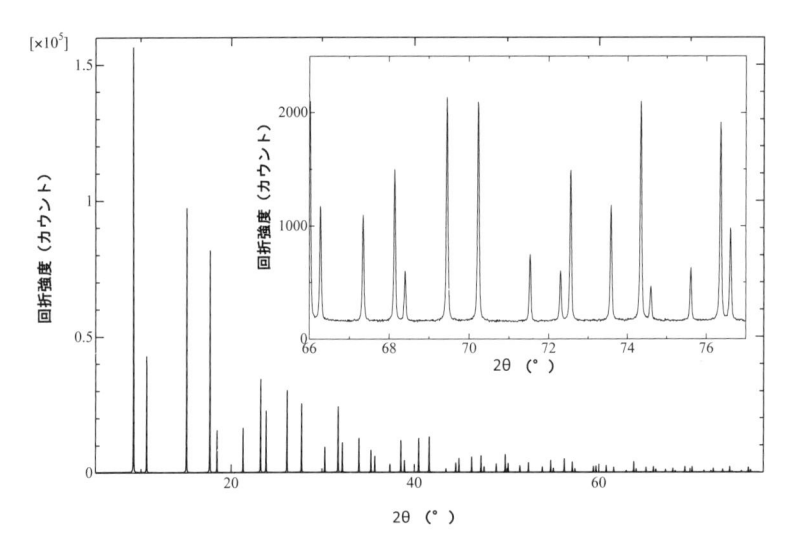

図2　NIST標準試料CeO_2の粉末回折プロファイル

ら，数分程度の露光で，構造解析が十分可能なデータが得られる。

　その他の機能として，BL02B2の装置と同様に，窒素ガス吹付け型の低温装置（100〜500 K）および高温装置（室温−1000 K）を装備している。なお，BL02B2で利用できる密閉型Heクライオスタッドは，BL19B2には設置されていないので，利用申請の際は注意が必要である。また，BL19B2では，その他の特殊な試料環境として，リガク社製の湿度制御装置HUM-1も利用できる。

3.3　大型デバイシェラーカメラのハイスループット化

　ここまで紹介してきた通り，大型デバイシェラーカメラは，2次元検出器であるIPに複数のデータを記録できるので，試料を交換しながら，あるいは，試料温度を変化させながら，効率よくデータを収集する仕組みが元々備わっている。一度IPをカメラに装着すれば，ユーザが行う作業は，試料交換およびセンタリング，そしてその度に行う実験ハッチの開閉のみである。しかしながら，センタリングは，ユーザの実験習熟度によって要する時間と位置精度が変わる。また，実験ハッチ開閉は，放射光実験の経験が少ないユーザにとっては煩わしく感じる作業である。実は，これらに要する時間は，ユーザに与えられたビームタイムの半分以上になることもある。ビーム使用料を支払って実験することが多い産業界ユーザにとって，このような時間ロスは，放射光利用を検討する上での懸念材料となりうる。そこで産業利用推進室では，測定の効率化を強く推進してきた。大型デバイシェラーカメラでは，その先陣を切って，「全自動試料交換・測定システム[4]」（図3）を開発し，ハイスループット化を図った。

　BL19B2に導入したハイスループット装置は，「JukeBox」と名付けられた。JukeBoxは，①回折計にマウントされた試料を自動で精度よくセンタリングする機構，ならびに②試料を自動交換す

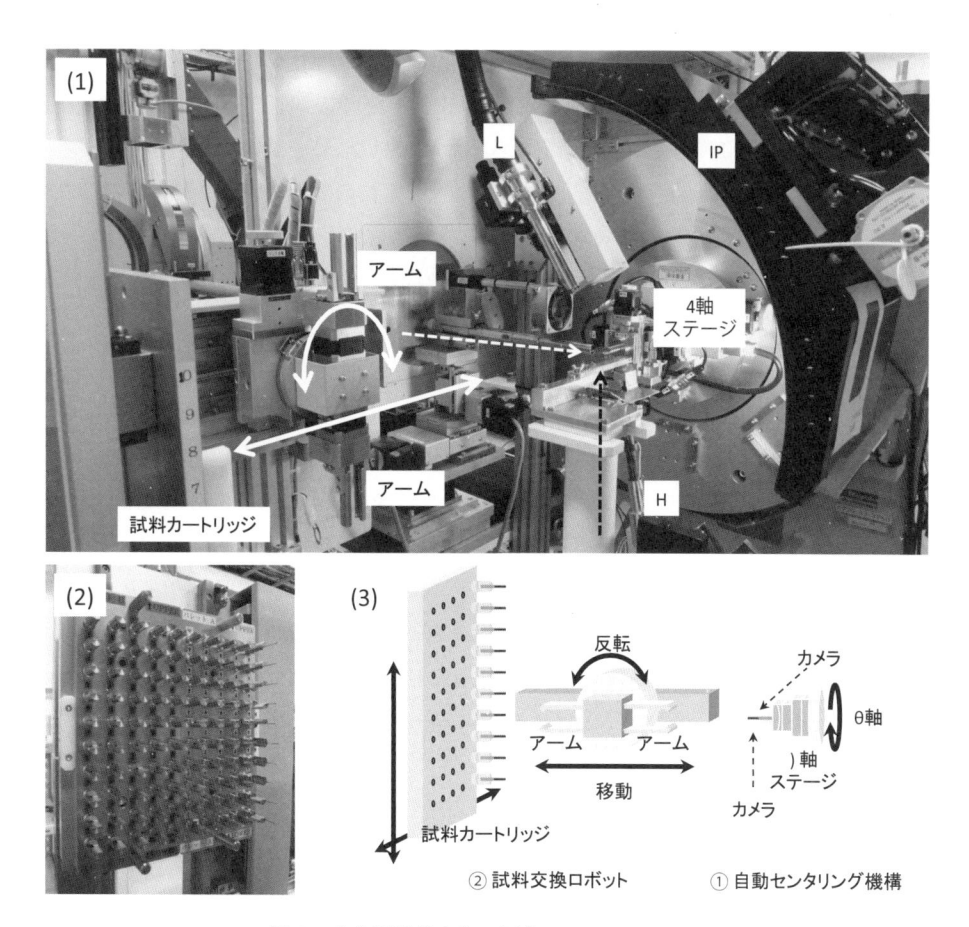

第1章　SPring-8放射光を利用した新しい解析手法

図3　全自動試料交換・測定システム JukeBox
(1)概観写真，L：低温装置，H：高温装置，矢印付点線：試料観察用CCDカメラの視線方向，(2)100個の試料を装填した試料カートリッジ，(3)JukeBoxの概略図

るためのロボット機構を融合させたシステムの総称である。①は2008年10月，②は2009年4月からユーザ共用となった。JukeBoxという名称は，音楽レコードを自動交換する装置「ジュークボックス」に準えて命名した。実は，ビームライン番号の語呂合わせにもなっている（19→じゅうく）。

①自動センタリング機構は，θ軸上に設置された位置調整2軸・傾斜調整2軸からなる自動4軸ステージと，回折計とは独立した位置に設置されたCCDカメラ2台で構成される。このCCDカメラには，物体の形状や位置を認識する機能があり，異なる2方向から試料を観察することで，θ軸に対する試料の位置や傾きのずれを解析できる。この機能と自動4軸ステージを組み合わせることによって，わずか数秒で自動的に試料をセンタリングする。また，CCDカメラの分解能は最小0.002 mmであり，試料位置もこれと同程度の再現性を有しているので，測定データの再現性向上にもつながっている。

②試料交換ロボットは，①自動センタリング機構と正対する位置に設置されている。粉末試料

SPring-8の高輝度放射光を利用したグリーンエネルギー分野における電池材料開発

を充填したキャピラリは，専用の試料ホルダならびに試料カートリッジに装填される．試料カートリッジには最大で100個の試料を装填できる（図3(2)．ただし，1枚のIPに記録できるデータ数の制約があるので，100個連続で無人測定できるわけではない）．試料ホルダを搬送するためのアームは，180°相反する方向に1対備えられており，測定後の試料の回収，および次の試料の回折計へのマウントを，一度の動作で効率よく行うことができる．そのため，試料交換はセンタリングと合わせても約40秒しかかからない．また，低温および高温装置も自動ステージ上に設置しており，試料温度を指定するだけで，自動的に動作して試料温度を変化させる仕組みになっている．

ところで，BL19B2に設置されている装置は，多数のパルスモータやカウンタで構成されており，これらの制御には米国Certified Scientific Software社の装置制御プログラムSPEC[5]が用いられている．SPECは，GP-IB，RS-232C，Ethernetなど様々な通信プロトコルとの親和性が高く，コマンドユーザインターフェース（CUI）およびマクロファイルの組合せによって，複雑な装置制御プログラムを迅速に開発することに貢献している．大型デバイシェラーカメラもSPECによって制御されているが，近年普及したグラフィックユーザインターフェース（GUI）に慣れ親しんだユーザにとって，CUIそのものが実験装置利用に対する高い障壁になる場合もある．そこでBL19B2では，よりユーザフレンドリーなインターフェースやソフトウェアを開発している（図4）．試料ごとの露光時間や温度などの測定条件は，汎用性のあるMicrosoft ExcelのシートおよびVBA

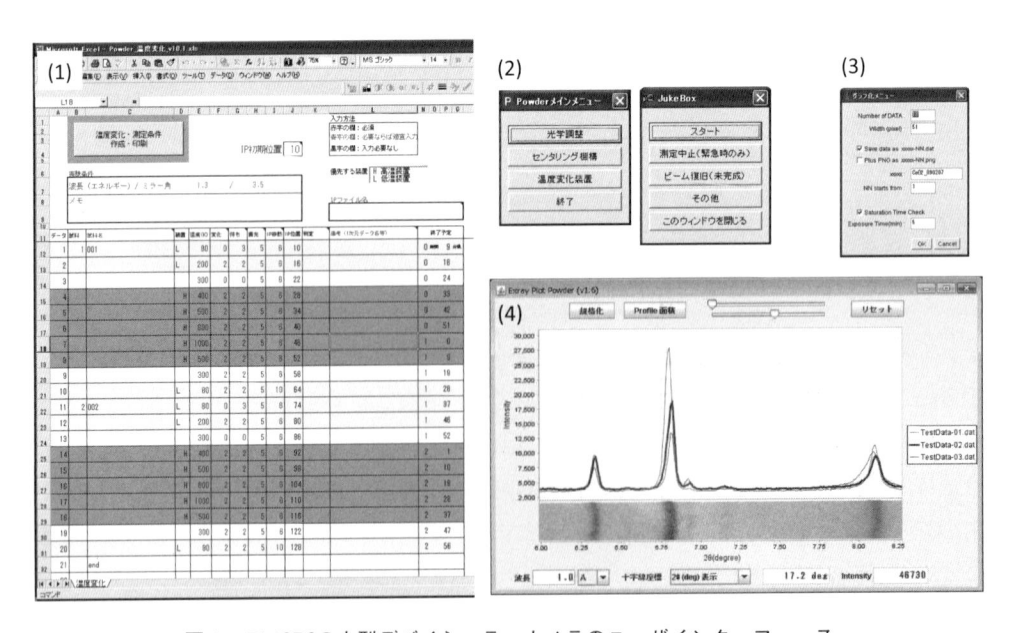

図4　BL19B2の大型デバイシェラーカメラのユーザインターフェース
(1)測定条件入力用Excelシート，(2)UWSCを用いて開発したGUIソフトウェア，(3)IP画像データから1次元データに変換するソフトウェア，(4)データ閲覧用ソフトウェアExray Plot

第1章 SPring-8放射光を利用した新しい解析手法

マクロを利用して入力し，Windows用スクリプト言語UWSC[6]を用いて独自に開発したGUIを介してSPECにコマンドを送信する仕組みで，マウス操作のみですべての装置制御を行えるようになっている。これによって，CUIに付きものである誤入力を防止するだけではなく，実験条件変更，あるいは他装置への切換に伴う作業を簡素化・自動化することも同時に実現している。

IPに記録されているデータは2次元画像であるが，その後の解析を行うためには，回折角と回折強度で表される1次元データに変換する必要がある。そこで，データを一括変換処理し，閲覧するためのソフトウェアを開発した。特に，BL19B2での粉末回折データ閲覧用に開発した専用ソフトウェア「Exray Plot」（図4(4)）は，

- 複数の1次元データを同時プロットして比較できる。
- IP上に記録された2次元画像データを取り込み，結晶粒度や不純物の検討ができる。
- 面間隔や，実験室環境（Cu/Mo特性線を利用した装置）における回折角が簡単に計算できる。

など，ユーザにとって有用な機能を有しており，自動測定で生成する大量のデータを迅速かつ快適に閲覧することを可能にしている。また，このソフトウェアはJavaでコーディングされているので，様々なOS環境で利用できることも大きな特徴である。なお，Exray Plotは，粉末回折だけでなく，オンライン2次元検出器PILATUSを利用したSAXS（小角X線散乱）や，HAXPES（硬X線光電子分光）などのデータ処理にも派生しており，産業利用ビームラインの快適な実験環境の構築に大いに貢献している。ここで紹介した粉末回折関連のソフトウェアは，JASRI産業利用推進室―粉末回折のウェブページ[7]からダウンロードして自由に利用できる。また，粉末試料の調製方法の一例，ガラスキャピラリへの粉末充填方法，JukeBoxの動作や利用方法についても，同じウェブページで動画も交えて紹介しているので，参照されたい。

3.4 ハイスループット化による効果と今後の展望

大型デバイシェラーカメラとJukeBoxの融合によって，最小限の作業を残して実験の大部分の自動化・無人化が実現し，ユーザによる装置操作も極力簡素化された。具体的な例を上げると，少人数でも1日で200を超える数の試料を測定することも可能となっている。このように，ユーザタイムを効率よく利用できる事によって，産業界の放射光利用に対する大きな障壁のひとつである「コスト」の問題を軽減している。これと同時に，試料位置再現性の向上など，実験自体の高度化が達成されており，X線（放射光）実験の経験がない人でも，他の装置では得ることができない高品質なデータが取得できるという点も強調したい。また，JukeBoxの導入は，実験時間の短縮・省力化という単純な効果に留まらない意外な影響をもたらしている。それは，現場での実験作業に関わる様々なストレスから解放されたことで，時間的および体力的余裕が生まれ，測定データをよく吟味して，より質の高い成果につながるような議論が，現場でできるようになったことである（導入前は，現場作業に謀殺され，解析に関する具体的な議論は難しかった）。

2009年からは，放射光粉末回折の新しい利用形態のひとつとして，JukeBoxを利用した「測定代行」を実施している。測定代行は，成果専有・時期指定課題の特殊な運用によって実現してお

SPring-8の高輝度放射光を利用したグリーンエネルギー分野における電池材料開発

り，「随時募集」，「2時間単位の申請」，「JASRIスタッフが測定を実施する」，などの特徴がある。また，ユーザ自身が実験に立ち会うことは必須ではないので，試料をSPring-8に送付すればデータが取得できることは大きな魅力となっている。今後，産業界が測定代行を積極的に利用することで，新しい材料への理解を深め，機能改善のための材料設計にフィードバックさせ，大量生産・製品化へつなげるスピードを加速させることが期待される。

最後に，今後の産業利用ビームラインにおける粉末回折装置の展望を述べる。現在の装置構成では，実験に関わる作業の大部分は自動化・高効率化されているが，検出器であるIPに関わる作業のみが，「オフライン作業」として残っている。近年，内外の放射光施設において，更なるハイスループット化を目指して検出器の「オンライン化」が推進されており，粉末回折測定に関しては，1次元検出器MYTHENの開発と利用が進んでいる[8,9]。今後，高エネルギーX線の検出効率などが改善され，SPring-8の粉末回折装置においても，IPからオンライン検出器への移行が順次進められて行くことだろう。

文　献

1) E. Nishibori et al., *Nucl. Instrum. Methods Phys. Res. A*, **A467-468**, 1045-1048（2001）
2) M. Takata et al., *Advances in X-ray Analysis*, **45**, 377-384（2002）
3) BL02B2でも，BL19B2に先んじて自動試料交換ロボットを開発している。K. Kato et al., *Advances in X-ray Analysis*, **51**, 36-41（2008）
4) K. Osaka et al., *AIP Conf. Proc.*, **1234**, 9（2010）
5) http://www.certif.com/content/spec/
6) http://www.uwsc.info/
7) http://support.spring8.or.jp/powder.html
8) F. Gozzo et al., *Z. Kristallogr.*, **225**, 616-624（2010）
9) A. Bergamaschi et al., *J. Synchrotron Rad.*, **17**, 653-668（2010）

4 小角X線散乱

佐藤眞直[*]

4.1 小角X線散乱とは

小角X線散乱(Small Angle X-ray Scattering：SAXS)測定はX線散乱を利用した物質の構造解析技術の一つで，特に数nm～数100 nmサイズのメゾスコピックな構造の評価を対象とした手法である。X線は物質に入射すると物質中の散乱体，X線の場合は電子によって散乱される。照射域の各箇所からの散乱は干渉し合い，その散乱強度の散乱角2θ（入射方位と散乱方位のなす角）依存性は照射域中の散乱体の空間分布，すなわち電子密度の分布に影響される。このX線散乱強度の2θ依存性から物質中の構造，電子密度分布を分析するのがX線散乱による構造解析技術である。この散乱強度の2θ依存性を検討する時，2θは波数ベクトルqと呼ばれるパラメータに下記のような式で置き換えられる。

$$q = 4\pi \sin(\theta)/\lambda \tag{1}$$

ここでλはX線の波長である。このqに対する散乱強度の変化$I(q)$はその物質からの散乱振幅$F(q)$と下記のような式で記述される。

$$I(q) = A \cdot I_0 \cdot |F(q)|^2 \tag{2}$$

Aは装置係数，I_0は入射X線の強度である。この散乱振幅$F(q)$は物質中の電子密度分布$\rho(r)$のフーリエ変換であり，下記のような式で記述される。

$$F(q) = \int \rho(r) exp(-iqr) dr \tag{3}$$

すなわち$I(q)$から得られる$F(q)$のプロファイルから物質の構造情報を得ることができる。

小角X線散乱はその名が示す通り，小さい散乱角の領域のX線散乱強度プロファイルのことを指す。測定で得られたX線散乱プロファイルによってどのようなサイズの物質構造を評価できるかは，そのプロファイルの2θの範囲，すなわちqの範囲に依存する。その関係は図1の概念図に示すように反比例の関係にあり，qが大きいほど小さいサイズの，qが小さいほど大きいサイズの構造を反映する。例えば，一般的に知られるX線回折測定は2θが数度以上の広い散乱角領域において観測される回折パターンから物質中の結晶の周期構造を解析する手法であるが，これはÅのサイズオーダーの原子配列構造を対象としたものである。これに対し，サイズが数nm～数10 nmになる結晶の集合体である析出物や微粒子，ミセルなどの分子の会合構造，さらにそれらの凝集体のような，メゾスコピックな構造の情報は，より小散乱角領域の散乱プロファイルに含まれる。この小散乱角領域に注目するのがSAXSである。本稿では，SAXSデータから構造情報を解釈する際のポイントについて説明したのち，放射光施設でのSAXS測定装置の実例として，筆者が管

---

[*] Masugu Sato （公財)高輝度光科学研究センター　産業利用推進室　主幹研究員

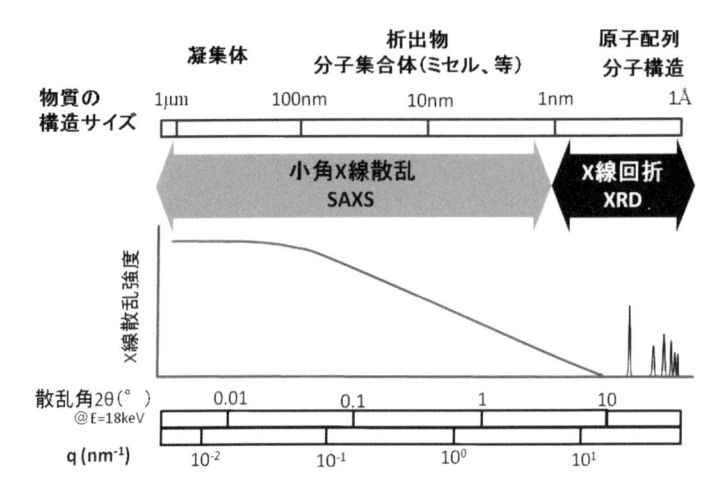

SPring-8の高輝度放射光を利用したグリーンエネルギー分野における電池材料開発

図1 X線散乱プロファイルの散乱角2θおよび波数ベクトルqの範囲と，物質構造のサイズとの関係

理しているSPring-8の産業利用ビームラインBL19B2のSAXS装置を紹介する。

4.2 小角X線散乱データの見方

SAXSのプロファイルは一般的に図1の概念図が示す通り，X線回折ピークのようなシャープなプロファイルは示さず，ぼわーとした散漫散乱である。このような散乱プロファイルのどのような特徴に注目すると，材料中に存在する構造体の情報が引き出せるのか，簡単なモデルを使って考えてみる。まず，散乱体として，真空中に孤立して浮かんでいる内部の密度分布が均一な半径Rの球体粒子を考えてみる。この散乱体中の電子密度分布$\rho(r)$は下記のような式で記述できる。

$$\begin{aligned}\rho(r) &= \rho_0 \quad \text{for } |r| \leq R \\ \rho(r) &= 0 \quad \text{for } |r| > R\end{aligned} \tag{4}$$

この$\rho(r)$をフーリエ変換すると，この球体からの散乱振幅$F(q)$は下記の式で表せる。

$$F(q) = \rho_0 v \frac{3(\sin(qR) - qR\cos(qR))}{(qR)^3} \tag{5}$$

ここでvは球体の体積である。この散乱振幅と式(2)を用いて計算した散乱プロファイル$I(q)$を図2(a)に示す。これは球体の半径Rを5，10，25 nmとした時の$I(q)$を比較したものである。このように半径の逆数に比例した周期の振動パターンを示し，この周期から散乱体の半径を推定することが可能である。しかしながら実際の物質中に存在する散乱体は，ミセルなどサイズがコントロールされた系を除けば，サイズに分布がある場合が多い。この場合，いろいろなサイズの散乱体からの散乱が重なるため，図2(b)のように高q側の振動パターンはつぶれてなだらかなプロ

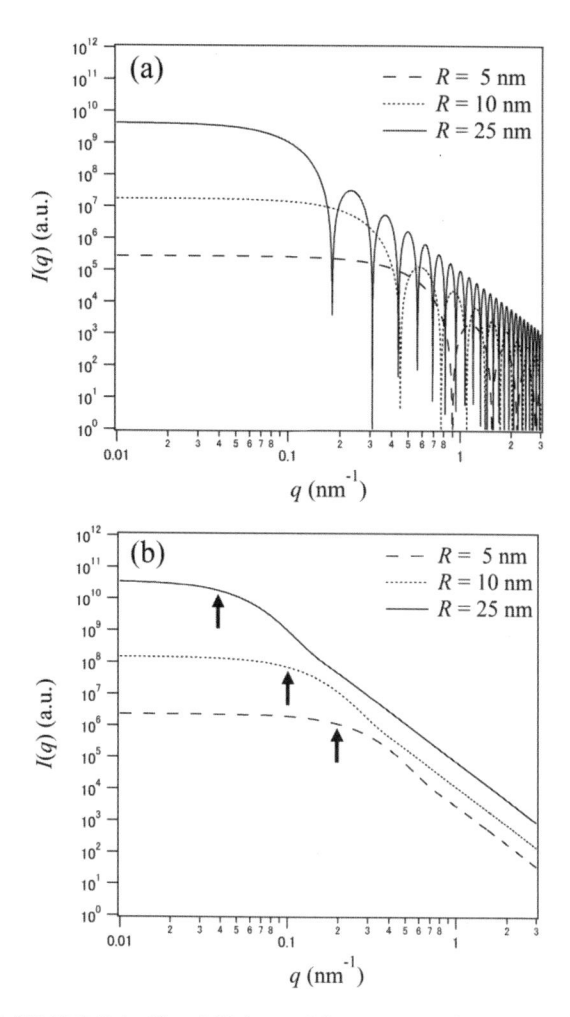

第1章　SPring-8放射光を利用した新しい解析手法

図2　(a)内部の密度分布が均一な孤立した球体からの散乱プロファイルのシミュレーション，(b)内部密度が均一で，サイズに分布がある球体がそれぞれ孤立している状態で分布している系からの散乱プロファイルのシミュレーション

ファイルになる。この場合，それぞれの散乱体のサイズの特徴を示すのは，図中に矢印で示す低q側のショルダーの位置で，サイズが大きくなるほどショルダーの位置が低q側にシフトする。すなわち，このショルダーの位置から低q側の平坦なプロファイルを示す領域の広がりから散乱体の平均的なサイズを推定できる。

　以上の考察は散乱体の形状が球形の場合を考えたが，他の形状についても同様に式(2)，(3)を用いて考察してみる。図3は内部の密度分布が均一な球形（sphere），円盤（disk），円柱（cylinder）の形状を持つ粒子が真空中に孤立して浮かんでいる場合の散乱プロファイルを比較したものである。それぞれの散乱プロファイルで特徴的なのは，その強度のq依存性に，球形の場合はq^{-4}に，

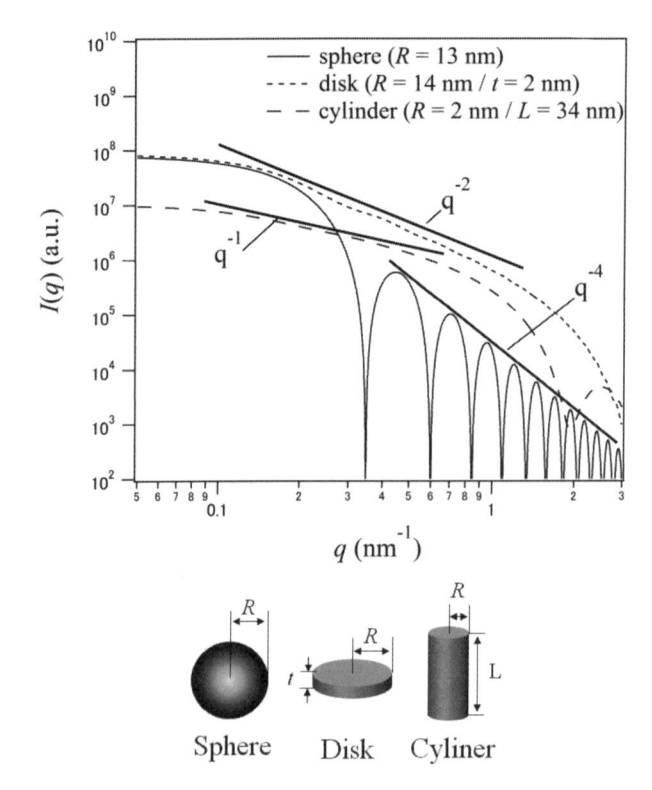

図3 内部の密度分布が均一で孤立して存在している球形（sphere），円盤（disk），円柱（cylinder）上の粒子からの散乱プロファイルのシミュレーション

円盤の場合はq^{-2}に，そして円柱の場合はq^{-1}に漸近する傾向を示す領域がある点である。このような特徴の有無に注目することで，散乱体がどのような形状を持っているのかについても考察することが可能である。

　以上の考察についての詳細，および他の構造モデルについての考察については他に良書があるので，文末に参考文献として紹介しておくのでぜひ参考にして理解を深めて頂きたい[1,2]。ここで，SAXSを用いた物質中のメゾスコピック構造の評価を検討するに当たって留意すべきポイントは，事前の他の手法（電子顕微鏡など）の評価によって，注目している構造のモデルをある程度把握しておくことが重要である，という点である。より確実な成果を得られるSAXS測定を行うには，自分が注目している構造からの散乱プロファイルについて，上述のような特徴を示すq領域を測定領域として実現できる実験条件を設定する必要がある。そのためには，あらかじめ想定した構造モデルを基に散乱プロファイルのシミュレーションを行ってその特徴を把握することが効果的である。特に，配分されたマシンタイムの中で測定を実施しなければならない放射光施設での実験では，試行錯誤できる時間が限られているため，この事前の検討をどれだけ十分できているかが実験の成功のカギである。

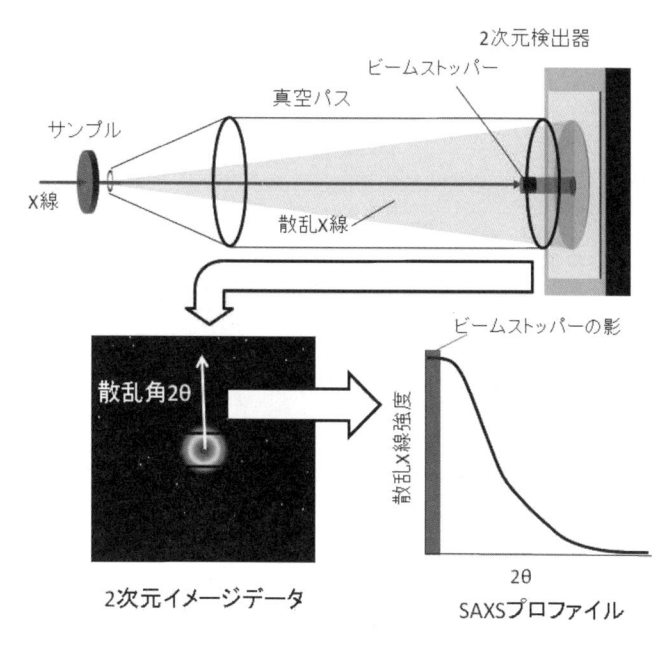

第1章　SPring-8放射光を利用した新しい解析手法

図4　2次元検出器を用いた小角X線散乱カメラの概念図

4.3　SPring-8産業利用ビームラインBL19B2の小角X線散乱装置

　現在SAXS測定装置で一般的によくつかわれているのは2次元検出器を用いたSAXSカメラである。図4にその概念図を示す。測定サンプルに透過配置X線を入射し，その下流に設置した2次元検出器で散乱X線を検出する。2次元検出器の前には検出器に直接X線を照射しないように保護するためにビームストッパーを設置する。ビームストッパーとサンプルの間は，サンプルを透過したX線がビームパスの空気に散乱されて生じるバックグラウンド散乱の影響を抑制するため，真空パスを設置する。散乱プロファイルは2次元イメージデータとして記録されるため，全測定範囲の散乱プロファイルを1回の露光で取得することができるので，非常に能率的であると同時に散乱強度データの統計を上げ易いことがこの手法の最大のメリットである。この手法において，散乱データの角度分解能および測定角度範囲を決めているのはサンプルから検出器までのカメラ長である。特にビームストッパーが低散乱角領域の散乱信号を隠してしまうため，小角域のデータを取得するには，このカメラ長を長くすることが必要である。カメラ長を長くするには入射X線のビーム発散をどれだけ抑えることができるかも重要なポイントとなる。その点で高平行性を特徴とする放射光光源の応用は大きなメリットとなる。

　筆者が管理しているSPring-8のBL19B2のSAXS装置の最大の特徴はカメラ長にある。BL19B2は中尺ビームラインと呼ばれるカテゴリーに属するビームラインで3つの実験ハッチを持ち，光源からの全長は約120 mある。このうち最下流の第3ハッチ内に1～3 mのカメラ長の通常のSAXSカメラ（normal SAXS：n-SAXS）を設置している（図5(a)参照）。検出器は大型の2次元ピク

(a) 小角X線散乱装置

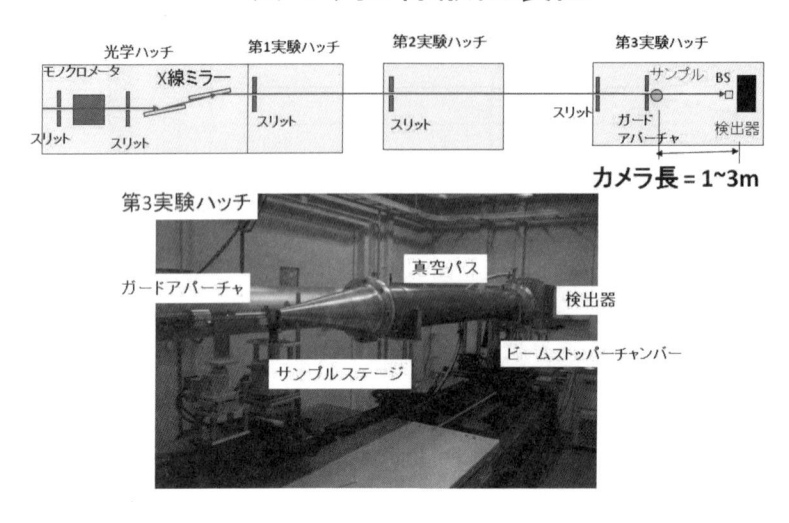

(b) 極小角X線散乱装置

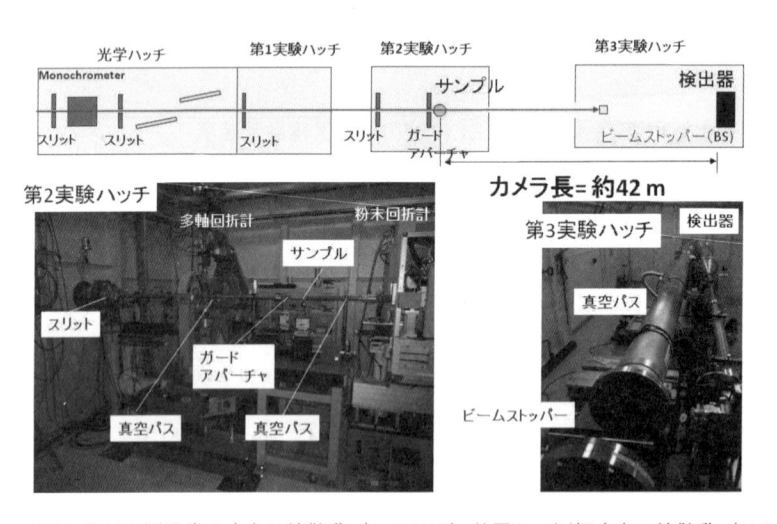

図5　SPring-8 BL19B2の(a)通常の小角X線散乱（n-SAXS）装置と，(b)極小角X線散乱（USAXS）装置

セル検出器PILATUS-2M[3～5]（検出素子面積253×289 mm，ピクセルサイズ172×172 μm）を設置している。この検出器の特徴はX線の検出をシングルフォトンカウンティング方式で行っているため低ノイズであることにあり，非常に微弱な信号でも検出可能である。通常使用するX線は18 keVで運用しており，カメラ長3 mの条件で，測定qレンジは0.06～3 nm^{-1}で，評価できる構造体のサイズは数nm～数10 nm程度である。図6(a)にこの装置で測定した金微粒子（粒子径$D=$ 10, 20, 50 nm）のSAXSプロファイルを示す。これに対し，長いビームライン構成を活用して極

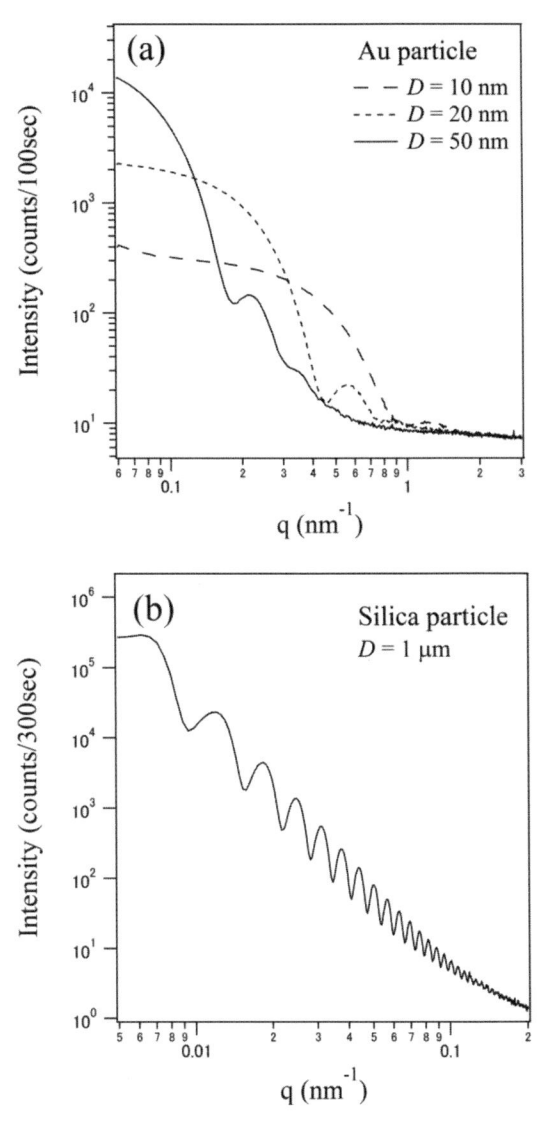

第1章　SPring-8放射光を利用した新しい解析手法

図6　(a)n-SAXSカメラ（X線エネルギー＝18keV，カメラ長＝3m）で測定した金微粒子（粒径D＝10，20，50nm）の散乱プロファイル，(b)USAXSカメラ（X線エネルギー＝18keV，カメラ長＝42m）で測定したシリカ微粒子（粒径D＝1μm）の散乱プロファイル

小角X線散乱（Ultra Small Angle X-ray Scattering：USAXS）と呼ばれる装置構成を取ることもできる。検出器は第3ハッチの最下流に設置したままで，サンプルを第3ハッチから上流に40m離れた第2ハッチ内に設置することで，カメラ長約40mのUSAXSカメラを実現することが可能である（図5(b)参照）。この場合X線エネルギー18keVで測定qレンジは0.005～0.2nm^{-1}で，通常のSAXS装置では評価することが難しい数100nm程度の構造体の評価も可能となる。図6(b)に

SPring-8の高輝度放射光を利用したグリーンエネルギー分野における電池材料開発

このUSAXS装置で測定した粒子径1μmのシリカ微粒子のSAXSプロファイルを示す。球体からの散乱に起因する振動パターンが明確に観測出来ていることが分かる。

文　　　献

1) O. Glatter, O. Kratky ed., "Small-angle X-ray Scattering", Academic（1982）
2) 松岡秀樹，日本結晶学会誌，**41**，p.213-226（1999）
3) P. Kraft, A. Bergamaschi, Ch. Broennimann, R. Dinapoli, E. F. Eikenberry, B. Henrich, I. Johnson, A. Mozzanica, C. M. Schlepütz, P. R. Willmott, B. Schmitt, *J. Synchrotron Rad.*, **16**, p.368-375（2009）
4) H. Toyokawa, Ch. Broennimann, E. F. Eikenberry, B. Henrich, M. Kawase, M. Kobas, P. Kraft, M. Sato, B. Schmitt, M. Suzuki, H. Tanida, T. Uruga, *Nucl. Instr. and Meth. in Phys. Res.* A, **623**, p.204-206（2010）
5) 豊川秀訓，兵藤一行，日本放射光学会誌，**22**，p.256-263（2009）

5 薄膜X線散乱・回折

小金澤智之*

5.1 概要

本章ではシリコン基板やガラス基板などの平坦な基板上に成膜された，膜厚が数nmから数μmの薄膜材料を対象としたX線散乱・回折の特徴について述べる。薄膜を対象としたX線散乱・回折現象を利用した分析手法には，X線反射率法，微小角入射X線小角散乱法，微小角入射X線回折法など複数の測定手法があるが，本章では代表的測定手法であるX線反射率法と微小角入射X線回折法について解説する。

5.2 X線反射率法（X-ray Reflectivity, XRR）
5.2.1 X線反射率法の概要

X線反射率法は薄膜試料表面にX線を入射し，表面で反射するX線反射強度の入射角依存を測定する。そして得られたX線反射率プロファイルから薄膜の①膜厚，②密度，③表面／界面粗さを解析する手法である。平坦な基板に成膜された薄膜であれば，無機材料・有機材料を問わず，多くの薄膜材料の評価技術として盛んに利用されている。

X線反射率法の概要を図1に示す。図1(a)に示すように，平板上の試料に対して入射角θをつけてX線を入射すると，空気と試料界面において透過するX線と，空気と試料界面によって反射するX線が存在する。この反射X線強度は入射X線と試料表面のなす角（入射角θ）に大きく依存する。物質の密度とX線の波長で決まる全反射臨界角θ_c以下では，試料表面が理想的に平坦かつ平滑であれば，入射X線は試料表面で全反射する。入射角が全反射臨界角θ_cより大きくなると，反射X線強度は急激に減少する。X線反射率測定では入射X線強度I_0に対する反射X線強度I_1，すなわち反射率I_1/I_0の入射角依存性を測定する。通常のX線発生装置や放射光施設では入射X線を傾けることは困難のため，入射角を変化させるときは入射X線に対して試料を傾ける。入射角がθのとき，反射X線は入射X線に対して$2\times\theta$の方向に反射されるため，反射X線を検出するように検出器も移動させる。図1(b)には測定されたX線反射率プロファイルを示す。横軸には入射角θの他にも，散乱角2θや波数q（$=4\pi\sin\theta/\lambda$，λはX線の波長）をとることも多い。

次にX線反射率法から得られる情報について述べる。シリコンやガラスのような基板からのX線反射率（計算）を図2(a)に示す。基板のみの場合，界面は空気／基板の一つである。全反射臨界角θ_c以下の全反射領域では反射率は1であり，全反射臨界角θ_cを超えると，反射X線強度は滑らかに単調減衰している。全反射臨界角θ_cと質量密度には次の関係がある。

$$\rho_M = \frac{2\pi\theta_c^2}{r_e\lambda^2 N_A} \tag{1}$$

---

* Tomoyuki Koganezawa （公財）高輝度光科学研究センター　産業利用推進室　研究員

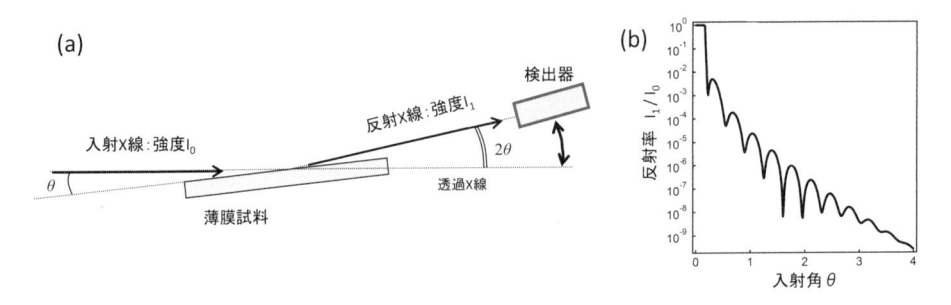

SPring-8の高輝度放射光を利用したグリーンエネルギー分野における電池材料開発

図1 X線反射率測定概要

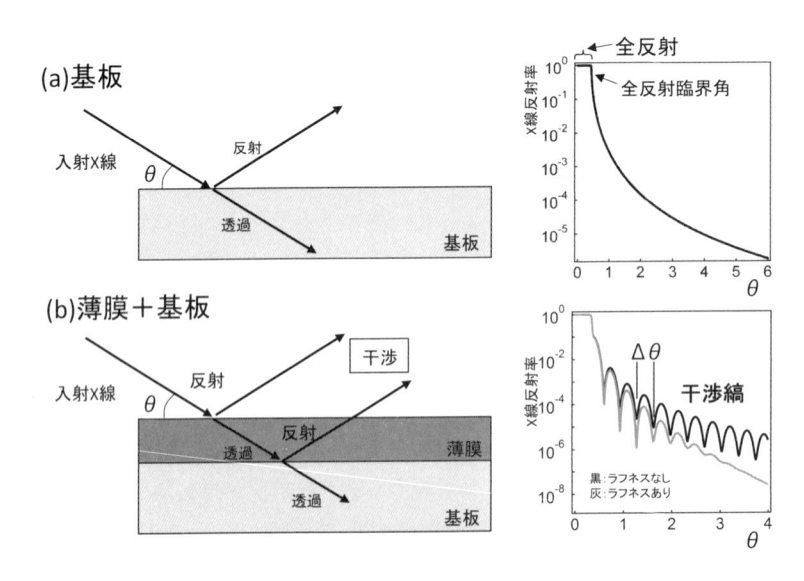

図2 基板と薄膜のX線反射率（計算）

　ここでr_eは古典電子半径，λはX線の波長，N_Aはアボガドロ数である。式(1)から分かるように，全反射臨界角から物質の密度を求めることができる。次に基板上に薄膜が成膜された場合のX線反射率（計算）を図2(b)に示す。この場合，空気／薄膜と薄膜／基板の二つの界面が存在する。これら二つの界面から反射された反射X線は，入射角によって位相がそろって強めあったり，位相がずれて弱めあったりする。よって反射率には反射臨界角θcを超えたあたりから干渉縞に相当する振動構造が観測される。この強度振動の山と山（あるいは谷と谷）の振動間隔$\Delta\theta$から膜厚を求めることができる。また図5(b)のX線反射率プロファイルには表面／界面ラフネスがない場合（黒線）とある場合（灰色）の計算結果を示している。表面／界面ラフネスがあるときは，高角側で反射率や強度振動振幅の減衰が大きくなり，明瞭な強度振動が見えなくなる。このことを利用して表面／界面ラフネスを求めることができる。

　このようにX線反射率法では反射率プロファイルに現れる全反射臨界角や強度振動の周期・振

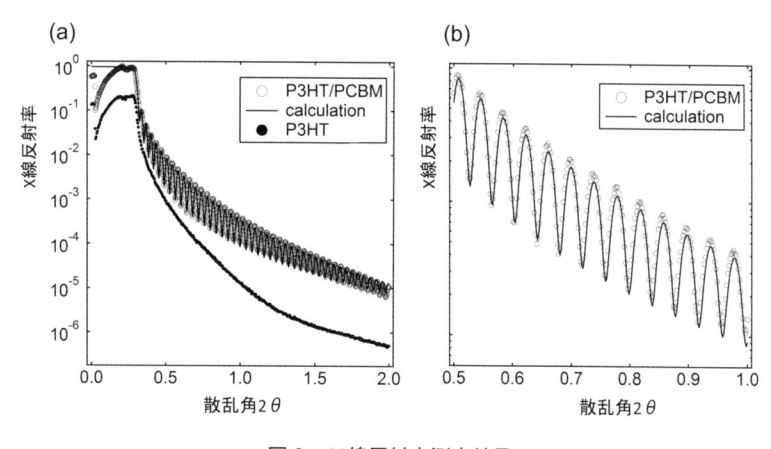

第1章　SPring-8放射光を利用した新しい解析手法

図3　X線反射率測定結果

幅・減衰などから薄膜の情報を得ることができる。X線反射率測定で得られる情報をまとめると以下のようになる。

- 振動周期→膜厚
- 全反射臨界角,振動振幅→密度
- 振動減衰→表面／界面粗さ

これらは単層膜のみならず多層膜でも適用できる。

5.2.2　有機薄膜太陽電池の活性層のX線反射率による評価

　ドナー材料としてP3HT：poly（3-hexylthiophene），アクセプター材料としてPCBM：phenyl-C_{61}-butylic acid methyl esterを用い，それらの混合させたものを活性層とする有機薄膜太陽電池はモデル試料として盛んに研究されている。X線反射率法を用いて，スピンコート法でガラス基板に成膜されたP3HT単膜とP3HT/PCBM混合膜の評価を行った。図3(a)にP3HT単膜とP3HT/PCBM混合膜のX線反射率を示す。見やすくするために1桁のオフセットをつけている。P3HT/PCBM混合膜では明瞭な強度振動が観察されているが，P3HT単膜では観察されていない。これはP3HT単膜ではP3HTの凝集力が強く表面ラフネスが大きいためと考えられる。一方，混合膜ではPCBMが混ざることでP3HTの凝集力が緩和され表面ラフネスが小さい平坦で均質な薄膜が形成されており，これは活性層上に成膜される電極への電荷移動に有利に働くと予想される。明瞭な強度振動が観察されたP3HT/PCBM混合膜について，X線反射率解析ソフト（rigaku GXRR3）を用いてフィッティング解析を行った。解析結果は図中黒線で示している。図3(b)の拡大図に示すように，実験結果をよく再現できている。フィッティングで得られたP3HT/PCBM混合膜の膜厚，密度，ラフネスを表1に示す。

SPring-8の高輝度放射光を利用したグリーンエネルギー分野における電池材料開発

表1 X線反射率解析結果

	thickness [nm]	density [g/cm^3]	roughness [nm]
P3HT/PCBM	139	1.43	0.1
glass	—	2.5	0.8

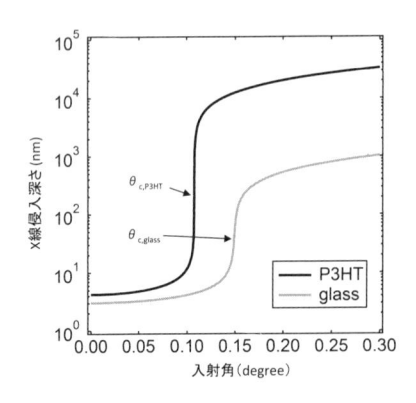

図4 全反射臨界角付近におけるX線侵入深さ（計算）

5.3 微小角入射X線回折
5.3.1 微小角入射X線回折の概要

　微小角入射X線回折（Grazing Incidence X-ray Diffraction：GIXD）は全反射臨界角付近の入射角でX線を試料に入射し，薄膜試料からの回折X線の位置と強度を測定する。一般的に薄膜の膜厚は数nmから数μm程度であり，基板と比べて体積は極めて小さい。よって通常の透過配置でのX線回折測定では，薄膜からのシグナルは基板からのシグナルに埋もれてしまい，検出できなくなる。これを解決しているのがGIXDであり，基板からのシグナルを極力小さくし，薄膜からのシグナルを効率的に得る手法である。斜入射X線回折・すれすれ入射X線回折など種々の呼び方がある。明確な回折線が得られないような試料の場合は微少角入射X線散乱（Grazing Incidence X-ray Scattering：GIXS）と呼ばれることもある。GIXDはX線回折法の一種であり，得られる情報は通常のX線回折法と同じで，結晶構造・結晶性・配向性などである。

　図4に全反射臨界角付近におけるX線侵入深さの入射角依存性を示す。X線波長が0.1 nm，P3HTの密度が1.3 g/cm^3，ガラス基板の密度を2.5 g/cm^{3}として計算した。侵入深さはX線強度が1/eに減衰する距離と定義されているので実際にはもう少し深いところまでX線は到達する。全反射臨界角より小さい角度でX線を入射するとX線侵入長は数nmに制限されるが，全反射臨界角付近でX線侵入深さは急激に大きくなり，臨界角を超えるとX線侵入深さは数μmとなる。このように入射X線の入射角を変化させることで，深さ方向のX線侵入長を制御することができ，たとえばP3HTの臨界角より大きく，ガラス基板の臨界角より小さい角度を入射角に選ぶことで，X

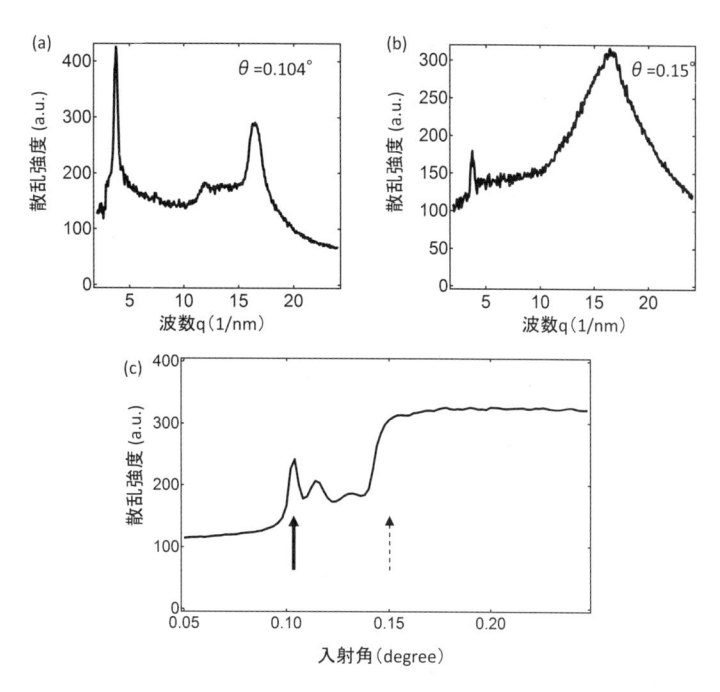

第1章　SPring-8放射光を利用した新しい解析手法

図5　P3HT薄膜のGIXDプロファイルと入射角依存性

線はP3HT薄膜全体に侵入するが，ガラス基板で全反射することでほとんどガラス基板には侵入しない。この条件ではガラス基板からのシグナルを抑え，P3HT薄膜からのシグナルを得ることができる。

このことを実験的に示したのが図5である。図5(a)はガラス基板上に成膜されたP3HT薄膜のGIXDプロファイルであり，入射角はP3HTの臨界角付近である0.104°で測定した。$q=3.8\,\mathrm{nm}^{-1}$のピークはラメラの1次ピークであり，$q=15.8\,\mathrm{nm}^{-1}$のピークはππスタックを示すピークである。検出器を$q=15.8\,\mathrm{nm}^{-1}$のピークに固定し，入射角を変化させたときの回折X線強度変化を図5(c)に示す。P3HTの臨界角付近である0.104°でピーク強度は最大となり，入射角を大きくすると膜厚干渉による強度振動をしながら減少する。その後ガラス基板の全反射臨界角0.144°より入射角が大きくなると，ガラス基板からの散乱が増大する。入射角を0.15°としたときのGIXDプロファイルを図5(b)に示す。$q=16.0\,\mathrm{nm}^{-1}$付近のブロードな散乱がガラス基板からの散乱であり，P3THのππスタックを示すピークが埋もれて観測できていないことがわかる。このようにGIXDでは入射角を適切に選択することで薄膜からの情報を得ることができる。適切な入射角はX線波長，薄膜密度，基板密度によって変化するので，X線反射率や図5(c)のような測定を事前に実施し，臨界角を把握しておくことは重要である。また臨界角付近では入射角が0.01°変化しただけでも侵入深さや回折X線強度を大きく変動する。よって入射角の精度は非常に大切で0.01°もしくはそれ以下の精度で入射角を制御する必要がある。入射角の精度を決定するのは入射X線の平行性・回折

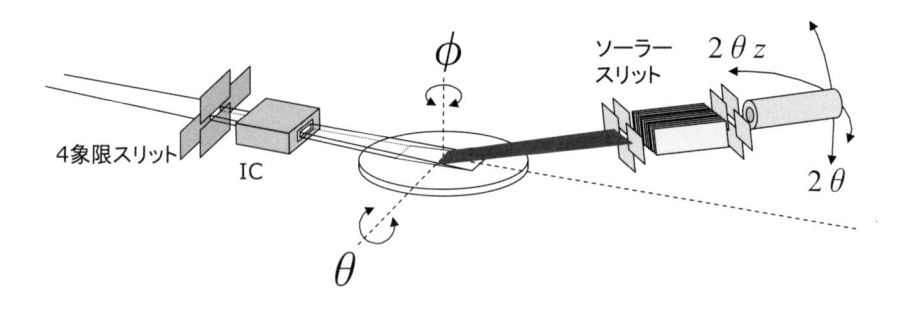

SPring-8の高輝度放射光を利用したグリーンエネルギー分野における電池材料開発

図6　微小角入射X線回折測定装置の概要

計の軸精度・試料表面の平坦性などであり，これらにも注意する必要がある。

5.3.2　微小角入射X線回折測定装置

　GIXD測定に必要な装置の一例を図6に示す。まず光源からのX線を4象限スリットで適当なサイズに成形し，イオンチェンバー（IC）で入射X線強度I_0を測定する。その後薄膜試料に入射する。試料からの散乱／回折X線は，2台の4象限スリット，あるいはソーラースリットを通し，シンチレーションカウンターなどのX線検出器で検出する。試料への入射角を変化させる軸はθ軸，試料法線方向を回転軸とし試料を回転させる軸がϕ軸，検出器を駆動する軸は2θと$2\theta z$軸がある。測定には試料だけを駆動させる測定・検出器だけを駆動させる測定・試料と検出器を同期して駆動する測定がある。測定者は散乱ベクトルの方向や求めたい情報などを吟味して測定手法を選択する必要がある。X線反射率も同じ装置で測定することができ，θ軸と2θ軸を同期して操作する$\theta/2\theta$スキャンが反射率測定になる。

　図6は検出器に位置分解能のない0次元検出器を用い，検出器の角度を走査することでGIXDプロファイルを取得する方法であるが，近年検出器に位置分解能のある2次元検出器を用いたGIXD測定が盛んに行われるようになっている。2次元検出器を用いたGIXD測定は角度分解能が低いためピーク位置やピーク幅の決定精度が悪いが，検出器を走査する必要がないため広い空間を短時間で測定できるという利点がある。基板に対して配向している試料やin-situ測定には有効な測定手法である。

5.3.3　有機薄膜太陽電池の活性層の微小角入射X線回折による評価

　有機薄膜太陽電池の活性層の結晶性や配向性が太陽電池特性に大きく影響するため，GIXDによる評価が行われている。図7にはガラス基板上に成膜したP3HT/PCBM混合膜の2次元検出器PILATUS 300 Kを用いたGIXD像とq_{xy}方向の1次元プロファイルを示す。2次元像の横軸は試料面内方向（in-plane），縦軸は試料膜厚方向（out-of-plane）である。微小角入射条件では散乱ベクトルが厳密に試料法線方向とは一致せず，高波数側でずれは大きくなることに注意が必要である。試料膜厚方向にはP3HTのラメラに由来する1次から3次のピークが観察され，面内方向に$\pi\pi$スタックに由来するピークが観察されていることから，P3HTは結晶性が高く骨格平面が基

第1章　SPring-8放射光を利用した新しい解析手法

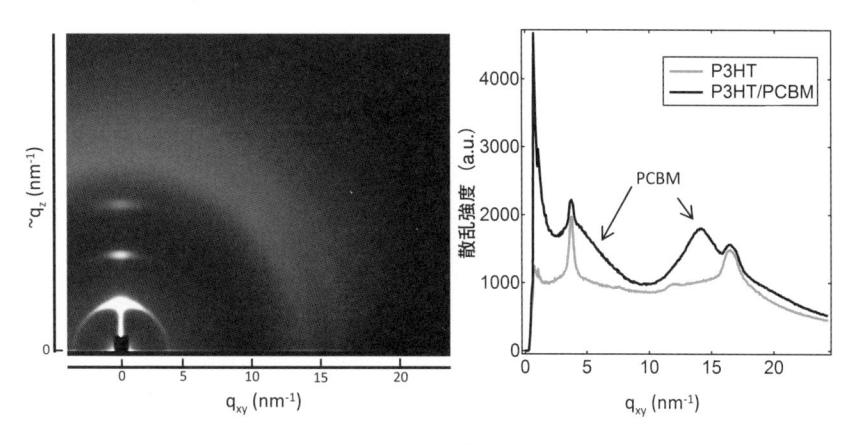

図7　P3HT/PCBM混合膜のGIXD測定結果

板に対して立ったedge-on配向をしている。1次元プロファイルにおいてP3HT単膜との比較からPCBMからの回折はq = 5 nm^{-1}と14 nm^{-1}付近にブロードな散乱として現れ，2次元像ではリング状で観察されていることからPCBMはP3HTと比べて結晶性は高くなく，基板に対して配向していないことが分かる。混合膜の1次元プロファイルにおいて1 nm^{-1}付近に強い散乱が観測されている。これは小角散乱とよばれ薄膜内でPCBMが数10 nm程度に凝集していることを示している。1 nm^{-1}以下の小角領域の散乱に着目した測定に微小角入射X線小角散乱（GISAXS）法があり，この手法では凝集サイズを求めることができる。

5.4　おわりに

本稿では膜厚が数nmから数μmの薄膜材料を対象とし，X線散乱・回折現象を利用した評価手法であるX線反射率と微小角入射X線回折について述べた。より深い理解には優れた成書を読んでいただきたい[1,2]。

文　献

1) 桜井健次編，X線反射率法入門，講談社（2009）
2) J. Als-Nielsen, D. Mcrrow著，雨宮慶幸ほか監訳，X線物理学の基礎，講談社（2012）

6 X線イメージング

梶原堅太郎*

6.1 はじめに

　X線イメージング技術は物体の内部構造を非破壊で画像化する測定手法である。よく知られているレントゲン写真はX線イメージング技術の一種であり，物体内の各部位におけるX線の吸収率の違いによって生じる透過X線の強度差をフィルムに記録したものである。レントゲン写真は物体の内部構造の情報を二次元に投影しており，奥行き方向の位置情報は得られない。三次元的な位置情報を得るためにはX線Computed Tomography（CT）で観察する。

　X線イメージング技術は非破壊で試料内部を観察することが可能であり，放射光と組み合わせることで，試料環境を制御しながら動的な観察を行うことができる。

　X線イメージング技術には，X線の吸収差以外にX線の位相差，回折や散乱などにより生じた強度差を利用したものなど多様な方法があるが，ここでは基本的なX線の吸収によるイメージング技術について述べる。

6.2 原理

6.2.1 X線の吸収

　X線の吸収は物体の構成元素の種類，密度，厚さ，および使用するX線のエネルギーによって決まり，構成元素の原子番号が大きい，密度が高い，厚さが厚いおよびX線のエネルギーが低いほどX線は物体に吸収される。(1)式はX線の透過強度を示した式である。

$$I = I_0 \exp(-\mu t) \tag{1}$$

Iは物体を透過したX線の強度，I_0は物体に入射したX線の強度，μは線吸収係数およびtは物体の厚さである。μは元素種，密度およびX線の波長に依存する。(1)式から線吸収係数が大きいほどX線が良く吸収されることが分かる。図1は線吸収係数の計算例である。グラフの横軸はX線のエネルギー，縦軸は線吸収係数を示している。鉄の線吸収係数がシリコンのそれより大きいことが分かる。また，X線のエネルギーが低いほど線吸収係数が大きいことが分かる。

6.2.2 二次元的な投影像（ラジオグラフィー）

　(1)式で示される透過X線強度の空間分布を，CCD（Charge Coupled Device）カメラやX線フィルムなどの画像検出器で測定したのがラジオグラフィーである。図2はカメラに投影された強度分布を模式的に示したものである。

　X線イメージング技術の能力を評価する指標に空間分解能，時間分解能および濃度分解能がある。それぞれ空間的，時間的および濃度的にどれだけ近接したものを区別して観察できるかを示した能力である。

＊　Kentaro Kajiwara　(公財)高輝度光科学研究センター　産業利用推進室　副主幹研究員

第1章　SPring-8放射光を利用した新しい解析手法

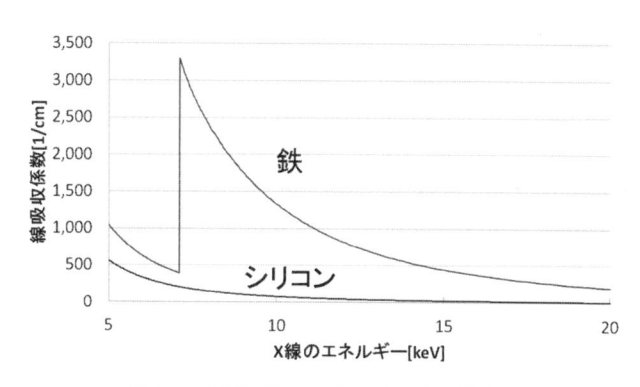

図1　線吸収係数のX線エネルギー依存性

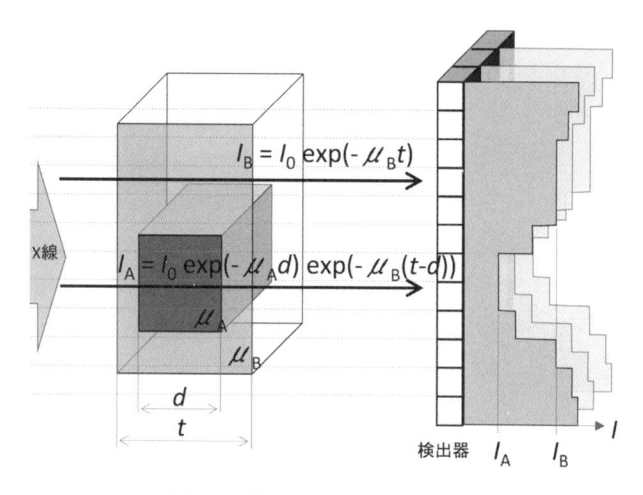

図2　X線イメージングの模式図

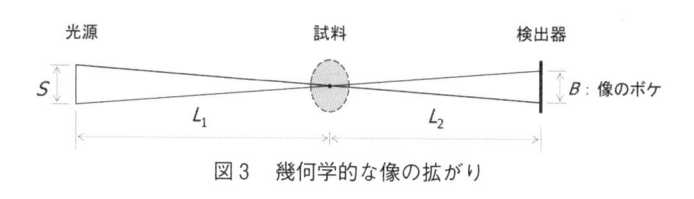

図3　幾何学的な像の拡がり

[空間分解能]　空間分解能は幾何学的な像の拡がりや検出器の画素サイズに依存しており，CTの場合には，回転軸のぶれの大きさにも依存する。図3は幾何学的な像の拡がりを図示したものである。物体中の一点が，検出器上では点ではなく広がっており，これが画像の空間分解能を劣化させる。幾何学的な像の拡がりの大きさBは(2)式で示すことができる。

$$B = S/L_1 \times L_2 \tag{2}$$

ここで，Sは光源のサイズ，L_1は光源から試料までの距離，およびL_2は試料から検出器までの距離である。

検出器の画素サイズやフィルム乳剤の粒子サイズなど画像を構成する最小単位が大きいと当然空間分解能は悪くなる。画素サイズは幾何学的な像の拡がりや回転軸のぶれより小さくする必要はない。画素が小さくなるとX線の受光面積が小さくなるため測定に長時間かかるようになってしまう。

CTの回転軸のぶれが大きいと，X線の照射方位ごとに観察位置がずれるため，再構成された断面像の空間分解能が悪くなる。

［時間分解能］　時間分解能は，検出器のフレームレート，透過X線の強度と，CTの場合には回転ステージの速度に依存する。検出器の性能として高いフレームレートで画像を取り込めないと高い時間分解能が得られないが，単にフレームレートのみ早くしてもX線の溜め込時間が短くなり，画像のコントラストが低下するため，意味のない画像になってしまう。十分なコントラストを得るだけの溜め込時間が必要になる。

［濃度分解能］　濃度（コントラスト）分解能はX線の強度，X線のエネルギー，X線のエネルギー幅および検出器のノイズに依存する。透過X線の強度は量子ノイズにより揺らぎを持つため，コントラストが低下する。この揺らぎの標準偏差は強度（光子数）の平方根と等しいため，強度が高いほど強度に対する揺らぎの割合は小さくなりコントラストが向上する。図4は強度の揺ら

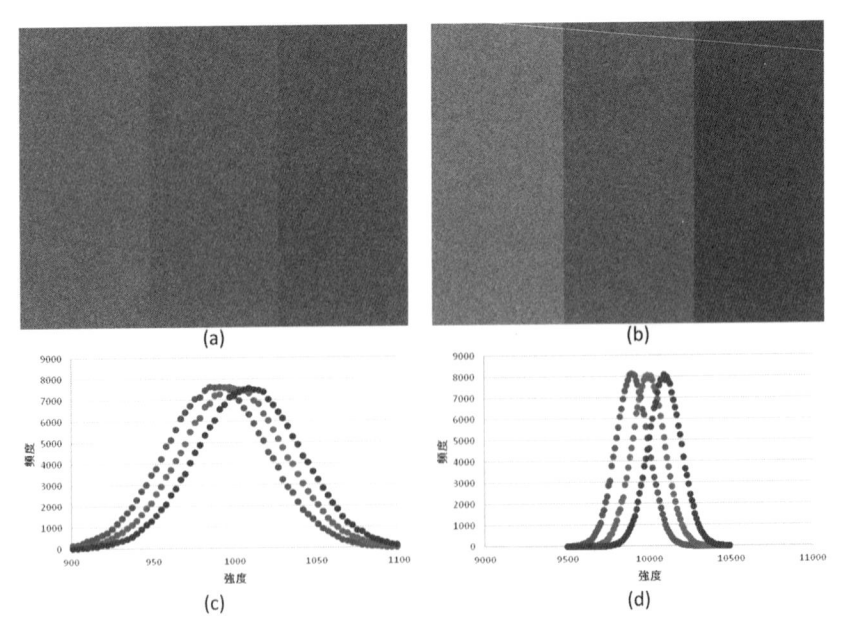

図4　X線強度の違いによる濃度分解能の違い
透過強度1000の画像(a)，10000の画像(b)，およびそれぞれのヒストグラム(c)(d)。

ぎによる画像の見え方の違いを示したものである。画像は横方向に3つの領域に分かれており，中央の領域とその右と左の領域とで強度がそれぞれ±1％異なっている。図4(a)では3つの領域の強度は左からそれぞれ990，1000および1010であり，これらの領域に31.46，31.62および31.78の標準偏差のノイズを画像処理で加えた。図4(b)の3つの領域の強度は9900，10000および10100であり，それに応じたノイズを加えている。強度が10倍高い図4(b)の方がコントラストが高いことが分かる。図4(c)と(d)は図4(a)と(b)の3つの領域のヒストグラムであり，図4(d)の分布がシャープであることが見てとれる。

どのエネルギーのX線を使用するかということもコントラストに影響を与える。図1に示すように高エネルギーほど線吸収係数の差は小さくなるため，透過強度の差が小さくなりコントラストが低下する。

また，使用するX線のエネルギー幅が広いと透過強度の値に広がりが生じてしまうためこれによってもコントラストが低下する。

検出器の各画素の強度斑や暗電流，読み出しノイズなどもコントラストを低下させる原因である。

6.2.3 CT

前述の二次元投影像（ラジオグラフィー）を多方向から測定し，それらのデータから物体内部の構造を三次元的に再構成する技術がCTである。再構成された画像の画素の値は線吸収係数を示す。再構成の計算方法は多様な方法があるが，ここではフィルタ補正逆投影について説明する。まずフィルタ補正のない逆投影について，定性的に簡単に説明する。図5(a)は物体の断面図とその投影データのグラフである。観察視野内に黒丸で示した物体が存在する場合を示している。投影データは，y軸に平行にX線を透過させたときおよびy軸から角度θをずらしてX線を透過させたときのものを例として示した。これらの投影データをそれぞれの投影方向に再度投影すると物体の形状が浮かび上がってくる。図5(b)には6方向の逆投影結果を示した。少ない投影方向であるが，図5(a)に示した黒丸が再構成されており，断面の再構成はこのように非常に簡単に行うことができる。図5(b)では逆投影のプロセスが分かりやすいように少ない投影方向で再構成したためスポーク状のコントラストが発生しているが，180方向から逆投影した図5(c)ではスポーク状のコントラストは発生していない。しかしながら黒丸の画像はぼんやりとしている。この画像のぼけを補正するために，投影データにフィルタ処理を施した後に再構成を行うのがフィルタ補正逆投影である。図5(d)にフィルタ補正逆投影による再構成結果を示す。図5(c)と比較して，元の断面（図5(a)）がより忠実に再現されている。これらの処理により各断面を再構成し，積み重ねると三次元的な内部構造の画像を得ることができる。

6.3 装置

放射光X線イメージングの装置構成は，光源部，試料周辺部および検出器部である。以下にそれぞれの装置部を説明する。

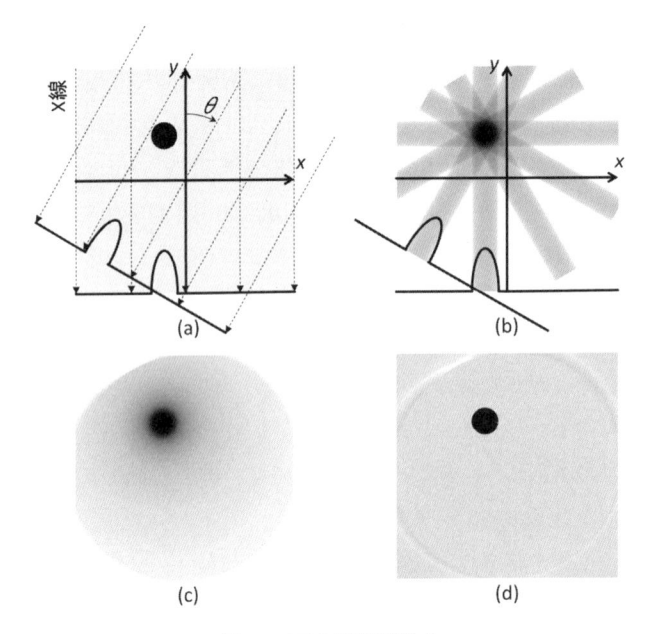

SPring-8の高輝度放射光を利用したグリーンエネルギー分野における電池材料開発

図5　CTの画像再構成
元画像と投影データ(a)，逆投影（6投影）(b)，逆投影（180投影）(c)
およびフィルタ補正逆投影（180投影）(d)。

6.3.1　光源

　放射光X線には様々な特徴があるが，X線イメージングに対する利点をいくつか示す。

　［高強度］　濃度分解能の説明で述べたように，明確なコントラストを得るためにはX線の溜め込みが必要であり，放射光は強度が高いため，短時間で明確なコントラストの画像を得ることができる。これにより試料内部の変化を動的に観察することができる。

　［高指向性］　放射光は高い指向性を有している。図6は指向性の違いを模式的に示したものである。図6に示している微小領域を観察するとき，図6(a)と比較して図6(b)は大部分が観察に寄与せず無駄になっており，指向性が高い放射光は微小領域のイメージングを効率よく行うことができることが分かる。

　また，単結晶を使ってX線を単色化すると狭い角度範囲が取り出されるがこの時も指向性が高いと効率よく単色化を行うことができる。単色化した時のX線のエネルギー幅が狭いと画像のコントラストが高くなり，また，CT再構成を行った時の画素の値の精度が高くなる。

　指向性が高いと，光源から試料までの距離を離しても強度の低下が少ないため，式(2)におけるL_1を大きくすることが可能であり，画像のぼけを小さくすることができる。別の見方をすると，SとBの値が固定ならば，L_1が大きいとL_2を大きくすることができるため，ワークディスタンスを大きくとれる。これにより，試料環境を制御する装置などを設置する空間を確保することがで

第1章　SPring-8放射光を利用した新しい解析手法

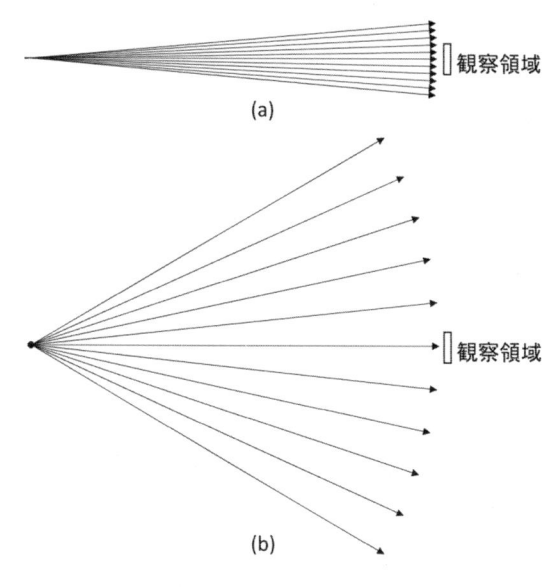

図6　X線の指向性の違い
高い指向性（放射光X線）(a)および低い指向性（実験室系X線）(b)。

きる。

［広いエネルギー帯］　放射光はいろいろなエネルギーのX線を含んでおり，実験に使用するX線のエネルギーを選択することができる。図1に示すように元素には固有の吸収端があり，特定の元素を選択してコントラストをつけることもできる。

［高エネルギー］　SPring-8は他の放射光施設と比較して高いエネルギーのX線を使用することができる。図1に示すように高エネルギーX線は透過能が高いため，厚い試料や重い元素からなる試料の内部を観察することができるし，試料環境を制御する装置などを透過して観察することができる。

6.3.2　試料部

放射光の特徴を活用すると，試料環境を制御しながら試料の内部観察を行うことができる。CT用にこれらの装置を設計する際には注意が必要である。CT測定では試料は 0 ～180°まで回転する。回転中に装置の一部が画面を横切るなどして起こる，予期せぬX線の強度変動が起こらないような装置の構造にする必要がある。図7はCT用の引張試験器である。ポリカーボネイト製のパイプの中に試料が収められており，パイプを支柱に外力が負荷される。CT測定中この装置は試料と共に回転するが，装置によるX線の減衰はX線の照射方向によらず一定であり，また，その減衰量も小さいため，CT測定に与える影響が無視できる。

6.3.3　検出器

SPring-8のBL19B2のイメージング実験では，検出器にCCDやCMOS（Complementary Metal

SPring-8の高輝度放射光を利用したグリーンエネルギー分野における電池材料開発

図7 CT用引張試験器

Oxide Semiconductor）のイメージセンサーを用いており，試料を透過したX線画像を，蛍光体で可視光の像に変換し，これをレンズで拡大してイメージセンサーで画像を取得している。レンズの拡大率で実効的な画素サイズをある程度任意に変更できる。視野サイズは，この実効画素サイズとイメージセンサーの画素数の積で決まるため，実効画素サイズを小さくして空間分解能を向上させると視野は狭くなる。

6.4 測定

　放射光施設での実験では，施設の使用時間に限りがあるため，事前に実験条件を十分に検討する必要がある。実験の目的を達成するために必要な空間・時間・濃度分解能を検討し，試料サイズ，X線のエネルギー，および検出器の種類を決定する。

　空間分解能が決まれば，実効画素サイズと視野サイズが決まる。CTの場合，基本的に試料は，回転させても視野内に収まる形状とサイズにする必要がある。試料のサイズが決まるとそれを透過させるために必要なX線のエネルギーが決まる。X線のエネルギーが低すぎると試料を透過できないし，高すぎるとコントラストが弱くなり，また，検出器の検出効率も下がる。線吸収係数と試料厚さの積が1になるようなX線のエネルギーを目安として実際に観察を行い最適なX線のエネルギーを決定する。画像のコントラストが弱いときにはX線のエネルギーを下げる必要があり，その時は，X線が試料を透過できるように試料サイズを小さくしなければならない。

7 硬X線光電子分光（HAXPES）

陰地　宏[*]

7.1 序

　本節で解説する硬X線光電子分光（hard X-ray photoemission spectroscopy, HAXPES）は，近年実用上実施可能となった比較的新しい実験手法である。HAXPESでは数keVの硬X線を励起光として用いるため，紫外光や軟X線（数eV〜1.5keV）を励起光として用いる従来の光電子分光（Photoemission spectroscopy, PES）と比べて，分析深さが数倍以上になる（バルク敏感性）。紫外光や軟X線によるPESは古くから利用され，現在では標準的な表面分析ツールとなっているが，硬X線を用いる光電子分光の試みは，古くは'70年代に遡ることが出来るものの[1]，励起X線の強度不足とアナライザーの性能不足のため，近年まで実用的な手法ではなかった。しかし2000年代に入り，SPring-8をはじめとする第三世代放射光施設において高輝度ビームラインが建設され，光のバンド幅を狭くしても十分な光量を有するX線が利用可能となったことと[2]，数keVの運動エネルギーを持つ電子の分析に対応できる高耐圧なアナライザーが開発されたこと[3,4]が契機となり，実用的な信号強度およびエネルギー分解能でのHAXPES実験が可能となった[5]。

　それ以来，HAXPESが各分野で注目を浴びるようになってきた。学術的な研究においては，強相関系化合物の価電子帯スペクトルが，従来の軟X線励起の光電子分光とHAXPESとでは大きく異なることが分かり，バルク内部の電子構造を調べるためには本手法が必須であることが示された[6]。また産業利用研究においても，例えば積層構造を持つゲートスタック材料において，埋もれた各層の界面付近の電子状態をスパッタリングなどを用いないで非破壊で調べるという，従来の光電子分光では困難であったことがHAXPESでは可能となる。このようなHAXPESの産業利用研究における有用性は次第に認識されつつあり，上述のゲートスタックやパワーデバイス，シリコン系太陽電池といった無機デバイス材料，有機EL素子や有機LED，有機太陽電池といった有機デバイス材料，鉄鋼材料の不働態皮膜解析といった，産業応用上重要な分野でのHAXPES利用が拡大しており，本書の主題である電池材料研究にも展開を始めている。

　本節ではHAXPESの測定原理と特徴について説明する。次に測定系について，我々のビームラインを例にとり解説する。最後に，HAXPESを用いた研究例をいくつか紹介する。

7.2 HAXPESの原理および特徴

　光電子分光法（photoemission spectroscopy, PES）は，励起光を物質に照射することにより生じる光電子の運動エネルギー分布を測定することにより，物質内の電子構造を調べる手法である。励起光エネルギー$h\nu$と観測される光電子の運動エネルギーE_Kの間には以下の関係がある[7]。

$$E_K = h\nu - E_b - \phi$$

---

[*]　Hiroshi Oji　(公財)高輝度光科学研究センター　産業利用推進室　技師

ここで，E_bは電子の束縛エネルギー，ϕは試料の仕事関数である。HAXPESも同じPESの仲間なので同じ式に従う。

しかし軟X線励起のPES（SX-PESと略する）に比べ，硬X線を励起光として用いるHAXPESでは$h\nu$が大きくなるため，その分E_Kも大きくなる。励起光に比べて光電子の方が圧倒的に物質との相互作用が大きいため，PESにおける光電子の検出深さは，全反射臨界角に近い極端な斜入射条件を除けば，光電子の脱出深さと同等と考えてよい。光電子の脱出深度を考える場合，通常電子の非弾性平均自由行程（inelastic mean free path）λが目安になる。図1に各物質内におけるλのE_Kに対する依存性[8]を示したが，物質による絶対値の違いはあるが100 eV以上ではE_Kに対してλは単調に増加する。例えばSiO_2中の電子のλは，$E_K = 1.5$ keV（ラボ装置でよく利用されるAl Kα線で，浅い準位の電子を励起した時に相当）の時は4 nm程度であるのに対し，$E_K = 8$ keV（硬X線での励起）の時は16 nm程度と約4倍まで上昇する。分析深さを$d = 3\lambda$（95%情報深さ）とすると，SiO_2の場合で50 nm弱，金の場合でも20 nm近い深さまで分析が可能ということになる。このようにHAXPESはSX-PESに比べ分析深さが数倍深い（バルク敏感性）というのが最大の特徴である。

このHAXPESのバルク敏感性に付随して，いくつかの分析上の利点がある。

例えば，光電子の出射角（take-off angle, TOA, 電子の出射方向と試料表面とのなす角で定義）をθとすると，分析深さは$d = 3\lambda \sin \theta$とあらわされる。よって光電子の出射角依存性を測定することにより，深さ方向分析も可能である。もちろんSX-PESでも同様な測定は可能であるが，HAXPESでは，SX-PESに比べて数倍以上深い領域での深さ方向分析が行えるという利点がある。

また，表面が汚染された試料や，大気中では不安定な試料などの測定を行う場合，表面敏感なSX-PESでは，真空中で試料表面をスパッタリングしたり，真空内で試料を劈開して清浄な面を露出させたりする前処理がしばしば必要となるが，HAXPESはバルク敏感（裏を返せば表面鈍感）

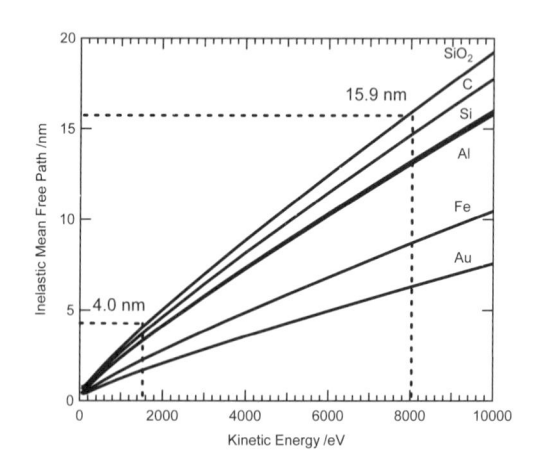

図1　各物質内における電子の平均自由行程の運動エネルギー依存性

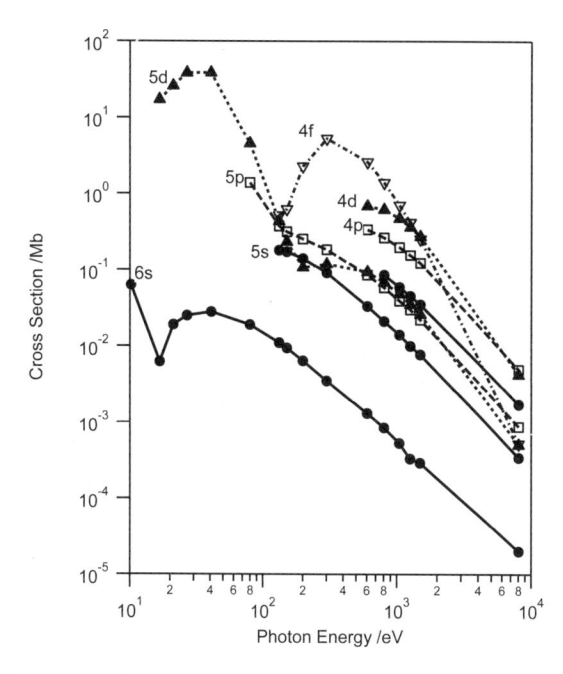

第1章　SPring-8放射光を利用した新しい解析手法

図2　金の各準位の光電子放出断面積の励起エネルギー依存性

であるため，上記の前処理を行わなくても測定が出来る場合が多い。また，スパッタリングによる試料の変質も気にしなくても良い。これらもHAXPESの利点である。

バルク敏感性の他に，選択できる準位の選択肢が広がるという利点もある。多数の元素種を含む試料の場合，測定したい元素の内殻準位が他の元素のピークに重なってしまう事がしばしばおこる。しかし，HAXPESの場合よりSX-PESでは励起できない深い内殻準位の分析も出来るので，ピーク同士の重なりを回避出来る可能性が高くなる。

一方，励起光エネルギーが大きくなると，光イオン化断面積が指数関数的に小さくなる。金の4f準位を例にとると（図2）[9]，$E_K=1.5\,\mathrm{keV}$の時に比べ8 keVの時には光イオン化断面積が約500分の1まで減少する。これはSX-PESに比べてのHAXPESのデメリットの一つであるが，現在のHAXPES測定システムではこの困難を，第3世代放射光施設のアンジュレータビームラインによる高輝度かつ狭バンド幅の光と，高耐圧・高分解能の電子エネルギーアナライザーを利用することで克服している。また各準位の方位量子数（s, p, d, f）により，励起光エネルギーに対する光イオン化断面積の減少の仕方が異なり，方位量子数が大きいものほど減少の度合いが大きい。その為，通常のPESの時に比べてHAXPESスペクトルでは方位量子数の低い準位がより強調される傾向がある点には注意が必要である。

また，励起光のエネルギーが増大し光電子の運動エネルギーが大きくなると，光電子が励起原子に与える反動（リコイル効果）が無視できなくなる場合がある[10]。励起原子が軽元素の場合そ

の効果が大きく，HOPG（高配向グラファイト）のC 1s準位を8 keVの硬X線で励起した場合，リコイル効果が0.3 eV程度にも及ぶ。従って，HAXPESの軽元素内殻スペクトルを解析する場合，このリコイル効果についても留意されたい。

7.3 測定装置

現在SPring-8では多数のビームラインでHAXPES装置が稼働中，あるいは導入が予定されており，それぞれ特徴があるが，ここでは筆者が所属するJASRI産業利用推進室が運営するBL46XUのHAXPES装置について説明する。

図3にBL46XUの実験装置配置図を示す。光学ハッチには，分光器やミラーなど，各種光学コンポーネントが設置される。第1実験ハッチには多軸回折計，第2実験ハッチには2台のHAXPES装置がそれぞれ設置され，X線回折実験とHAXPES実験を必要に応じて切り替えている。HAXPES実験の場合，アンジュレータからの準単色光は，液体窒素冷却二結晶分光器（DCM）とチャンネルカット分光器（CCM）によりさらに単色化され，2枚の湾曲ミラーにより高次光除去と横集光が行われ，第1ハッチに設置した真空パスを通して，第2実験ハッチに導入される。第2実験ハッチには，VG Scienta製R4000アナライザーとFocus製HV-CSAアナライザーをそれぞれ装備するHAXPES装置がタンデムで設置されている。

R4000はPESでは現在主流の静電半球型アナライザーで10 keVまでの光電子を測定可能である。試料から放出された光電子は，まずレンズ部において集束および減速され，分析部入口のスリットを通過し，分析部で所定のパスエネルギー付近のものが選別され検出部に到達する（図4）。検出部はいわゆる二次元検出タイプで，MCP（micro-channel plate）の各点に到達した光電子は，それぞれ電子増倍され，後方の蛍光板を発光させ，CCDカメラ（真空外にマウント）で撮像されることにより検出される。R4000はエネルギー分解能と検出効率に優れ，多数の施設やビームラ

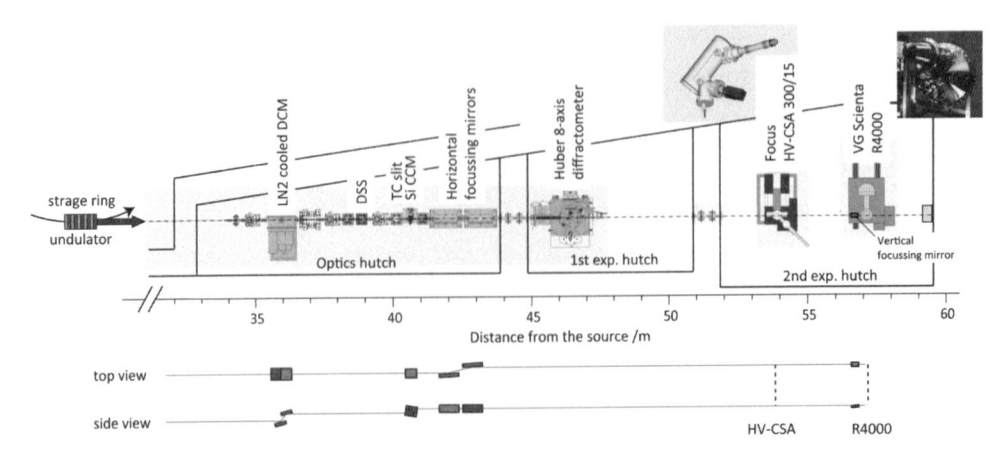

図3　BL46XUにおける各装置の配置図

第 1 章　SPring-8放射光を利用した新しい解析手法

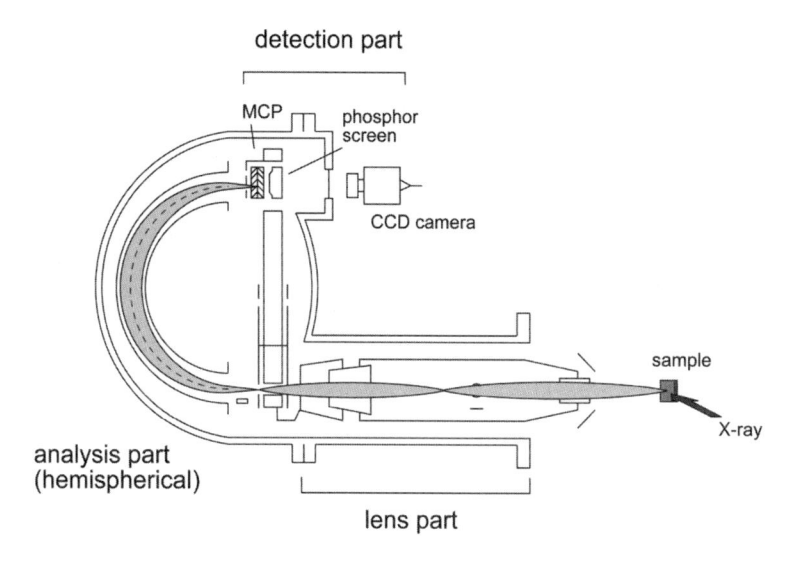

図 4　VG-Scienta R4000アナライザー模式図

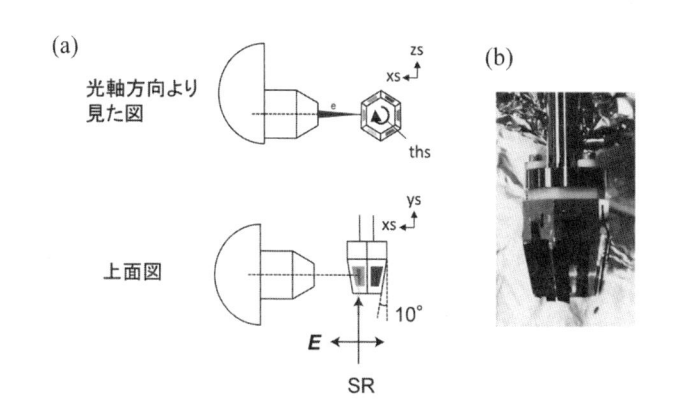

図 5　(a)R4000装置に試料と入射X線とアナライザーの配置図，(b)試料ホルダーの写真

インでの導入実績があり信頼性が高い。

　BL46 XUにおいては2008年度にR4000装置の一般ユーザーへの供用が開始され，縦集光ミラーの導入や試料回りの改良などを経ながら，現在まで安定に稼働している。本装置を用いた実験では，DCM（Si(111)）とCCM（Si(333), Si(444), Si(555)）の組み合わせで，励起光エネルギー 6,8, 10 keVのいずれかを選択可能であるが，通常は光のバンド幅と強度のバランスが良い 8 keV（Si(111)DCM + Si(444)CCM）を利用している。光学ハッチのベントミラーと本装置に設置された縦集光ミラーにより集光され，測定位置におけるビームサイズは，横方向で250 μm程度，縦方向で20 μm程度となっている。図 5 のような六角錐台状のホルダーに試料を取り付け，入射角10°の条件で測定を行う。硬X線領域での光電子の捕集効率を考えてアナライザーは入射光に対して直

57

角かつ偏向ベクトルに対して水平方向に配置されている[5]。TOAの変更はths軸を回転させることにより行う。通常測定条件（$h\nu$ = 8 keV（Si(111)DCM + Si(444)CCM），アナライザースリット：curved 0.5 mm，パスエネルギー：200 eV）での総合エネルギー分解能は250 meV程度である。その他，本装置には絶縁性試料測定用の中和銃，嫌気性試料を大気暴露せずに導入出来るトランスファーベッセル，試料に電圧を印加しながらHAXPES測定が出来る専用試料ホルダー，がそれぞれ整備されている。また，装置の扱いやすさにも留意されており，ユーザーフレンドリーなGUIを備えた測定系となっている[11]。

HV-CSAは円筒扇型で最大15 keVまでの光電子を分析することが出来る新しいタイプのアナライザーで[12]，通常8 keVで運用しているR4000に比べて分析深さが1.5倍以上大きくなる。本装置は現時点（2013年10月）ではまだコミッショニング中であるが，既に14 keVの励起光で，60 nm厚のシリコン酸化被膜越しに下地のバルクシリコンのシグナルが観測できるなど，その分析深さの大きさを示すデータが取得出来ている[13]。

7.4 試料作製

測定試料の作製方法や注意点は基本的には通常のPESの場合に準じる[14]。測定は高真空チェンバー内（10^{-5} Pa以下）で行われるので，脱ガスが少ない試料が望ましい。絶縁性試料の測定には試料表面が正に帯電して正しいスペクトル測定の妨げになるので特に注意を要する。まず，試料表面と試料ホルダーとの間に導電性テープや銀ペーストなどで確実に導通を取る。出来れば測定領域以外の表面は導電性のもので覆った方が良い。励起光の強度を減少することも試料帯電を緩和する効果がある。それでも試料帯電する場合，中和銃により試料表面の正電荷を中和することを試みる。また薄膜など表面が均一な試料であれば，HAXPESならではの方法として数nmの金属をスパッタなどで試料表面に堆積し，その測定深さを利用して金属層越しに試料の測定を行う方法が有効な場合もある。絶縁性の粉末試料の場合，中和銃を使用しても試料が不均一な為，帯電ムラが生じて（differential charging）ピークがブロードになるなど正しい測定が出来ないことが多い。こういった場合，測定したい絶縁性粉末をカーボンなどの導電性の粉末と良く混合して測定すると帯電がうまく取り除けることがある。

7.5 測定例
7.5.1 無機デバイス

HAXPESの実用材料分析への応用は，まずゲートスタックなどの積層型無機デバイス試料に対して始まった。例えば小林らは，HfO_2（4 nm）/中間層（SiO_2 or SiO_xN_y，1 nm）/Si基板の積層構造を持つhigh-kゲート絶縁膜の分析を，6 keV励起HAXPESにより行った[3]。その結果，HfO_2を原子層堆積法で堆積したas-depo試料のSi 1sスペクトルで，Hfシリケート生成に由来する成分が観測されること，さらに1000℃でアニールするとその成分が増大すること，また，アニール試料のSi 1sスペクトルのTOA依存性から，中間層のシリケートが2層構造をとっていることをそれぞ

第1章　SPring-8放射光を利用した新しい解析手法

れ明らかにした。また中間層をSiO$_2$からSiONに変更すると，HfO$_2$を堆積しさらにアニールしてもHAXPESでシリケート成分が観測されず，HfO$_2$/Si界面をコントロールする中間層としてはSiONの方がSiO$_2$よりも特性が良いことも分かった。ちなみに出射角を8°とかなり浅くしても基板のSiからのシグナルが観測されている。このことは単純計算で実質の測定深さが35 nm（5 nm/sin 8°）程度あることを意味する。その他，積層型無機デバイスに対するHAXPES分析事例は数が多い。参考文献5）の5.2.1節に挙げられている文献を参照されたい。

7.5.2　電池材料

本書の主題である電池材料開発において，電極表面近傍の化学状態分析にはPES法の利用が考えられるが，電極表面に充放電によって電極表面で電解質が反応し，いわゆる固体電解質界面相（SEI）と呼ばれる被膜層が生成するため，測定深さの小さい通常のPESでは測定が難しい場合がある。図6はリチウムイオン電池（LiB）正極材料（Li$_{1.2}$Ni$_{0.13}$Co$_{0.13}$Mn$_{0.54}$O$_2$）のO 1s領域SX-PESとHAXPESの比較であるが[15]。SX-PESでは532 eV付近に見られる堆積物の炭酸塩由来のピークが強くなり，特に放電状態ではその下に存在する電極の成分（530 eV付近）が殆ど隠れてしまっている。一方HAXPESでは放電状態でも炭酸塩由来のピークの強度は小さく電極由来のピークが優勢になる。このようにSEI層を通して電極の化学状態分析が可能であるため，HAXPESが電池材料開発においても注目され始めている。

薮内らはイオン液体（IL）を電解液とするLiBにおけるグラファイトシリコン複合電極表面の状態をSX-PES（励起光エネルギー：1253.6 eV）とHAXPES（同：7938.9 eV）およびその他の手法で調べた[16]。不燃性のILをLiBの電解液として用いることが出来れば，通常の可燃性有機溶液を用いるのに比べ安全面でメリットが大きいが，充放電に伴いILが分解することが問題となっ

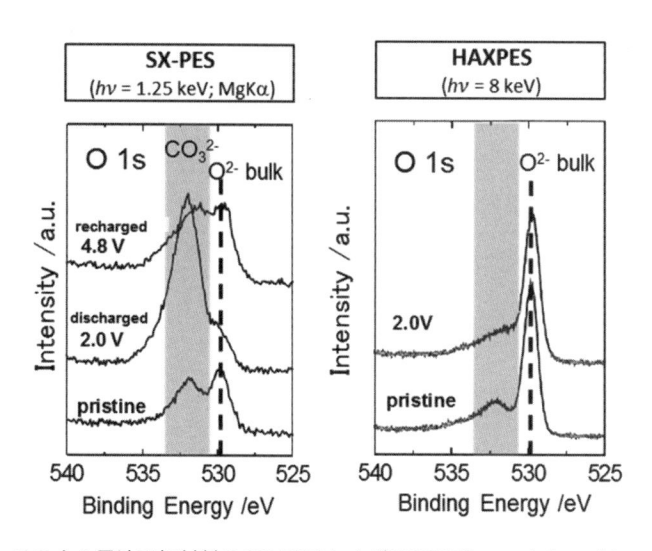

図6　リチウム電池正極材料のSX-PESおよびHAXPESスペクトル（O 1s領域）

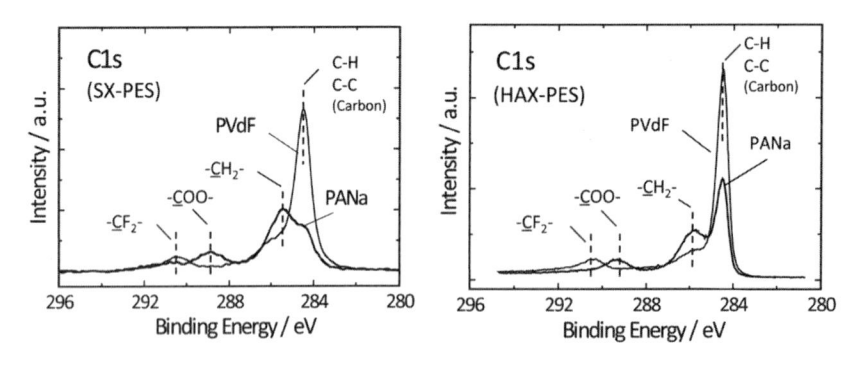

図7 リチウム電池負極材料のSX-PESおよびHAXPESスペクトル（C 1s領域）

ていた。彼らは複合電極形成時のバインダとしてポリアクリル酸ナトリウム（PANa）を用いると，ILの分解が抑えられ充放電特性が向上することを見出した。図7にポリビニリデンフルオライド（PVdF）とPANaをそれぞれ用いた場合の負極電極のC 1s領域SX-PESとHAXPESの比較を示す。SX-PESスペクトルではPVdFがバインダの場合（細線），284.6 eVに生じる電極のカーボン材料（ケッチェンブラックとグラファイト）からのシグナル（C-C, C-H）が強く観測されるのに対し，PANaの場合（太線），電極カーボンからのシグナルが抑制されPANaからのシグナル（-CH2-, -COO-）が強く観測された。一方，HAXPESではPANaの場合でも電極カーボンからのシグナルが強く観測されるようになる。これらの事実は，PVdFをバインダとして用いた場合，電極表面はPVdFにより完全に被覆されず，電極表面が露出しているのに対し，PANaの場合，電極表面がPANaにより比較的均一に被覆されることを示唆している。SX-PESでは分析深さが小さいので被覆層からのシグナルが優勢になるのに対し，HAXPESでは分析深さが大きくなるため，PANa被覆層越しの電極カーボンからのシグナルが強調されて観測される訳である。このPANaによる被覆層がSEI層と同様にILの分解を抑えることがサイクル特性の良さに繋がっていると思われる。このように励起光エネルギーの依存性を測定することでも深さ方向分析を行う事が出来る。電池材料のような平坦な薄膜状でないため角度分解測定による深さ方向分析に向いていない試料の場合に，この手法は特に有効である。

同様な手法で多糖類をバインダとして用いたLiBを調べた例もある[17]。また，$LiPF_6$に代わる新しい電解質溶液添加剤として注目されているLiFSIに関するHAXPESによる研究も最近発表されている[18,19]。

7.6 まとめ

HAXPESは21世紀に入ってから漸く実用化した比較的新しい手法であるため，その特性・長所・欠点などについては，まだ広く一般に認識されているとは言い難い。もし拙稿を読んで頂きHAXPESに興味を持って下さる方がおられたら，まずはぜひ一度測定を体験して頂きたい。課題

第1章　SPring-8放射光を利用した新しい解析手法

申請が正攻法であるが，測定研修会や測定代行などの制度を利用して頂くのも手である。また本手法はまだ発展途上にある。本稿では紙面の都合で触れることができなかったが，最近ではある程度の立体角の光電子を一度に測定することが出来る広角対物レンズを備えたHAXPESアナライザーや[20]，大気圧に近い低真空下でのHAXPES測定（ambient pressure HAXPES）が出来るアナライザー[21]の利用も始まっている。前者は測定時間を大幅に短縮できるメリットがあり，後者は今まで不可能だった実試料における*in-situ*測定が可能になる。例えば本書の主題である二次電池の充放電過程の*in-situ* HAXPES測定も，近い将来可能となる可能性が高い。

文　　献

1) I. Lindau *et al.*, *Nature*, **250**, 214（1974）
2) T. Ishikawa *et al.*, *Nucl. Instrum. Methods Phys. Res.*, **A547**, 42（2005）
3) K. Kobayashi, *Appl. Phys. Lett.*, **83**, 1005（2003）
4) C. Dallera *et al.*, *Appl. Phys. Lett.*, **85**, 4532（2004）
5) K. Kobayashi *et al.*, *Nucl. Instrum. Methods Phys. Res.*, **A601**, 32（2009）
6) H. Sato *et al.*, *Phys. Rev. Lett.*, **93**, 246404（2004）
7) 日本表面科学会編，X線光電子分光法，第2章，丸善出版（1996）
8) S. Tanuma *et al.*, *Surf. Interface Anal.*, **21**, 165（1994）
9) J. J. Yeh *et al.*, *At. Data Nucl. Data Table*, **32**, 1（1985）
10) Y. Takata *et al.*, *Phys. Rev.*, **B75**, 233404（2007）
11) H. Oji *et al.*, *J. Phys. Conf. Ser.*, in press（LPBMS2013のproceeding，発表番号P113）
12) J. Rubio-Zuazo *et al.*, *Rev. Sci. Instr.*, **81**, 043304（2010）
13) H. Oji *et al.*, *J. Phys. Conf. Ser.*, in press（LPBMS2013のproceeding，発表番号P095）
14) 日本表面科学会編，X線光電子分光法，第4章，丸善出版（1996）
15) 平成22年度SPring-8重点産業利用課題成果報告書（2010 B）66ページ（課題番号2010 B1800）
16) N. Yabuuchi *et al.*, *Adv. Ener. Mat.*, **1**, 759（2011）
17) M. Murase *et al.*, *ChemSusChem*, **5**, 2307（2012）
18) B. Philippe *et al.*, *J. Am. Chem. Soc.*, **135**, 9829（2013）
19) 平田ほか，第54回電池討論会，講演番号1F15
20) E. Ikenaga *et al.*, *J. Electron Spectrosc. Relat. Phenom.*, in press.; 市販品としてはVG Scienta EW4000（http://www.vgscienta.com/productlist.aspx?MID=383）
21) VG Scienta R4000-HiPP2（http://www.vgscienta.com/productlist.aspx?MID=397）

第2章　二次電池

1　ニッケル水素電池の高容量化―La-Mg-Ni系合金の元素置換による局所構造の解明―

尾崎哲也*

1.1　はじめに

ニッケル水素電池は正極活物質に水酸化ニッケル，負極活物質に水素吸蔵合金，電解液にKOHやNaOHを主成分とするアルカリ水溶液を用いた二次電池であり，乾電池代替用途に幅広く用いられている[1,2]。負極活物質の水素吸蔵合金は水素との親和性の高い元素（A側元素；希土類元素，Mg，Caなど）と水素との親和性の低い元素（B側元素；Ni，Co，Mn，Fe，Alなど）が合金相を形成することで可逆的な水素吸蔵放出が可能となる。また，アルカリ電解液中においても下記の電気化学反応により合金中に水素が吸蔵放出されることで充放電が可能となる。

$$AB_5H_x + xOH^- \Leftrightarrow AB_5 + xH_2O + xe^-$$

負極用水素吸蔵合金としては，六方晶$CaCu_5$型構造をもつ$LaNi_5$をベースとしたAB_5系合金が用いられてきた。近年，ニッケル水素電池に対する高容量化の要求が高まっているが，現在のAB_5系実用合金の容量は，すでに$LaNi_5$の理論容量（372 mAh/g）の約85%以上に達しており，これ以上の容量の増大はほぼ不可能である。

そういった中，AB_5系合金に代わる新規高容量合金の候補の一つとしてLa-Mg-Ni系（AB_3系）合金が注目を集めている。この合金は組成範囲が$AB_{3.0}$－$AB_{4.0}$（A：La, Ca, Mg；B：Ni）であり，Laves構造（$MgCu_2$または$MgZn_2$型）のA_2B_4ユニットと$CaCu_5$型構造のAB_5ユニットが$1:n$の比でc軸方向に積層した種々の積層構造を持つ。積層の仕方によって六方晶系と菱面体晶系の2つの系統がある。$n=1, 2, 3$の場合に六方晶系ではそれぞれ$CeNi_3$（1:3H），Ce_2Ni_7（2:7H），Pr_5Co_{19}（5:19H）型構造をとり，菱面体晶系ではそれぞれ$PuNi_3$（1:3R），Gd_2Co_7（2:7R），Ce_5Co_{19}（5:19R）型構造となる（図1）。AB_3系合金は最大で2 mass%の水素吸蔵容量をしめし，ニッケル水素電池の負極活物質としても従来のAB_5合金の1.1～1.3倍の高い放電容量をしめしている。1997年に大工研（現産総研関西センター）のKadir，境らによって初めて$REMg_2Ni_9$合金が報告されて[3]以来，種々の高容量AB_3系合金が見いだされ[4,5]，その後も多くのグループが開発を進めているが[6,7]，高容量と高耐久性を両立する合金組成は明らかになっていない。我々はこの合金系において，組成，結晶構造（相構造），および水素吸蔵特性（電気化学特性）の相関を明確化しながら合金開発を進めた。結晶構造解析については放射光粉末X線回折（XRD）により，

---

*　Tetsuya Ozaki　㈱GSユアサ　研究開発センター　第二開発部　担当課長

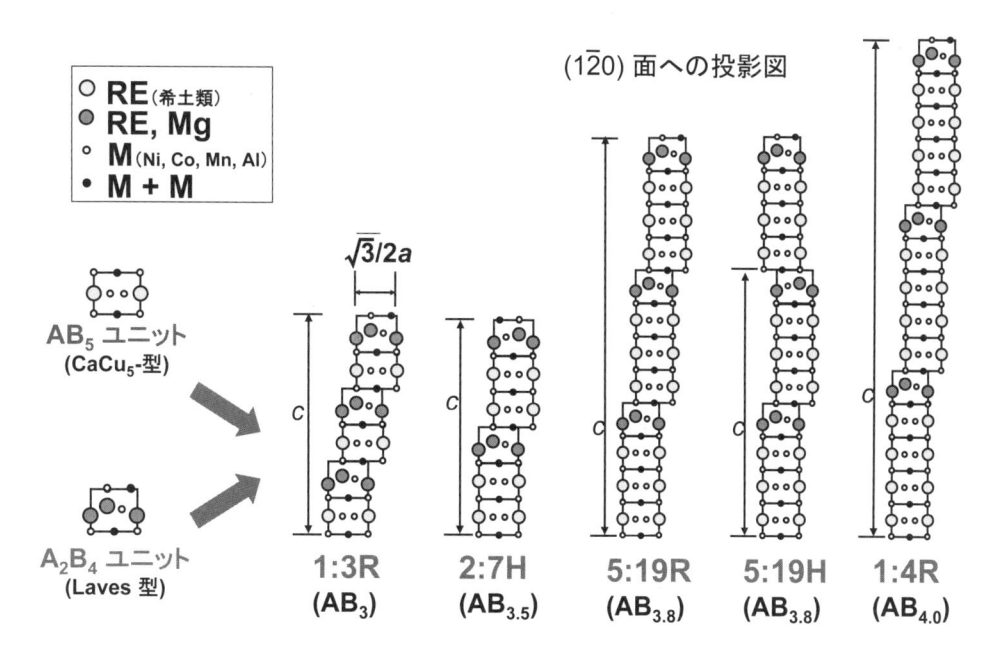

図1 AB$_3$系合金で確認された各種積層構造の(1-20)面への投影図

多相構造で回折パターンが非常に複雑であるAB$_3$系合金について解析に適した高分解能，高強度の回折データを短時間で得ることができ，さらに水素化前後の変化も調べることが可能になった。一方，容量劣化のメカニズムの解明のためには，置換元素や水素化による電子状態や局所構造の変化を調べる必要があると考え，放射光XAFSを用いた解析を実施した。

本稿では，AB$_3$系合金について放射光XRDおよびXAFS解析を用いて元素置換の結晶構造・局所構造と電気化学特性へ与える影響を詳細に検討することで高容量かつサイクル特性にすぐれ，実用的な電池用負極材料に適した組成を見出した結果について報告する。

1.2 実験手法

各合金を高周波誘導溶解法により作製し，所定の温度にて熱処理した後，粉砕して合金粉末を得た。放射光XRD測定はこれら粉末をガラスキャピラリー中に封入しサンプル作製し，SPring-8 BL19B2にて0.7または0.75 Åの波長で実施した。なお，水素化後合金のサンプル作製はAr置換グローブボックス内にておこなった。得られたXRDパターンをRIETAN-2000[8)]を用いてリートベルト解析することにより生成相を同定して各相の存在割合を求めた。

XAFS測定は各合金粉末を窒化ホウ素（BN）と混合しペレット成型して測定サンプルとし，SPring-8 BL14B2またはBL19B2において透過法により，La-K, Ni-K, Nd-K, Y-K, La LⅢ, Ce LⅢ, Pr LⅢ, Nd LⅢの各吸収端について実施した。XANES領域の解析はREX2000[9)]を用い，EXAFS領域の解析にはAthena, Artemis, Atoms, FEFF6が同梱されたIfeffit1.2.11[10)]を用いた。

FEFFを用いたEXAFS解析は簡略化のため各合金の主相のみを考慮し，さらに固溶元素の存在を無視してLa, Niの骨格構造のみを考慮した。各LaおよびNiサイトを中心原子として，それぞれFEFFにより原子座標モデルを作成してXAFSスペクトルの理論計算をおこない，各サイトの原子数比を考慮して，各サイトの理論計算結果とNi-K，La-K吸収端の実測データを用いてMultiple scatteringフィッティングをおこない各原子間の距離を求めた。

1.3 粉末回折による相構造安定化のメカニズムの検討[11,13,14]

Mn, Al量の異なる$La_{0.8}Mg_{0.2}Ni_{3.4-x}Co_{0.3}(MnAl)_x$（$x=0-0.4$）の相構造を放射光XRDパターンのリートベルト解析により調べたところ（図2），これら合金には2:7H相，5:19R相，5:19H相の3種類の既知の積層構造相が存在するほか，新たにA_2B_4ユニットとAB_5ユニットが1:4の比で積層したLa_5MgNi_{24}の組成比の相（1:4R相）が存在することを明らかにした（図3）。高分解能TEM観察の結果，これら異なる種類の積層構造相は通常の複相合金のように粒界で分かれているのではなく，一つの結晶粒内でc軸方向に連続的に積層していることがわかった。我々はこれを"ポリタイプ積層構造"と名付けた（図4）。相構造はMn, Alの置換量xの増加とともに大きく変化し，$x=0.15, 0.2$の合金ではそれぞれ5:19H，1:4R相が主相となった。

これらの積層構造においてAlはAB_5ユニット間およびA_2B_4-AB_5ユニット間の境界のNiサイト（5:19H相の場合12k1, 12k2サイト）を選択的に置換するとの結果が得られた（図5）。通常，5:19H，5:19R，1:4R相はA_2B_4ユニットに隣接しないAB_5-2ユニットがc軸方向に安定に存

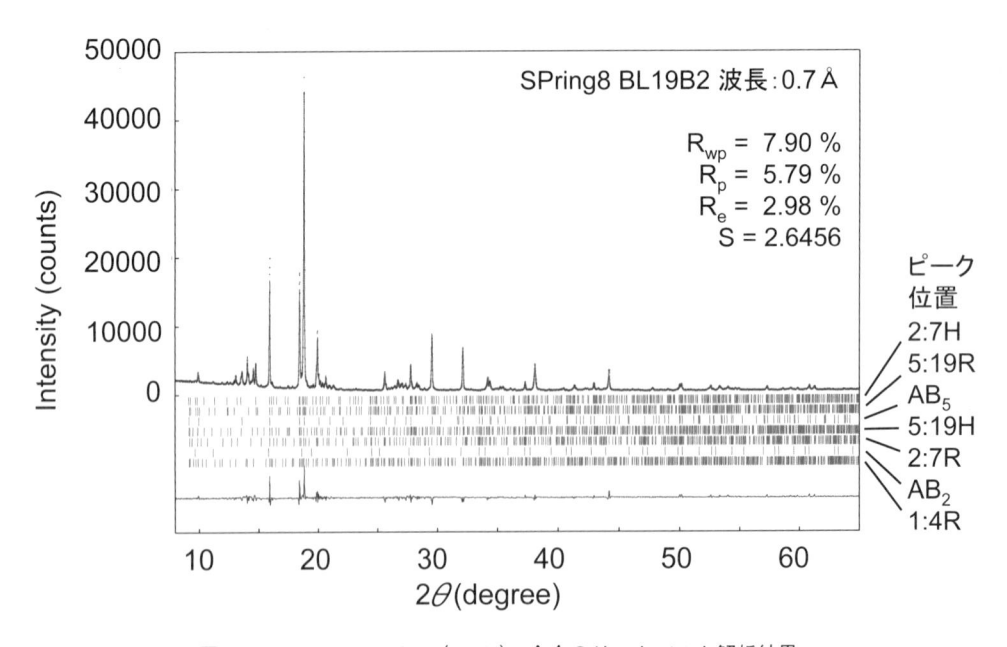

図2 $La_{0.8}Mg_{0.2}Ni_{3.2}Co_{0.3}(MnAl)_{0.2}$合金のリートベルト解析結果

第2章 二次電池

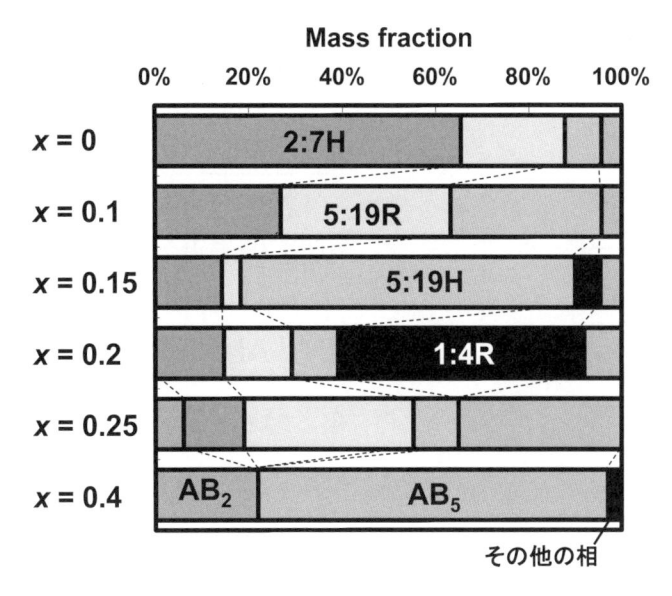

図3 リートベルト解析により求めたLa$_{0.8}$Mg$_{0.2}$Ni$_{3.4-x}$Co$_{0.3}$(MnAl)$_x$合金における各相の存在量比

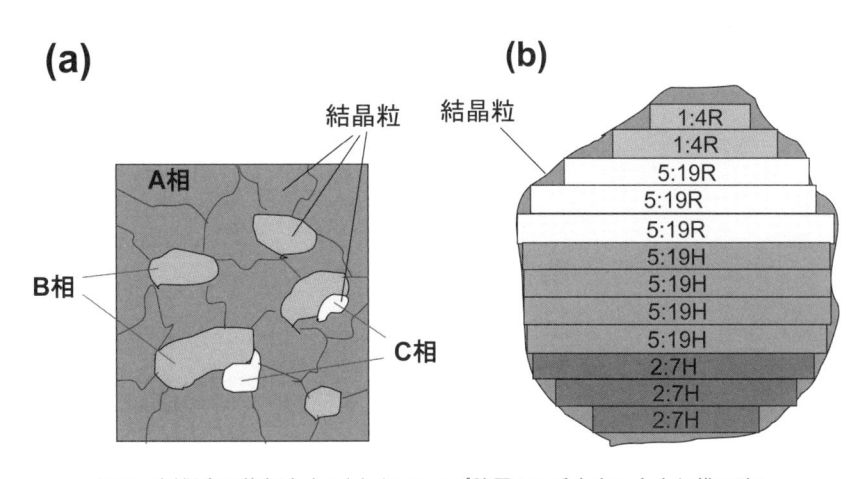

図4 (a)従来の複相合金と(b)ポリタイプ積層AB$_3$系合金の合金組織の違い

在しにくいが[12],Ni(1.246 Å)をより原子半径の大きなAl(1.432 Å)で置換することでAB$_5$-2ユニットの軸比が増大し各ユニットの軸比が均一化し,これらの相が安定化すると考えられる。

各合金を用いて開放形セルを作製し,電気化学特性を調べたところ,$x=0.15$の合金は約350 mAh/gと比較的高い放電容量をしめし,初期サイクル特性も良好であった(図6)。この理由として5:19H相の存在量比が高く,単相に近いことが挙げられる。ポリタイプ積層合金では,水素吸蔵放出時に各相の格子体積の膨張収縮率の違いにより,相間に歪が生じると考えられ,より単相に近い方が耐久性にすぐれると考えられる(図7)。

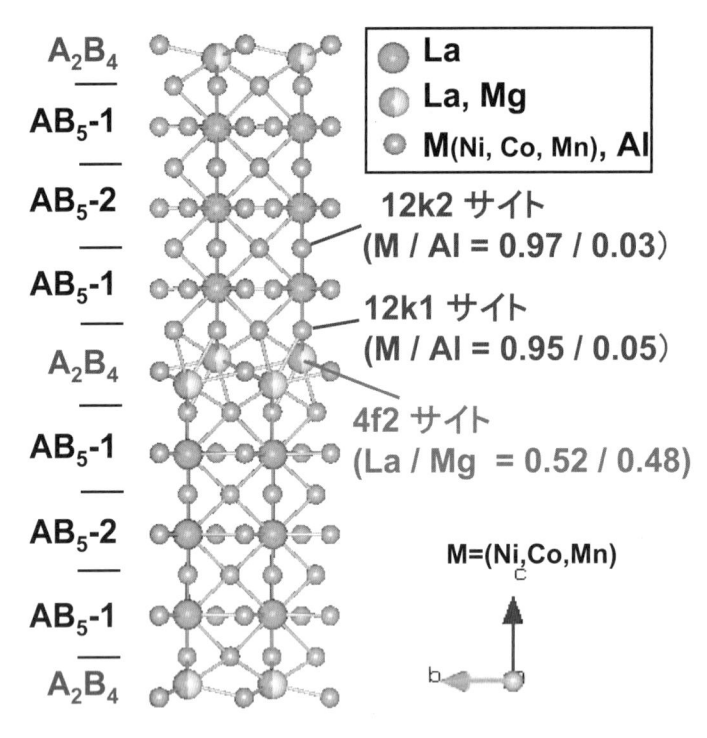

図5 $La_{0.8}Mg_{0.2}Ni_{3.25}Co_{0.3}(MnAl)_{0.15}$における5：19H相の結晶構造図とMg, Alの置換サイト（ソフトウェアVESTA[16]により描画）

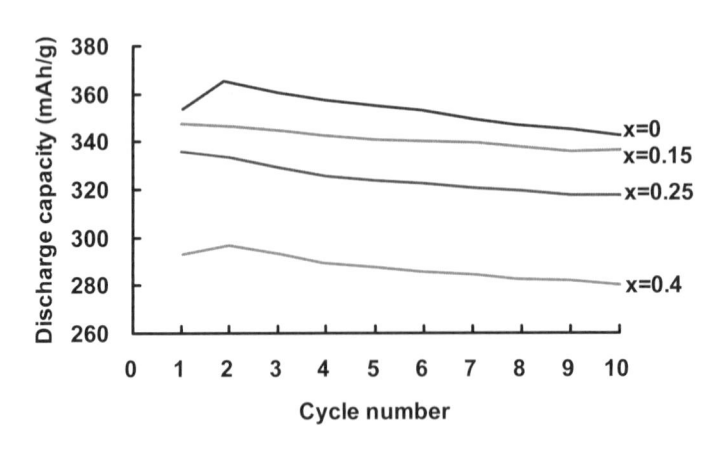

図6 $La_{0.8}Mg_{0.2}Ni_{3.4-x}Co_{0.3}(MnAl)_x$合金負極の放電容量とサイクル数の関係

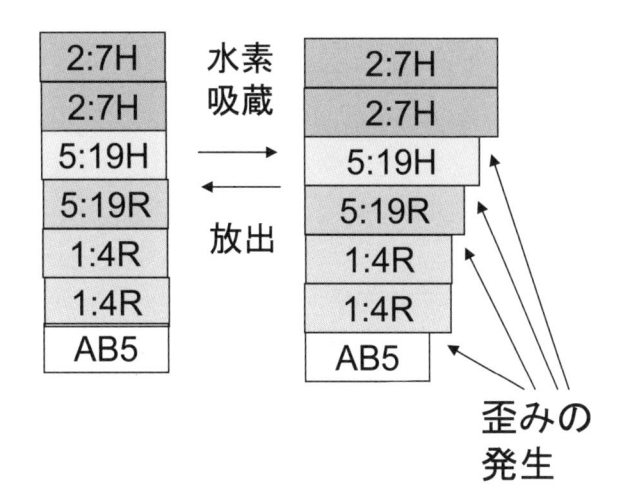

図7　ポリタイプ積層AB$_3$系合金の劣化メカニズム

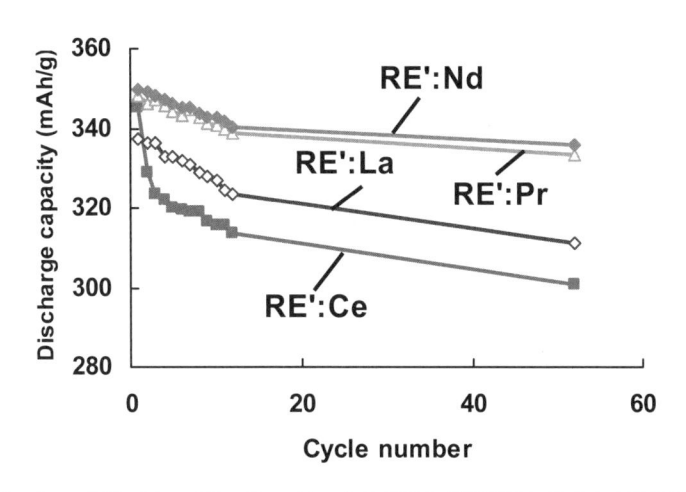

図8　La$_{0.64}$RE'$_{0.2}$Mg$_{0.16}$Ni$_{3.45}$Co$_{0.2}$Al$_{0.15}$合金負極の放電容量とサイクル数の関係

さらなるサイクル特性向上を目的としてLaの一部をCe,Pr,およびNdで置換することを検討した。La$_{0.64}$RE'$_{0.2}$Mg$_{0.16}$Ni$_{3.45}$Co$_{0.2}$Al$_{0.15}$（RE'：La, Ce, Pr, Nd）の各合金の相構造を調べたところ，Pr,Nd部分置換により，5：19H，5：19R相の存在量比が増大した。このことは，Pr,Ndは原子半径がそれぞれ1.828,1.821ÅとLa（1.877Å）にくらべて小さく，AB$_5$ユニットよりもA$_2$B$_4$ユニットのLaサイトをより多く置換することで，両ユニットの格子の大きさの違いを調整し，構造をより安定化すると考えられる。また，STEM分析により，このようなPr,Nd組成の分布が生じていることを確認している。Pr,Nd部分置換により50サイクル後の容量維持率は無置換合金の92から96％へと大幅に向上した（図8）。

一方，Ce置換合金は容量維持率が87％と無置換合金にくらべて悪化した。その原因を調べるために水素化前後の各合金のXRDパターンから各相の水素化にともなう格子体積増加率を求めたところ，Pr, Nd置換合金のそれは17〜21％であり，相による差が小さいのに対し，Ce置換合金では14〜22％とその差が大きいことがわかった。このため，繰り返し水素吸蔵放出をおこなった場合に，相間において歪が生じやすく劣化が大きいと考えられる。

1.4 XAFS解析による劣化メカニズムの解明[13,14]

Ce置換合金の各相の格子膨張の差が大きい原因を解明するために，XAFS解析を実施した。Ce LⅢ吸収端XANESスペクトルは水素化前はCeO_2と同様に2本のピークが観測されたのに対し，水素化後は$CeCl_3$と同様に1本のピークが観察され，Ceの電子配置が水素化によりCe^{4+}に近い状態からCe^{3+}に近い状態に変化することを示唆している（図9）。このような電子配置の変化は大きな体積膨張をともなう。相ごとに含まれるCeの含有率が異なることから，水素吸蔵放出時に電子配置が変化した際の格子膨張率の差が大きく，相と相の境界にひずみが生じて劣化を引き起こすと考えられる。

高容量タイプのAB_3系合金を用いて局所構造の充放電サイクル特性への影響をさらに詳細に考察した。$(La, Ca, Mg)Ni_{3.5}$（合金A），$(La, Ca, Mg)Ni_{3.3}$（合金B），$(La, Nd, Ca, Mg)(Ni, Al)_{3.3}$（合金C），$(La, Y, Ca, Mg)Ni_{3.3}$（合金D）の4種類の合金について検討した。合金Aは2：7R相を主相とし，合金B，C，Dは2：7H相を主相としている。開放形セル試験において最大放電容量はA＞B＞D＞Cの順に高く，50サイクル後の容量維持率は逆にC＞D＞B＞Aの順に高くなる（図10）。

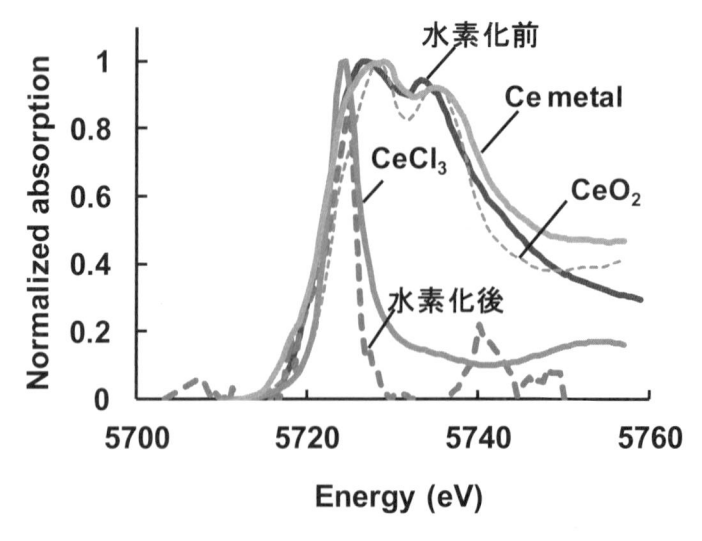

図9　$La_{0.64}Ce_{0.2}Mg_{0.16}Ni_{3.45}Co_{0.2}Al_{0.15}$合金のCe LⅢ吸収端XANESスペクトル

第2章　二次電池

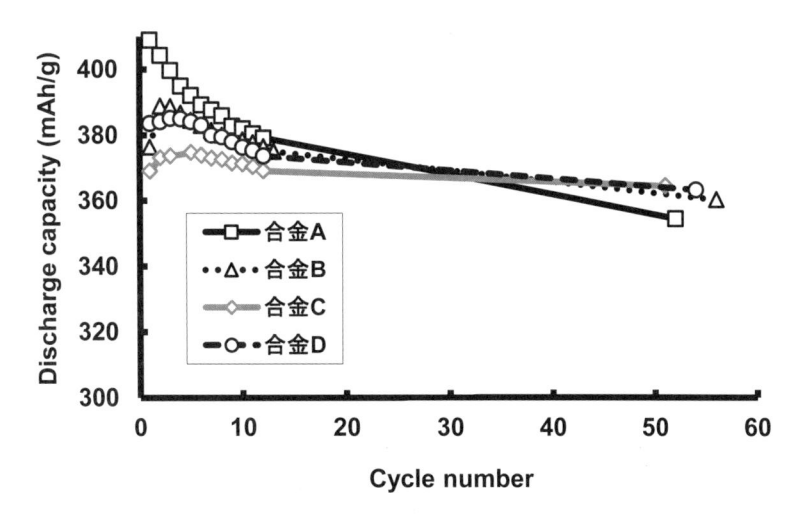

図10　(La, Ca, Mg)Ni$_{3.5}$（合金A），(La, Ca, Mg)Ni$_{3.3}$（合金B），(La, Nd, Ca, Mg)(Ni, Al)$_{3.3}$（合金C），(La, Y, Ca, Mg)Ni$_{3.3}$（合金D）を用いた負極の放電容量とサイクル数の関係

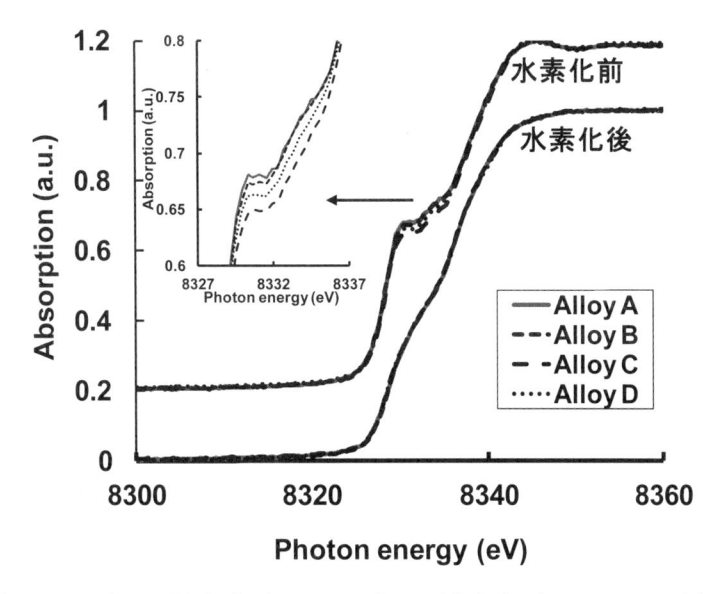

図11　(La, Ca, Mg)Ni$_{3.5}$（合金A），(La, Ca, Mg)Ni$_{3.3}$（合金B），(La, Nd, Ca, Mg)(Ni, Al)$_{3.3}$（合金C），(La, Y, Ca, Mg)Ni$_{3.3}$（合金D）のNi K吸収端XANESスペクトル

　各合金の水素化前のNi K吸収端XANESスペクトルには，8333 eV付近にプレピークが観測され，その強度はLaの一部をNd, Yで置換した合金C, Dでは減少した（図11）。このプレピークは1s→3d-4p混成状態の遷移に帰属されるが，Niの対称性が完全な正八面体からずれる場合にのみ観測される[15]。また，プレピークの強度はNiの非占有の3d軌道の割合にも依存している。したが

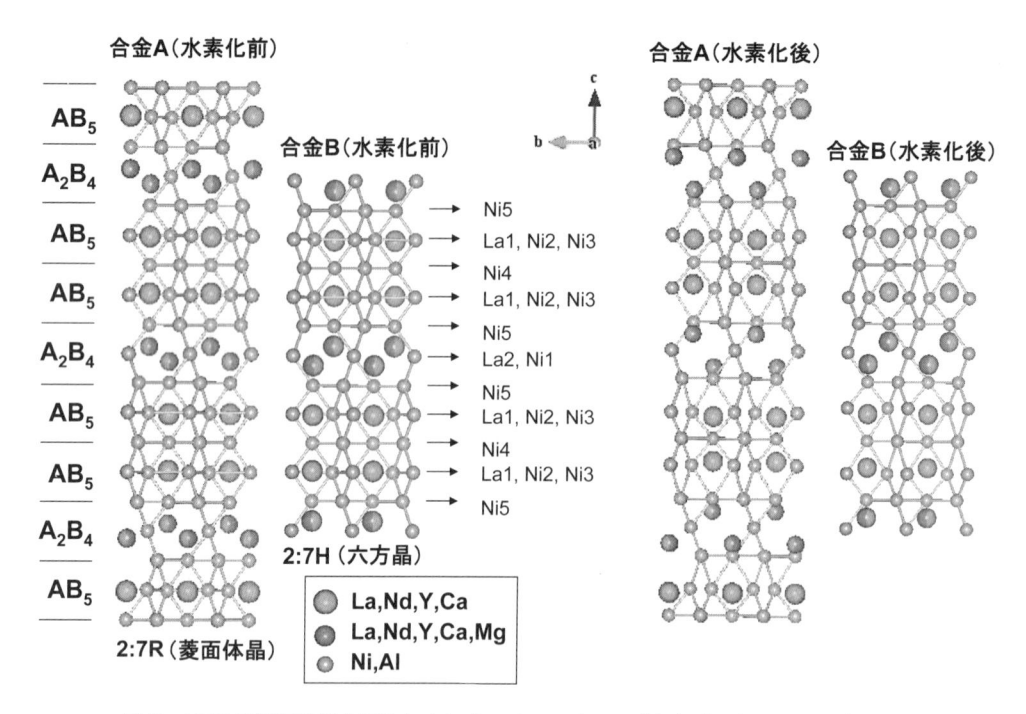

図12 EXAFS解析結果を反映させた（La, Ca, Mg）$Ni_{3.5}$（合金A），（La, Ca, Mg）$Ni_{3.3}$（合金B）の水素化前後の結晶構造図（ソフトウェアVESTA[16]により描画）

って，Nd，Y置換によりNi周辺の対称性向上によるひずみの低減，およびd軌道の電子状態変化によるNi-H結合の安定性の変化が起こり，電気化学特性の向上に影響している可能性と考えられる。

EXAFS振動のフーリエ変換により得られた動径構造関数のピーク高さは水素化後にデバイワーラー因子の増加により大きく減少した。FEFFを用いたフィッティングは水素化前後とも第3配位圏まで良く一致することから，La 2種類，Ni 5種類の非等価なサイト（La1〜La2, Ni1〜Ni5）の各原子間の距離を求めた。A_2B_4ユニット，AB_5ユニットに相当するLa2-Ni5，La1-Ni4間距離の水素化による増加率は合金A（2：7R相）ではそれぞれ19.4%，0.6%となり，A_2B_4ユニットの増加が大きく，AB_5ユニットの増加が小さいが，合金B（2：7H相）ではそれぞれ6.4%，9.1%となりユニットによる増加率の差が小さくなった。すなわち，水素吸蔵放出時に各ユニットが比較的均一に膨張しており，構造内のひずみが小さいと予想される（図12）。このことが合金Bが合金Aにくらべてサイクル特性がすぐれる原因の一つと考えられる。

1.5 おわりに

放射光XRDおよびXAFS測定をおこない，AB_3系合金における元素置換の結晶構造・局所構造と電気化学特性への影響を検討した。LaのPr, Ndなどによる置換，およびNiのAlによる置換に

第2章 二次電池

より特定の積層構造相が安定化すること，またひずみが低減されて，体積膨張収縮が均一化する効果があることがわかり，電気化学特性が向上することがわかった。これらの知見を活かして合金組成を最適化して，5：19Hおよび5：19R相が主相であり耐久性にすぐれたポリタイプ積層AB_3系合金を開発した。

謝辞

本研究の一部は産業技術総合研究所関西センター（ユビキタスエネルギー研究部門 境哲男先生）との共同開発において実施しました。放射光XRDおよびXAFS測定は2005B，2006A期SPring-8戦略活用プログラム，および2009A期重点産業利用課題の支援を受けて実施されました。関係各位に感謝の意を表します。

文　　献

1) 田村英雄監修，上原斎，大角泰章，境哲男編，水素吸蔵合金—基礎から最先端まで—，エヌ・ティー・エス（1998）
2) 小久見善八監修，最新二次電池材料の技術，シーエムシー出版（1999）
3) K. Kadir et al., *J. Alloys Compd.*, **257**, 115（1997）
4) 境哲男ほか，第40回電池討論会講演要旨集，p.133（1999）
5) T. Kohno et al., *J. Alloys Compd.*, **311**, L5（2000）
6) H.-G. Pan et al., *J. Electrochem. Soc.*, **150**, A565（2003）
7) S. Yasuoka et al., *J. Power Source*, **156**, 662（2006）
8) F. Izumi et al., *Mater. Sci. Foru.*, **321-324**, 198（2000）
9) T. Taguchi et al., *Physica Script.*, **T115**, 205-206（2005）
10) M. Newville, *J. Synchrotron Rad.*, **8**, 322-324（2001）
11) T. Ozaki et al., *J. Alloys Compd.*, **446-447**, 620（2007）
12) H. Hayakawa et al., *J. Japan Inst. Metal.*, **70**, 158（2006）
13) 尾崎哲也ほか，第47回電池討論会講演要旨集，p.224（2006）
14) T. Ozaki et al., ECS 214th Meeting, Abstract number 399, Honolulu（2008）
15) T. Yamamoto, *X-ray Spectrom.*, **37**, 572-584（2008）
16) M. Momma et al., *J. Appl. Crystallogr.*, **44**, 1272（2011）

2 Ni系リチウムイオン電池正極材料のXAFS解析

野中敬正[*]

2.1 はじめに

リチウムイオン電池は，ニカド電池やニッケル水素電池と比べ，同量の放電エネルギーを確保するのに，体積では6割から8割，重量は約半分という優れた特徴を有している。また，電圧も3倍以上得られるため，ニカド電池やニッケル水素電池の3本分の電圧を1本でまかなうことが可能である。こうした特徴を活かして，携帯電話，ノートパソコンなどの小型電子機器において広く利用されている。また最近では，自動車の動力用バッテリーとしての利用も増加の一途を辿っている。低燃費もしくは化石燃料を使用しない環境に優しい自動車（ハイブリット車，電気自動車，燃料電池車など）においては，軽量，ハイパワー，長寿命な二次電池の存在が求められており，車載用リチウムイオン電池の高性能化へ向けた開発競争が世界規模で精力的に行われている。

リチウムイオン電池の原理は，リチウムイオンを吸蔵・放出できる正極と負極間で，セパレータの微細孔を通してリチウムイオンを往復させ，エネルギーを貯蔵・放出するものである。リチウムイオン電池は多くの要素，すなわち正極，負極，電解質，セパレータ，集電体などから構成されているが，その中でも正極は，電池性能を左右するという意味において，極めて重要な要素のひとつである。正極の材料としては，遷移金属酸化物$LiCoO_2$が広く用いられてきたが，それに替わる新たな正極材料として近年注目を浴びているもののひとつが，ニッケル酸化物を主成分とする正極材料である[1,2]。$LiNiO_2$は，低コストである点と高容量である点で$LiCoO_2$よりも優れているものの[3]，充放電サイクルに伴う電池性能劣化が大きく，また熱的にも不安定であるという弱点があった。この弱点を克服すべく，Ni原子の一部をCo原子とAl原子で置換することにより構造的に安定化された材料が$LiNi_{0.8}Co_{0.15}Al_{0.05}O_2$（図1）である。この材料は電池充放電過程において単一の三方晶構造を保つことが知られており，これが電池性能劣化の抑制に寄与していると考えられている。しかしながら，このような構造安定化への試みにも関わらず，本材料においても，容量低下や内部抵抗の増加といった電池劣化問題が依然として存在している[4]。これらの電池劣化は多数回充放電を繰り返すこと，あるいは高温下で保存することによって発生することが知られている。この劣化問題は，特に自動車などの長期間に渡る性能維持が必要とされる利用において，克服すべき重要な問題のひとつである。

前述したように，リチウムイオン電池は多くの要素から構成されているため，電池劣化のメカニズムは一般的に非常に複雑なものとなっている。しかしながら，本正極材料（$LiNi_{0.8}Co_{0.15}Al_{0.05}O$）を用いた電池においては，正極材料および正極・電解質界面の変質が劣化の主な要因になっていることが，既にわかっている[4]。また，本材料に類似した$LiNi_{0.8}Co_{0.2}O_2$を正極材料に用いた系においては，正極活物質と電解質との界面における電荷移動抵抗の増加が劣化の要因になっている

---

[*] Takamasa Nonaka ㈱豊田中央研究所　分析・計測研究部　ナノ解析研究室　研究員

第2章 二次電池

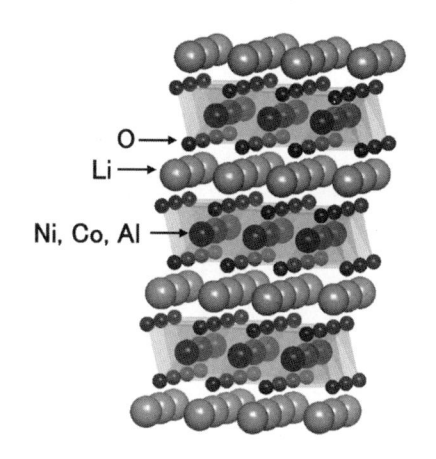

図1 正極材料 LiNi$_{0.8}$Co$_{0.15}$Al$_{0.05}$O$_2$ の結晶構造

という報告例もある[5]。これらの知見は，表面敏感な分析手法を用いて正極活物質の電子状態・構造に関して調査することが，電池劣化メカニズムを理解する上で非常に重要であることを示唆している。

本研究では，LiNi$_{0.8}$Co$_{0.15}$Al$_{0.05}$O$_2$ 粒子の表面近傍のNiおよびCoの状態について調査するためのツールとして，He置換転換電子収量法XAFS（Conversion Electron Yield XAFS，以下CEY-XAFS）[6,7]の適用を試みた[8,9]。CEY-XAFSは数nmから数100 nmの分析深さを有しており，試料の表面近傍の酸化状態や局所構造についての情報を得ることができる。さらに，CEY-XAFSと従来の透過法XAFSを組み合わせることにより，正極粒子の表面近傍で平均化された情報とバルク全体で平均化された情報とを比較することも可能である。この二つの手法を組み合わせた分析は，電池劣化メカニズムに関して新たな知見をもたらす可能性を有している。

本研究の目的は以下の3つである。①劣化前の新品の電池についてNiの充放電に伴う酸化状態と局所構造の変化を明らかにする。②それらの変化が正極粒子表面とバルクで違いがあるか否か調査する。③サイクル試験・高温保存試験後の電池が，新品の電池と比べてどのように異なっているのかを明らかにする。本研究により得られる知見は，本正極材料を用いた電池を開発・利用する上で有用な情報になり得る。また，電池劣化問題を解決するための手掛かりとなることが期待される。

2.2 実験

円筒型（18650型）のリチウムイオン電池セルを解体して取り出された正極シートを試料として用いた[9]。セルは，正極シート，負極シート，電解質（1M LiPF$_6$），電解液（EC：DEC，体積比1：1），セパレータ（多孔質ポリエチレン）から構成される。正極シートは，Al箔の集電体に厚さ約20 μmの電極混合物（重量比85％の市販 LiNi$_{0.8}$Co$_{0.15}$Al$_{0.05}$O$_2$，10％の導電助剤，5％のバインダ（PVDF））を塗布したものである。正極活物質は直径10〜15 μmの粒子（二次粒子）であり

(図2)．それぞれの粒子はより小さな一次粒子（数10 nm～数μm）の集合体である．負極シートはCuフォイル集電体に95重量％の人造黒鉛と5重量％のPVDFの混合物を塗布したものである．

本研究では，電池劣化に伴う変化について調査するために，以下の3つの条件のセルを用意した（新品セル，サイクル試験後セル（60℃，1000サイクル），保存試験後セル（60℃，一年間保存））．各セルの作製条件と放電容量を表1にまとめた．サイクル試験は，2.0 mA cm^{-2}の定電圧モード，60℃の条件下で4.1 Vと3.0 V間の充放電を繰り返すことにより実施された．保存試験は，4.1 Vの充電された状態で60℃高温槽の中で保存することにより実施された．電池充電（Liイオン脱離）に伴う変化について調査するために，各劣化状態のセルを複数準備し，それぞれを異なった電圧まで充電した後に，グローブボックスの中で解体して正極シートを取り出した．正極材料中のLi量はICP発光分析により求めた．

SchroederらはNiO薄膜のNi K吸収端CEY-XAFS測定の分析深さが約90 nmであることを実験的に証明している[10]．後述するように，本研究で用いた$Li_{1-x}Ni_{0.8}Co_{0.15}Al_{0.05}O_2$粒子の表面がNi-Oに近い特徴を有していたことから，本実験におけるNi K吸収端CEY-XAFS測定の分析深さ90 nm程度であると推定された．CEY-XAFS測定および透過法XAFS測定はSPring-8のビームラインBL16 B2で実施された．

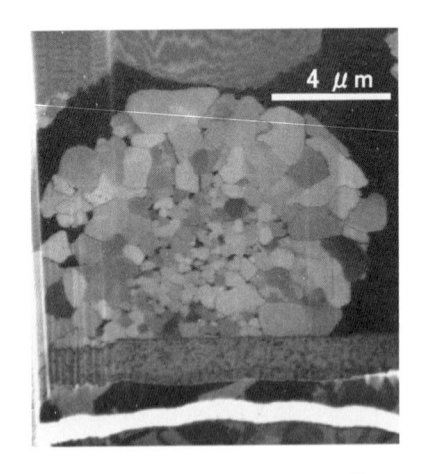

図2　正極粒子の断面FIB-SIM像

表1　測定に用いたセルの作製条件と放電容量

セルの作製条件	放電容量* （mAh/g）
新品：1回充放電	160.0
サイクル試験後：60℃で1000回充放電	122.6
保存試験後：100％充電状態で60℃，一年間保存	125.0

*0.1 mA cm^{-2}で放電した際の容量（カットオフ電圧：3.2 V）

2.3 結果と考察

図3に透過法およびCEY法で測定したNi K吸収端XANESスペクトルの例を示す（新品セル）。2つの測定法により得られたスペクトルの形状およびS/N比には，ほとんど違いがないことがわかる。これは，両測定法による結果の定量的な比較が十分に可能であることを意味している。電池充電（Liイオン脱離，すなわち$Li_{1-x}Ni_{0.8}Co_{0.15}Al_{0.05}O_2$中のxが増加）に伴い，Ni K吸収端スペクトルはその形状をおおよそ保ったまま高エネルギー側にシフトしている。このシフトは全てのセル条件において観測され，エネルギーの絶対値や充電に伴う変化量は，セルの条件，測定手法によって異なっていた。この違いを明確にするために，以下のような定量的な解析を行った。まず，Niの平均価数をMansourらによって得られた検量線を用いて見積もった。Mansourらは，吸収端エネルギーのシフトがNiの形式価数に対して二次関数的に増加することを，価数の異なる標準試料の測定から見出している[11]。次に，それぞれのセル条件，測定手法について，xの値（$Li_{1-x}Ni_{0.8}Co_{0.15}Al_{0.05}O_2$）とNi平均価数との関係を示す近似直線を最小二乗フィッティングにより求めた。得られた近似直線の比較を図4に示す。太線（モデル直線）は，全てのCoがCo^{3+}，AlがAl^{3+}，OがO^{2-}であるという仮定のもとで計算したNiの平均価数をあらわしている。近似直線の傾き，切片，$x=0.5$のときのNi価数を表2にまとめた。新品セルのバルク平均（透過）および表面平均（CEY）をあらわす直線は互いにほぼ一致しており，これらの直線は上述のモデル直線に近いNi価数を示している。これは，新品セルのバルクおよび表面近傍の平均Ni価数が，充電に伴いおおよそ3価から4価に変化していることを意味している。

一方，サイクル試験および保存試験後のセルでは，バルクのNi価数が新品セルに比べると明らかに低くなっていることがわかる。表面のNi価数はさらに低下しており，近似直線の傾きもバルクに比べると緩やかになっている。また，近似直線の切片も3より小さくなっている。これらの

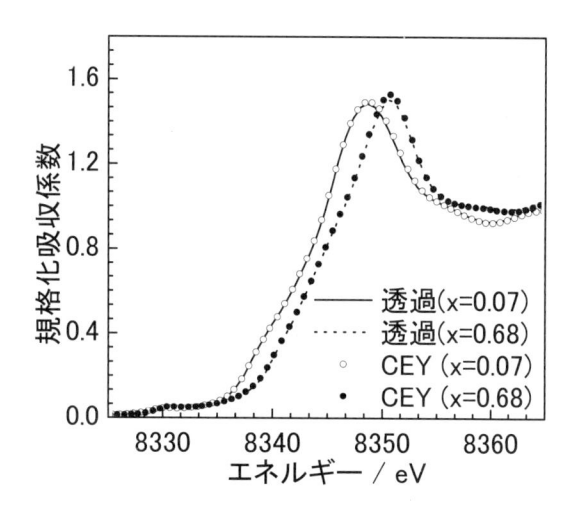

図3　$Li_{1-x}Ni_{0.8}Co_{0.15}Al_{0.05}O_2$のNi K吸収端XANESスペクトルの例
（新品セル）

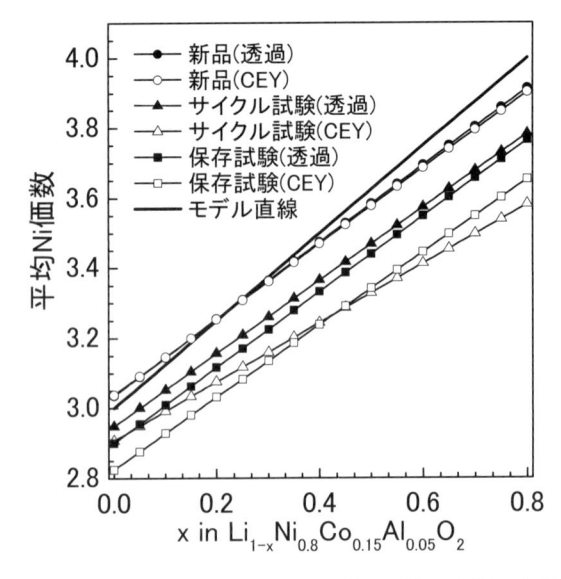

図4　セル充電（Liイオン脱離）に伴う平均Ni価数の変化
（Ni価数データに対する最少二乗フィッティングにより得た近似直線）

表2　図4に示した近似直線の傾きと切片，およびx＝0.5（$Li_{1-x}Ni_{0.8}Co_{0.15}Al_{0.05}O_2$）におけるNi価数

セル条件	傾き	切片	Ni価数 (x＝0.5)
バルク（透過XAFS）			
新品	1.10±0.06	3.03±0.03	3.58
サイクル試験	1.04±0.03	2.95±0.01	3.47
保存試験	1.08±0.08	2.90±0.05	3.44
表面（CEY-XAFS）			
新品	1.08±0.07	3.04±0.03	3.58
サイクル試験	0.84±0.04	2.91±0.02	3.33
保存試験	1.04±0.07	2.82±0.04	3.34

事実は，サイクル試験や保存試験によって，特に表面において，低価数なNi（2価のNi）が増えていること，充電されても価数が変化しないNiが存在していることを示唆している。この電荷補償に寄与していない低価数Ni（2価のNi）の存在が近似直線の傾きを減少させていると考えることができる。

Ni K吸収端EXAFSのフーリエ変換を図5に示す（新品，CEY）。1.5Å付近の第1隣接ピークはNi-O結合に相当し，2.5Å付近の第2隣接ピークはNi-M（M = Ni, Co, Al）結合に相当する。いずれのセルにおいてもNi-Oピークの強度が充電に伴って増加していることがわかる。充電前のNi-Oピーク強度が低くなっているのは，低スピン状態のNi^{3+}イオン特有のJahn-Teller歪みのた

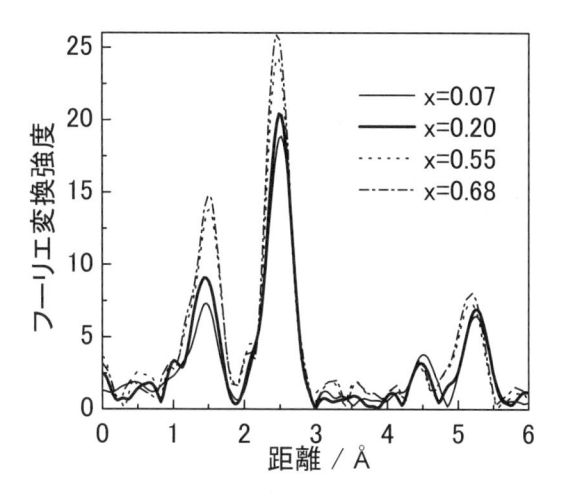

図5 Li$_{1-x}$Ni$_{0.8}$Co$_{0.15}$Al$_{0.05}$O$_2$のNi K吸収端EXAFSフーリエ変換
(初期セル,CEY)

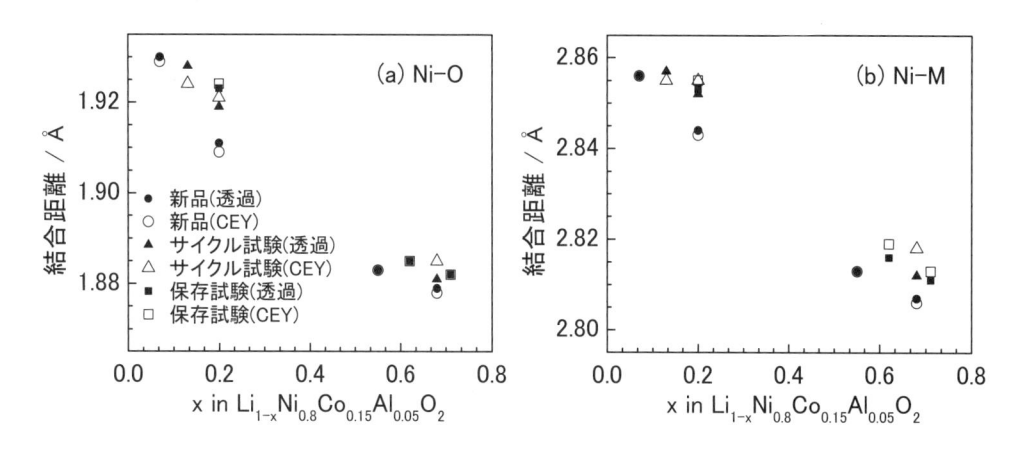

図6 Ni K吸収端EXAFSフーリエ変換のフィッティング解析から得られた結合距離
((a)Ni-O距離,(b)Ni-M(M = Ni, Co, Al)距離)

めであると考えられる。中井らは,Ni^{3+}周辺のNiO$_6$八面体が4つの短いNi-O結合と2つの長いNi-O結合からなる場合,Ni-O結合のピーク強度が小さくなることを示した[12]。一方,Ni^{4+}イオンはJahn-Teller不活性なため歪みは無くピーク強度も減少しない。これらの事実により,Ni^{3+}からNi^{4+}への変化に伴ってNi-Oピーク強度が増大していると考えられる。

第1および第2隣接ピークについて定量的なフィッティング解析を行った。ここでは,フィッティングに際し以下のような比較的単純なモデルを採用した。Ni-Oピークは実際には3つの異なる距離(2つのNi^{3+}-O距離と1つのNi^{4+}-O距離)から構成されていると考えられるが,単一の平均Ni-O距離によってフィッティングした。Ni-M(M = Ni, Co, Al)ピークは,Ni-Ni結合のみ

でモデル化した。両ピークの配位数については，結晶欠陥は無いと仮定していずれも6に固定した。フィッティング解析により得られたNi-O, Ni-Mの結合距離を図6に示す。

新品セルのバルク平均および表面平均のNi-O結合距離は互いにほぼ等しく，xの増加に伴い減少している。これはNiの価数が3価から4価に変化していることで説明することができる。上述のようにNi^{3+}-O結合は4つの短距離結合と2つの長距離結合から構成されているが，そのいずれの距離もNi^{4+}-O距離よりは長いことが知られている[13]。サイクル試験後および保存試験後のNi-O結合距離は，新品に比べるとわずかに長くなっている。これは，Ni^{2+}が存在しているというXANES解析の結果を支持するものである。Ni^{2+}のイオン半径がNi^{3+}よりも大きいことからNi-O結合距離が長くなっていると考えられる。（ただし，これらの距離は，純粋なNiOにおけるNi-O距離2.08 Åよりもかなり短いことに注意されたい。）一方，XANES解析で見られたようなバルクと表面の顕著な差異はEXAFS解析からは得られなかった。Ni-M結合距離も充電に伴って減少している。これは，Ni-Ni二次元構造がNi-O距離の減少に伴って縮小していくことを示唆している。

2.4 まとめ

我々のXANESの結果はAbrahamらによる電子顕微鏡の観測結果[14,15]に良く一致していた。彼らはTEMおよびEELSを用いて，$LiNi_{0.8}Co_{0.2}O_2$の正極粒子表面に岩塩型構造を有するNiO様相が存在すること，その相が保存試験に伴って成長することを明らかにした。そして，電子およびイオン伝導性を減少させると考えられるNiO様相の存在と，その成長過程で放出される高活性な酸素原子の存在の両方が容量低下の原因である，という劣化モデルを提案した。我々は彼らの提案を支持するとともに$LiNi_{0.8}Co_{0.15}Al_{0.05}O_2$においても同様の減少が起こっていると考えている（図7）。我々のCEY-XAFSと透過XAFSを組み合わせた手法により，このような劣化現象を定量的に実証することに成功した。さらに，EXAFS解析により，サイクル試験や保存試験に伴う局所構造の変化について新たな知見が得られた。劣化後の正極粒子の表面近傍の構造は，劣化前の構造とも純粋なNiOの構造とも異なっていることが明らかになった。

以上のように，本研究では，電池容量低下・反応抵抗増大の要因であると見られる現象の観測

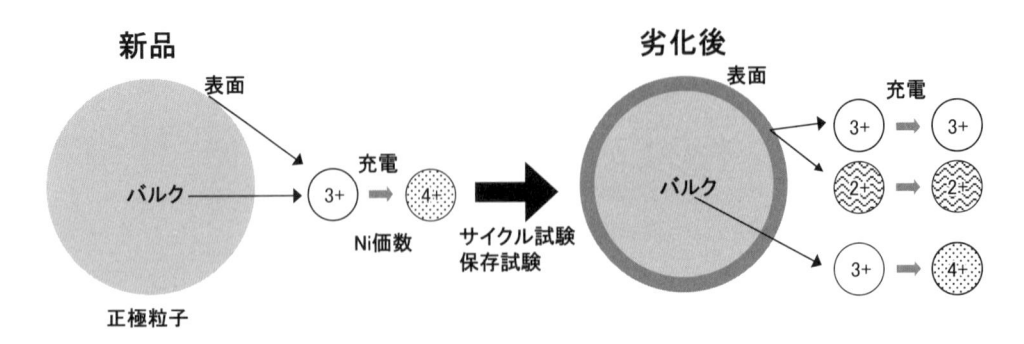

図7 本研究より得られたサイクル試験・保存試験による正極材料の劣化メカニズム

に成功し，さらなる長寿命化を目指して正極材料の改良を図るための指針が得られた。これらの知見は，電池開発の場において現在有効に活用されている。

文　　献

1) J. M Tarascon et al., *Nature*, **414**, 361 (2001)
2) C. Delmas et al., *Electrochim. Acta*, **45**, 243 (1999)
3) T. Ohzuku et al., *J. Electrochem. Soc.*, **140**, 1862 (1993)
4) Y. Itou and Y. Ukyo, *J. Power Sources*, **146**, 39 (2005)
5) K. Amine et al., *J. Power Sources*, **97-98**, 684 (2001)
6) M. Takahashi et al., *J. Synchrotron Rad.*, **6**, 222 (1999)
7) E. Yanase et al., *Anal. Sci.*, **15**, 255 (1999)
8) T. Nonaka et al., *J. Electrochem. Soc.*, **154**, A353 (2007)
9) T. Sasaki et al., *J. Electrochem. Soc.*, **156**, A289 (2009)
10) S. L. M. Schroeder et al., *Surf. Sci. Lett.*, **324**, L371 (1995)
11) A. N. Mansour et al., *J. Electrochem. Soc.*, **146**, 2799 (1999)
12) I. Nakai et al., *J. Power Sources*, **68**, 536 (1997)
13) M. Balasubramanian et al., *J. Electrochem. Soc.*, **147**, 2903 (2000)
14) D. P. Abraham et al., *Electrochem. Com.*, **4**, 620 (2002)
15) D. P. Abraham et al., *J. Electrochem. Soc.*, **150**, 1450 (2003)

3 放射光その場時間分解測定を用いたリチウムイオン電池正極の相変化機構解明

折笠有基[*1], 荒井 創[*2]

3.1 はじめに

　リチウムイオン電池はさらなる出力特性の向上が求められており，電極活物質は高速に反応が進行しうる材料を設計することが望まれる。リチウムイオン電池の作動条件下では継続的なイオン・電子のやりとりにより，電極活物質の相変化が連続的に進行している。つまり，活物質中は充放電反応により非平衡状態にある。しかしながら，従来は平衡状態での相状態，電子状態の解析が主として行われてきており，デバイスの性能に直接関わると思われる非平衡状態の構造情報が得られていないのが現状である。近年の放射光関連技術の発展により，非常に短時間でリチウムイオン電池反応中の結晶構造および電子構造情報を取得することが可能となっている。本研究では大型放射光施設SPring-8の高輝度ビームラインを用いた高速時分割測定をリチウムイオン電池計測へ適用し，非平衡状態を直接観察することで今まで明らかにされてこなかった電池動作中の相変化挙動解明を目的とした。具体的には時間分解X線吸収分光法と時間分解X線回折法を用いた。X線吸収分光法からは活物質中のリチウムイオン挿入脱離に伴う遷移金属の価数変化に関する情報を取得した。X線回折からは結晶構造変化を議論した。いずれの測定も高輝度放射光X線の利点を活かし，時間分解測定により，電極材料の非平衡挙動を解析した。解析するモデル材料として1次元の拡散経路を有するオリビン型構造の$LiFePO_4$および3次元の拡散経路を有するスピネル型構造の$LiNi_{0.5}Mn_{1.5}O_4$を取り上げ，電極活物質の非平衡状態における相変化を明らかにした研究例について紹介する。

3.2 $LiFePO_4$中の相変化挙動解析

　$LiFePO_4$はLi-rich相（LFP相）とLi-poor相（FP相）の二相反応により，充放電反応が進行している[1,2]。二相反応系材料では，充放電反応において母相中で新相の核が生成し，相成長していくことで反応が進行する。このような，結晶における核成長の様式の解釈に用いられる解析法として，Kolmogorov-Johnson-Mehl-Avrami（KJMA）解析がある[3~7]。$LiFePO_4$系においても過去にKJMA解析の適用例がある[8~10]。しかし，これまでの研究は電流量，X線吸収法による電荷移動量からのみの議論であり，電荷移動量と相変化量が一対一に対応するという仮定がおかれている。実際に相転移が電流量に対し遅れなく起こっているのであればその仮定は問題ではない。しかし近年，LFP相とFP相の反応が，固溶反応的に進行するというモデル[11,12]や反応中にアモルファス相が生成するというモデル[13]が計算科学により考案されている。これらのモデルは，LFP/FPの相転移が典型的な核生成成長型の二相反応で起こらないとしている。その場合は電流量や電荷移動量に対し単純にKJMA式を適用することはできなくなる。より正確な議論のために，結晶相

[*1] Yuki Orikasa　京都大学　大学院人間・環境学研究科　助教
[*2] Hajime Arai　京都大学　産官学連携本部　特定教授

第2章 二次電池

を直接観察できるXRD測定を適用することが望ましい。そこで本研究では，ポテンシャルステップ反応中における電気化学測定，時間分解XAS測定，時間分解XRD測定からそれぞれ電気量，電荷移動量，相転移量を算出し，それぞれにおいてKJMA解析を適用することで，電荷移動と相転移の間のギャップについて知見を得ることを目的とした。

KJMA解析の詳細については，優れた解説が出版されている[14]ため，以下概略のみ述べる。相転移した部分の体積Vは一般化して下記にあらわされる。

$$V = 1 - \exp(-kt^n) \tag{1}$$

式(1)をKJMAの式と呼ぶ。またnをAvrami指数と呼ぶ。k, tはそれぞれ速度定数，反応時間である。式(1)を変形すると

$$\ln\ln\frac{1}{1-V} = n\ln t + \ln k \tag{2}$$

となり，$\ln\ln(1/(1-V))$を$\ln t$に対してプロットする（Avramiプロット）ことで，傾きよりAvrami指数nを求めることが可能である。Avramiプロットの傾きから得られるAvrami指数nは，核成長機構によって変化する[15]。Avrami指数nは次式で表される。

$$n = a + bc \tag{3}$$

ここでaは単位時間に生成する核の数の時間変化を表し，$a=0$のとき核生成速度が0（核生成サイトの飽和），$0<a<1$のとき核生成速度が時間と共に減少，$a=1$のとき核生成速度一定，$a>1$のとき核生成速度が時間と共に増加することを意味する。bcは一つの核の体積の時間変化を表す。bは核成長の方向に対応し，$b=1$が一次元方向，$b=2$が二次元方向，$b=3$が三次元方向となる。cは律速過程に対応し，$c=1$のとき相境界移動律速，$c=1/2$のとき拡散律速となる。

本研究では固相法，水熱法により合成した，60, 150, 1000 nmの3種類の粒径を有する$LiFePO_4$を用いた[16]。初めに，定電位充電反応中の時間分解XAS測定を行い，電流量と電荷移動量について調べた。1000 nmの$LiFePO_4$について，室温下，3.35 Vから4.30 Vへの電位ステップ反応中の時間分解XASスペクトルを図1(a)に示す。時間経過と共に$LiFePO_4$に起因するFe^{2+}のスペクトルが減少し，$FePO_4$に起因するFe^{3+}のスペクトルが増加する様子が観察された。各スペクトルを，測定の最初と最後のスペクトルの和で表すことで二相の割合を算出した。その結果を図1(b)に示す。XASから得られるプロット（遷移金属中の電荷移動量に相当）は点線で表される電気化学測定からのデータ（電流量に相当）と非常に良い一致を示した。電流量，電荷移動量からのAvramiプロットを図1(c)に示す。Avrami指数$n\sim 1$となり，過去の報告と一致した[10]。$n=1$は，$a\approx 0$, $b=1$, $c=1$と解釈でき，FP相が一次元的に成長するモデルが支持される結果となった。

同様の条件で時間分解XRD測定を行った。このときのXRDパターンを図2左に示す。19.15°付近のピークがLFP相の(211)面，(020)面に，19.5°付近のピークがFP相の(211)面に，19.85°付近のピークがFP相の(020)面に相当する。充電反応進行に伴いLFP相のピークが減少し，FP相

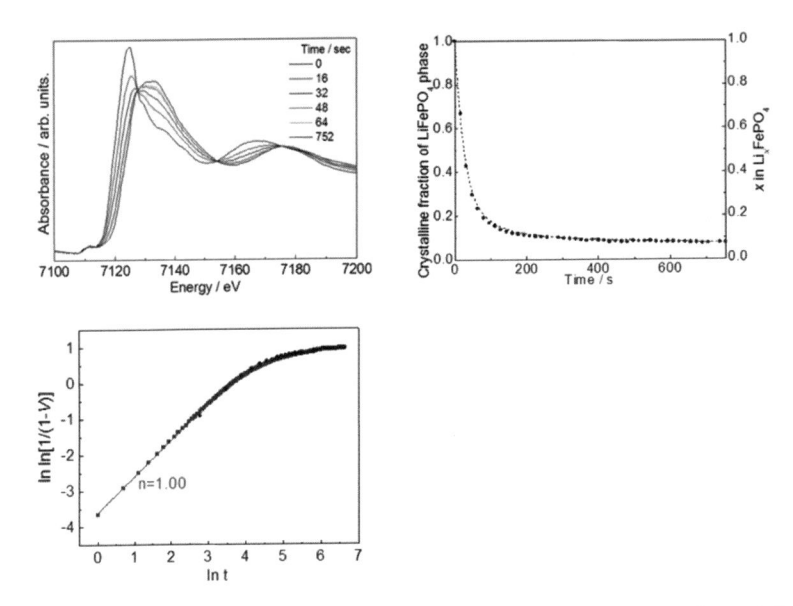

図1 (a)LiFePO$_4$(粒径1000 nm)における3.35 Vから4.30 Vへの電位ステップ時の時間分解XASスペクトル,(b)XAS(プロット)および電気量(線)から求めたLiFePO$_4$相割合の時間依存性,(c)Avramiプロット(黒;XASから,灰色;電流量から算出)

のピークが増加することから,二相共存反応が正しく観察できていることが分かる。FePO$_4$(020)面の回折ピークをgauss積分して得た面積を相転移率VとすることでKJMA解析を適用した。各粒径における,電気化学データ,XRDデータからのAvramiプロット結果を図2右に示す。粒径によらず,電流量からのAvramiプロットとXRDからのAvramiプロットは一致している。充電反応においては電流量とFP相の成長量はほぼ一致しており,電荷移動に対して相変化に遅れが生じていないことになる。XRD測定からもAvrami指数nは全てのサンプルで1に近い値となり,一次元的相成長モデルがサポートされる。

一方で放電反応では異なる挙動を示した。図3左に3.50 Vから2.50 Vへの電位ステップ反応中の時間分解XRDパターンを示す。充電過程と異なり,60 nmのサンプルではピークが非常にブロードになり,ピーク面積算出が困難になった。図3(d)に示すXRDパターンからもわかるように,二相反応からはかけ離れた単相反応的な挙動を示している。このような過渡状態の単相的な反応は,Monte Carlo simulation[11]やphase field simulation[12]からも予測されている。粒径150 nm,1000 nmでも二相のピーク間のバックグラウンドが上昇したものの,二相ピークの増減が明確に見られた。150 nm,1000 nmのサンプルにおける電気化学データおよびXRDデータから算出した相転移率Vを用いたAvramiプロット結果を図3右に示す。放電反応では充電反応と異なり,電流量からのAvramiプロットとXRDからのAvramiプロットにギャップが見られた。すなわち電荷移動に対して新相の成長が遅れている。この結果は,報告されている中間相Li$_x$FePO$_4$を経由すること[17]でLFP相の生成が遅れているためと考えられる。最終的に電流量からのプロットとXRD

第2章　二次電池

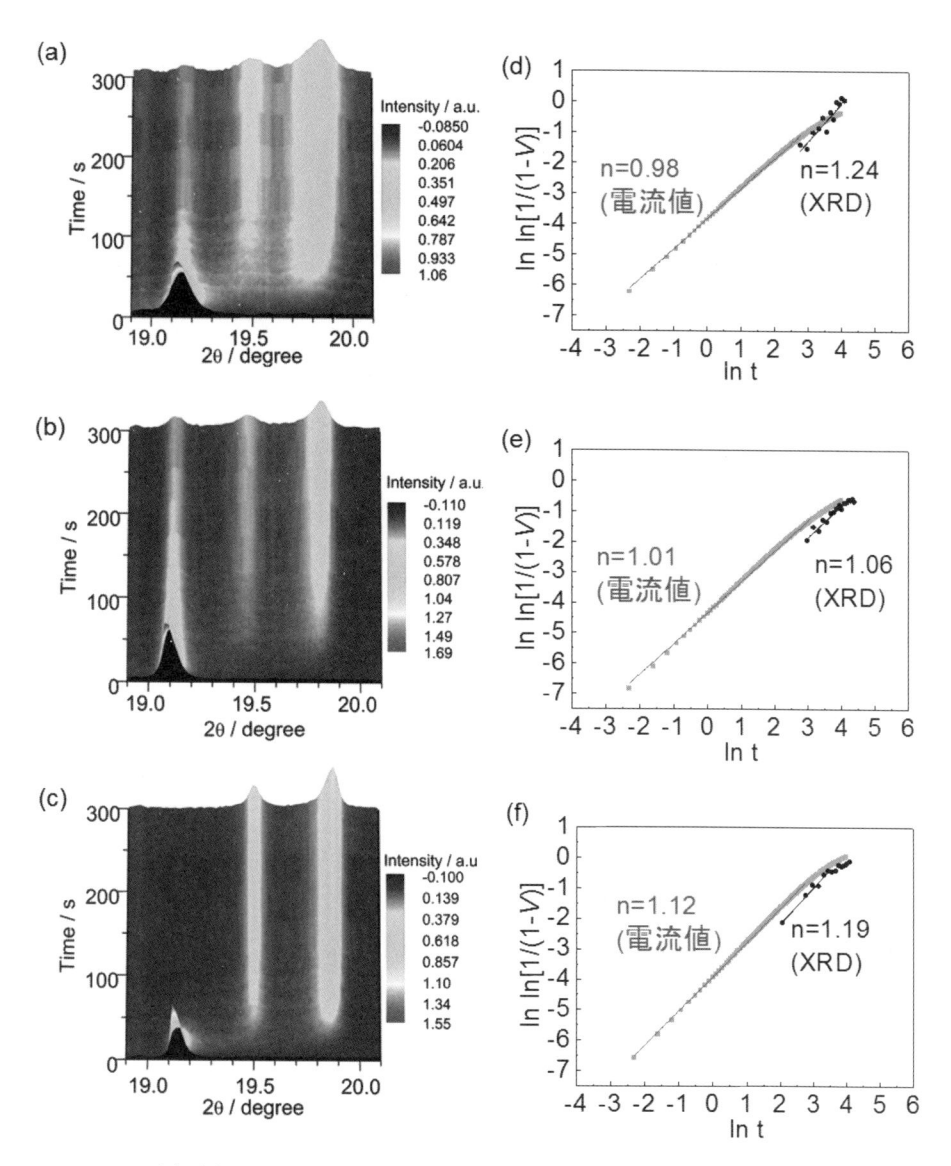

図2　(a)〜(c) 3.35 Vから4.30 Vへの電位ステップ時の時間分解XRDパターンおよび
(d)〜(f) Avramiプロット，(a)，(d)粒径60 nm，(b)，(e)150 nm，(c)，(f)1000 nm

からのプロットの値は近づくことから，徐々にLi_xFePO_4相からLFP相への転移が起こっていると考えられる。Avrami指数は放電反応においても共に$n \sim 1$となっている。したがって中間相を経由するにもかかわらず新相の生成方向は一次元方向である事に変わりはない。

時間分解XAS，XRD測定から，電荷移動，相転移挙動を時分割測定し，$LiFePO_4$の相転移挙動について考察した。結晶相を直接的に反映しているXRDのデータにKJMA解析を適用することで，$LiFePO_4$二相反応の速度論を検討した。充電反応では，二相反応が進行し，Avramiプロット

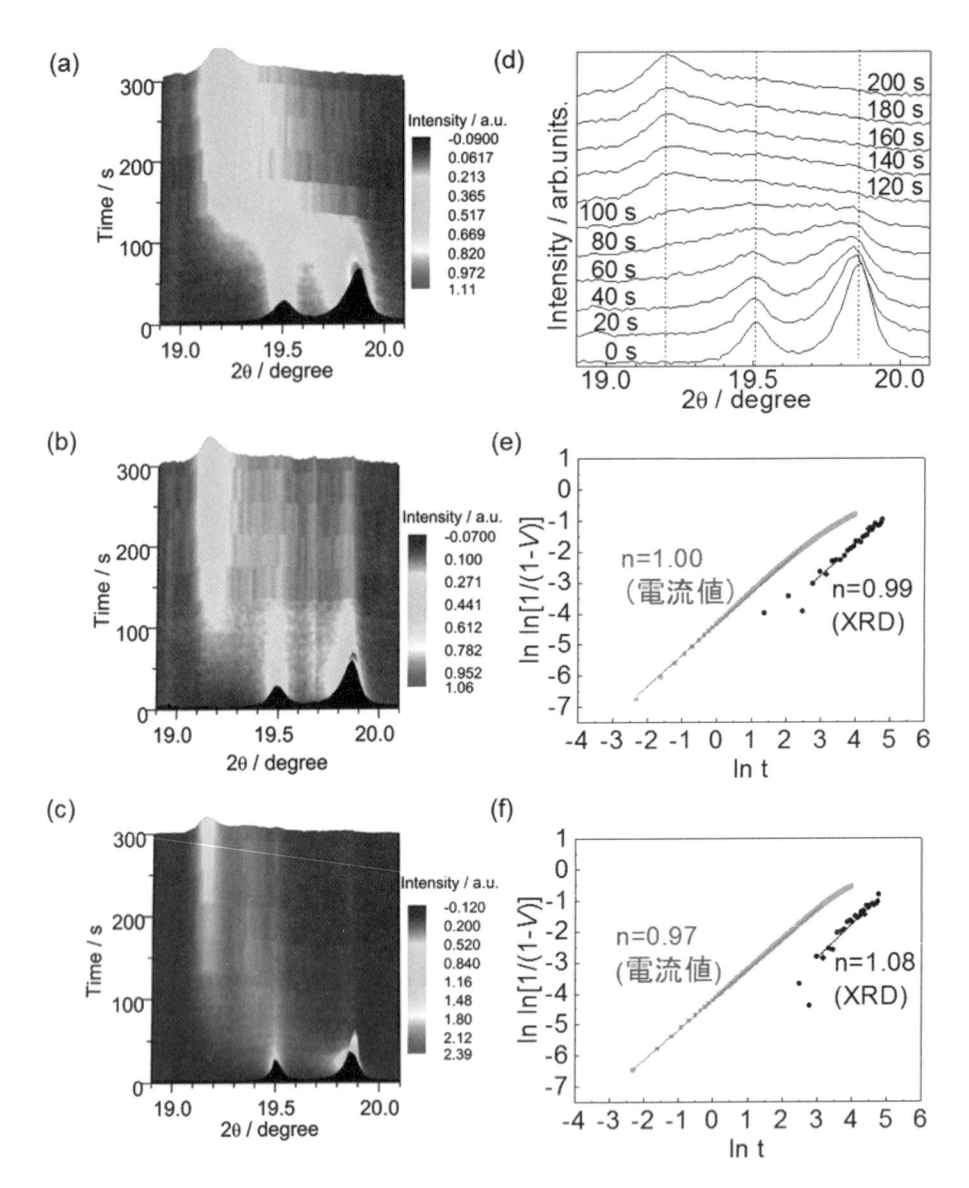

図3 (a)〜(c)3.50Vから2.50Vへの電位ステップ時の時間分解XRDパターン, (d)粒径60nmの個別のXRDパターン, (e)粒径150nm, (f)1000nmのAvramiプロット

は電流量, XAS, XRDいずれからのデータでも等しく, 充電において電荷移動と相転移はほぼ遅れなく起こっていることが分かった。Avrami指数は$n \sim 1$となり, 相境界が一次元移動するモデルが支持された。一方放電反応では, 電荷移動に対して相転移が遅れる現象が見られた。これは相転移の過渡状態で中間相のLi_xFePO_4相が生成するためであり, 中間相を経由する分LFP相の生成が遅れている。

3.3　LiNi$_{0.5}$Mn$_{1.5}$O$_4$電極の非平衡挙動

　LiNi$_{0.5}$Mn$_{1.5}$O$_4$はLiFePO$_4$同様，リチウムイオン電池用の正極材料として知られており[18]，リチウム基準で4.7～4.8Vという高い電位が特徴である[19]。構造中のNiとMnの配列に秩序があるFd-3m構造のものと，秩序がないP4$_3$32構造のものが知られているが[20]，後者は高速のリチウム脱離・挿入が可能であり，特に実用材料として注目されている。その充放電反応は二段階に分かれており，約4.70 VのLiNi$_{0.5}$Mn$_{1.5}$O$_4$（Li1）からLi$_{0.5}$Ni$_{0.5}$Mn$_{1.5}$O$_4$（Li0.5）への相転移と，約4.74 VのLi0.5からNi$_{0.5}$Mn$_{1.5}$O$_4$（Li0）への相転移があると報告されている。4V領域のマンガンによる僅かな寄与を除けば，酸化還元は主にニッケルが担っていることが知られている。LiNi$_{0.5}$Mn$_{1.5}$O$_4$における非平衡挙動の詳細を調べるため，1C充放電におけるX線吸収およびX線回折測定により，電子構造および結晶構造にどのような変化が生じるかを観察した[21]。試料にはNiとMnが無秩序配列したLiNi$_{0.5}$Mn$_{1.5}$O$_4$を用いた。

　図4(a)に充電時におけるNi-K端のX線吸収スペクトルを示す。充電に伴いスペクトルは高エネルギー側にシフトし，ニッケルが酸化されていることがわかる。このスペクトル群には2つの等吸収点があることから，3つの成分に分解できることが予想される。ここで中央に生成するスペクトルは，両端成分の線形和では表せないことから独立した成分と考えられる。すなわちこのスペクトル群は，Ni2価のLi1，Ni3価のLi0.5，Ni4価のLi0の，三相に相当する成分から構成されていると推察される。各スペクトルの強度を，通電した電気量に対してプロットすると，直線関係が得られることから，通電電荷量に応じて価数変化したニッケルの挙動を，X線吸収で捉えられたことがわかった。このことは，反応はニッケルの酸化還元が主体であり，また放射光で観察したセル領域で得られた情報がセル全体の情報を適切に反映していることを意味している。図4(b)に示す放電時のX線吸収スペクトル変化は，充電時の反対の変化を示しており，Li0→Li0.5→Li1と二段階の反応が進むことがわかった。

　次にX線回折を用いて結晶相の変化を調べた。図5(a)に充電時に得られたX線回折パターンを

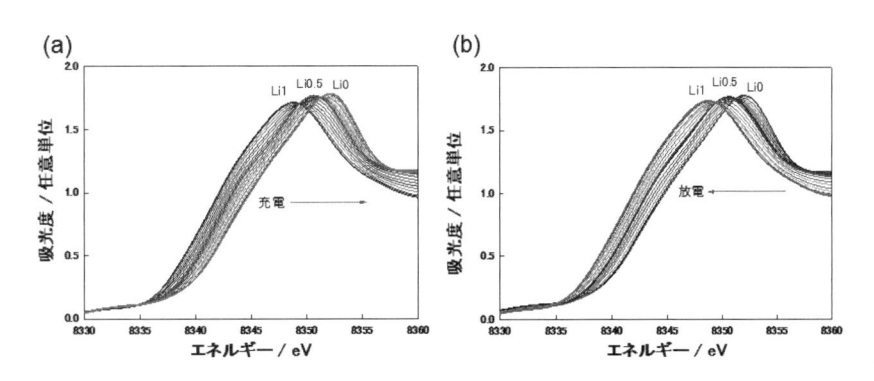

図4　LiNi$_{0.5}$Mn$_{1.5}$O$_4$電極の(a)1Cレート充電中，(b)1Cレート放電中の時間分解Ni K-edge XASスペクトル

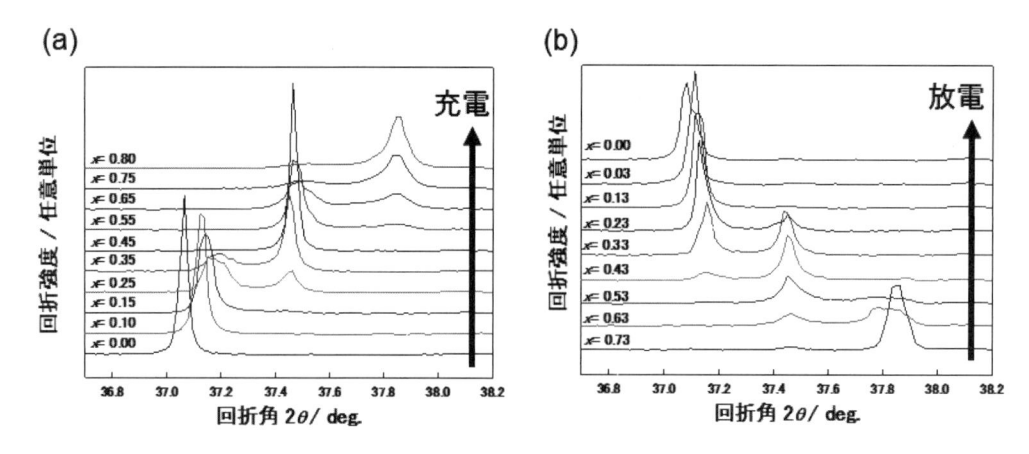

図5 　Li$_{1-x}$Ni$_{0.5}$Mn$_{1.5}$O$_4$電極の(a)1Cレート充電中，(b)1Cレート放電中の時間分解XRDパターン

示す。結晶相としてもLi1，Li0.5，Li0の三相のピークが明確に見られ，中間的な領域では二相が共存していることが確認できた。ここでx値は見かけ上のリチウム組成変化を示しているが，充放電容量から電極の利用率が約80％であることから，充電末にはほぼすべてのリチウムが脱離されたと考えている。Li1では，初期に顕著なピークシフト[22]が見られたことから，固溶体的な変化が起こっていることが示唆された。次に放電時のX線回折パターンを調べると，図5(b)に示すように，やはりLi0→共存領域→Li0.5→共存領域→Li1と遷移し，またLi1相で放電末にかけてピークシフトがあり，充電時の逆の動きが観察された。しかし充電時と異なり，Li0.5相のピーク強度が低く，結晶相の成長が遅いことが示唆された。この非対称的な充放電挙動については，Li1とLi0.5の相転移が，Li0.5とLi0の相転移に比べて早く，充電時には結晶相のLi0.5が十分に成長する（Li0への転移はなかなか起こらない）のに対し，放電時にはLi0.5が生成すると，すぐにLi1相に転移してしまう（二つの相転移電位が近いため，1CレートでもLi1相の生成電位に十分達している）ためと考えている[21]。このように熱力学的に可逆でありながら速度論的には充放電時に異なる挙動が捉えられた例は殆どなく，本成果は，放射光X線による高時間分解能実験の重要性が現れた一例である。

3.4 まとめ

本稿では放射光X線の利点を活かした時間分解測定をリチウムイオン電池の反応解析に適用させた。これまで，電気化学測定によって反応ダイナミクスの研究が行われてきたが，時間分解測定を適用することで，実際の電極活物質の構造情報を反映した議論が可能となる。上記に挙げた解析例はいずれも平衡状態の測定では可逆に起こると考えられてきた反応について，充電反応と放電反応で異なる過渡現象を捉えており，非平衡状態特有の現象として重要である。本手法をさらに発展させることで，リチウムイオン電池の電極反応における非平衡現象を追跡し，新たな知見が得られると期待される。

第 2 章　二次電池

文　　献

1) A. K. Padhi, K. S. Nanjundaswamy and J. B. Goodenough, *J. Electrochem. Soc.*, **144**, 1188 (1997)
2) A. Yamada, H. Koizumi, S. I. Nishimura, N. Sonoyama, R. Kanno, M. Yonemura, T. Nakamura and Y. Kobayashi, *Nature Materials*, **5**, 357 (2006)
3) A. N. Kolmogorov, *Bull. Acad. Sci. U.S.S.R., Phys. Ser.*, **3**, 555 (1937)
4) W. A. Johnson and R. F. Mehl, *Trans. Am. Inst. Min. Metall. Pet. Eng.*, **135**, 416 (1939)
5) M. Avrami, *J. Chem. Phys.*, **7**, 1103 (1939)
6) M. Avrami, *J. Chem. Phys.*, **8**, 212 (1940)
7) M. Avrami, *J. Chem. Phys.*, **9**, 177 (1941)
8) J. L. Allen, T. R. Jow and J. Wolfenstine, *Chem. Mater.*, **19**, 2108 (2007)
9) G. Oyama, Y. Yamada, R.-i. Natsui, S.-i. Nishimura and A. Yamada, *J. Phys. Chem. C* (2012)
10) X. Q. Yu, Q. Wang, Y. N. Zhou, H. Li, X. Q. Yang, K. W. Nam, S. N. Ehrlich, S. Khalid and Y. S. Meng, *Chem. Commun.*, **48**, 11537 (2012)
11) R. Malik, F. Zhou and G. Ceder, *Nat. Mater.*, **10**, 587 (2011)
12) P. Bai, D. A. Cogswell and M. Z. Bazant, *Nano Lett.*, **11**, 4890 (2011)
13) M. Tang, H. Y. Huang, N. Meethong, Y. H. Kao, W. C. Carter and Y. M. Chiang, *Chem. Mater.*, **21**, 1557 (2009)
14) 小岩昌宏, まてりあ, **50**, 55 (2011)
15) S. Ranganathan and M. Vonheimendahl, *Journal of Materials Science*, **16**, 2401 (1981)
16) Y. Orikasa, T. Maeda, Y. Koyama, H. Murayama, K. Fukuda, H. Tanida, H. Arai, E. Matsubara, Y. Uchimoto and Z. Ogumi, *Chem. Mater.*, **25**, 1032 (2013)
17) Y. Orikasa, T. Maeda, Y. Koyama, H. Murayama, K. Fukuda, H. Tanida, H. Arai, E. Matsubara, Y. Uchimoto and Z. Ogumi, *J. Am. Chem. Soc.*, **135**, 5497 (2013)
18) K. Amine, H. Tukamoto, H. Yasuda and Y. Fujita, *J. Power Sources*, **68**, 604 (1997)
19) Q. M. Zhong, A. Bonakdarpour, M. J. Zhang, Y. Gao and J. R. Dahn, *J. Electrochem. Soc.*, **144**, 205 (1997)
20) T. Ohzuku, K. Ariyoshi, S. Yamamoto and Y. Makimura, *Chem. Lett.*, 1270 (2001)
21) H. Arai, K. Sato, Y. Orikasa, H. Murayama, I. Takahashi, Y. Koyama, Y. Uchimoto and Z. Ogumi, *J. Mater. Chem. A*, **1**, 10442 (2013)
22) J. H. Kim, C. S. Yoon, S. T. Myung, J. Prakash and Y. K. Sun, *Electrochem. Solid St.*, **7**, A216 (2004)

4 二次元イメージングX線吸収分光法を用いたリチウムイオン電池合剤電極の反応分布解析

折笠有基[*1], 内本喜晴[*2]

4.1 はじめに

リチウムイオン電池の電極には合剤電極が用いられている。合剤電極はリチウムイオンを貯蔵する活物質, 電子伝導パスを形成する導電材, それらを結合させる結着剤で構成されており, この空隙に電解液が存在してイオン伝導パスをつくる極めて複雑な構造である。この合剤電極の模式図を図1に示す。電極内では電子伝導, イオン伝導ともに多数の抵抗成分が存在しており, 電子抵抗とイオン抵抗のバランスによって, 電池性能が左右される。合剤電極の作製条件が特性に大きく影響を与えることは経験的に認識されており, 電極最適構造をトライ&エラーによって開発し, その性能向上を図ってきた。しかしながら, リチウムイオン電池の理論性能近くまで特性を向上させるには, 特性支配因子を明らかにした上で, 理想的な反応を引き起こす合剤電極設計を行う必要がある。

前述の合剤電極において, 電子伝導, イオン伝導のバランスにより引き起こされるのが反応分布である。合剤電極中では複雑な電子・イオン伝導パスが形成されており, この中で内部抵抗の不均一性, 特に合剤電極内イオン伝導抵抗と電子伝導抵抗の不均一性によって反応分布が発生す

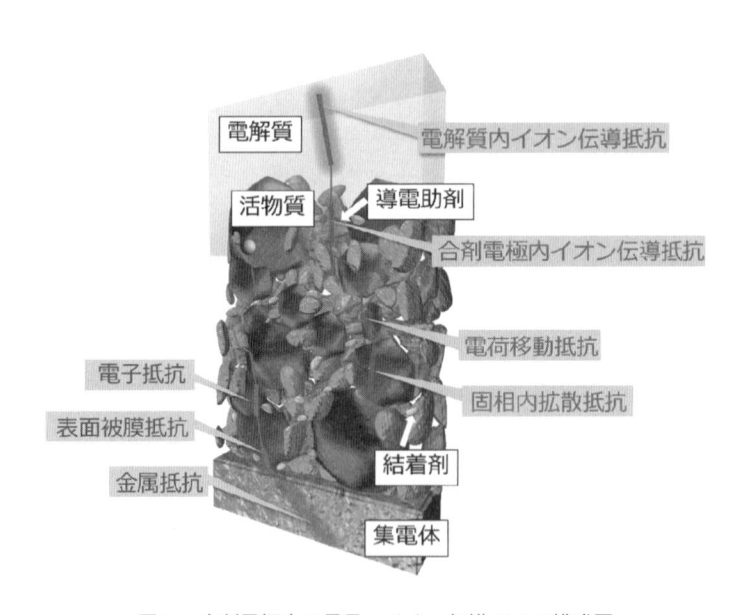

図1 合剤電極内の電子・イオン伝導パスの模式図

---

*1 Yuki Orikasa 京都大学 大学院人間・環境学研究科 助教
*2 Yoshiharu Uchimoto 京都大学 大学院人間・環境学研究科 教授

ると予測されている[1~3]。このような，反応分布による局所的な反応によって特定部位の劣化を促進させる。そのため，反応分布の発生状況を把握し，この結果を合剤電極の設計へ反映させることは，実用上極めて重要である。

通常の電気化学測定から得られる電位・電流の情報は合剤電極全体の情報を得るため，電極内部の反応サイトや抵抗の不均一性を直接測定することはできない。そこで数学的手法による電極内部の現象のシミュレーションが精力的に行われてきた[1,4]。また，近年では実験的な分布測定の開発も進みつつある。Ngら[2]とHessら[3]は合剤電極中に電子伝導体やイオン伝導体を挿入することで電流分布や電位分布を測定している。また，Mitsudaらは多数の参照極を配置することで正極面内の電位分布を測定している[5]。そのほかにもグラファイトは組成に応じて色が変化することを利用して，断面方向・面方向反応分布を測定した報告例がある[6]。マイクロXRDを用いた反応分布測定例も報告されている。Liuらは $2\,\mu m \times 5\,\mu m$ までマイクロビーム化した放射光X線を用いてサンプル位置を変えながら照射し，特定位置ごとの回折パターンを測定することでリチウムイオン二次電池正極内の断面方向反応分布を測定している[7]。ほかにも，ラマン分光法を用いた反応分布測定も報告されており，Nandaらは直径 $1\,\mu m$ のレーザーを用いた位置分解能を持つラマン分光法を利用して正極面方向の反応分布を測定している[8]。これらの報告では測定手法の紹介にとどまっており，合剤電極の三次元構造や電気化学特性，反応分布の関係を総合的に議論されていないのが現状である。

そこで，本研究では合剤電極の反応分布測定を行い，分布発生の支配因子を明らかにすることを目的とした。具体的には作製条件の異なる合剤電極に対して，新たに開発した二次元イメージングX線吸収分光法を適用させ，合剤電極断面方向の反応分布を測定した。得られた結果を基に，反応分布と電池特性の相関性について検討した[9]。

4.2 二次元イメージングX線吸収分光法

本稿では合剤電極断面方向の反応分布を計測するために，二次元イメージングX線吸収分光法（XAS）を用いた。XASは遷移金属の酸化還元を利用した電極活物質の価数を見積もることが可能で，光源や検出器を工夫することで高い空間分解能を達成することができる。一般的にはXASの測定は放射光X線を用いており放射光施設での実験が主に行われている。二次元X線吸収分光法においてはできるだけ広い領域で測定を行うため，大きなビームをサンプルに照射する。透過光強度は二次元方向に多数のX線検出素子を有する二次元検出器によって検出される。二次元検出器を導入することによって，着目した位置に存在する特定元素の電子状態やその元素の周囲環境といった局所的な情報を得ることができる。二次元検出器はCMOS（complementary metal oxide semiconductor）イメージセンサー，シンチレーター（P43, $Gd_2O_2S：Tb^{3+}$），拡大鏡で構成される。シンチレーターにより透過光は可視光に変換される。シンチレーターの厚みと物質が解像度に大きな影響を及ぼす。可視光に変換された光は拡大鏡で1.45倍に拡大されイメージセンサーに導かれる。イメージセンサーは 1920×1440 個のCMOSで構成されており，一つ一つの大き

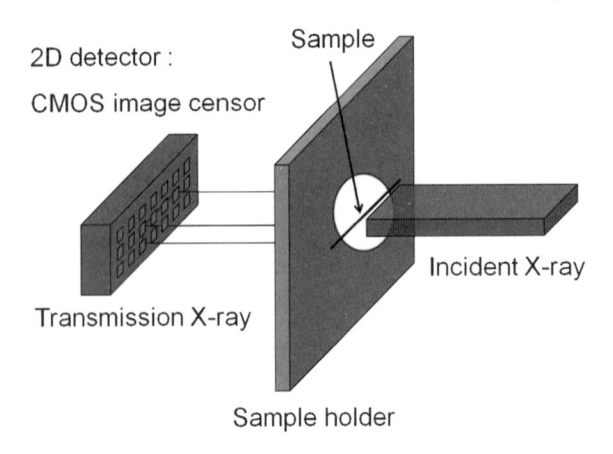

図2　二次元イメージングXAS測定のセットアップ模式図

さは3.63 μm×3.63 μmである。従って，視野は4.8 mm×3.6 mmで理想的な場合の解像度は2.5 μm×2.5 μmとなる。実際には測定データの質と精度を考慮して10 μm×10 μmの解像度を用いた[10]。測定のセットアップ模式図を図2に示す。充放電処理を行った電極をミクロトームで加工し配置した。X線を入射し，二次元のXASスペクトルを同時に二次元検出器で測定した。

4.3　空孔率の異なる合剤電極中の反応分布解析

本研究では合剤電極のパラメーターとして空孔率に着目した。正極活物質に$LiFePO_4$を用いた。合剤電極作製時のプレス圧を変えることによって，空孔率を制御した。各プレス圧で作製した合剤電極のSEM像を図3(a)～(c)に示す。活物質と炭素のナノ粒子，バインダー，空孔が複雑かつ均一に分布していることが分かる。算出した空孔率とプレス圧の依存性を図3(d)に示す。プレス圧を変えることによって，合剤電極の空孔率を制御できていることがわかる。合剤電極の空孔率，粒子の密着性は電気化学特性や反応分布に影響を与えると考えられる。そこで作製した合剤電極のレート特性評価を行った。

図4に異なる空孔率を有する$LiFePO_4$電極における10C放電曲線を示す。$LiFePO_4$の平衡電位はほとんどの組成範囲で約3.45 Vである。空孔率が高くなるにつれ，放電電位が小さくなっている。これは接触性の低下によるオーム損があることを示している。要因としては2つの可能性が考えられる。一つは合剤電極内の電子抵抗である。高い空孔率の合剤電極では粒子間の接触が十分でない。このため，良好な電子伝導パスが形成されず合剤電極内の有効電子伝導抵抗が大きくなり，大きなオーム損を示したと考えられる。もう一つは集電体―合剤電極間の接触抵抗である。すなわち，集電体と合剤電極の接触が十分でなく，大きな接触抵抗が発生した可能性も考えられる。

空孔率が小さい電極の場合では放電末期に大きな電圧降下がみられ，容量は小さくなることがわかる。これは合剤電極内のイオン伝導度が高空孔率の合剤電極と比べて低いためだと推測される。電解液は合剤電極内の空孔に保持されており，空孔率の低い電極では空孔は狭く歪曲してい

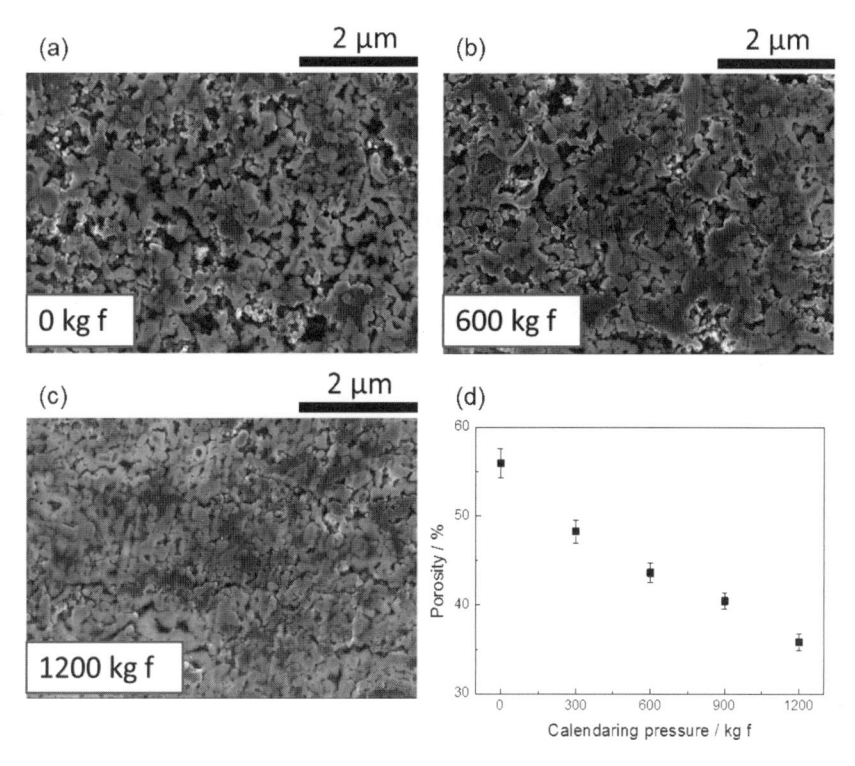

図3 (a)〜(c)各プレス圧で作製した合剤電極の断面SEM像，(d)電極空孔率とプレス圧の依存性

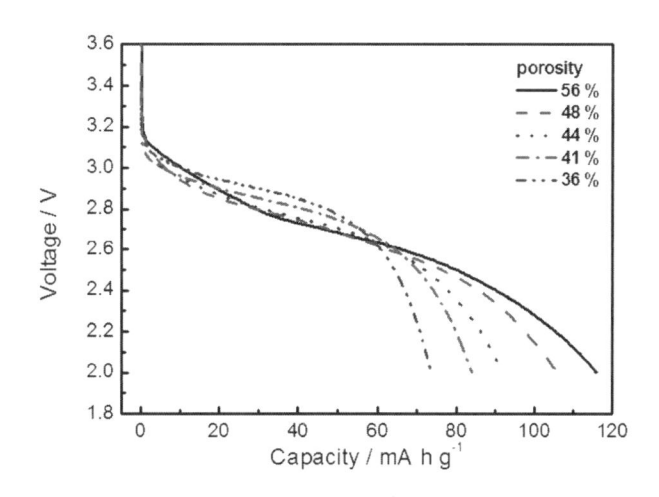

図4 空孔率の異なるLiFePO$_4$電極のレート10Cにおける放電特性

る。狭く歪曲した空孔中ではリチウムイオンの移動が困難となり合剤電極内に大きな濃度勾配を引き起こす可能性がある。濃度勾配は大きな濃度分極を発生させるため反応分布が発生し，低空孔率の合剤電極では放電末期に急激な電圧降下がみられたと考えられる。上記の問題を明らかに

2mm

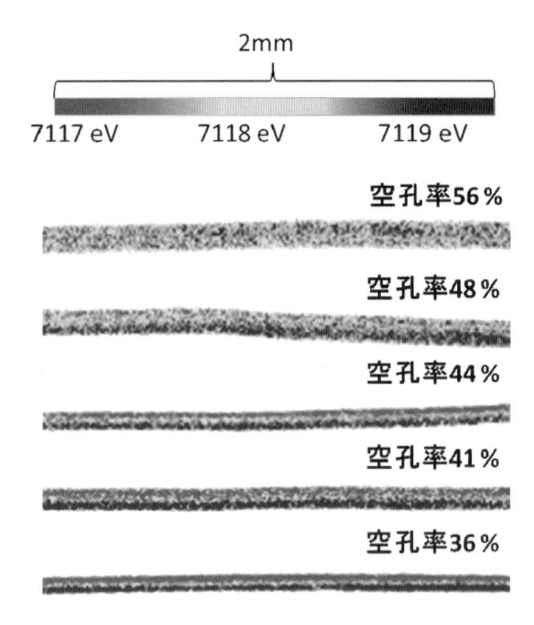

7117 eV　　7118 eV　　7119 eV

空孔率56%

空孔率48%

空孔率44%

空孔率41%

空孔率36%

図5　空孔率の異なるLiFePO₄合剤電極中断面の二次元イメージングXAFS
(上：電極表面側，下：集電箔側)

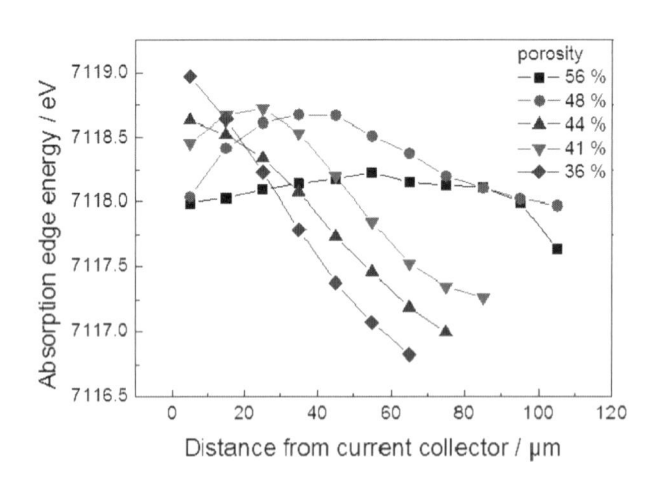

図6　二次元イメージングXASの吸収端エネルギーと集電体からの距離依存性

するために，電極断面方向に対して二次元イメージングXAS法による反応分布測定を行った。

異なる空孔率を有する合剤電極をレート10CにおいてLi$_{0.5}$FePO$_4$まで放電し，このときの断面における二次元イメージングXASの結果を図5に示す。マッピングにおいては吸収端エネルギーを位置ごとに記載しており，放電深度が断面方向で可視化されている。定量化のため，集電体からの距離に対して，その距離における吸収端エネルギーの平均をプロットしたグラフを図6に示

す．合剤電極の空孔率が36，44％の場合，反応は電極/電解液界面で優先的に進行しており，空孔率が48，56％の場合，均一に反応が進行していることが分かる．二次元イメージングXASにより，電極空孔率が低下するにつれ，反応分布の発生が顕著になることが可視化された．

このように電極空孔率によって反応分布状態が異なるのは，前述の考察のように，空孔率によって合剤電極内有効イオン・電子伝導度が変化したためだと考えられる．図7に合剤電極内のイオンのポテンシャルと電子のポテンシャルの模式図を示す．低空孔率の合剤電極の場合，リチウムイオンが動く空孔が狭く歪曲しているため合剤電極内の有効イオン伝導度が低いと考えられる．そのため，合剤電極内のイオン伝導抵抗が大きくなり，イオンのポテンシャルは大きな傾きをもつと考えられる．これは低空孔率の電極における放電曲線で放電末期に急激に電位が低下したことに対応している．一方，合剤電極内の有効電子伝導度は，低空孔率の合剤電極の場合，良好な電子伝導パスが形成されているため，十分に高い値を示すと考えられる．従って，電子のポテンシャルは電極のどの深さ位置においても同じであると考えられる．よって低空孔率の合剤電極では図7(a)のように，イオンのポテンシャルと電子のポテンシャルの差は電極表面側ほど大きく，集電箔側ほど小さい．そのため電極表面から優先的に反応が進行したと考えられる．一方，高空孔率の合剤電極の場合，空孔が大きく良好なイオン伝導パスがあるため合剤電極内の有効イオン伝導度は低空孔率の合剤電極中のイオン伝導度に比べて高いと考えられる．よって合剤電極内のイオンのポテンシャル勾配は低空孔率電極に比べて小さいと考えられる．つまり，図7(b)のようにイオンのポテンシャルと電子のポテンシャルの分布が合剤電極内で一定となり，均一に反応が進行したと考えられる．

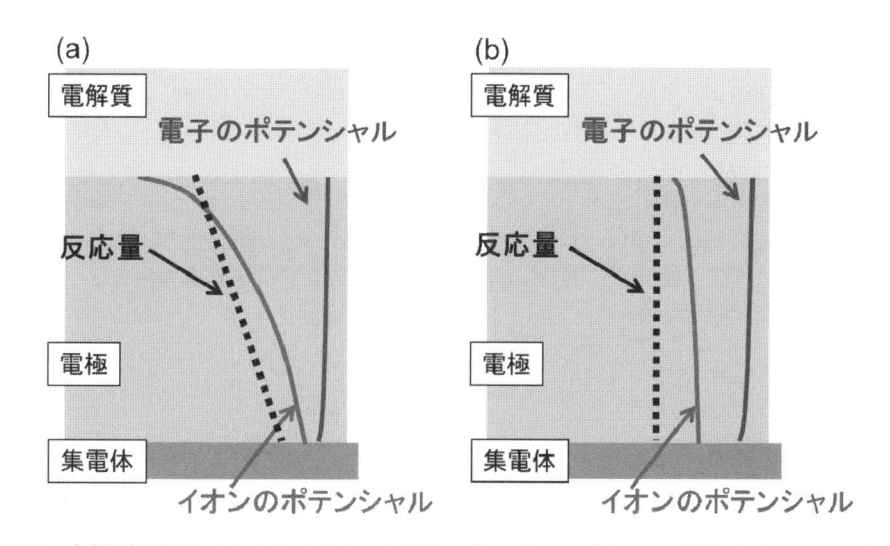

図7　合剤電極断面方向におけるイオンと電子のポテンシャル分布および反応分布のイメージ図

4.4 まとめ

本稿では，二次元イメージングXAS法を用いて，異なる空孔率を有する合剤電極の断面方向反応分布計測と反応分布発生因子の検討を行った。高空孔率の電極内には反応分布は発生しておらず，低空孔率の電極は電極表面から優先的に反応が進行していた。この結果から低空孔率電極ではイオン伝導抵抗が大きく，高空孔率電極では電子抵抗が大きいことが予測された。低空孔率電極内のイオンのポテンシャルは大きな傾きをもつため，電極表面側ほどイオンのポテンシャルと電子のポテンシャルの差が大きく，反応は電極表面から優先的に進行したと考えられる。観測された反応分布は電池特性に対して大きな影響を与えていることが示された。放射光X線を用いることでリチウムイオン電池合剤電極の反応分布を明確に可視化した。反応分布解析の結果を合剤電極設計へ活用することで，電池性能を最大限引き出す材料設計指針の構築が可能になると期待される。

文献

1) M. Doyle, T. F. Fuller, J. Newman, *J. Electrochem. Soc.*, **140**, 1526 (1993)
2) S.-H. Ng, F. La Mantia, P. Novák, *Angew. Chem. Int. Ed.*, **48**, 528 (2009)
3) K. C. Hess, W. K. Epting, S. Litster, *Anal. Chem.*, **83**, 9492 (2011)
4) J. S. Newman, C. W. Tobias, *J. Electrochem. Soc.*, **109**, 1183 (1962)
5) K. Mitsuda, D. Takemura, *Electrochemistry*, **76**, 880 (2008)
6) P. Maire, A. Evans, H. Kaiser, W. Scheifele, P. Novak, *J. Electrochem. Soc.*, **155**, A862 (2008)
7) J. Liu, M. Kunz, K. Chen, N. Tamura, T. J. Richardson, *J. Phys. Chem. Lett.*, **1**, 2120 (2010)
8) J. Nanda, J. Remillard, A. O'Neill, D. Bernardi, T. Ro, K. E. Nietering, J. Y. Go, T. J. Miller, *Adv. Funct. Mater.*, **21**, 3282 (2011)
9) Y. Orikasa, Y. Gogyo, H. Yamashige, M. Katayama, K. Chen, T. Minato, Y. Inada, T. Ohta, Z. Siroma, S. Kato, H. Kinoshita, Z. Ogumi, Y. Uchimoto, submitted for publication
10) M. Katayama, K. Sumiwaka, K. Hayashi, K. Ozutsumi, T. Ohta, Y. Inada, *J. Synchrotron Rad.*, **19**, 717 (2012)

5 HAXPESを利用したリチウムおよびナトリウムイオン電池の開発

藪内直明[*1]，山際清史[*2]，駒場慎一[*3]

5.1 はじめに

リチウムイオン電池に用いられる電極は電極活物質と導電剤（炭素）の粉末を混合し，さらに結着剤（バインダー）と溶剤を加えてスラリー化したものを集電体（アルミ，銅箔）に塗布，乾燥することで作製されている。優れた電極特性を引き出すためには電極活物質や導電助剤の分散性の向上が必要となり，また，バインダーの活物質への被覆性は電解液の分解などに影響する因子となる。電極活物質表面における電解液の分解は固体電解質被膜（solid electrolyte interphase, SEI）と呼ばれる表面被膜の形成に繋がり，活物質表面におけるさらなる電解液の分解を抑制することが知られている。電池として優れたサイクル特性を実現するためにはSEIの十分な理解が必要となる。これまで，表面被膜に関する分析手法として光電子分光法（photoelectron spectroscopy, PES）が広く用いられてきた[1~4]。しかし，リチウムイオンの電極材料に形成する表面被膜の厚さは10 nm以上となることもあり，一般的なX線光電子分光法で観察可能とされている2～3 nm程度の観察深さではその表面層しか観測できない。イオンエッチングにより被膜を削ることで深さ方向の情報も得ることが可能ではあるが，エッチングによる被膜へのダメージは避け難く，非破壊で深さ方向の情報を得ることができる測定手法が必要である。

本節では上述したような活物質と導電剤の分散性やバインダーの活物質被覆状態についての情報が得られ，さらに非破壊でより深い領域（～10 nm）から光電子が検出可能となる放射光施設における硬X線光電子分光法（HAXPES）を，高性能リチウムイオン電池用の高容量負極材料として注目されるナノサイズのシリコン粉末電極，また次世代の蓄電池としての実用化が期待されているナトリウムイオン電池用負極材料の表面被膜測定に適用した例を紹介する。

5.2 X線光電子分光法

物質へのX線の照射により原子軌道にある電子を励起し，表面から放出された光電子を検出し物質の化学状態を測定する分析法が，光電子分光法（PES）である。各原子軌道における電子の束縛エネルギーをE_B，入射X線のエネルギーを$h\nu$とすると，光電子の運動エネルギーE_Kは，

$$E_K = h\nu - E_B \tag{1}$$

(1)式で表される。E_Bは元素の種類とその化学状態（例えば酸化数などの差異）に固有の量であるため，電子の束縛エネルギーから元素の同定と状態分析が可能となる。ここで，物質中における光電子の平均自由行程はその運動エネルギーに依存することになる。一般的な励起線源には軟X

[*1] Naoaki Yabuuchi　東京理科大学　総合研究機構　講師
[*2] Kiyofumi Yamagiwa　東京理科大学　理学部　助教
[*3] Shinichi Komaba　東京理科大学　理学部　総合研究機構　教授

線であるMgのKα線（$h\nu = 1253.6\,\mathrm{eV}$）などがよく用いられ，放射光施設を用いた測定では硬X線（$> 2\,\mathrm{keV}$）を励起線源に用いた測定が可能である。電子の束縛エネルギーは一定であるため，(1)式よりわかるように光電子の運動エネルギーは励起線源のエネルギーが大きくなるとともに増加する。結果として，励起エネルギーの増加とともに光電子の脱出深さが深くなる。理論的には励起X線のエネルギーを変化させることで，非破壊で深さ方向の情報を連続的に得ることが可能である。軟X線（soft X-ray）を励起線源に用いる光電子分光をSXPES（従来のX-ray photoelectron spectroscopy（XPS）に相当），一方，放射光施設において利用可能な硬X線（hard X-ray）の場合はHAXPESとしてそれぞれを区別することが一般的である。また，HAXPESではMgのKα線では励起が不可能な原子軌道，例えばシリコンやリンなどの比較的深い内殻電子の光電子測定も可能である。さらに，放射光施設では，高輝度のX線を用いることが可能であり，短時間で高分解能のデータの取得が可能である。

5.3 リチウムイオン電池用シリコン系負極の解析

リチウムイオン電池用の次世代の負極活物質としてシリコンを用いる研究が活発に行われている。しかし，Si系負極は充放電時の体積変化が非常に大きく，サイクル時の容量劣化が著しいという問題が知られている。これまでに，様々な改善方法が検討されてきたが，筆者らは合剤電極作製時に使用するバインダーの適切な選択により，特にポリアクリル酸系バインダーを用いることでその特性が大きく向上可能であることを報告してきた[5～9]。

電極活物質としてナノサイズシリコン粉末（粒径 $\leq 100\,\mathrm{nm}$），天然黒鉛（粒径約 $3\,\mu\mathrm{m}$），導電剤としてナノサイズの炭素粉末であるケッチェンブラック（KB）を十分に混合し，さらにバインダーとしてこれまでリチウム電池用として広く利用されてきたポリフッ化ビニリデン（PVdF），もしくはポリアクリル酸ナトリウム（PANa）を用いてシリコン合剤電極を作製した。図1(a)にはバインダーの構造式を比較している。図1(b)にそれぞれのバインダーを使用したシリコン合剤電極，電解液として $0.5\,\mathrm{mol\,dm^{-3}}$ となるようにビス（トリフルオロメチルスルフォニル）アミドのリチウム塩（Li-TFSA）をイオン液体である1-ブチル-1-メチルピロリジニウム-ビス（トリフルオロメチルスルフォニル）アミド（BMP-TFSA）に溶解させたものを用いて作製した評価セルの初回充放電試験の結果を示す。PVdFを用いて作製した電極では初回充電（還元）時において，$0.8\,\mathrm{V}$ 付近から電位平坦部が観測され，電極材料表面での電解液の分解が示唆された。一方，PANaを用いて作製した電極では電位は速やかに下がり，PVdFバインダーで観測されたような電位平坦部は見られず，初回充電時における電解液分解が抑制されていることが確認された。初回放電容量に着目すると，PVdFバインダーの場合は約 $500\,\mathrm{mAh\,g^{-1}}$ であるのに対し，PANaバインダーでは $750\,\mathrm{mAh\,g^{-1}}$ まで増加することがわかった。初回充放電時のクーロン効率（充電容量（Li挿入容量）と放電容量（Li脱離容量）の比）はPANaをバインダーとして用いることで大きく向上し，不可逆的な電解液の分解が大きく抑制されることを示している。また，バインダーの違いは充放電サイクル特性（図1(c)）にも大きく影響し，PVdFバインダーでは初期の10サイクルの間

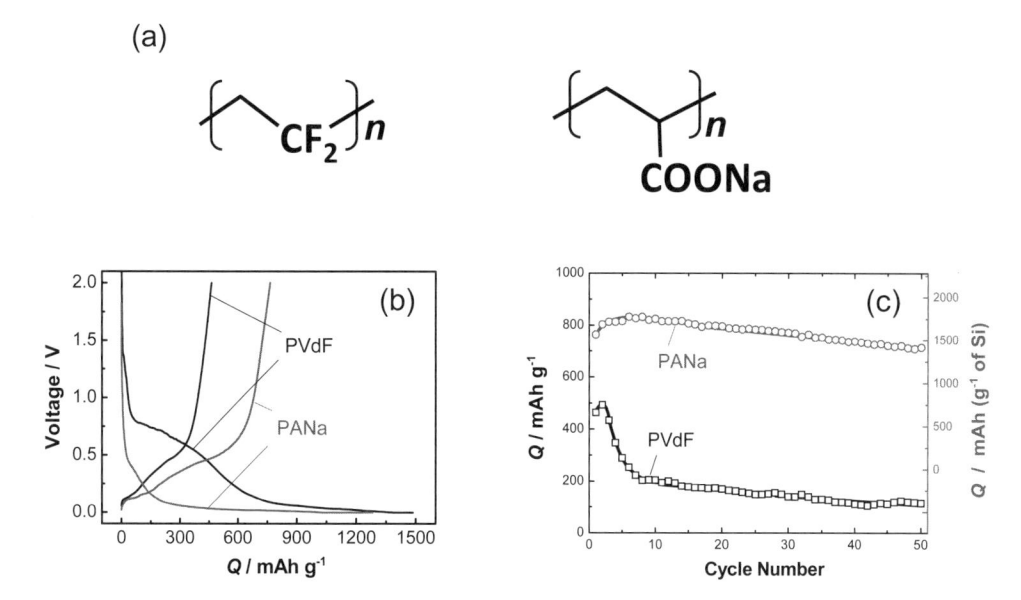

図1 TFSA系イオン液体電解液中におけるLiイオン電池用シリコン系負極の電極特性の比較
(a)シリコン電極の作製に用いたバインダーの構造式（左PVdF，右PANa），(b)異なるバインダーを用いて作製した電極における初回充放電曲線，(c)サイクル特性の比較

に容量が急激に減少するのに対し，PANaバインダーでは50サイクル後においても700 mAh g^{-1}以上の高容量を維持していることがわかる。

これらの電極特性の改善に影響する因子を調査するため，充放電前のC 1s光電子スペクトルについてSXPES（$h\nu$ = 1253.6 eV）およびHAXPES（$h\nu$ = 7938.9 eV）の両手法の測定結果の比較を図2(a)と(b)に示す。それぞれの電極でバインダーPVdFを構成する-$\underline{C}H_2$-，-$\underline{C}F_2$-，PANaを構成する-$\underline{C}H_2$-，-$\underline{C}OO$-に由来するピークが確認された。また，電極中に含まれる炭素材料（主に天然黒鉛とKB）に由来するsp^{2}炭素（$\underline{C}$-$\underline{C}$）および，$\underline{C}$-Hの存在を示す成分が284.6 eVに観測されているが，その強度はバインダーによる差が明確に観測されることがわかった。PVdFを用いた場合はSXPESおよびHAXPESスペクトルの双方で炭素材料の存在が明確に観測されていることから，炭素材料はバインダーに十分には被覆されず，表面に露出していることを示す結果である。一方，PANaを用いて作製した電極ではSXPES C 1sでは炭素材料由来のピークがほとんど観測されておらず，バインダー由来のピークが主に観測されている。また，SXPES O 1sスペクトルの結果よりPANaの官能基であるカルボキシル基由来のピーク-$\underline{C}OO$-の強度が大きくなっていることからも，炭素材料はPANaに被覆されていると考えられる。HAXPESを用いた場合ではPANa電極でも炭素材料由来のピークも観測されている。これは，HAXPESの場合は同じC 1sスペクトルの場合でも検出深さがより深くなるため，5～10 nm程度の厚さのPANa層で被覆された炭素材料からの光電子スペクトルが観測されるようになったと考えられる。炭素材料やシリコ

ンの表面がPANaに被覆されることにより電解液の分解が抑制され，初回充放電効率の向上につながったと考えられる[5,6]。このようにSXPESとHAXPES測定により，それぞれ表面から2～3nmの領域（SXPES分析深さ領域）と表面から～10nmの領域（$h\nu=7938.9\,\text{eV}$におけるHAXPES分析深さ領域）の表面状態についての知見を得ることが可能であり，両スペクトルを比較することでエッチングなどの手法を用いることなく非破壊で試料の深さ方向を含めた表面状態の情報を得ることが可能となる。

　バインダーの違いは炭素材料の被覆状態と同様に炭素やシリコンの分散状態にも大きく影響する[8,10]。特にシリコン粒子の分散状態は電極の容量に大きく影響する因子である。一般にSiのPES（SXPES）を用いた解析において，通常Si 2pスペクトルを用いるが，$2p_{3/2}$（99.2 eV）と$2p_{1/2}$（99.8 eV）のエネルギー位置は非常に近いため，Si 2pスペクトルの形状は複雑になる傾向があり，詳細な解析には厳密なピーク分離などが必要となる。一方，HAXPES測定では試料に照射するX線エネルギーが大きいためSi 1s内殻軌道からの光電子放出が可能であり，2p軌道とは異なりス

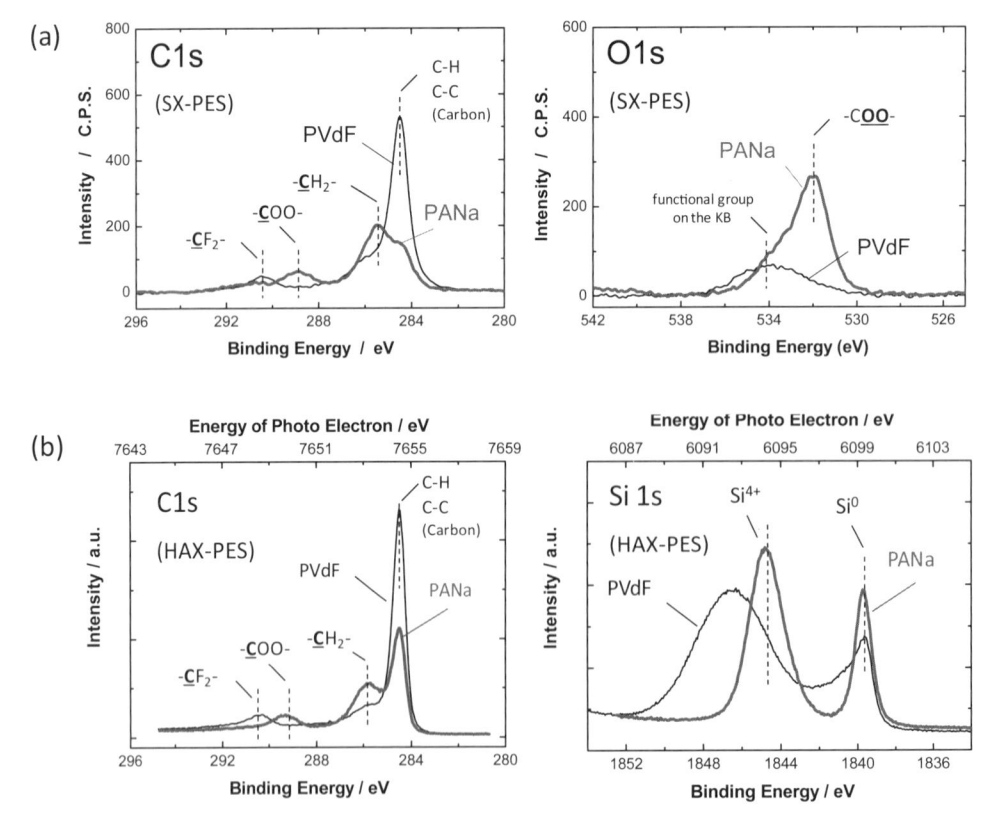

図2　異なるバインダーを用いて作製したシリコン系負極（充放電前）の(a)C1s, O1s SXPESおよび(b)C1s, Si1s HAXPESスペクトル

ペクトルの形状もC 1sやO 1sなどの他の内殻軌道と同様に比較的シンプルな形状のものが得られることから，シリコンの酸化状態などの解析に非常に有用である。図2(b)にPVdF，PANaそれぞれのバインダーを用いて作製した電極のSi 1s HAXPESスペクトルを示す。シリコン粉末は1839 eVにSi単体（Si^0）のピークと，シリコン表面に生成した自然酸化被膜であるSiO_2に由来するSi^{4+}のピーク（1844 eV）を示すが，バインダーの違いによりスペクトルの形状に大きな違いが現れることが確認された。PVdFバインダー系では特にSi^{4+}スペクトルの半値幅の増加，および高エネルギー側へのシフトが確認されるが，これは光電子放出に伴うチャージアップに起因すると考えられる現象である。このようなチャージアップは放射光施設における高輝度のX線を用いる場合には特に顕著に観測されることがある。一方，PANaをバインダーとして用いた場合にはこのようなチャージアップは観測されていない。これらの結果は，PVdFを用いた場合には電子伝導性の乏しいシリコン粉末と炭素材料の分散が十分ではなく，凝集して電気的に孤立したシリコン粒子における局所的なチャージアップに繋がることが原因と推察される。これらの結果は，PVdF電極において可逆放電容量が低いという実験結果とも一致し，また，シリコン粒子の凝集についてはラマン顕微鏡を用いたマッピング観察によっても確認されている[5]。このように，バインダーの被覆性や電極材料分散性についての詳細な検討がSXPESおよびHAXPES測定により可能になり，これらの因子の制御がシリコン系電極の電池特性の向上のために重要であることが分かる。

5.4 ナトリウムイオン電池用リン系負極表面被膜の解析

次世代の蓄電池としてリチウムの代わりにナトリウムを用いるナトリウムイオン電池が，電力ピークシフトなどに利用する大型蓄電池への期待の高まりとともに注目されるようになっている[11,12]。筆者らの検討の結果，ナトリウムイオン電池用の高エネルギー負極材料としてリンが有望であることがわかりつつある[13,14]。リンはNaPやNa_3Pなどナトリウムと化合物を生成することが知られており，ナトリウム電池中で電気化学的にリンを還元することでNa_3Pを生成させることが実際に可能である。本節ではHAXPES測定をナトリウムイオン電池用のリン電極材料に生成する表面被膜の測定に適用した例を紹介する。

図3にはリン電極のナトリウム電池中における充放電曲線を示す。赤リン粉末と導電剤のアセチレンブラック（AB）また，前節で紹介したPANaバインダーを混合し合剤電極を作製した。電解液には$1.0\,mol\,dm^{-3}$となるように$NaClO_4$を溶解させたプロピレンカーボネート（PC），さらに，電解液添加剤として2 vol%となるようにフルオロエチレンカーボネート（FEC）を添加したものを使用した。図3に示したようにFECを添加した電解液を用いることで，初回放電容量が$2000\,mAh\,g^{-1}$以上とFEC未添加の場合と比較して大きくなることが確認された。これは，FEC添加の有無により電解液の分解など電極反応に大きく影響することを示す結果である。そこで，リン電極の表面状態についてFEC添加の有無によりどのような違いが現れるかをSXPESおよびHAXPES測定により解析を行った。

図4，5にリン電極の充放電前の各元素のHAXPESおよびSXPESスペクトルを示す。充放電試

験前(As-prepared)の電極表面のC 1s HAXPESスペクトルから、炭素(AB)由来($\underline{C}$-C)およびPANaバインダー由来(-$\underline{C}$H$_2$-、-$\underline{C}$OO-)の成分の存在が確認できる。そして、P 1s HAXPESスペクトルでは、P(0)のピークと、リン表面が酸化されることで生成した酸化被膜と考えられるP(+5)を含む成分(($\underline{P}$O$_4$)$^{3-}$)に由来する二つのピークが確認された。一方、SXPESではP 1sからの光電子放出はエネルギー的に不可能であるので、比較としてP 2pスペクトルを測定した結果を図5に示している。HAXPESにおけるP 1sと同様に二種類の成分が確認できるが、酸化被膜由来の成分の強度が強くなっており、これはHAXPESの光電子脱出深さがより深いことに対応している。また、P 1sのデータのS/N比が非常に高く、それぞれの成分のピークの半値幅が狭いことも詳細な解析において有利であることがわかる。

　また、FECを添加した場合と未添加の場合において、それぞれナトリウムセル中で1サイクル充放電を行った後、セルから電極を取り出し電極表面のHAXPESスペクトルを測定した結果、FEC添加時にはP 1sからは少なくとも4種類の成分が存在することが確認された。充放電前にも確認された酸化被膜由来の成分P(+5)とP(0)に加え、新たに+1価のPに由来すると考えられる成分(例えば、NaH$_2$PO$_2$など)が生成することが確認された。さらに、P(0)よりも低い束縛エネルギー位置に新たな成分の存在が確認され、これは充電(還元)時に生成したNa$_x$Pの体積変化が大きく、放電(酸化)時に電極内部で電気的に孤立し、完全放電後にも還元生成物のまま残った領域が存在することを示す結果と考えられる。また、これらのピークの存在はSXPES P 2pスペクトルでは確認はされなかったことから、これらの還元生成物はP(+1)を成分に含む比較的厚い表面被膜に覆われているため、SXPESでは検出できなかったと考えられる。一方、FEC添加を行っていない電解液で同様にサイクルを行った場合では、P 1s HAXPESスペクトルの強度が全体的に低下しており、また、充放電前には見られたP(0)のピークが観測されておらず、

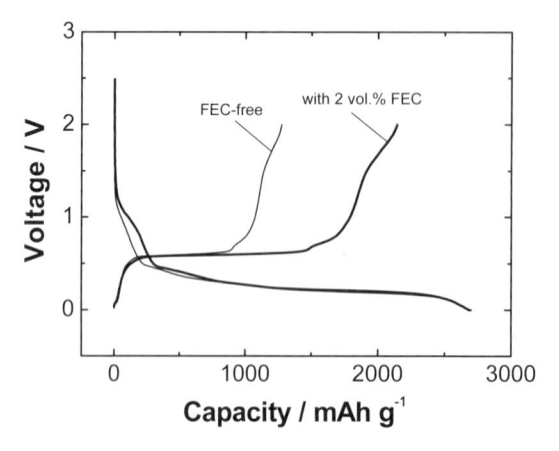

図3　リン負極のナトリウム電池における初回充放電曲線
FECを添加した場合と未添加の場合の比較。電解液添加剤の有無によりその特性は大きく影響される。

第 2 章　二次電池

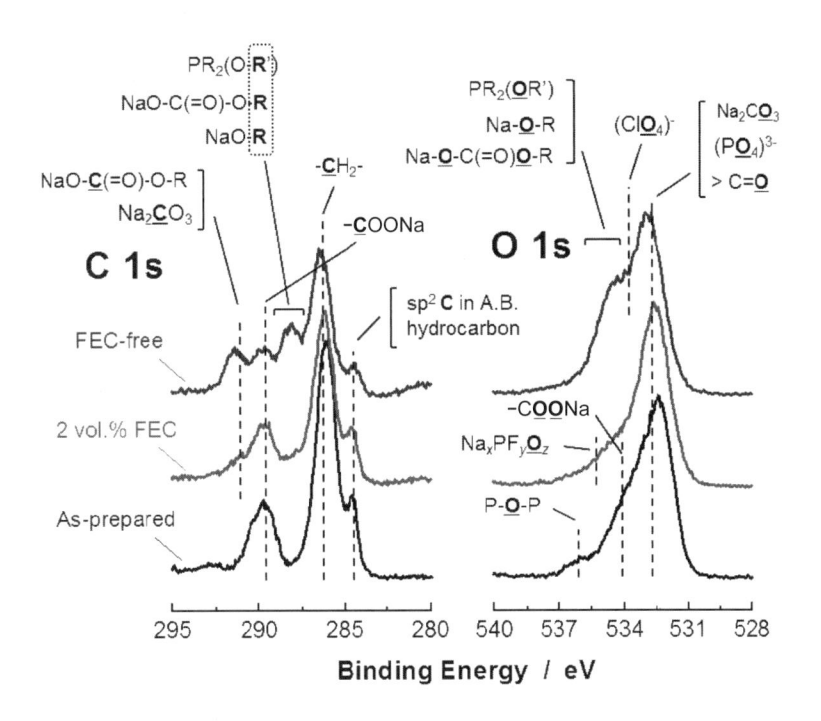

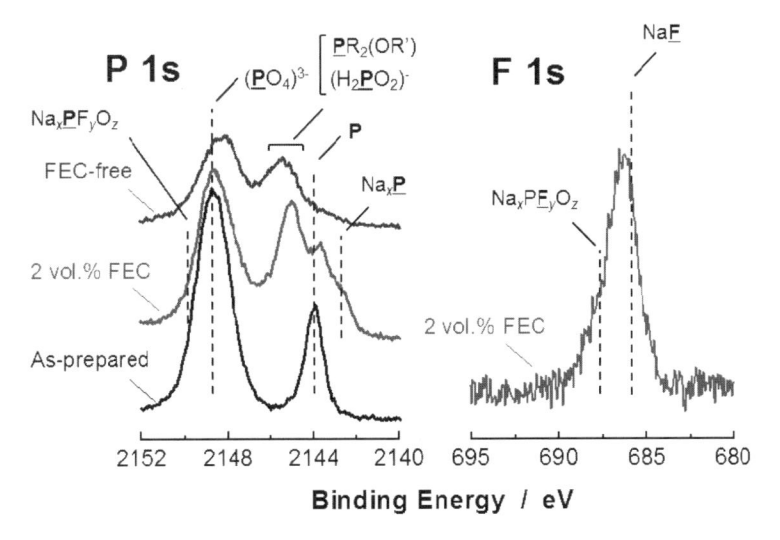

図4　リン負極のHAXPESスペクトル
充放電前の電極とFEC添加, 未添加電解液を用いナトリウム電池中で
1サイクル充放電試験を行った電極の比較

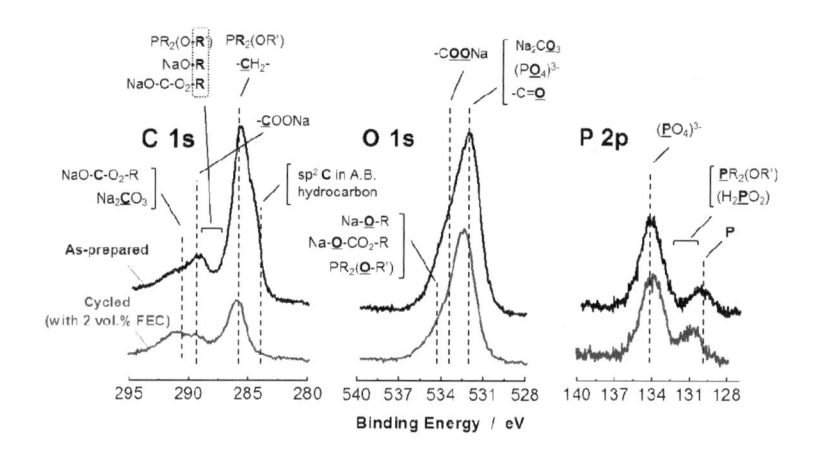

図5 リン負極のSXPESスペクトル
充放電前の電極とFEC添加電解液を用いナトリウム電池中で1サイクル
充放電試験を行った電極の比較

　P（+5）とP（+1）のみが確認され，これはリン粒子の表面により厚いSEI（もしくは堆積層）が存在することを示唆する結果である。
　そこで，C 1sとO 1sについてさらに比較を行った結果，P 1sと同様に明確な差が確認された。FEC添加を行った電解液では充放電前とサイクル後を比較してHAXPESスペクトルの形状に大きな変化は確認されなかったが，FEC未添加の場合ではアルキルカーボネートに由来する有機成分が多く存在することが確認された。これはFEC未添加の場合では安定な不動態被膜であるSEIが生成していないことを示す結果であり，活性なNa_xPの表面で電解液の分解反応が継続した結果，有機物層の堆積がより顕著になったと考えられる。このような電解液の分解と堆積層の生成により，リン電極は不活性な領域が増えて，充放電の可逆性と放電容量が大きく低下したと考えられる。FEC添加の場合にはF 1s HAXPESスペクトルの観測結果より，NaF，およびフッ素とリンが含まれる$Na_xPF_yO_z$などの生成に由来すると考えられるピークが確認された。このようなフッ素成分はFECにのみ含まれることから，フッ素含有生成物がNa_xP上に生成するSEIの安定化に大きく寄与し，電解液の分解の抑制と電極特性の向上に繋がったと考えられる。

5.5 おわりに

　リチウム，ナトリウムイオン電池用に用いられる電極活物質の特性を引き出すためには，本稿で紹介したような，バインダー，電解液添加剤，また，電極活物質と電解液の界面で生成する固体電解質被膜SEI，すなわち不動態被膜などについて，より本質的な理解が必要となる。HAXPESはSXPESとの比較，また，併用することで，これまで以上に電極表面の状態や電極/電解液の界面における種々の反応について多くの知見を得ることが可能となる。HAXPESは放射光施設での

第2章 二次電池

測定が必要となり，測定までの敷居は高くなるものの，本稿で紹介したように電池材料研究において非常に有益な知見を与える分析手法であり，SXPESではこれまで見えなかったような現象も観測できるようになってきている。今後，HAXPESの活用による電池材料解析技術の進歩，さらには波及効果の大きなブレークスルーとなるような現象の発見，その結果として電池の格段の高性能化に繋がることが期待できる。

文　献

1) K. Kanamura, H. Tamura and Z. Takehara, *Journal of Electroanalytical Chemistry*, **333**, 127 (1992)
2) D. Bar-Tow, E. Peled and L. Burstein, *Journal of the Electrochemical Society*, **146**, 824 (1999)
3) R. Yazami, *Electrochimica Acta*, **45**, 87 (1999)
4) R. I. R. Blyth, H. Buqa, F. P. Netzer, M. G. Ramsey, J. O. Besenhard, P. Golob and M. Winter, *Applied Surface Science*, **167**, 99 (2000)
5) S. Komaba, T. Ozeki, N. Yabuuchi and K. Shimomura, *Electrochemistry*, **79**, 6 (2011)
6) S. Komaba, N. Yabuuchi, T. Ozeki, Z. J. Han, K. Shimomura, H. Yui, Y. Katayama and T. Miura, *J. Phys. Chem. C*, **116**, 1380 (2012)
7) N. Yabuuchi, K. Shimomura, Y. Shimbe, T. Ozeki, J. Y. Son, H. Oji, Y. Katayama, T. Miura and S. Komaba, *Adv. Energy Mater.*, **1**, 759 (2011)
8) Z. J. Han, N. Yabuuchi, K. Shimomura, M. Murase, H. Yui and S. Komaba, *Energy & Environmental Science*, **5**, 9014 (2012)
9) Z. J. Han, N. Yabuuchi, S. Hashimoto, T. Sasaki and S. Komaba, *Ecs Electrochemistry Letters*, **2**, A17 (2013)
10) M. Murase, N. Yabuuchi, Z. J. Han, J. Y. Son, Y. T. Cui, H. Oji and S. Komaba, *Chemsuschem*, **5**, 2307 (2012)
11) S. Komaba, W. Murata, T. Ishikawa, N. Yabuuchi, T. Ozeki, T. Nakayama, A. Ogata, K. Gotoh and K. Fujiwara, *Advanced Functional Materials*, **21**, 3859 (2011)
12) S. Komaba and N. Yabuuchi, *Electrochemistry*, **80**, 93 (2012)
13) N. Yabuuchi, S. Komaba *et al.*, *submitted* (2013)
14) 松浦，石川，藪内，久世，駒場，第53回電池討論会，1E26 (2012)

第3章 燃料電池

1 放射光X線，中性子を用いた固体酸化物型燃料電池材料の評価

伊藤孝憲[*1]，井川直樹[*2]，本間徹生[*3]

1.1 はじめに

　昨今の材料開発は熾烈を極めている。求められる機能材料の多くは様々な元素を含み，複雑な構造を取ることが多い。更にそれらの材料開発のためにはどのような機能が必要であるか，どのような反応が起こっているかを調べることが重要になってくる。しかし，複雑化した材料，機能，反応を実験室所有の装置で研究するのは困難である。そこで強力な武器になるのが，大型放射光X線，中性子施設になる。高輝度であり，実験室系装置にはない特性によって様々な検討を行うことが可能である。筆者らは固体酸化物型燃料電池（Solid Oxide Fuel Cell：SOFC）材料を例に放射光X線，中性子を利用して，どのようなことが分かるか，またこれらの魅力について紹介する。放射光X線回折に関しては，別稿にまとめてあるのでそちらを参考にして頂きたい。

1.2 放射光X線

　放射光X線の特徴としては，高輝度であること，単色平行性が高いこと，波長が可変であることが上げられる。高輝度に関しては例えば高輝度光科学研究センター（Japan Synchrotron Radiation Research Institute：JASRI）のSuper Photon Ring 8 GeV（SPring-8）では，通常の実験室系X線の1万倍以上の強度が得られ，普通では議論困難な構造も考察可能となる場合がある。単色性平行性については，ダブルモノクロメーターによって単色化され，平行性にも優れることから回折実験においては理想に近いパターンが得られ，リートベルト解析などのFittingには適している。放射光X線の最大の魅力はエネルギー，つまり波長が可変であることであり，X線吸収（X-ray Absorption Spectroscopy）や異常分散を用いたX線回折（X-ray Diffraction：XRD）などが可能となる。また，これらの組み合わせによって実験室系装置と比べ格段に*in situ*, *operando*測定，時分解測定が容易になり，様々なパラメーターの議論が可能となる。一昔前，放射光X線実験は専門家が行う特別なものであった。しかし，昨今様々な放射光施設が建設され，材料に携わる研究者にも身近になってきた。その中でも高エネルギー加速器研究機構（High Energy Accelerator Research Organization：KEK）のPhoton Factory（PF）とSPring-8は利用開始が10

[*1] Takanori Itoh　AGCセイミケミカル㈱　CSR室品質保証グループ　分析解析ユニット
　　　ユニットリーダー　課長
[*2] Naoki Igawa　㈱日本原子力研究開発機構　量子ビーム応用研究部門　研究主幹
[*3] Tetsuo Honma　(公財)高輝度光科学研究センター　産業利用推進室　主幹研究員

年を超えハード,ソフト的にも充実してきたと感じる。PFでは学術的内容が中心となるが,産業利用も可能であり,1～2年の利用が主で検討含みで様々な実験が可能となる。SPring-8は多くが1,2日での利用となるが,スタッフ,装置とも充実しており短期間でも十分な結果が得られる。また,SPring-8の最大の特徴は産業利用を推進していることであり,様々なメーカーが放射光を用いて成果を上げている。放射光X線を用いる実験は多岐に渡る。回折,X線吸収,光電子分光,蛍光X線,非弾性散乱,イメージング,赤外分光,また,X線の波長,エネルギーによっても装置構成,得られるデータが大きく変わってくる。更にX線の良い所は今まで様々なデータが存在し,ある程度計算によっても予測できるため実験の失敗が少なく,扱いやすい。

1.3 中性子

イオン伝導におけるイオン種は軽元素が主であるが,軽元素が直接に構造解析などから議論されることは稀である。なぜなら構造解析に一般的に用いられているX線は散乱能が原子番号に関係し,軽元素は散乱能が低く重元素を含む構造内では議論が困難だからである。一方,中性子は散乱能が原子番号に関係せず,軽元素でも散乱能が高ければ十分議論可能である。幸いイオン伝導に重要なイオン種は中性子の散乱能が高い。また,イオン伝導を直接観察するためには,イオンの動きと同程度の100 meV前後のエネルギーで観察する必要があり,X線はエネルギーが数keVとなることから,困難であることが分かる。光の場合,赤外線がそのエネルギーに相当するが,電子と相互作用し,イオン挙動のみを議論することはほぼ不可能である。一方,中性子は波長が数Å程度でエネルギーが数十meVと小さく,中性子であることから電子励起が起こることもない。よって中性子準弾性散乱などはイオン伝導を議論するために適している。現在,中性子実験ができるのは,日本原子力研究開発機構(Japan Atomic Energy Agency)とKEKが共同運営しているJapan Proton Accelerator Research Complex(J-PARC)のみであるがJ-PARCでは回折をはじめ,様々な実験が利用可能となりつつある。中性子を用いた実験としては,回折,非弾性散乱,イメージングなどがあるが,スピンを利用したそれらの応用として磁気構造解析,スピン・エコーなどがある。

1.4 中性子回折による結晶構造解析

X線と中性子で最も異なるのが元素に対する散乱能である。X線は基本的に電子に対して散乱するため,原子番号が大きいほど散乱する。一方,中性子の散乱能は原子番号に無関係である。図1に$LaCoO_{3-\delta}$(LCO)における酸素占有率のX線,中性子回折ピークに与える影響を示す。RIETAN-FPを用いて酸素占有率を0.1ステップで変化させた。X線回折と中性子回折の違いは歴然であることが分かる[1,2]。$(Ba_{0.5}Sr_{0.5})(Co_{0.8}Fe_{0.2})O_{2.33}$(BSCF)は中温型SOFC空気極材料として期待されており,立方晶で多くの酸素欠損($\delta \approx 0.7$)を有していることが報告されている[3~5]。しかし筆者らは構造モデルに疑問を持ち,低対称である斜方晶をモデルに中性子回折データ(測定:JRR-3 High Resolution Powder Diffractometer:HRPD)のリートベルト解析を行った。(JAEA

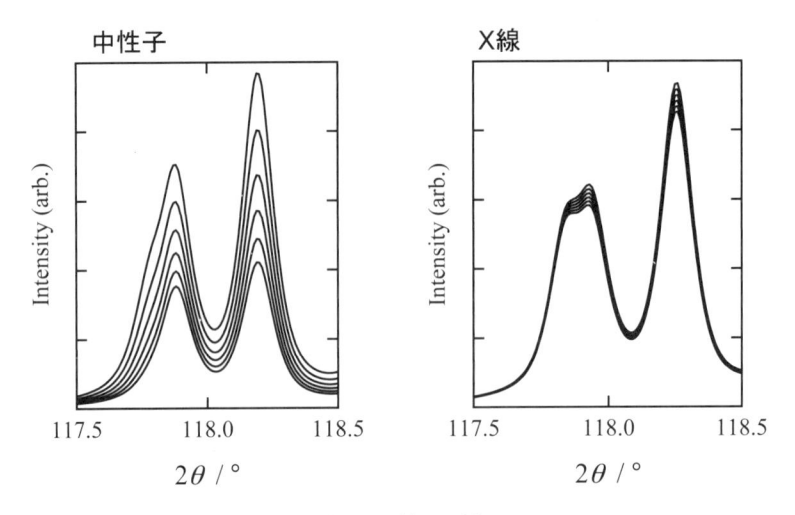

SPring-8の高輝度放射光を利用したグリーンエネルギー分野における電池材料開発

図1　中性子とX線の回折パターン

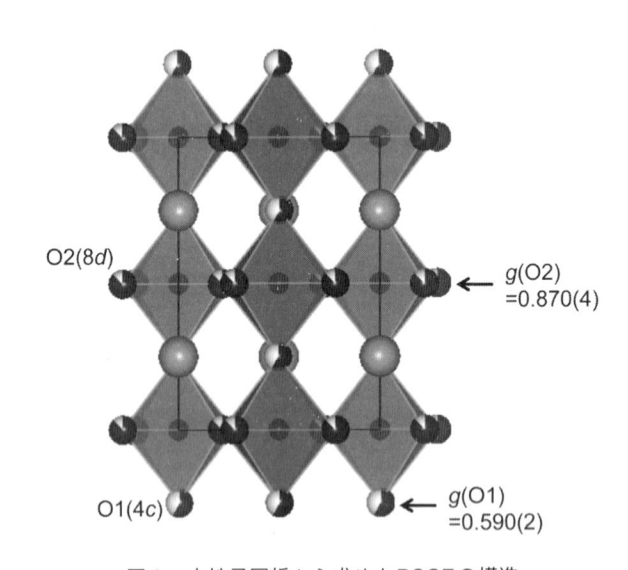

図2　中性子回折から求めたBSCFの構造

施設共用利用課題2008 A-A01）斜方晶を用いたのは酸素サイトがO1(4c), O2(8d)サイトが存在し，占有率に変化が見られると期待したからである。図2にBSCFの構造を示す。O2(8d)サイトの占有率0.87に対し，O1(4c)は0.59とサイト間で差があることが分かった。また，中性子は電子と比べると点である核に対しての散乱なので，高角側で散乱能が低下せず，原子変位パラメーターが詳しく議論できる。特にX線ではほとんど検討できない異方的原子変位パラメーター（U_{aniso}）も評価可能である。図3に各酸素サイトのU_{aniso}の温度変化を示す。300 KではO1(4c)のU_{aniso}は等方的であるが，720 Kでは異方的に大きく広がることが分かる。これらの結果から占有率の低い，

第3章 燃料電池

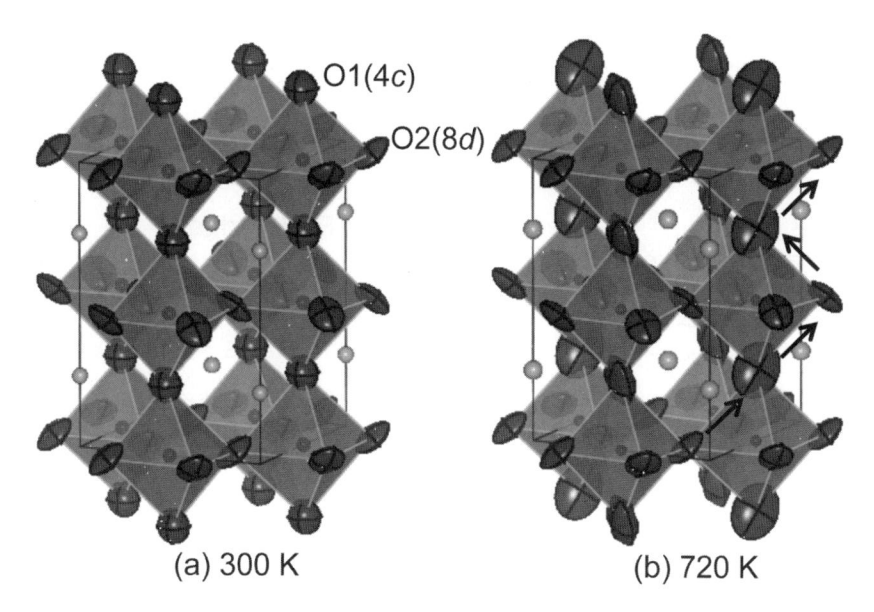

図3 BSCF酸素サイトの異方性原子変位パラメーターの温度依存

温度によってU_{aniso}が変化するO1($4c$)サイトを介して酸素イオンがホッピングしていることが推測される[6~8]。このように中性子回折を行うことでXRDでは議論困難なパラメーターも検討可能となる。

1.5 X線吸収スペクトル

SOFC空気極材料ペロブスカイト型酸化物は複数の遷移金属によって構成される場合が多く,遷移金属の価数によって特性が大きく変化する。よって遷移金属の価数情報を得ることは特性を理解するために重要である。同じサイトを構成する元素を議論する唯一と言ってよい方法がX線吸収スペクトル,つまりX線吸収微細構造(X-ray absorption fine structure:XAFS)である。XAFSはスループットや扱いやすさを考えると放射光と切り離して考えることはできない。現状,SPring-8,BL14B2では通常測定であれば5分程度で行うことが可能である[9,10]。また,XAFSは*in situ*測定も得意であり,本稿では中温型SOFC空気極材料として採用されている(La$_{0.6}$Sr$_{0.4}$)(Co$_{0.2}$Fe$_{0.8}$)O$_{3-\delta}$(LSCF)を高温で酸素分圧を変化させた時の挙動に関して紹介する[11]。(JASRI重点産業利用課題2008 B1896)図4,5にLSCFの900,1000 Kにおける酸素分圧1 atmから10^{-4} atmに変化させた際のCo,Fe吸収端スペクトル,吸収端エネルギー(E_0)から求めた価数の経時変化を示す。Co,Fe両E_0は還元雰囲気にすることで低エネルギー側にシフトしている。また,Co価数変化はFeより大きい。XAFSの良い点として複数の視点から解析できることがある。E_0より高エネルギー側の振動を抽出して,配位数やデバイ・ワラー因子を議論することが可能である。図6にIFEEITパッケージソフトを用いて拡張X線吸収微細構造(extended X-ray

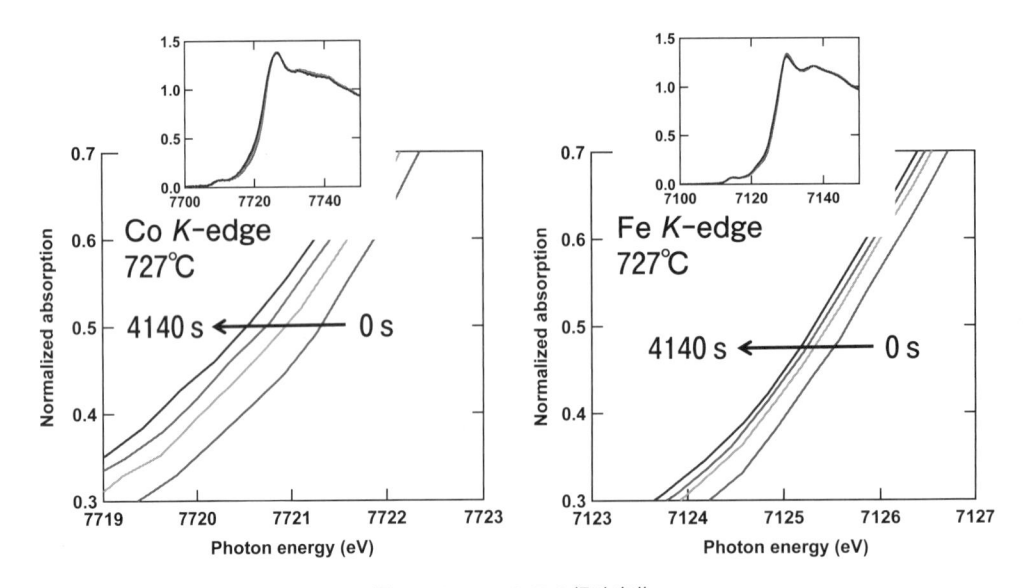

図4 Co, FeのE_0の経時変化

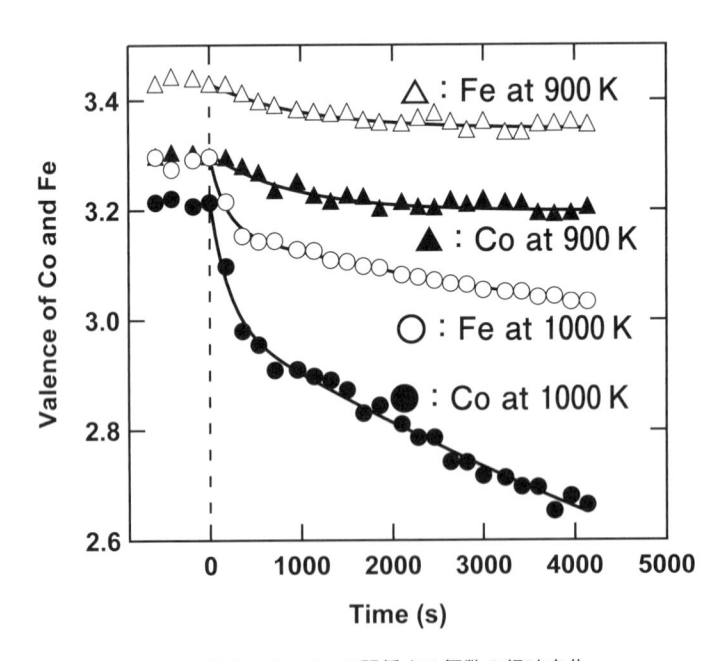

図5 Co, Feに関係する価数の経時変化

absorption fine structure：EXAFS）解析によって求めた酸素量の経時変化を示す[12]。EXAFS解析ではエラーバーが大きいが，基本的な傾向は価数と同様であり，Co周辺の酸素が抜けていることが分かる。次にCo，Feに関係する価数，3-δの緩和挙動から酸素イオン拡散係数（D_{chem}）を求めた。図7に求めたD_{chem}のアレニウスプロットを示す。導電率，示差熱天秤から求めたD_{chem}

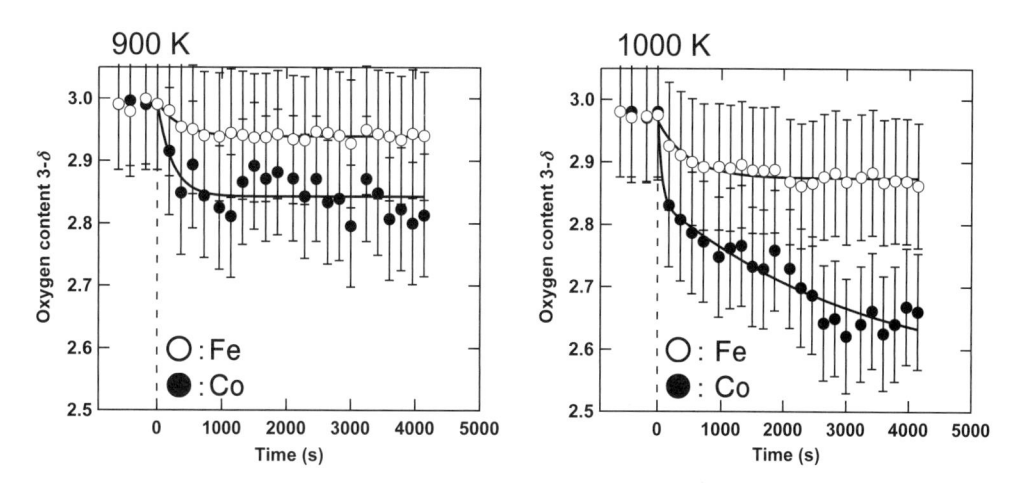

図6 Co, Feに関係する酸素量の経時変化

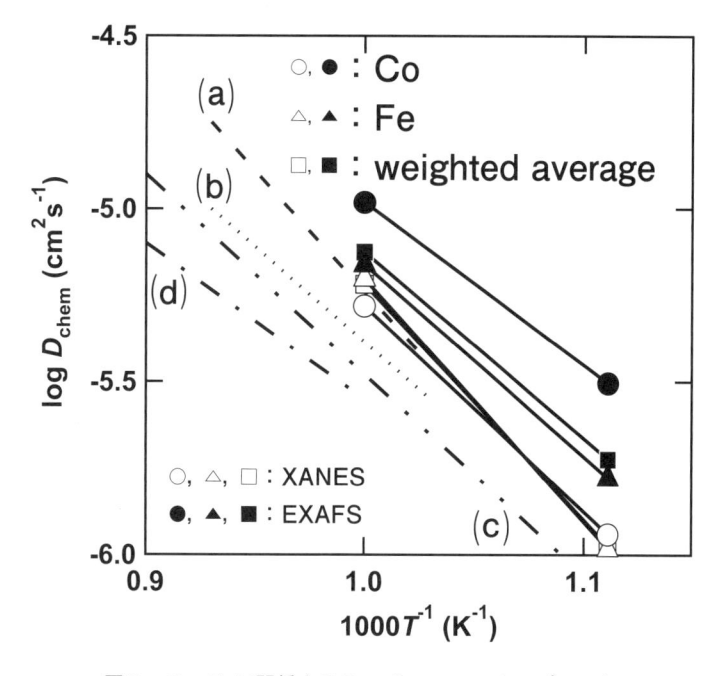

図7 Co, Feに関係するD_{chem}のアーレニウスプロット

とほぼ同様な値となり，XAFSから求めたD_{chem}が妥当であると考えられる．このように放射光でのXAFSを用いることで元素毎の情報を*in situ*で議論することが可能となる．

1.6 赤外分光

SOFC空気極材料の評価として導電率測定は積極的に行われている．しかし，通常の導電率測

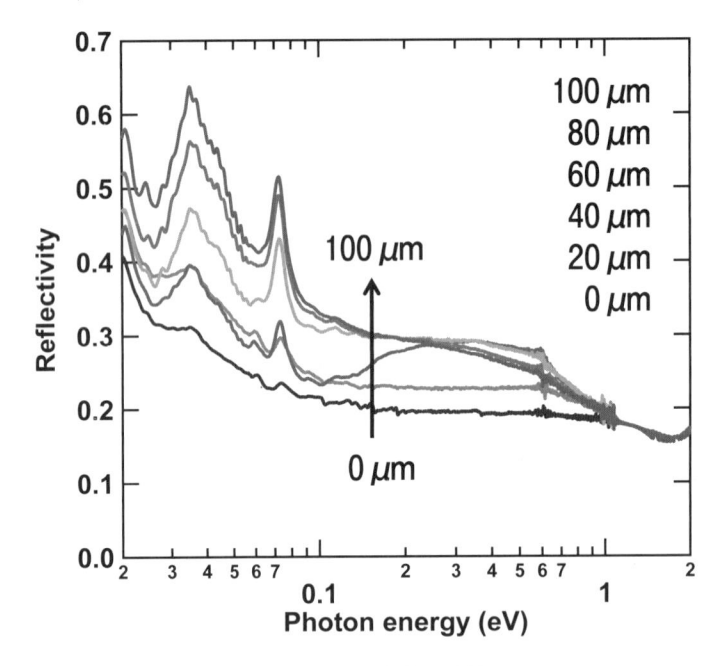

図8 LSCFにおける深さ方向の反射スペクトル

定は材料を平均的に評価しているに過ぎない。一方，顕微赤外（IR）分光は局所におけるフェルミ順位付近の電子について考察することが可能である。本稿では，SPring-8，BL43 IRにてLSCFの焼結体表面付近から深さ方向について，顕微IR分光により，伝導電子について検討したので紹介する。（JASRI重点産業利用課題2009 B1837）合成したLSCF焼結させ，焼結体を切断，研磨し，遠赤外から近赤外領域での反射スペクトルを測定した。測定部分は直径10 μmであり，焼結体表面から20 μm毎に測定を行った（図8）。LSCF焼結体表面付近では遠赤外で反射率が低く，Drudeモデルに従う自由電子が存在しないと考えられる。一方，深さ方向に深くなることで反射率は高くなることが分かる。これらのスペクトルをKramers-Kronig変換して，光学伝導度とし，ホール濃度，易動度，電子構造について考察する予定である。

1.7 中性子準弾性散乱

中性子のメリットとして，エネルギーの低さが上げられる。X線では1Åが12.4 keVであるのに対し，中性子は82 meVとなり，イオン拡散などを議論するために適したエネルギーになる。この中性子を用いて，イオンとのエネルギーのやり取りから拡散を議論できるのが中性子準弾性散乱である。そこで本稿はSOFC用電解質において低温作動型電解質として期待されている$Sn_{0.9}In_{0.1}PO_4$(SIPO)［図9(a)］のプロトンをダイレクトに観察するために，中性子準弾性散乱測定を行い拡散挙動について考察した。（JAEAトライアルユース2007上期課題32）合成したSIPO粉末を純水バブリングしたArガスを用いて200℃，3時間アニールし，プロトン化を行い，室温

第3章 燃料電池

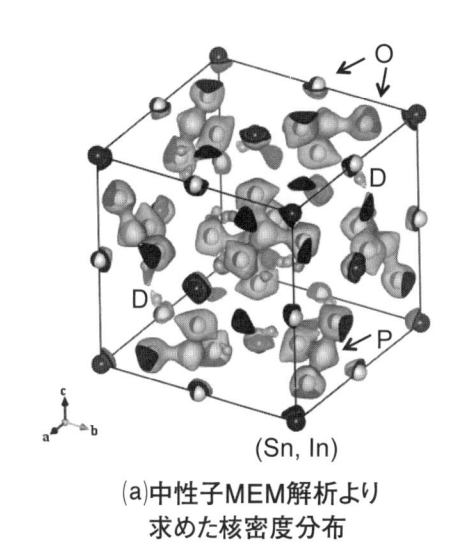

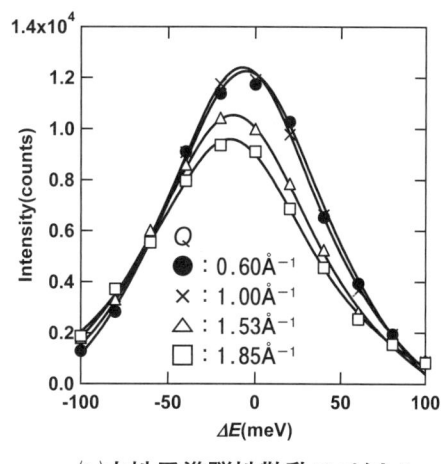

(a) 中性子MEM解析より求めた核密度分布

(b) 中性子準弾性散乱スペクトル

図9 $(Sn_{0.9}In_{0.1})P_2O_7$の核密度と準弾性散乱スペクトル

にて中性子準弾性散乱の測定をJRR-3, LTASを用いて行った。図9(b)に室温における中性子非弾性散乱のスペクトルを示す。全てのスペクトルがほぼローレンツ型準弾性散乱によってFittingされる。また,半値幅が波数(Q)依存性のないことから連続拡散でないことが分かる。更にQと共にピーク強度が低下することから,デバイ・ワラー因子が大きくなっていることも考えられる。このように中性子準弾性散乱によってイオン拡散機構を議論することが可能となる[13]。

1.8 まとめ

放射光X線,中性子を用いた材料評価法として,SOFC空気極材料を例に紹介した。どちらも回折が有名であるが,様々な実験が可能であり,実験室では議論できないような構造やパラメーターを検討することができる。多くの施設が建設され身近になった感はあるが,まだ一般的に普及したとは言いがたい。もし本稿で興味をもたれたら是非ご連絡頂きたい。可能な限り対応するつもりである。本稿によって一人でも多くの方が放射光X線,中性子に興味を持ち,材料開発に活かせて頂けたら,筆者らとしては幸せである。

文　献

1) F. Izumi, K. Momma, *Solid State Phenom.*, **130**, 15 (2007)
2) T. Itoh, *RADIOISOTOPES*, **59**, 231 (2010)

3) Z. Shao, S. M. Haile, *Nature*, **431**, 170 (2004)
4) J. F. Vente et al., *J. Solid State Electrochem.*, **10**, 581 (2006)
5) S. B. Adler et al., *J. Electrochem. Soc.*, **143**, 3554 (1996)
6) T. Itoh et al., *Solid State Commun.*, **149**, 41 (2009)
7) T. Itoh et al., *J. Alloy Compd.*, **491**, 527 (2010)
8) T. Itoh et al., *Physica B*, **405**, 2091 (2010)
9) T. Honma et al., *AIP Conf. Proc.*, **1234**, 13 (2010)
10) H. Oji et al., *J. Synchrotron Rad.*, **19**, 54 (2012)
11) T. Itoh, M. Nakayama, *J. Solid State Chem.*, **192**, 38 (2012)
12) B. Ravel, M. Newville, *J. Synchrotron Rad.*, **12**, 537 (2005)
13) 星埜禎男著編集, 中性子回折, 第13章, 共立出版 (1971)

2 リートベルト解析,最大エントロピー法による固体酸化物型燃料電池材料の評価

伊藤孝憲[*1], 北村尚斗[*2], 井手本康[*3], 大坂恵一[*4]

2.1 はじめに

エネルギー問題の解決策として最も期待されているのが電池技術であろう。Liイオン電池は生活に欠かすことのできない技術であり,燃料電池も一般販売が開始された。特に固体酸化物型燃料電池(Solid Oxide Fuel Cell:SOFC)は高効率であることが知られ,定置型分散電源として期待されている[1]。SOFCは名前の通り,主に固体の酸化物で構成されている。このようなSOFCであるが普及するためには耐久性,作動温度など重要な課題が残っている。SOFC材料は合成する際に1200℃以上の温度で焼成される。一方,作動温度は700～1000℃であり,作動温度で長時間SOFC材料がさらされた場合の相の安定性については分かっていない。耐久性を改善する一つの手段として,作動温度を下げ,SOFC材料間の反応を抑えることが考えられる。また作動温度を600℃以下に下げることができれば,材料の一部に合金などが使用可能となり,コスト削減が期待できる。しかし,低温化することでSOFC性能低下は必至である。特に酸素分子をイオン化し,酸素イオン―電子混合伝導特性が必要な空気極材料がボトルネックになることが予想されている。このような課題に対して電気化学的特性は幅広く様々な研究がなされてきた。しかし,それらの結果,特に酸素イオン伝導,酸素イオン―電子混合伝導を詳細な結晶構造によっての説明がほとんどなされていない。

本稿では主に放射光X線を用いた回折データをリートベルト解析,最大エントロピー法(MEM:Maximum Entropy Method)を用いて電解質材料の長期安定生,酸素イオン―電子混合導電性を議論した。紹介する内容の放射光実験は高輝度光科学研究センター(Japan Synchrotron Radiation Research Institute:JASRI)のSuper Photon Ring 8 GeV(SPring-8)の大型デバイシェラーカメラを有するBL19B2を用いて収集したデータである[2]。

2.2 放射光X線

放射光X線の特徴としては,高輝度であること,単色性平行性が高いこと,波長(λ)が可変であることが上げられる。高輝度に関しては例えばSPring-8では通常の実験室系X線の1万倍以上である。高輝度のおかげで単色性平行性が高くでき,時分解,*in situ*,微小領域測定が可能になる。また,1万倍も輝度が違うと実験室系では確認できないような現象や不純物を確認すること

---

* 1　Takanori Itoh　AGCセイミケミカル㈱　CSR室品質保証グループ　分析解析ユニット
　　　ユニットリーダー　課長
* 2　Naoto Kitamura　東京理科大学　理工学部　工業化学科　助教
* 3　Yasushi Idemoto　東京理科大学　理工学部　工業化学科　教授
* 4　Keiichi Osaka　(公財)高輝度光科学研究センター　産業利用推進室　材料構造解析チーム　技師

もできる。単色性平行性に関しては，ダブルモノクロメーター，光源からサンプルまでの距離が長いことからリートベルト解析などでピークの歪みなどが少なくFittingに有利である。λが可変であることはX線吸収測定で有名であるが，異常分散を利用することで近くの原子番号が同サイトを占有していても議論が可能となる。また，高エネルギーX線を回折実験に用いることで，試料への吸収が小さくなり，透過で測定できることも魅力である。透過法による測定は幾何学的な歪みも少なく，リートベルト解析には威力を発揮する。

2.3 リートベルト解析

無機材料に携わる研究者であれば試料合成後には必ずと言ってよいほどX線回折（X-ray diffraction：XRD）測定を行い，結晶構造，不純物の有無を確認するであろう。ほとんどのX線回折データは目視，またはPowder Diffraction file（PDF）などのデータベースによって定性的に確認されるのみである。しかし，実はXRDには様々な情報を含んでおり，その情報を引き出すのがリートベルト解析である。格子定数，サイト占有率，複相の存在割合など，適切な解析によって導き出すことができる。格子定数は周期的な情報であるので実験室系XRDでも十分正確に評価することが可能である。しかし，占有率，サイト置換，分率座標，原子変位パラメーター（U）を詳しく議論しようとした場合，正確な回折強度データが必須となる。実験室系XRDではブレッグ・ブレンダーノ光学系（反射型）であるために，回折パターンは歪み，また多くの場合Cu特性X線を用いた光源のために波長が1.54Åと長く，試料の吸収を無視することができない。一方，SPring-8では0.3Åまでの短波長，高エネルギーX線を用いて回折実験が行えるために，多くの元素においてデバイ・シェラー光学系（透過法）で測定が可能となる。透過法では，反射法に比べて圧倒的にピークの歪みが小さく，また，高エネルギーX線を用いることで吸収が少なく，無視して計算すことも可能である。このように一段精度の高いリートベルト解析を行うためには放射光X線回折は必要不可欠となる。

リートベルト解析が論文発表される数は日本が圧倒的に多いと聞いたことがある。その理由としては元物質・材料研究機構，泉博士が中心になって開発したRIETAN-FP・VENUSシステムに依るところが大きい[3~5]。リートベルト解析のメインエンジンであるRIETAN-FPは実験室系，放射光X線，中性子など様々な測定状況を考慮しており，多くのプロファイル関数を有し，解析に適したFittingの良い設定で解析が可能である。一般的な構造パラメーターはもちろんであるが，複相，アモルファスの含有率計算，複数の選択配向ベクトルの選択，中性子回折データを用いた磁気構造解析など，解析法は多岐に渡る。また，最大の特徴はRIETAN-FPの解析結果をもとに，Dysnomia（旧PRIMA）によって最大エントロピー法（Maximum Entropy Method：MEM）が行え，その結果を用いてVESTAによって電子，核密度が三次元可視化できる。ここまでの一連の作業が1つのシステムでできるソフトは世界でRIETAN-FP・VENUSシステムのみである。RIETAN-FP・VENUSシステムを駆使することで，定性にのみ用いていたXRDチャートから様々な情報を引き出すことが可能となる。

第3章　燃料電池

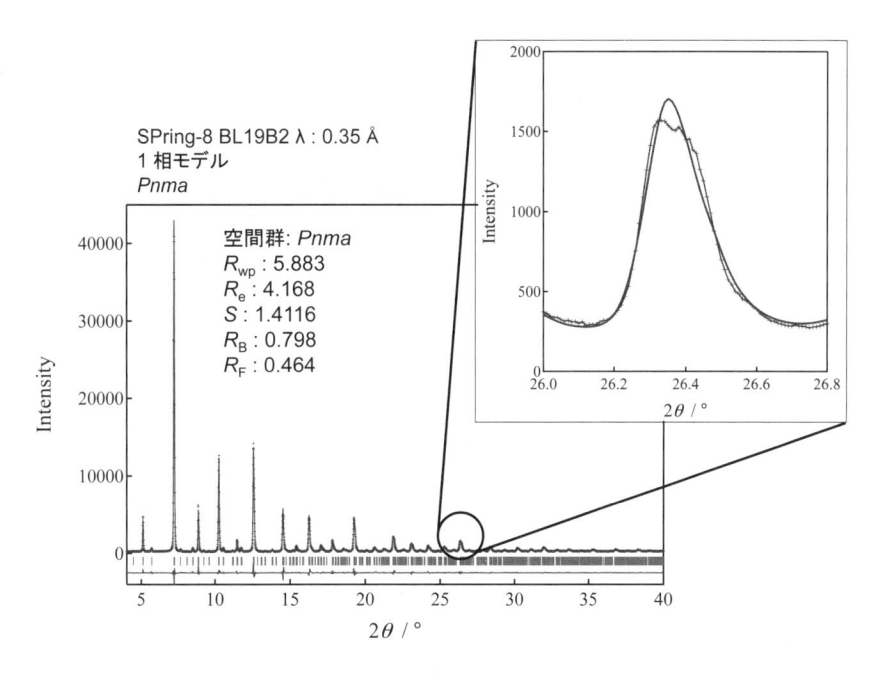

図1　*Pnma*によるリートベルト解析結果

2.4　リートベルト解析の重要性

　XRDパターンを目視のみで定性，結晶構造の判断をすることは大変危険である。重要な試料については可能な限り放射光XRD（SR-XRD）測定を行い，最低でも実験室系XRDデータを用いてリートベルト解析をすべきである。ここで紹介する試料においては，実験室系XRDで測定した場合，目視であっても，リートベルト解析を行っても斜方晶系*Pnma*との結果になる。学会，論文発表しても間違いに気付くものは誰もいないと思われる。放射光X線を用いて測定した場合も十分注意する必要がある。図1はSPring-8，BL19B2の大型デバイシェラーカメラで測定したデータを*Pnma*にてリートベルト解析を行っている。全体パターン，信頼性因子（R_{wp}, S, R_B, R_F）を見ると，解析が適切と思われるが，高角側のピークを拡大すると2つのピークを1つでFitしていることが分かる。よって，この試料においては*Pnma*のモデルは間違っていることになる。そこで文献などを調べ，$R\bar{3}m$の可能性があることがわかり，*Pnma*と$R\bar{3}m$の2相解析を行った。その結果を図2に示す。2相モデルによって，広角側のピークは適切にFitし，信頼性因子も改善している。このようにSR-XRDとリートベルト解析を組み合わせることで適切な構造解析が可能になることが分かる。

2.5　微量不純物の検討

　SOFC電解質としては蛍石型Zr酸化物が用いられることが多い。Zr系酸化物は1400℃を超える温度で合成されるが，実際のSOFC作動温度は700〜1000℃程度である。この温度域で長時間作動

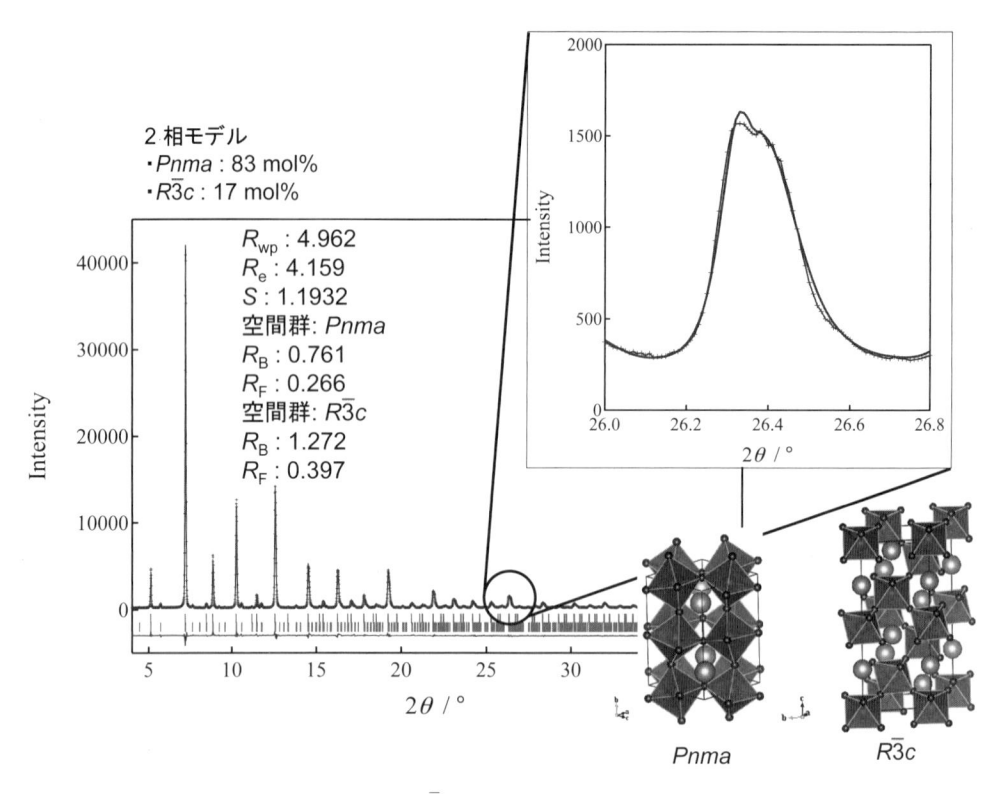

SPring-8の高輝度放射光を利用したグリーンエネルギー分野における電池材料開発

2相モデル
・$Pnma$: 83 mol%
・$R\bar{3}c$: 17 mol%

R_{wp} : 4.962
R_e : 4.159
S : 1.1932
空間群: $Pnma$
R_B : 0.761
R_F : 0.266
空間群: $R\bar{3}c$
R_B : 1.272
R_F : 0.397

図2　$Pnma + R\bar{3}m$によるリートベルト解析結果

させた場合，Zr系酸化物がどのような構造変化をするか知られていない。このような課題を検討するために高輝度であるSR-XRDを用いた。図3に実験室系XRDとSR-XRDの検出限界の一例を示す。概観は実験室系XRDでもSR-XRDでもあまり変わらない。しかし，メインピークの裾を200倍にして拡大するとその違いは歴然である。実験室系XRDは1時間測定でもメインピークに対して約1％程度の不純物しか議論できないが，本測定のSR-XRDの場合，メインピークに対して0.03％程度まで議論が可能であることが分かる。図4，5にはY置換（YSZ），Sc, Ce置換（ScSZ-Ce）のZr系酸化物の800℃でのアニールによる変化を示す。図4のYSZに関しては焼成後とアニール後でほとんど変化がないことが分かる。一方，図5のScSZ-Ceに関しては，アニール時間と共にCeO_2のピークが大きくなることが確認できる。ScSZ-Ceはバックグランドが複雑なのでこのままリートベルト解析を行っても，微量なCeO_2の比較をすることは不可能である。そこでアニール後のデータから焼成直後のデータを差し引くことでCeO_2の強度を正確に求めた。図6に600, 800℃におけるアニール時間とCeO_2量の関係を示す。800℃では500時間で約0.05 mol％のCeO_2が確認されるが，その後はあまり増加しない。しかし，600℃では500時間でのCeO_2は少ないが，時間と共に指数関数的に増加し，2000時間では0.10 mol％超えるCeO_2が存在することになる。Ceは構造安定化のために添加しているが，本結果から推測すると20,000時間で全てのCeが

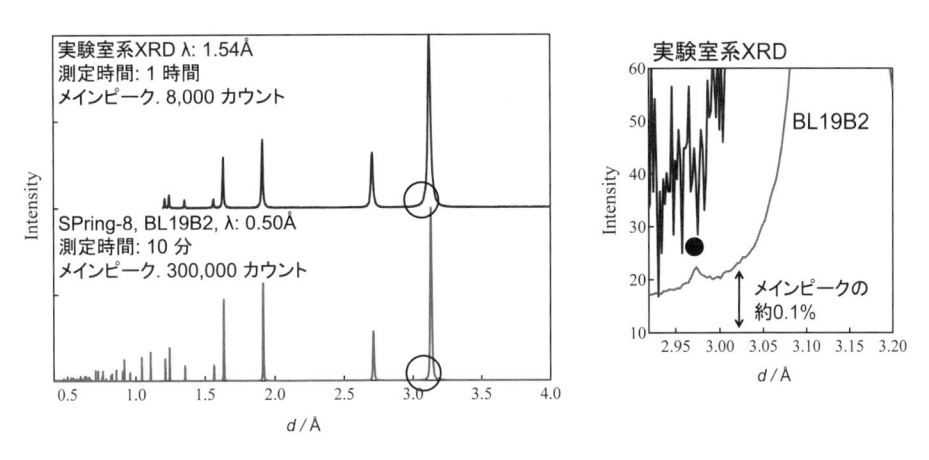

図3 SPring-8, BL19B2と実験室系XRDの比較

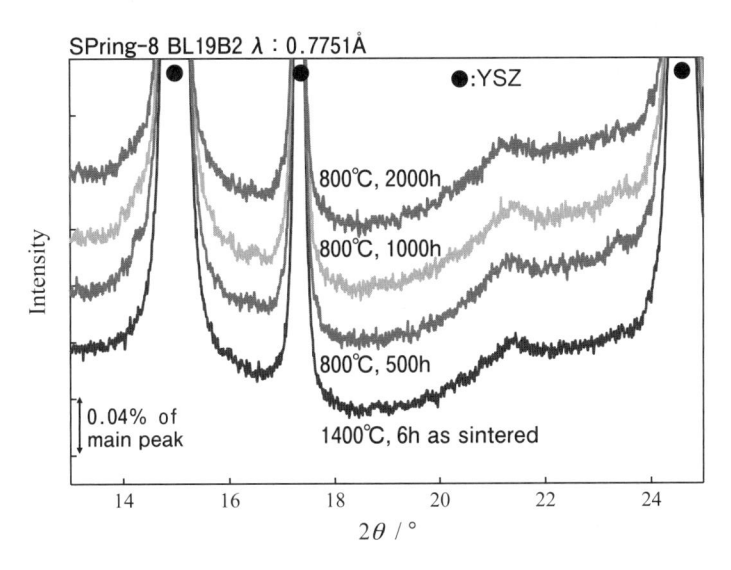

図4 8YSZ, 800℃アニール前後のSR-XRDパターン

析出してしまうことになる。よって長期的には導電性が低下する可能性がある[6,7]。

2.6 電子密度分布

SOFCの空気極材料は酸素イオン—電子混合伝導性を有するペロブスカイト酸化物である。これらの評価は高温での導電率測定，SOFCセルで行われており，詳細な結晶構造解析からの議論している研究はほとんどない。そこで本稿では最大エントロピー法（Maximum Entropy Method：MEM）を用いて混合導電の考察を行った[8,9]。通常のフーリエ合成では，ゴースト，負の電子密度などによって正確な電子密度はほぼ議論不可能である。一方，MEM解析は測定できない結晶

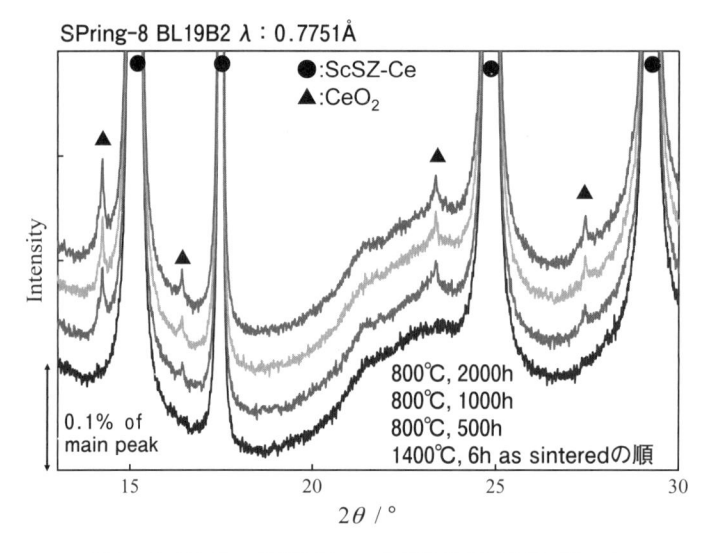

図5 ScSZ-Ce，800℃アニール前後のSR-XRDパターン

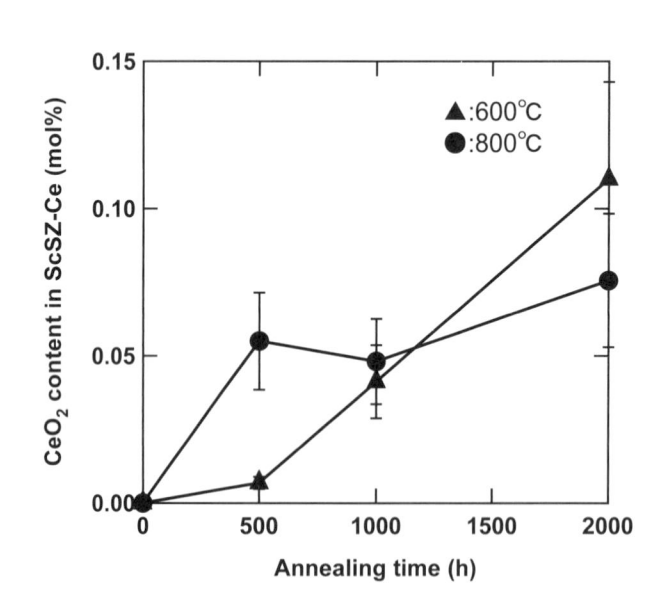

図6 ScSZ-Ceのアニール時間とCeO$_2$量の関係

構造因子を予想し，負の電子密度を持たない，総電子数の制約などによって前記課題を改善している。我々は高温作動型空気極材料として用いられている（La$_{0.75}$Sr$_{0.25}$）MnO$_{3-\delta}$（LSM）と600℃程度の中低温型空気極材料として期待されている（Ba$_{0.5}$Sr$_{0.5}$）（Co$_{0.8}$Fe$_{0.2}$）O$_{2.33-\delta}$（BSCF）についてMEM解析を行い，電子密度分布と導電性について議論を行った。解析はRIETAN-FP[3]を用いてリートベルト解析，PRIMA[4]（現在はDysnomia）を用いてMEM解析，結晶構造，電子密度はVESTA[5]によって可視化した。図7に示すLSMに関してはMn-O結合が強く等方的に広が

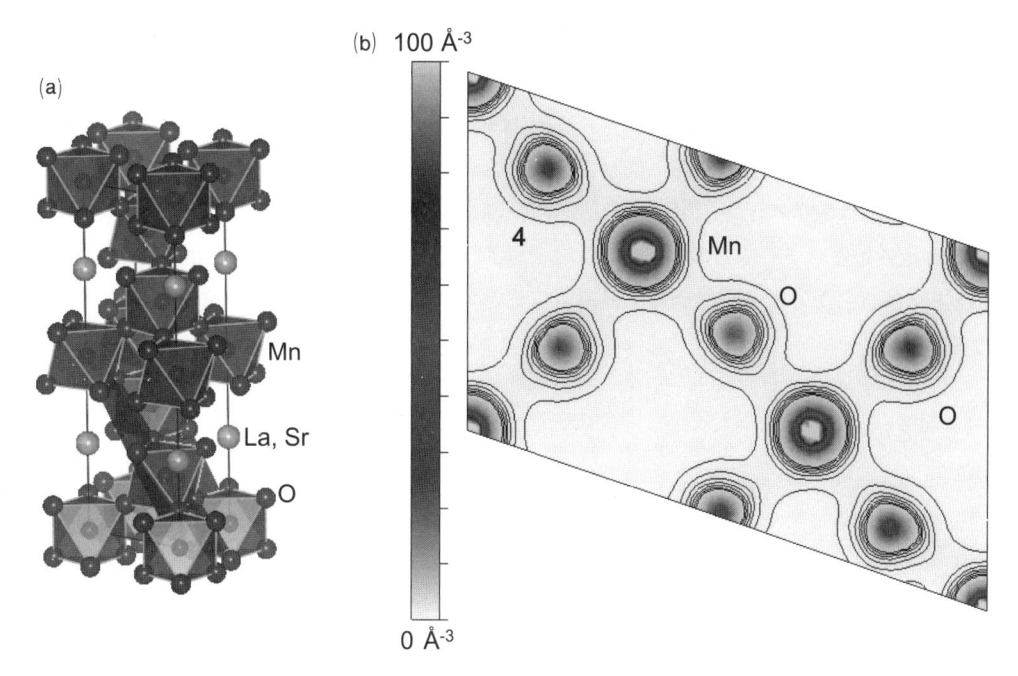

図7 LSMの(a)結晶構造と(b)Mn-O面の電子密度分布

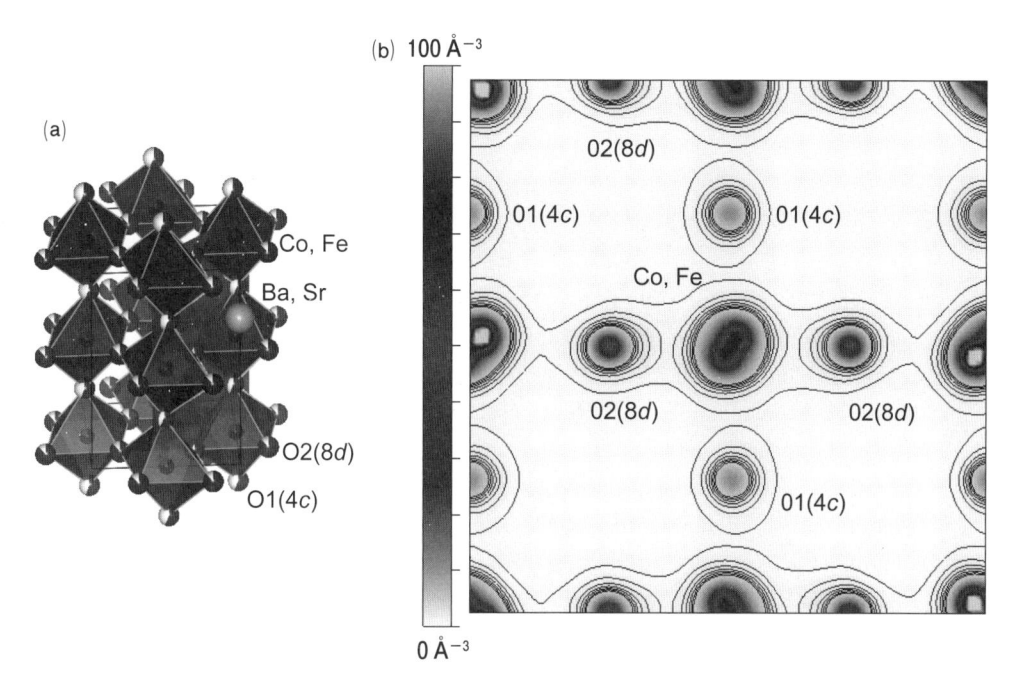

図8 BSCFの(a)結晶構造と(b)(Co, Fe)-O面の電子密度分布

っていることが分かり，良好な電子伝導性を担っていると考えられるが，酸素が強く結合し，酸素イオン伝導は低いことが予想される。一方，図8のBSCFは2つの酸素サイトが存在し，結合状態，占有率が大きく違う。(Co, Fe)-O1(4c)は結合も弱く，占有率が低いことから酸素イオン伝導が起こると考えられる。一方，(Co, Fe)-O2(8d)は結合が強く，電子伝導に関係すると推測される。BSCFは酸素イオン伝導と電子伝導の役割を担うサイト，結合が別々に存在しているため混合導電性が優れていると考えられる。これらの予想は導電率の結果と一致する[10,11]。このようにMEM解析による電子密度分布を検討することで，物質内の導電機構を議論することが可能となる[12]。

2.7 まとめ

放射光X線回折を用いたデータの解析，特にリートベルト解析，MEM解析を例に説明した。放射光X線を用いることで，魅力的なパラメーターなどが議論できる。単色平行性の高い良質なX線のデータをリートベルト解析することで，真の構造を求める可能性が高くなる。また，高輝度であることから，微量不純物を検出し，定量的な議論までできる。更にリートベルト解析したデータをもとに行うMEM解析は，実験的に電子密度を議論できる数少ない方法である。基本的な考えや利用法は実験室系とあまり変わらないことも利用者にとっては馴染みやすいと考えられる。放射光施設もいくつか建設され利用者には身近になったように感じるが，利用している研究者は限られている。本稿によって一人でも多くの研究者が放射光X線回折に興味を持って頂ければ筆者らとしては幸せである。

文　献

1) S. C. Singhal *et al.*, *Solid State Ionics*, **135**, 305 (2000)
2) K. Osaka *et al.*, *AIP Conf. Proc.*, **1234**, 9 (2010)
3) F. Izumi, K. Momma, *Solid State Phenom.*, **130**, 15-20 (2007)
4) F. Izumi, R. A. Dilanian, "Recent Research Developments in Physics," Vol.3, Part II, Transworld Research Network, Trivandrum, 699 (2002)
5) K. Momma, F. Izumi, *J. Appl. Crystallogr.*, **41**, 653-658 (2008)
6) K. Nomura *et al.*, *Solid State Ionics*, **132**, 235 (2000)
7) M. Hattori *et al.*, *J. Power Sources*, **131**, 247 (2004)
8) E. Nishibori *et al.*, *Nucl. Instrum. Methods Phys. Res.*, **A467-468**, 1045 (2001)
9) M. Takata *et al.*, *Advances in X-ray Analysis*, **45**, 377-384 (2002)
10) Z. Shao, S. M. Haile, *Nature*, **431**, 170-173 (2004)
11) S. B. Adler *et al.*, *J. Electrochem. Soc.*, **143**, 3554-3564 (1996)
12) T. Itoh *et al.*, *J. Alloy Compd.*, **491**, 527 (2010)

3　X線応力測定法によるSOFC電解質応力のin-situ測定

矢加部久孝*

3.1　緒言

　固体酸化物形燃料電池（SOFC：Solid Oxide Fuel Cell）は各種燃料電池の中でも発電効率が最も高く，発電スケールの大小を問わず，高効率分散型電源の最終形として期待されてきた。そのポテンシャルに魅かれて，1980年代後半から，多くの機関，メーカーが精力的に研究開発を行ってきたが，セラミクス特有の課題に直面し，なかなか実用化に至らなかった。しかし，課題を克服すべく各社によるたゆまぬ努力と工夫が繰り返され，20年以上の歳月をかけて，ようやく実用化まで漕ぎつけてきた。最近の進捗をけん引した最も重要な要因は，SOFCが小型家庭用用途に適用可能であることが実証されたことである。それまで，SOFCは，高温で発電すること，セラミクスが脆弱であることにより，急峻な負荷変動や，起動停止対応には不向きであると考えられ，大規模容量の発電装置，特に火力発電代替というような規模での用途を対象として研究が進められてきた。しかし，少容量でも熱自立可能であること，負荷変動に対しては比較的容易に追従できること，低負荷でも発電可能であること，が実証され，国内のセラミクスメーカーは一気に小型SOFCの研究開発に舵を切り，研究開発が急速に進んだ。2011年にはJX日鉱日石エネルギー㈱が，世界で初めて小型の家庭用SOFCを商用化し，現在も，多くのメーカーが家庭用SOFCの開発に注力している[1]。中大型のSOFC開発に関しては，開発規模の観点から，開発できるメーカーが限られ，また，開発進捗のスピードも決して速くは無いが，米国Bloom energy社が100 kW級，200 kW級SOFCを実用化し，また国内では三菱重工㈱がガスタービンと組み合わせたハイブリッドシステムを開発中である，など，着実に開発の歩みを進めている[2]。

　実用化が近付いた一方で，セラミクス特有の課題が完全にクリアされたわけではない。課題の一つは，SOFC運転時における構成材料の熱耐久性，起動・停止の熱サイクルに対する機械的耐久性，信頼性などである。これらの課題は，古くからSOFC特有の課題として開発の足枷になり，SOFCの開発を遅らせてきた。現在のところは，運転制御の工夫により機械的信頼性を確保しているところが大きいが，このことはSOFC運転の自由度を下げていることに他ならない。機械的信頼性の確保は，今後ともにSOFCの汎用性を拡大する上で重要な課題である。我々は，これまでも，数値計算を活用して，SOFCセル作製時に発生している残留応力，運転時に発生する熱応力を解析してきた。熱流体解析を実行し，得られた温度分布条件から熱応力を計算し，材料強度と照らし合わせながら，運転時におけるセルの機械的信頼性を評価した。一方で，数値解析から得られる評価結果は，あくまでもいくつかの仮定に基づく計算結果であり，数値解析の妥当性を検証する上でもセルに発生する実際の応力を，実験により，正確に把握しておく必要がある。そこで我々は，2000年から，Spring-8を利用したX線応力測定を開始し，セルの残留応力評価に始まり，平面内の応力分布，深さ方向応力分布，発電時のin-situ応力測定と，様々な試験を行って

---

*　Hisataka Yakabe　東京ガス㈱　基盤技術部　エネルギーシステム研究所　所長

きた。本章では，特に，発電時の電解質に発生するin-situ応力測定を中心に紹介する。

3.2 SOFCセルの構成とセルに発生する応力

電池構成の違いからSOFCを大別すると，電解質を厚くして単セル構造を支持する，"電解質自立式セル"と電極を構造体として電解質を薄膜形成する，"電極支持式セル"に大別することができる。電解質自立式セルは電解質の部分のみでセル構造を担保するために，外力に対して脆弱であり，また，電解質が厚いために，高い性能を得るために高温が必要である。そこで，最近は，運転温度の低温化と，セル性能の向上を狙っての電極支持式，特に燃料極支持式のセルの開発が主流になっている。燃料極支持式セルは，合成時に電解質に圧縮応力がかかる構成となっており，発電時に発生する熱応力に対しては強靭である。

図1に燃料極支持式の単セルの概略と，図2に典型的なセルの断面SEM写真を示す。詳細は割愛するが，約1.5～2 mm程度のNi/8YSZ燃料極（アノード）の上に約10～20 μm程度の8YSZを薄膜形成し，更に約30～50 μm程度のLSCF（LaSrCoFe—oxide）空気極（カソード）が載った3層構造である。アノードと電解質は約1400℃で一体焼成し，室温でカソードを塗布して約1200℃で焼成する。部材間の膨張係数の違いから，室温においては電解質に圧縮応力が，アノードには引っ張り応力が発生し，セルはカソード側に反りを見せる。Spring-8の放射光を利用した応力測定の結果，電解質部分の残留応力は約600 MPa程度の圧縮応力であり，数値計算結果とほぼ同程度であることを確認している[3]。セラミクスは一般的に圧縮応力に関しては強靭であり，このレベルの残留応力が電解質に破壊をもたらすリスクは小さい。セルの運転時には，約750℃まで昇温して発電を行うため，残留応力自体は減少することになる。

運転時に，セル破壊を引き起こす要因として，熱応力に加えて，アノードのREDOXサイクルによる酸化還元がある。通常as-grownの状態でアノード中のNiは酸化されているが，発電前に還元して金属Niに戻すことにより電池電極として機能するようになる。初回の還元に対しては電池が劣化することはないが，一旦還元されたアノードが再び酸化される場合，すなわちNiがNiOに変化する場合には注意を要する。Niに比してNiOの格子定数は約20％程度大きく，Niの再酸化に伴う膨張により，電解質とアノードの界面に剥離が発生したり，電池にクラックが入ったりす

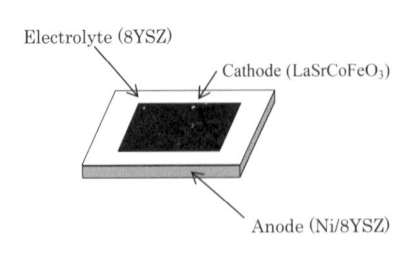

図1　燃料極支持式単セルの概略 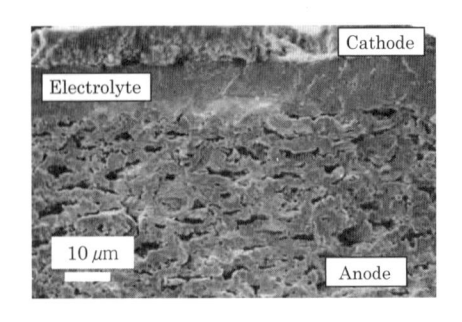　　　　　図2　燃料極支持式セルの断面SEM像

第3章 燃料電池

るなどの問題が起こる場合がある。こうしてREDOXサイクルを繰り返すことにより，電池が劣化して行く。現在のところ，アノードの再酸化を防ぐことは，システム運転上のシーケンスとして必須であり，起動時，運転時，そして停止時において，アノードが再酸化されないような注意深い運転方法が取られている。しかし，実用上の運転を考えると，緊急停止時などの異常時にはアノードに適切に還元性ガスを流通させることは難しく，現実的には，異常停止時などではアノードのREDOXのリスクが残る。

REDOX時にセルの破壊に至るどのような機械的挙動が起こっているかを把握することは重要である。そこで，間接的な方法ではあるが，電解質部分の応力の変化を測定することにより，REDOX時のアノードの機械的挙動を解析した。実際に電池を発電環境下に置き，電解質部分の残留応力をその場観察し，アノードの酸化還元に伴う電解質部分の残留応力の変化を測定することにより，アノードの機械的挙動を推測した。

3.3 実験方法

X線応力測定は$\sin^2\psi$法に則り，*in-situ*の応力測定においても同様である[4~10]。図3に測定系の配置図を示す。図中ψは試料表面法線と測定回折面の面法線とのなす角，σ_ϕはϕ角方向の応力である。今，図中試料表面法線O3軸より手前にψが傾いている場合を$+\psi$側測定，向こう側に傾いている場合を$-\psi$側測定と定義する。

本測定では，側傾法，且つψ_0一定法で測定を行った。今回測定する試料は，上記の通り薄膜試料であり，平面応力状態が想定される。応力の二次元性，試料の均一性，機械的物性の等方性を仮定すると，ϕ方向の応力σ_ϕは下式

$$\sigma_\phi = \frac{1}{d_0} \times \frac{E}{(1+\nu)} \times \frac{\partial d_\psi}{\partial \sin^2\psi} \quad (1)$$

より求まる。ここでd_0は応力フリー状態での回折面間距離，d_ψは傾斜角に対応する回折面間距離，EおよびνはX線的ヤング率およびポアソン比である。

線源はSPring-8のBL09XUラインのシンクロトロン光を使用した。測定条件を表1に示す。

測定に使用した回折ピークは，シングルピークで強度の強い(531)面のピークである。X線エ

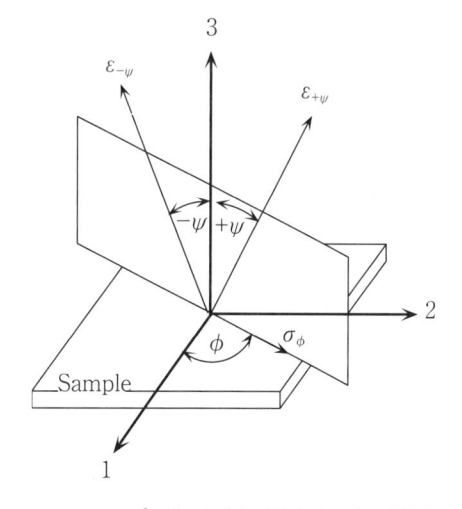

図3 $\sin^2\psi$法の原理と測定上の試料配置

表1 測定条件

放射光ライン	BL09XU
光源	真空封止アンジュレータ
X線エネルギー	8.05 keV
モノクロ結晶	Si 311
測定法	並傾法
スリット幅	1～5 mm×0.5 mm
ソーラースリット	なし
アナライザー	なし
測定回折面	(531)面

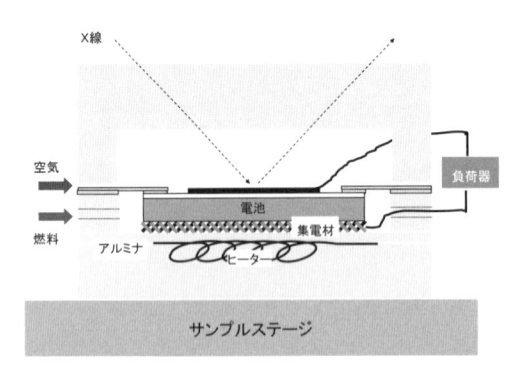

図4　in-situ応力測定におけるセル加熱および発電用の取り付け治具の構成

図5　セル加熱および発電用治具をサンプルステージに取り付けた時の様子

ネルギーは，CuKα線の波長と同じ，8.05 keVを使用した。放射光は単色性が強く，試料結晶粒の不均一性の影響を受けやすいため，入射光に±1°の揺動をかけることにより結晶不均一の影響を軽減している。

　REDOXの影響の測定は，図4のような治具を作製し，ゴニオメータのサンプルステージに治具を取り付けて実施した。治具を設置した写真を図5に示す。ヒーターであらかじめ試料を昇温し，所定の発電温度にてアノードに供給するガスの組成をステップ状に変化させ，ピーク位置の時間変化を測定した。通常の$\sin^2\psi$法では，放射光を利用しても一回の応力測定に約1時間程度かかってしまう。そこで，$\sin^2\psi$の2点法により応力値の時間変化を追った。入射角は$\psi = 0°$および$= 45°$の2つである。試料は約1 cm角の燃料極支持式セルを使用した。アノードおよび電解質の厚みはそれぞれ約2 mmおよび20 μmである。

3.4　実験結果および考察

3.4.1　残留応力の温度依存

　アノードのREDOXサイクルに対する電解質部分の応力変化を測定する前に，電解質部分の残留応力の温度依存を測定した。電解質部分の残留応力の起源は電解質とアノードの熱膨張挙動のミスマッチである。電解質よりもアノードの方が熱膨張係数が大きい。1400℃で共焼結した電池を室温まで降温すると，アノードの方が電解質よりも大きく収縮し，電解質部分に圧縮応力が発生する。従って，逆に，室温から昇温して行くと，残留応力が温度上昇とともに減少することが予測される。図6に，電解質部分の残留応力値の温度変化を示す。残留応力は温度上昇とともに減少していくが，その変化は線形な単調減少にはなっていない。有限要素法による数値解析により，単一の熱膨張係数を仮定して残留応力の温度依存を計算すると，この温度域では，応力は温度に依存してほぼ直線的に変化する結果となる。本実験結果は，測定温度域において熱膨張係数自体の温度変化が大きいか，もしくは弾性定数の温度依存が大きいということを表している。い

第3章 燃料電池

ずれにしても，セルの運転温度である750℃においては，残留応力は100 MPa程度まで減少している。

3.4.2 単純REDOXサイクル時の残留応力の変化

REDOXサイクルに対する電解質部分の残留応力の変化は，電池を750℃に保持した状態で，アノードに通気するガスをステップ状に変化させ，ガス変化に起因する応力の時間変化として測定した。入射角を$\psi=0°$および$=45°$で交互に変化させ，それぞれの角度における回折ピークの時間変化を測定した。図7に$\psi=0°$および$=45°$2つの入射条件に対する回折ピークの位置の時間変化の様子を示す。酸化アノードを出発点とし，供給ガスを4％H_2/N_2ガスにステップ状に変化させ，その時点を起点として時間変化をプロットした。還元性ガスの投入と同時にアノードの還

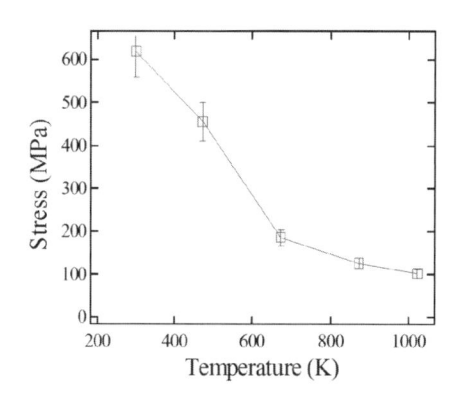

図6　電解質部分の残留応力の温度変化

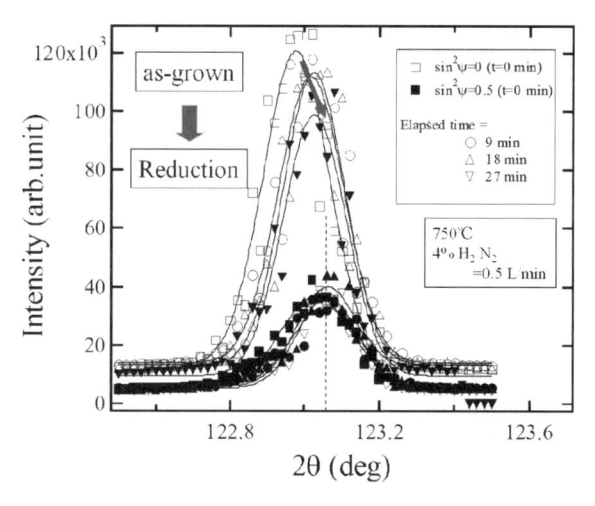

図7　As-grownの試料のアノード側に還元性ガスを導入した場合の$\psi=0°$
および$=45°$のピーク位置の時間変化
白抜きは$\psi=0°$，塗りつぶしは$\psi=45°$に対応。

元が始まり，$\psi = 0°$および$= 45°$に対するピークは，ともに高角側にシフトしていく。電解質は基本的に還元性ガスに対して安定であるため，このピーク位置のシフトはアノード変形に伴う光軸アサインメントのずれにより起こっているものと考えられる。ここで重要なのは，$\psi = 0°$および$= 45°$それぞれに対するピーク位置の相対差の変化である。還元時間の経過とともに$\psi = 0°$および$= 45°$のピーク位置のずれの大きさが明らかに減少している。これは，電解質に発生している圧縮応力が減少していることを示している。2点法では通常の$\sin^2\psi$法ほどには精度は期待できないが，半定量的な変化は読み取ることができる。$\psi = 0°$および$= 45°$に対する回折ピーク位置の差よりd-$\sin^2\psi$ダイアグラムを作製して勾配を求め，応力値を推算して経過時間に対してプロットすると図8のようになる。還元開始とともに急激に応力が減少し，約20分経過後にはほぼ40 MPa程度に落ち着き，その後，徐々に減少していく。約120分経過後にガスの流量を増加させると，更に応力は減少する。前述のように，アノードの還元によりアノードボリュームが減少する（アノードが収縮する）ことが予測され，従って，還元に伴い，電解質の残留応力は増加すると予想されるが，実験結果はその逆の現象を示している。この理由であるが，還元によりアノードの気孔率が増加し，結果としてアノード部分のヤング率が減少して応力が減少したものと考えられる。

次に，アノードを再酸化させた時の電解質の残留応力の時間変化の様子を示す。アノードを750℃還元性雰囲気に保った状態から，流通ガスを空気にステップ状に変化させ，その後の電解質ピークの時間変化をプロットしたのが図9である。本測定では，測定精度を高めるために，傾斜角を$\sin^2\psi = 0.6$まで大きく取っている。$\sin^2\psi = 0.6$に対応するピーク位置は，ほとんど時間変化していないが，$\sin^2\psi = 0$に対応するピークは時間とともに大きく高角側にシフトして行く。初期状態では，$\sin^2\psi = 0$と$\sin^2\psi = 0.6$のピーク位置はほとんど同じであるがピーク位置の相対差は時間とともに大きくなっており，このことは電解質に発生する応力が若干の圧縮応力から引っ張り応力

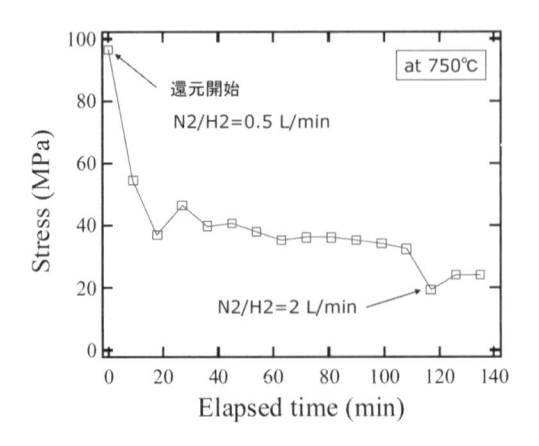

図8 As-grownの試料のアノード側に還元性ガスを導入した場合の電解質部分の残留応力の時間変化
120分経過時に還元性ガスの流量を増加させた。

第3章　燃料電池

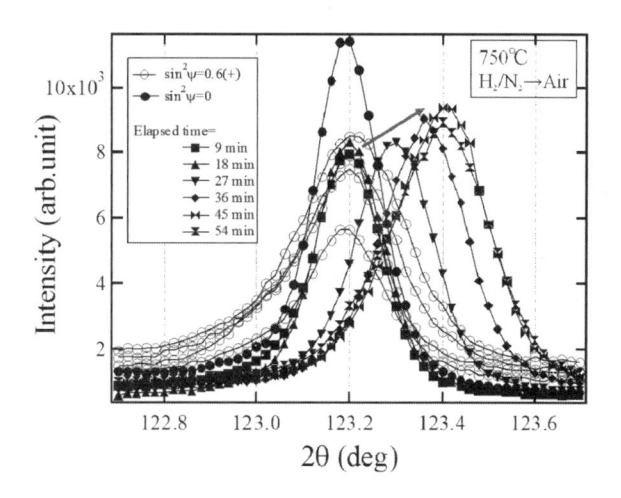

図9　還元したアノードを空気により再酸化した場合の，電解質ピークの時間変化

白抜きは$\sin^2\psi = 0.6$，塗りつぶしは$\sin^2\psi = 0$に対応。

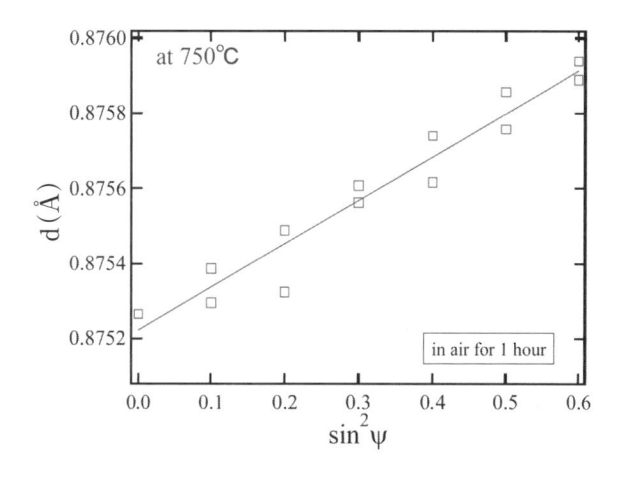

図10　アノードを再酸化した試料の電解質部分の750℃での$d-\sin^2\psi$ダイアグラム

に転化し，かつ時間とともに増大して行くことを示している。アノードに1時間空気を流入して再酸化した後，$\sin^2\psi$法により電解質に発生している応力を精密測定した結果の$d-\sin^2\psi$プロットを図10に示す。勾配がプラスになっており，残留応力値を計算すると，230 MPaという大きな引っ張り応力が発生していることが分かる。室温に降温して試料をチェックすると，外見上は大きなクラックなどは見られなかったが，750℃で測定された応力値は電解質の破壊応力に近い値であり，ぎりぎりのところで破損に至っていなかったものと思われる。本試験の結果，電解質の応力

の*in-situ*測定により，実際の運転時に，トラブルなどでアノード側に空気が混入してセル破壊が起こる場合，電解質の応力がどのように変化して破壊に致るかが明らかになった．

3.4.3　電気化学的REDOXサイクルによる残留応力の変化

前節では，アノードへの流通ガスを変えてアノードにREDOXサイクルを与えた場合の電解質の応力の時間変化を紹介したが，本節では，アノードには還元性ガスを流しながら，電流値を増加してセル電位を変化させ，電気化学的にアノードを酸化させた場合の電解質の応力の*in-situ*測定結果を紹介する．

セルを発電する構成で治具にセットし，750℃まで昇温し，アノード側に4％H_2/N_2燃料を供給して還元し，カソード側には強制対流によりファンで空気を送った．アノードが還元されて起電力（OCV：Open Circuit Voltage）が生じた状態を初期状態とし，その後電流を印加しながらセル電位を一定に保ち，電解質の応力の時間変化を測定した．ポテンショメーターでセルの電圧値を一定に制御するが，この条件では電流値は電圧値を一定に保つように自動で調整される．

OCVの状態からセル電位が0.8Vになるようにステップ状にセル電位を変化させ，その後の電解質の反射ピークの時間変化を測定した結果が図11である．初期のOCV状態で測定したピークと，セル電位を0.8Vに変化させた後1時間経過後のピークを比較している．$\sin^2\psi = 0$および$\sin^2\psi = 0.6$に相当するピークは，時間とともに若干シフトしているようにも見えるが，ほぼ不動であり，この条件下では電解質に発生している応力はほとんど時間変化していないと考えられる．

次に，印加電流を増加させて，セル電位を0.8Vから0.1Vまで低下させた後の電解質の反射ピークの時間変化を図12に示す．セル電位0.1Vは，通常セルを運転する電位に対しては著しく低い電位であり，電圧低下の起元がアノードの濃度過電圧が主要因であるとすると，三相界面が酸

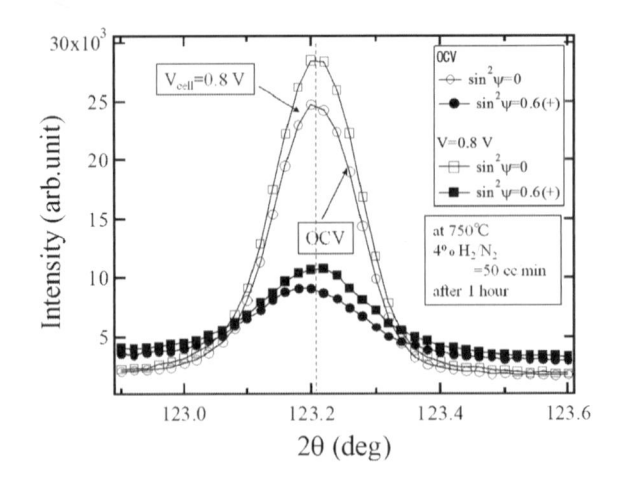

図11　発電時の電解質の反射ピークの変化
発電を行い，OCV状態からセル電位が0.8Vの状態にステップ状に変化させて1時間経過後のピーク位置を比較している．

第3章　燃料電池

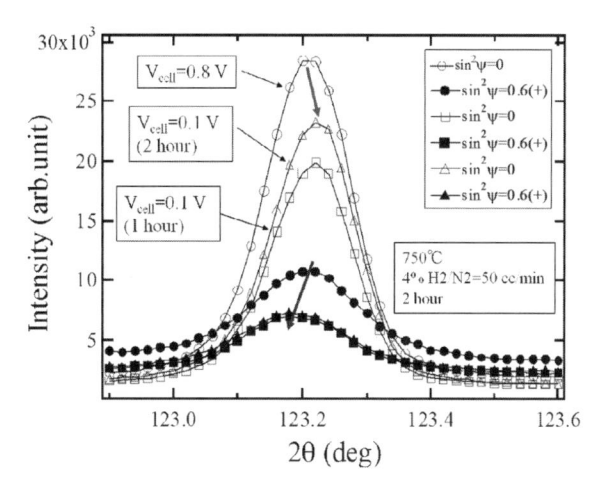

図12　発電時の電解質の反射ピーク位置の変化
セル電位を0.8Vの状態から0.1Vにステップ状に変化させてから
1時間経過後,2時間経過後のピーク位置を比較している。

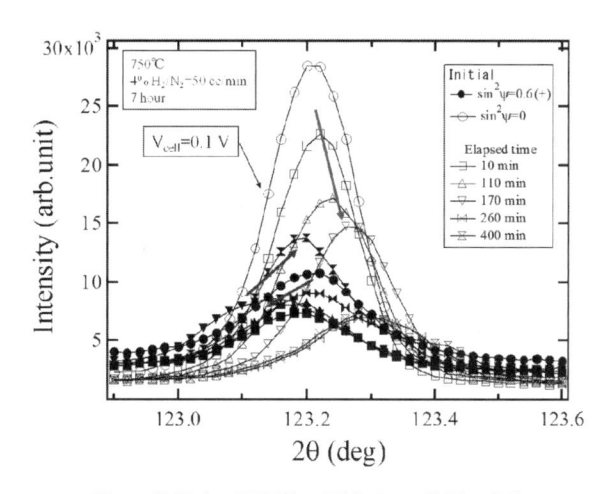

図13　発電時の電解質の反射ピーク位置の変化
セル電位を0.1Vの状態から−0.1Vにステップ状に変化させてからの
ピーク位置の時間変化を追った結果である。

化されてもおかしくないほどの低電位である。セル電位0.8Vの場合には,ピーク位置はほとんど変化しなかったが,セル電位を0.1Vに変化させた後は,時間とともに,$\sin^2\psi = 0$のピークは高角側に,$\sin^2\psi = 0.6$のピークは低角側にシフトしている。ピーク位置の相対的な関係から,電解質に引っ張り応力が発生し始めている事が理解できる。セル電位を0.1Vに変化させて2時間経過後に,更に電流量を増加させて,セル電位を−0.1Vに低下させた。セル電位を−0.1Vに低下させた後のピーク位置の時間変化を図13に示す。セル電位を変化させた後に一旦は$\sin^2\psi = 0$の

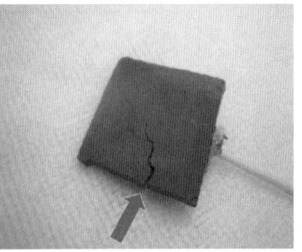

SPring-8の高輝度放射光を利用したグリーンエネルギー分野における電池材料開発

図14 発電後のセル写真
(左) カソード側, (右) アノード側

ピークは更に高角側に, $\sin^2\psi = 0.6$のピークは更に低角側にシフトする。このことより, 電解質に発生する引っ張り応力値が増加して行っていることが分かる。その後$\sin^2\psi = 0$のピークは時間とともに高角側にシフトし続けるが, $\sin^2\psi = 0.6$のピークは, 一旦低角側にシフトした後, 170分経過後は, 今度は高角側にシフトし始めている。このことは, 一見, 引っ張り応力が減少して行くような現象に思われる。セル電位 −0.1 Vの条件で約7時間試験を継続した後に, 電流をゼロとし, 降温してセルを取りだした。試験後のセルの写真が図14である。アノード側が緑色に酸化しており, また大きなクラックが入って破損している。170分経過後に見られた$\sin^2\psi = 0.6$のピークの不思議な挙動はセルが破損したために起こったものと推定される。セルの破損がどの時点で起こったかは正確には判断できないが, 少なくとも, セル電位を低下させたことにより電解質に引っ張り応力が発生するようになり, 更なるセル電位の低下に起因して電解質に発生している引っ張り応力も増大したことは明らかである。このことから, セル電位が一定レベル以下に低下すると三相界面の電気化学的な酸化が起こるようになり, アノードの電気化学的な酸化に伴って電解質に引っ張り応力が発生し, 最終的にセル破壊につながったものと考えられる。本試験を通じて, アノード部分の電気化学的な酸化は, 燃料中への空気混入などによる酸化と同等に, 電解質に大きな引っ張り応力を誘起し, 最終的にセル破壊につながる危険があることが明らかとなった。セルのロバストネスの観点から, 今後は, 電気化学的酸化に対して酸化耐性のある三相界面, そしてアノードの開発が待たれる。

3.5 結論

SOFCセルの発電環境下におけるアノード部分のREDOXサイクルに対し, REDOX時の劣化挙動を解明するために, Spring-8の放射光を利用して, 電解質の応力変化の*in-situ*測定を行った。as-grownのセルのアノードを750℃で還元, 還元アノードを750℃で再酸化し, その時の応力の時間変化を測定した。更には, 通常の運転状況下において, 電流量を増加させてセル電位を低下させることによりアノード部分を電気化学的に酸化させ, その時の電解質に発生する応力の時間変化を測定した。今回の*in-situ*測定の結果, アノードのREDOXは, それが化学的にもたらされた

第3章　燃料電池

ものであっても，また，電気化学的にもたらされたものであっても，電解質部分に大きな引っ張り応力を誘起し，その結果としてセル破壊に繋がることが明らかになった。

謝辞

本研究は06年度SPrin-8戦略活用プログラムの下実施したものです。測定にあたりご協力いただきました高輝度光科学研究センターの依田芳卓博士に深く感謝いたします。

文　　献

1) K. Hosoi, M. Itoh, M. Fukae, ECS Transactions, **35**, 11 (2011)
2) Mitsubishi Heavy Industries Technical Review, **48**(3), (2011)
3) H. Yakabe, T. Baba, T. Sakurai, Y. Yoda, *J. Power Sources*, **135**, 9 (2004)
4) I. C. Noyan, J. B. Cohen, *Mater. Sci. Eng.*, **75**, 179 (1983)
5) I. C. Noyan, J. B. Cohen, *Adv. X-ray Anal.*, **27**, 129 (1984)
6) K. Tanaka, Y. Yamamori, N. Mine, K. Suzuki, in proceedings of the 32nd Japan Congress on Materials Research, 199 (1989)
7) Y. Yoshioka, *Adv. X-ray Anal.*, **24**, 167 (1981)
8) M. Barral, J. M. Sprauel, J. Lebrun, G. Maeder, S. Megtert, *Adv. X-ray Anal.*, **27**, 149 (1984)
9) X線応力測定法，日本材料学会編，養賢堂 (1981)
10) 田中啓介，土肥宜愁，秋庭義明，鷲見裕史，水谷安伸，鵜飼健司，材料，**54**, 1080 (2005)

4 固体高分子形燃料電池MEAの新しい非破壊3次元XAFS分析法

唯 美津木[*1], 笹部 崇[*2]

4.1 緒言

固体高分子形燃料電池は，内部の触媒層において水素や酸素が反応することにより，外部に電気を取り出す。カソード側の電極触媒には，白金ナノ粒子や白金系合金ナノ粒子などが用いられ，これらの触媒表面で酸素とアノードから移動したプロトンが反応して，水を生成する。燃料電池の発電性能は様々なパラメータによって決定されるが，電極触媒の構造や活性も発電性能を決める大きな要因の一つである。

長時間の燃料電池の発電後には，カソード触媒層の触媒構造の劣化が起こることが知られており，発電試験後に膜電極接合体（MEA）を取り外して，電子顕微鏡などで観察すると，カソード電極触媒であるPt粒子の凝集やイオンとしての溶出・再析出が観察される。単セルを用いた電気化学測定からは，発電条件における電極全体の情報は得られるが，電極触媒自身の酸化状態や局所構造の変化を知ることはできない。発電条件における電極触媒の局所構造を理解するには，X線吸収微細構造（XAFS）法が有効である。

近年，発電条件における単セル内の可視化に関する研究が複数報告されており，X線や中性子線を用いた生成水の挙動[1,2]，磁気共鳴イメージングを用いた電解質膜内部の水分布[3]，酸素感応性色素を用いたカソード酸素濃度分布[4]などが可視化され，単セル内部で起こる様々な現象の解釈が進んでいる。しかしながら，電極触媒の局所構造のイメージングは，殆ど実現されていない。我々は，膜状試料の3次元構造のイメージングに用いられるX線ラミノグラフィー法にXAFS分光法を組み合わせた新しい手法「X線ラミノグラフィーXAFS法」をSPring-8と共同で開発し，燃料電池MEAのカソード触媒層内部のPt触媒の局所構造の3次元分布を初めて可視化することに成功した[5]。ここでは，X線ラミノグラフィーXAFS法を使ったMEA内部のカソード触媒層のイメージングを紹介する。

4.2 X線ラミノグラフィーXAFS法

X線CT（Computed Tomography）法は，試料を回転させながらX線による試料の断層像を撮像し，得られた像をコンピューター処理して試料の3次元構造を再構成する技術であり，様々な分野で実用化されている。X線CT測定では，試料の回転軸はX線の光軸に対して垂直であるため，板状や膜状試料については，試料回転時の試料断面積がX線検出器の視野よりもはるかに大きいため，X線CTによる3次元構造解析は現実的でない。これに対し，X線ラミノグラフィー法では，X線光軸に対する試料の回転角を傾斜させることでこの問題を回避し，板状や膜状の試料についても3次元構造の再構成を可能にしている。

---

*1 Mizuki Tada　名古屋大学　物質科学国際研究センター　教授
*2 Takashi Sasabe　名古屋大学　大学院理学研究科　物質理学専攻（化学系）　助教

第3章　燃料電池

　SPring-8の星野正人博士，上杉健太郎博士らは，BL47XUにおいて硬X線を用いたX線ラミノグラフィー法の開発を行っており，図1(A)のような光学系を用いた測定が行われている[6]。Si(111)のモノクロメーターで単色化されたX線は，スペックルを除外するためのディフューザーを通過後に，スリットで整形され試料に到達する。測定試料を透過した透過光は，LSO(Lu_2SiO_5：Ce)結晶で可視光に変換され，その透過像をCCDカメラにて撮影する。試料を回転させながら，一連のX線ラミノグラフィー像を撮像し，得られた像を再構成することで，試料の3次元構造を得る。

　我々は，SPring-8の宇留賀朋哉博士らと共同で，X線ラミノグラフィー法にXAFS分光法を合わせた新しい計測手法X線ラミノグラフィーXAFS法を開発した[5]。測定吸収端のXANES（X-ray Absorption Near Edge Structure）領域をカバーするエネルギー域において，入射X線のエネルギーを変化させて，エネルギー毎にX線ラミノグラフィー像を撮像する。各エネルギーにおいて得られた3次元構成像から，試料中の各位置におけるXANESスペクトルを得る。このXANESスペクトルを解析することで，試料中の測定対象元素の酸化状態や局所構造を3次元イメージングすることができる。

　測定試料には，発電試験を行っていないMEA―1と加速劣化試験を行って十分に劣化させたMEA―2を用いた。アノードの電極触媒には，Pd/C（TECPd(ONLY)E50E, 0.5 mg cm^{-2}）を用い，カソードの電極触媒にはPt/C（TEC10E50E, 6 mg cm^{-2}）を用いた。加速劣化試験は，アノード側に水素，カソード側に空気を流通させて0.6〜1.3Vの電圧ステップ法を採用し，30sのステップ幅で200サイクルの試験を行った。2つのMEAは，アクリル製のサンプルホルダー（図1(B)）に搭載できる大きさにカットして，Pt L_{III}端のX線ラミノグラフィーXAFS測定を行った。BL47XUで実施した測定では，有効ピクセルサイズが0.4 μm/pixel，視野が400 μm(h)×262 μm(v)のCCDカメラを使用し，再構成後の視野及び2次元分解能，深さ分解能は，400 μm(h)×400 μm(v)，1.5 μm，約5 μmであった。

　X線ラミノグラフィーXAFSの解析からは，次のような情報が得られる。①Pt L_{III}端前のエネ

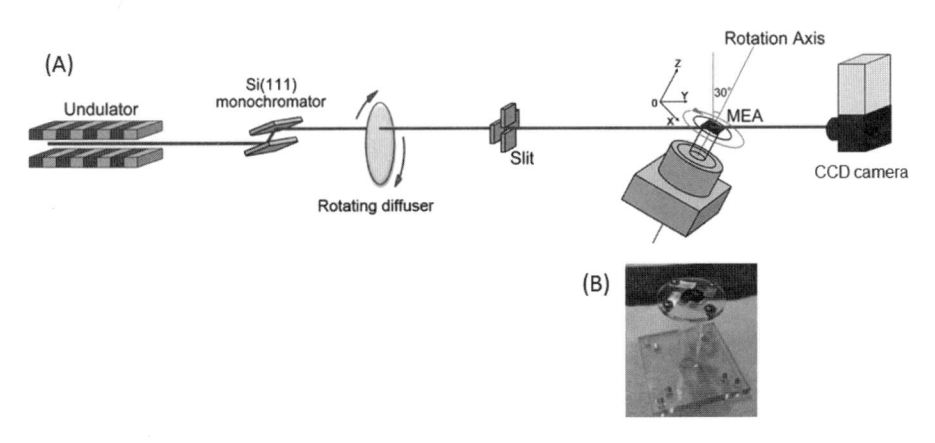

図1　X線ラミノグラフィーXAFS法のセットアップ(A)と燃料電池MEA測定に用いたサンプルホルダー(B)

SPring-8の高輝度放射光を利用したグリーンエネルギー分野における電池材料開発

ルギーにおいて撮像したラミノグラフィー像の再構成像は，カーボン担体を含めた触媒層のモルフォロジーに関する情報を与える。②Pt L_{III}端のエッジジャンプは，含まれるPtの量に比例していることから，吸収端後のPtとPtO$_2$の等吸収点のエネルギーで測定したX線ラミノグラフィー像から吸収端前のエネルギーで測定したX線ラミノグラフィー像を差し引くと，各点に含まれるPt量を3次元的に可視化することができる。③Pt L_{III}端のホワイトライン強度は，Ptの酸化状態と相関しており，Pt L_{III}端XANESのピークトップの高さを算出すれば，Ptの酸化状態も3次元的に可視化できる。具体的には，Pt L_{III}端XANESピークトップのエネルギーで測定したX線ラミノグラフィー像から吸収端前のエネルギーで測定したX線ラミノグラフィー像を差し引き，これを②で求めたエッジジャンプで割ってPt量で規格化すれば，Ptの酸化状態を反映するパラメータになる。④最後に，各エネルギーで測定したデータをつなぎ合わせれば，試料の3次元空間の各点におけるPt L_{III}端XANESスペクトルを得ることができる。

図2に上述の①に対応するPt L_{III}吸収端前の11.496 keVのX線で測定したX線ラミノグラフィー像を示す。カーボン担体のクラックを反映した試料のモルフォロジーがわかる。MEA−1とMEA−2を比較すると，両者の間では明確な差が見られ，加速劣化試験を行った後のMEA−2（図2(B)）では，クラック構造が拡大していることがわかる。ある1点でのX線ラミノグラフィー像は，SEMと同様に試料のモルフォロジーに関する情報を与えてくれるが，SEMと大きく異なる点は，硬X線をプローブとした分光法であるために，水や燃料などの反応物質が存在する条件下でも3次元構造の測定ができるという点であろう。

図3には，上述の②に相当するPt L_{III}端のエッジジャンプの3次元プロットを示した。縦軸強度は，Pt粒子，Ptイオンの区別なく，3次元空間の各点における全Pt量の分布に相当している。MEA−1とMEA−2を比較すると，MEA−1では3次元空間全体にPt触媒が広がっており，局所的なムラは存在するが，全体的に均質であることがわかる（図3(A)）。一方，MEA−2では，MEA−1と比較して，Pt触媒の分布が不均質であることが見て取れる（図3(B)）。xy, yz, zx平面

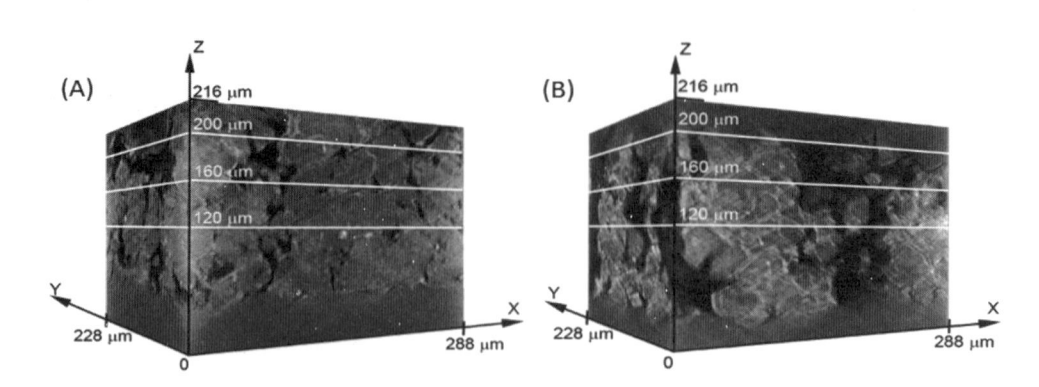

図2　11.496 keVのX線を用いて測定したX線ラミノグラフィー再構成像
(A)MEA−1, (B)MEA−2

第3章　燃料電池

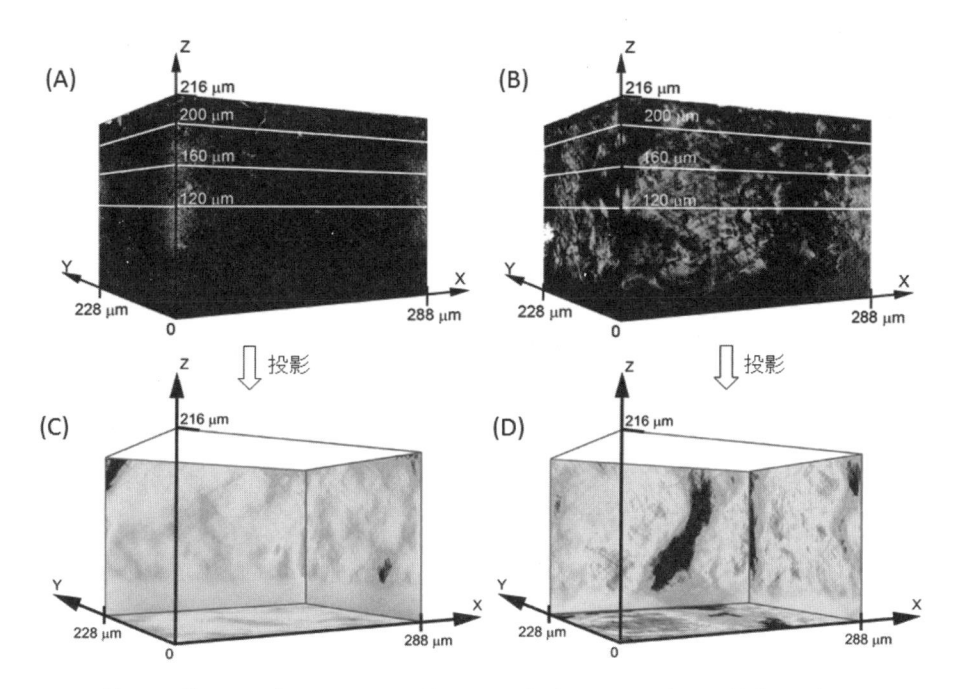

図3　X線ラミノグラフィーXAFS法によって測定したMEA中のPt触媒の分布の様子
(A), (B)：エッジジャンプから算出したPt量の分布
(C), (D)：各平面に投影した図
(A), (C)：MEA—1, (B), (D)：MEA—2

に投影した図（図3(C), (D)）を見ると，MEA—2ではyz平面には真ん中にPtが殆ど存在しないクラック構造が存在しており，担体ごと崩れて形成されたと考えられる。他の投影面でもPtの局所的な凝集やPtが存在しない領域が複数存在することがわかる。このように，XANESやEXAFSを解析せずとも，2点のエネルギーでのX線ラミノグラフィー像の比較だけで，簡易的に内部に含まれるPt触媒の分布を3次元的に可視化することが可能である。

更に，一連のX線ラミノグラフィー像からXANESスペクトルを得ると，Pt触媒の局所構造の違いを知ることができる。一例として，MEA—2について，深さ方向（z軸方向）に空間分解したPt L_{III}端XANESスペクトル（図4(A)）と，あるzにおける断面内で空間分解したPt L_{III}端XANESスペクトル（図4(B)）を示した。これらの測定は，MEAをセルから取り外して測定したex situ測定であるため，その酸化状態自身は発電時の状態を直接的には反映していないが，Pt量の違いに加えて，Pt酸化状態の違いによってホワイトラインの高さが変わるため，深さ分解XANESスペクトルの解析からPt酸化状態を見積もることもできる。あるxy断面において，異なる位置でのXANESスペクトルを比較すると，図4(B)のように位置によってXANESのホワイトライン強度が異なることがわかった。MEA—1では，2か所のXANESスペクトルはほぼ同等であるのに対し，MEA—2では，b1とb2のスペクトルでは，XANESのホワイトライン強度が異なる。TEMによる

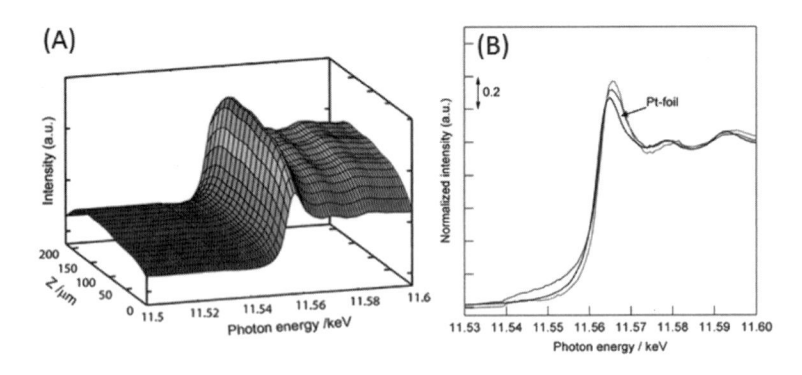

SPring-8の高輝度放射光を利用したグリーンエネルギー分野における電池材料開発

図4 (A)MEA—2の深さ分解Pt L$_{III}$端XANESスペクトル, (B)z＝113.2 μmの位置における2点のPt L$_{III}$端XANESスペクトル
Pt foilのスペクトルも併記した。

観察から，MEA—2ではPt粒子の粒径が増加しており，Pt粒子の凝集が進行し，それらが寄り集まって不均質な触媒分布を形成していることが示唆される。

　X線ラミノグラフィーXAFS法は開発されたばかりであり，計測にも依然として多くの制限があるが，in situ条件での測定の実現に向けて，新しい燃料電池セルの開発も進めている。電子顕微鏡では，一度セルからMEAを取り出して，必要な処理を施したうえで観察を行うことが必要であるが，X線ラミノグラフィー法では，試料を非破壊で測定することができる。また，XAFS分光法を組み合わせることで，電子顕微鏡観察からは得られない化学状態に関する情報（酸化状態，局所配位構造）を得ることができる点が大きい。劣化溶出に伴うPtイオンの分布や挙動もX線ラミノグラフィー法で3次元的に明らかにすることができれば，今後MEA中の触媒劣化について更なる情報が得られるであろう。

謝辞

　本研究の共同研究者である分子研（現名城大学助教）才田隆広博士，石黒志博士，横山利彦教授，SPring-8宇留賀朋哉博士，上杉健太朗博士，星野真人博士，関澤央輝博士に感謝いたします。また，本研究は，NEDO固体高分子形燃料電池実用化推進技術開発「基盤技術開発 MEA材料の構造・反応・物質移動解析」の委託により実施した。

文　　献

1) a) P. K. Sinha, P. P. Mukherjee, C.-Y. Wang, *J. Mater. Chem.*, **17**, 3089（2007）; b) T. Mukaide, S. Mogi, J. Yamamoto, A. Morita, S. Koji, K. Takada, K. Uesugi, K. Kajiwara,

T. Noma, *J. Synchrotron Rad.*, **15**, 329 (2008) ; c) S.-J. Lee, S.-G. Kim, G.-G. Park, C.-S. Kim, *Int. J. Hydrogen Energy*, **35**, 1054 (2010) ; d) I. Manke, C. Hartnig, N. Kardjilov, H. Riesemeier, J. Goebbels, R. Kuhn, P. Krüger, J. Banhart, *Fuel Cells*, **10**, 26 (2010) ; e) Ph. Krüger, H. Markötter, J. Haußmann, M. Klages, T. Arlt, J. Banhart, Ch. Hartnig, I. Manke, J. Scholt, *J. Power Sources*, **196**, 5250 (2011) ; f) T. Sasebe, S. Tsushima, S. Hirai, *Int. J. Hydrogen Energy*, **35**, 11119 (2010)

2) H. Iwase, S. Koizumi, H. Iikura, M. Matsubayashi, D. Yamaguchi, Y. Maekawa, T. Hashimoto, *Nucl. Instr. Meth. Phys. Res.*, **605**, 95 (2009)

3) a) Z. Wu, C.-S. Wu, P. P.-J. Chu, S. Ding, *Magn. Reson. Imaging*, **27**, 871 (2009) ; b) S. Tsushima, S. Hrai, *Fuel cell*, **5**, 506 (2009)

4) J. Inukai, K. Miyatake, K. Takada, M. Watanabe, T. Hyakutake, H. Nishide, Y. Nagumo, M. Watanabe, M. Aoki, H. Takano, *Angew. Chem. Int. Ed.*, **47**, 2792 (2008)

5) T. Saida, O. Sekizawa, N. Ishiguro, M. Hoshino, K. Uesugi, T. Uruga, S. Ohkoshi, T. Yokoyama and M. Tada, *Angew. Chem. Int. Ed.*, **51**, 10311 (2012)

6) M. Hoshino, K. Uesugi, A. Takeuchi, Y. Suzuki, N. Yagi, *AIP Conf. Prof.*, **82**, 063702 (2011)

5 固体高分子形燃料電池のイメージング

宇高義郎[*1]，大德忠史[*2]，是澤　亮[*3]

5.1 はじめに

固体高分子形燃料電池（以下PEFC）は，高出力密度に由来する小型化，軽量化が可能である点や，低作動温度による速やかな起動性などの特徴から自動車用動力源や家庭用コジェネレーション電源としての利用が期待されている。PEFCの性能低下因子の一つとして，濃度過電圧が挙げられる。顕著な例として，高加湿，高電流密度運転条件下にて，ガス拡散層（以下GDL）内，セパレータのガス流路内に生成水などの液水が溜まり，反応ガスの拡散を阻害するフラッディング現象がある。また他方では，低加湿時にセル内が乾燥し高分子膜内のプロトン伝導性が低下するドライアウト現象が発生する。従って，GDL内における液水分布特性，ならびに反応ガスの移動特性を解明することが重要である。特に，生成水の影響を受けやすいカソード側での湿潤状態のGDL多孔質体内における液水分布や微視的形状，GDL多孔質体の含水状態と酸素拡散特性の関係を明らかにする必要がある。

従来からGDLなど微細多孔体内の液水挙動特性に関する研究がなされている。格子ボルツマン法，粒子法などの手法を用いた，数値解析による微細多孔体内の液水挙動を捉えようとする試み[1,2]や，液水分布，酸素拡散特性またその関連を明らかにするため，実験解析も進められており，X線ラジオグラフィ[3]，蛍光顕微鏡[4]，軟X線[5]，および，X線源としてシンクロトロン放射光[6,7]を利用した手法などを用いて，微細多孔体の構造と液水分布または検査液体の挙動を可視化解析する試みがなされている。

著者らは酸素吸収体を用いるGDL多孔質体の酸素拡散特性の測定法を開発し[8]，液水存在下におけるGDL多孔質体の酸素拡散特性の測定法を提案しその特性について検討を行なってきた[9]。さらに，装置の改良と検証を行い，酸素拡散特性の測定精度を向上させた[10]。また，GDL多孔体内の液水分布を制御することによる酸素拡散特性の向上を目的として，親水性と撥水性の多孔体の交互配置[11]および空孔径の異なる多孔体の交互配置[12]を用いる新構造（ハイブリッドタイプ）のGDLを提案しハイブリッドタイプのGDLの酸素拡散係数が大幅に向上していることを示した。また，この原理を実際にPEFC用GDLとして使用されているカーボンペーパタイプのGDLに適用し，このカーボンペーパタイプのGDLに，親水性と撥水性のぬれ性分布を持たせ，液水移動を制御することで，酸素拡散特性を向上させた[13]。

GDL多孔質体の含水状態と酸素拡散特性の関係を明らかにするには，GDLの内部の様相を把握することが重要であるが，線径が約8マイクロメートル程度の極細なカーボン繊維が複雑に重なったGDL多孔質体内の含水状態は時々刻々と変化していく。「高空間分解能（有効画素数が数μm/

---

*1　Yoshio Utaka　横浜国立大学　大学院工学研究院　教授
*2　Tadafumi Daitoku　秋田県立大学　システム科学技術学部　機械知能システム学科　助教
*3　Ryo Koresawa　横浜国立大学　大学院工学府

pixel)」,「高速なイメージング（本研究では1分弱）」の実現が必要不可欠である。GDL多孔質体内部の様相および含水状態の変化と酸素透過量を同時に計測した大型放射光施設SPring-8での研究事例を紹介する。

5.2　GDL内部の酸素透過量測定手法

図1はGDL内部の酸素拡散特性を測定するための改良型ガルバニ電池式酸素吸収体装置[14]の概略図である。酸素吸収体装置は，カソードに炭素電極，アノードに鉛電極，水酸化カリウム水溶液を主成分とする電解液，そしてガス透過膜で構成されており，カソードで酸素を吸収し，電気化学反応を起こす。

両電極での電気化学反応はそれぞれ式(1)と式(2)で表される。

[カソード]　$O_2 + 2H_2O + 4e^- \rightarrow 4OH^-$ 　　　　　(1)

[アノード]　$2Pb \rightarrow 2Pb^{2} + 4e^-$ 　　　　　(2)

カソードでは，酸素が隔膜を透過し溶解することで酸素の還元反応が生じ，酸素吸収体としての機能を有する。これに対してアノードでは，酸化反応により鉛が消耗される。ここで，電解液がアルカリ性であると鉛は式(3)のように反応して液中に溶解する。

$Pb^{2+} + 3OH^- \rightarrow HPbO_2^- + H_2O$ 　　　　　(3)

カソードでの酸素吸収量，すなわち酸素の還元反応量はガルバニ電池回路の電流値I_{OUT}[A]からファラデーの電気分解の法則より式(4)で算出される。実験ではガルバニ電池の起電力により発生した電圧を計測し，回路内に設置した固定抵抗値をもとに出力電流値へと変換する。

$$J_{O_2} = 31.99 \times 10^{-3} \times \frac{I_{out}}{4F} \times \frac{1}{A}$$ 　　　　　(4)

J_{O_2}[kg/m^2·s]は酸素流束，F[s·A/mol]はファラデー定数，A[m^2]は炭素電極膜面積である。

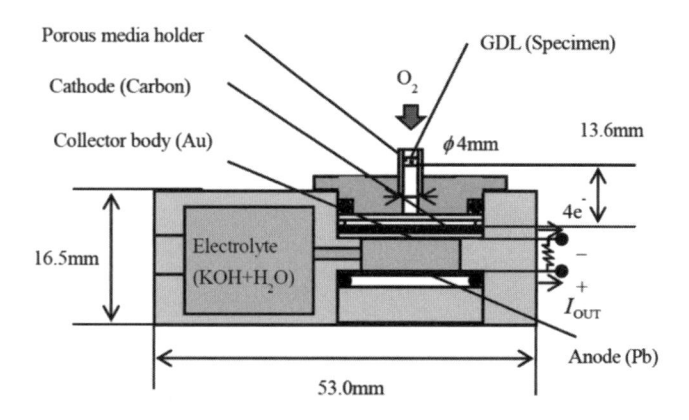

図1　改良型ガルバニ電池式酸素吸収体装置の概要図

SPring-8の高輝度放射光を利用したグリーンエネルギー分野における電池材料開発

GDL試料は，直径4mm，厚さ370μmのTORAY製カーボンペーパTGP-H-120とし，厚さ0.4mm，内径4mmのアクリル製円筒管に設置する。酸素拡散特性の測定と同時に，X線によるGDL多孔体内の液水分布・挙動の可視化を行うためX線の透過を考慮する必要があり，試料はガルバニ電池式酸素吸収体装置から突出させる必要がある。その設置高さは，酸素吸収面から13.6mmとした。また，試料を含水するための方法として，試料を純水中に沈め，それを真空容器内に配置した後に減圧することで，試料内の空隙に液水を充填させる真空含浸法[9]を用いている。なお，図1に示すように含水状態における試料の上部を大気解放した状態で測定を開始し，試料が乾燥する過程を計測した。

5.3 GDL試料について

GDL試料として，厚さ370μmのTORAY製カーボンペーパTGP-H-120を用いている。TGP-H-120に特別な処理などを加えていない試料（以下，ノーマルGDL），および撥水材のPTFEを用いてノーマルGDLに部分的に撥水機能を持たせた試料（以下，ハイブリッドGDL）を用い，ハイブリッドGDLについてはPTFE含有量，撥水領域の形状を調整した[14]。ノーマルGDLはぬれ性が均一であるのに対し，ハイブリッドGDLでは部分的に撥水機能を持たせてあるため，ぬれ性分布が生じるという特徴がある。

5.4 SPring-8でのイメージングの概要

物質の内部様相を非破壊で可視化する手法のひとつにX線CT（Computed Tomography）がある。X線CTは，物質のX線による吸収を用いて，物体の内部構造を線吸収係数の空間分布として求める手法である。得られた断層画像（CT像）を積み重ねることにより，3次元での内部構造を得ることが可能である。X線を適度に透過・吸収する物質であればX線CTを適用できるため，医療用や工業用のX線CT装置を用いて様々な分野で利用されている。

本実験で用いた大型放射光施設SPring-8のX線は，高輝度かつ高い指向性をもつ平行光であるという特徴がある。放射光の指向性の高いビームを用いることにより，物質によるX線の屈折の空間分布をCT像として取得でき，吸収の差が小さい試料に有効となる。図2に本研究で使用した大型放射光施設SPring-8ビームラインの構成を示す。BL20B2[15]は偏向電磁石を光源とするビームラインである。このビームラインでは，5〜113keVのX線が利用可能である。また，20mm以上のX線視野が有り，試料サイズにより数μm〜100μm程度の実効分解能での撮影が可能である。また，BL20XU[16]の光源はハイブリッドタイプの水平偏光真空封止アンジュレータであり，X線エネルギー7.62〜113keVの領域のX線が利用可能である。使用したビームラインはいずれも平行光である放射光において高空間分解能を得るため，薄膜蛍光板（シンチレータ）を用いて透過X線像を可視光像へ変換し，光学レンズ系により拡大されCMOSまたはCCDカメラへ投影される。より詳しい情報は大型放射光施設SPring-8のホームページ（http://www.spring8.or.jp/）を参照頂きたい。

第3章　燃料電池

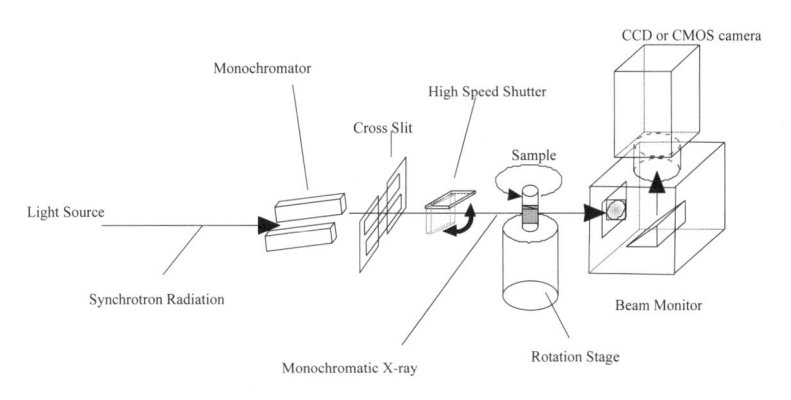

図2　大型放射光施設SPring-8のビームラインの概要図

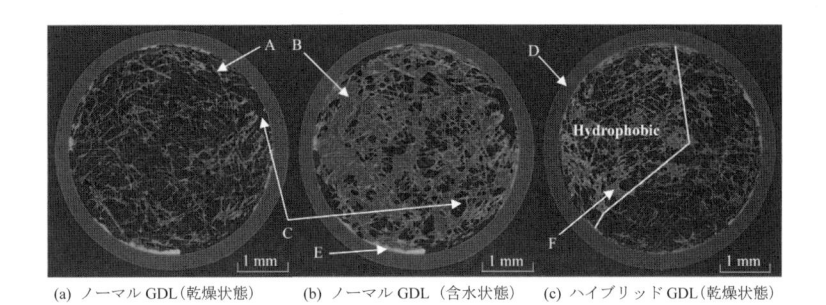

図3　BL20B2ビームラインでのGDLのX線CT像

(a) ノーマルGDL（乾燥状態）　(b) ノーマルGDL（含水状態）　(c) ハイブリッドGDL（乾燥状態）

5.5　BL20B2ビームラインでの可視化解析例[13]

図3(a)に乾燥状態のノーマルGDLのCT断面を，図3(b)に含水状態のノーマルGDLのCT断面を（図3(a), (b)は標準のTGP-H-120），そして図3(c)に左側約半分の領域に撥水処理を施しぬれ性に分布を持たせたハイブリッドタイプGDLの乾燥状態におけるCT断面画像を示した。画像中では，白く輝度が強い部分がX線を吸収していることを示している。図中の輝度の強い白い繊維状Aの部分がGDLを構成するカーボン繊維であり，図3(b)に観測される灰色のBの領域に液水が存在している。A, Bと比較して黒いCの領域が空孔を形成している。また，外側の円筒状Dの領域はGDLを収めたアクリル製円筒管である。また，GDLと円筒管壁との境界に白く明るく見える部分Eは，円筒管壁との境界の空隙の形成を生じにくくするために塗布したシリコンである。これは，円筒管壁との境界の空隙の影響を抑えて，GDL内部の酸素拡散パスの影響を観測する役割がある。このように，GDL内部様相や含水状態を把握することが可能である。

5.6　BL20XUビームラインでの可視化解析例[13]

GDLのより詳細な微視的形状を観察するため，BL20XUを使用した。観測視野は狭くなるが，

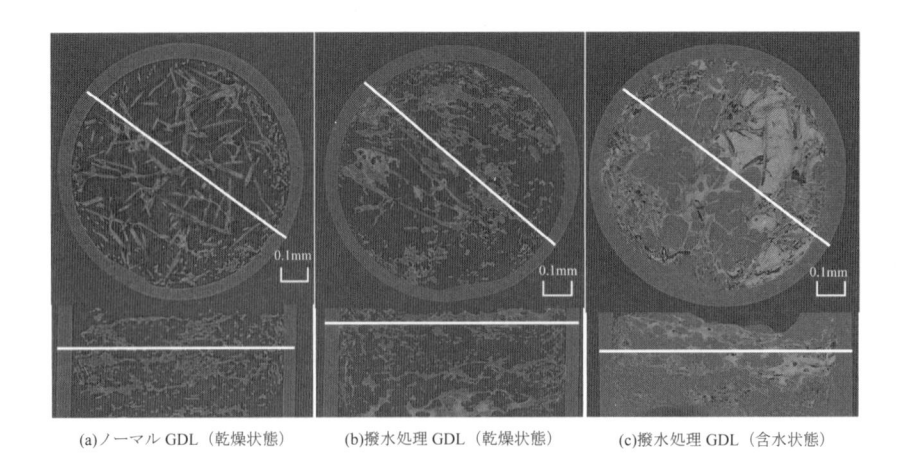

SPring-8の高輝度放射光を利用したグリーンエネルギー分野における電池材料開発

(a)ノーマルGDL（乾燥状態）　　　(b)撥水処理GDL（乾燥状態）　　　(c)撥水処理GDL（含水状態）

図4　BL20XUビームラインでのGDLのX線CT像

有効画素サイズが0.50 μm/pixel[14]で可視化することができた。GDLのCT断面を図4に示す。図4(a)は乾燥状態のノーマルGDLのCT断面，図4(b)は撥水処理したGDLの乾燥状態のCT断面，図4(c)は撥水処理したGDLの含水状態のCT断面である。上下の画像は対になっており，白い直線の断面を表している。図4(b)および(c)は共に撥水領域を持つGDLであるが，PTFE含有量は異なる。図4(a)より，空孔と直径が約8 μmのカーボン繊維の一本一本が識別でき，カーボン繊維の向きも判別できる。図4(b)より，撥水処理に使用したPTFEがカーボン繊維とカーボン繊維の間に入り込んでおり，白色に近く薄く見えており識別できる。これは，PTFEのX線吸収係数が大きく，PTFEの存在箇所を識別できたものと考える。図4(c)では，液水，空孔，カーボン繊維およびPTFEが識別できる。含水状態の図4(c)と乾燥状態のGDLとを比較すると，液水の存在が明瞭に判別できる。

微細構造を理解する上ではBL20XUでのCT像が重要であり，液水挙動を観察する上ではBL20B2でのCT像が有効である。

5.7　GDL多孔質体内部の含水状態の変化と酸素透過量の同時計測

図5[13]は，図3(c)に示したハイブリッドGDLの同時計測結果である。CT画像から撥水処理部と未処理部の境界付近から空孔が形成されていることが分かる。これは，撥水部の液水が親水部へ引き寄せられ，空孔を形成しやすい状態を実現できているものと考えられる。1200 s付近まで，その境界部で酸素拡散パスの形成が進行することにより，酸素透過量の時間変化は急激に大きくなっている。その後，撥水部内で3次元的に連続している間隙を通して空隙が拡大していっている様子が分かる。境界部での酸素拡散パスの形成が落ち着いた後は，親水部のGDL内部の空隙が増加していき酸素透過量も緩やかな増加傾向に変化したと考えられる。また，境界部での酸素拡散パスの形成以降のGDL内部の空孔の形成に規則性は観測されなかった。

第 3 章　燃料電池

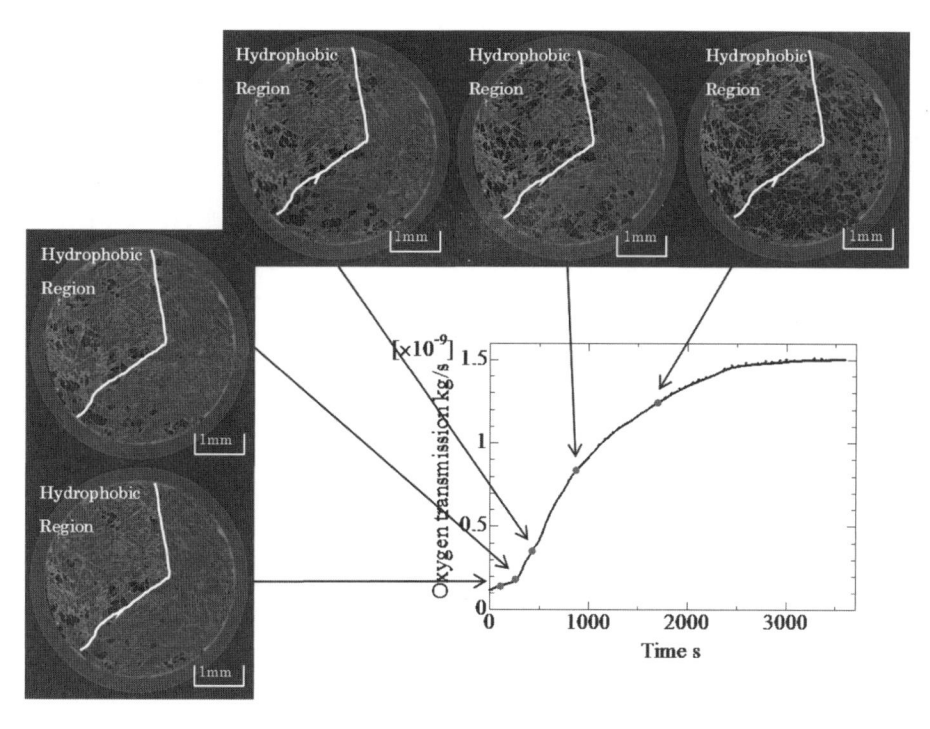

図 5　X線CTによるハイブリッドGDL内部の液水変化計測と酸素透過量の同時計測

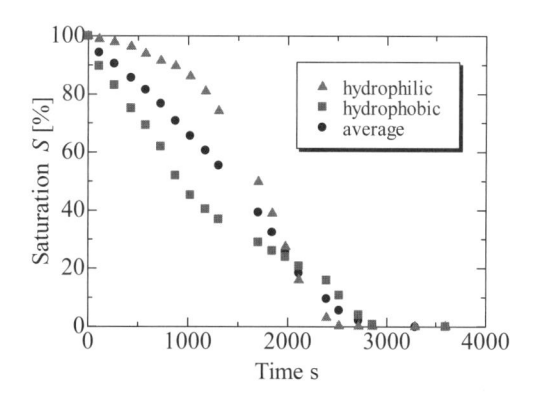

図 6　ハイブリッドGDL内部の含水率の時間変化

　図6[13)]に図3(c)に示したハイブリッドGDLの含水率の時間変化を示す。縦軸の平均含水率は，GDL多孔体の空隙が水で全て満たされた場合を100％としたときの平均含水率を示している。この平均含水率はX線CT画像を2値化して求めており，撥水部と親水部それぞれの領域を区切り，GDLの厚み方向約80枚のCT像に対して画像処理を行い，それを平均したものである。なお，三角が親水部，四角が撥水部，丸が全体の含水率を示している。図6から，当初，撥水部の含水率

は急激に低下しており，親水部ではこれとは反対に含水率は高いままの状態であり，撥水部から親水部へ液水が移動していることが分かる。その後，約1900s付近からは撥水部と親水部での含水率は逆転する形となり，液水の移動が行われていないことが分かる。この，含水率の時間変化からも，撥水部と親水部との境界付近での液水の移動を推定することができる。

ぬれ性分布をもつハイブリッドGDLは，ぬれ性分布をもたないノーマルGDLと比較すると，酸素透過量の時間変化の勾配が大きいことが分かる。これは，X線CTによる可視化に示されているように，親水部と撥水部との境界で酸素拡散パスが形成されやすく，撥水部の液水が親水部へ引き寄せられ，空孔を形成しやすいためと考えられる。

5.8 撥水材含有量の影響[14]

図7[14]は，撥水材PTFEの塗布量および撥水領域を調整したGDLのX線CT画像の一例である。この画像ではPTFEの含有量は32wt％の場合のハイブリッドGDLを例示した。"Carbon Paper GDL"は，PTFEの未処理あるいは全体を一様に処理したカーンボンペーパを示している。"Stripe Hybrid GDL"および"Dot Hybrid GDL"は図7の模式図の灰色の領域のようにそれぞれストライプ状とドット状に撥水処理領域を設けたハイブリッドGDLを示しており，図7のCT像の一例中の破線は撥水部と撥水処理未処理部（以下，親水部）との境界を示している。なお，撥水部と親

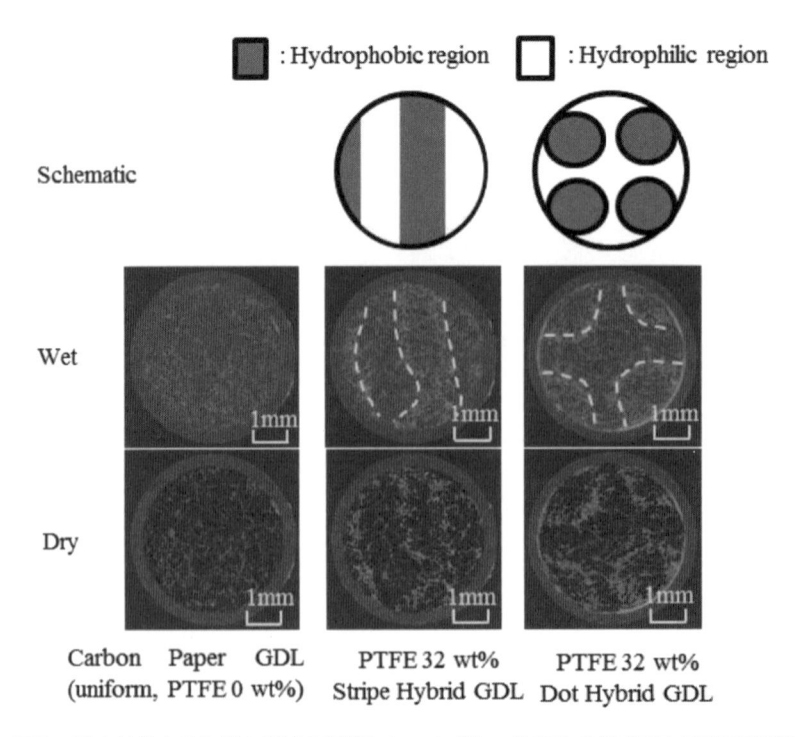

図7　撥水材塗布量と撥水領域を調整したハイブリッドGDLの模式図とX線CT画像

第3章　燃料電池

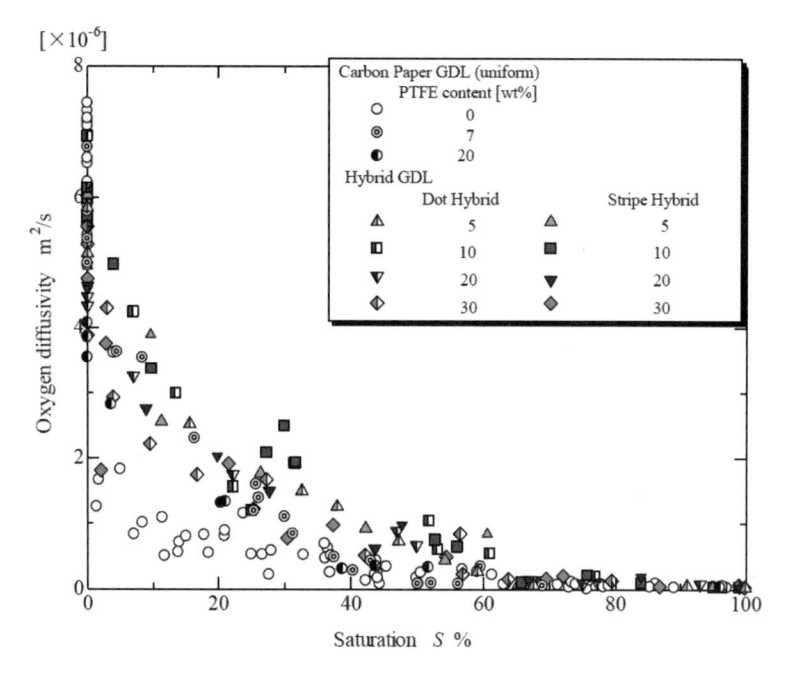

図8　撥水材含有量の異なるGDLの酸素拡散係数の計測結果

水部の体積比は，およそ1:1となるように撥水処理した。図3や4と同様に，CT画像の見え方は，乾燥状態の試料に着目すると，黒く濃い色がGDLの空隙（空気），糸状の絡み合ったものがカーボン繊維で，最も白色に近く薄く見える部分がPTFEである。また，含水状態の試料に着目すると，カーボン繊維間を埋める灰色の領域が液水を示している。

図8[14)]は，撥水材PTFE含有量の異なるGDLの酸素拡散係数測定結果をまとめたもので，ハイブリッドGDLについて，SPring-8での可視化と拡散係数の同時測定結果と拡散係数の単独測定結果を，PTFE含有量5，10，20，30 wt％の4つに分類し比較した。PTFE含有量が5 wt％程度のプロットは三角，10 wt％程度のプロットは四角，20 wt％程度のプロットは逆三角，30 wt％程度のプロットは菱形に分類している。また，図中の丸プロットはPTFE含有量によらず均一なぬれ性を持たせたGDLを表している。なお，酸素拡散係数測定のみを行った場合の平均含水率は，GDLの重量計測により求めた。酸素拡散係数測定の結果から，いずれのGDLも，平均含水率の低下にともなって空孔が増加し酸素拡散の経路が増大するため，酸素拡散係数の値が上昇していく傾向を示している。平均含水率が約60％以下でその値には差異が見られ，ハイブリッドGDLは非処理のノーマルGDLと比較して，高い酸素拡散係数を示すことが分かる。

また，全体をPTFEで撥水処理したカーボンペーパGDL（PTFE含有率7 wt％および20 wt％）は，未処理の均一なぬれ性を持つ場合に比べて，拡散係数は含水率が約35％以下で比較的高い値を示し，この範囲ではハイブリッドGDLと類似の傾向を示し高含水状態では，未処理の場合と類

似の低い値を示している。先行研究[11]において，撥水性を有するGDL多孔体でも，均一なPTFE繊維試料では非処理のGDLと類似であるのに対して，PTFE撥水処理のGDLの場合には，酸素拡散係数が含水率の比較的小さい領域で高い値を示し，両者の傾向は大きく異なることが明らかにされている。先行研究[11]における撥水処理GDLと，本報における全体をPTFE処理したGDLはカーボンペーパ内にぬれ性の分布が生じ，ハイブリッド構造を適用した場合と類似の液水分布が生じた可能性が推測される。しかし，このような場合には，ぬれ性分布付与に比べて，液水飽和度あるいはPTFE処理濃度への依存性が大きいなど，酸素拡散特性に対する安定性が低い。

　ハイブリッドGDLにおいては，PTFE含有量により酸素拡散特性に差異が見られた。含水率が30％付近では，PTFE含有量10wt％程度のハイブリッドGDLが最も酸素拡散係数が高く，次いでPTFE含有量5wt％程度のハイブリッドGDLが高い。また，乾燥状態（$S=0\%$）の場合，PTFE含有量5wt％程度および10wt％程度のハイブリッドGDLは，ぬれ性が均一なカーボンペーパGDLと比較しても大きく酸素拡散特性を損なわれていないことが見て取れる。しかし，PTFE含有量20wt％程度および30wt％程度のハイブリッドGDLは，乾燥状態（$S=0\%$）において，酸素拡散係数は低い値となった。これは，撥水性を持たせるために，溶融・固着させたPTFEがGDL内部の細孔を埋めることで，酸素の拡散を妨げたためだと考えられる。これらの結果から，PTFE含有量は，5～10wt％程度が望ましいと考えられる。

　ストライプとドットの2種類に撥水部の形状を変化させ，液水移動が起こる撥水部と親水部との境界の長さを増加させることで，酸素拡散特性が変化する可能性を考慮した。しかし，撥水部の形状の違いによる酸素拡散特性の違いは，顕著に現れなかった。これはいずれの場合でも，撥水部分のほぼ全領域において，親水部より先に液水が除去されるため，酸素透過性能は撥水部の面積割合にほぼ依存する結果となっていることによると考えられる。また，撥水部と親水部のピッチを小さくすることで酸素拡散特性が向上することが示されていることから，ピッチを小さくし，撥水部と親水部との境界長さを増加させることで，さらに酸素拡散特性が向上すると考えられる。

文　　献

1) X. D. Niu et al., *Journal of Power Sources*, **172**(2), 542 (2007)
2) M. Yoneda et al., *Ecs Transactions*, **16**(2), 787 (2008)
3) P. K. Sinha et al., *Electrochemical and Solid-State Letters*, **9**(7), 344 (2006)
4) S. Litster et al., *Journal of Power Sources*, **154**(1), 95 (2006)
5) T. Sasabe et al., *Electrochemistry Communications*, **13**(6), 638 (2011)
6) C. Hartnig et al., *Journal of Power Sources*, **188**(2), 468 (2009)

7) P. Krügera *et al., Journal of Power Sources,* **196**(12), 5250 (2011)
8) Y. Utaka *et al., International Journal of Heat and Mass Transfer,* **52**(15-16), 3685 (2009)
9) Y. Utaka *et al., Heat Transfer-Asian Research,* **39**(4), 262 (2010)
10) 是澤亮ほか，日本機械学会論文集B編，**77**(783), 2191 (2011)
11) Y. Utaka *et al., International Journal of Hydrogen Energy,* **36**(15), 9128 (2011)
12) 宇高義郎ほか，日本機械学会論文集B編，**76**(770), 1586 (2010)
13) 是澤亮ほか，日本機械学会論文集B編，**77**(782), 2019 (2011)
14) 是澤亮ほか，日本機械学会論文集B編，**79**(801), 1038 (2013)
15) S. Goto *et al., Nuclear Instruments and Methods in Physics Research Section A,* **467-468**(1), 682 (2001)
16) K. Uesugi *et al., Journal of Physics: Conference Series,* **186**(1), 012050 (2009)

6 参考資料

中温作動個体酸化物形燃料電池材料の放射光を用いた解析

出口博史[*1], 吉田洋之[*2], 稲垣 亨[*3]

SPring-8 触媒評価研究会 (第15回)

2008年10月28日開催

注：掲載されている内容は2010年当時のものですので、最新情報は各自でご確認されるようお願いいたします。

＊1　Hiroshi Deguchi　関西電力㈱　研究開発室　電力技術研究所　シニアリサーチャー
＊2　Hiroyuki Yoshida　（一財）電力中央研究所　材料科学研究所　㈱関西電力㈱　研究開発室　エネルギー利用技術研究所　副主任研究員
＊3　Toru Inagaki　関西電力㈱　研究開発室　エネルギー利用技術研究所　チーフリサーチャー

第3章　燃料電池

中温作動固体酸化物形燃料電池材料の放射光を用いた解析

関西電力株式会社
出口　博史，吉田　洋之，稲垣　亨

平成20年10月28日　SPring-8触媒評価研究会（第15回）（於：大阪府立大学）

固体酸化物形燃料電池　Solid Oxide Fuel Cell (SOFC)

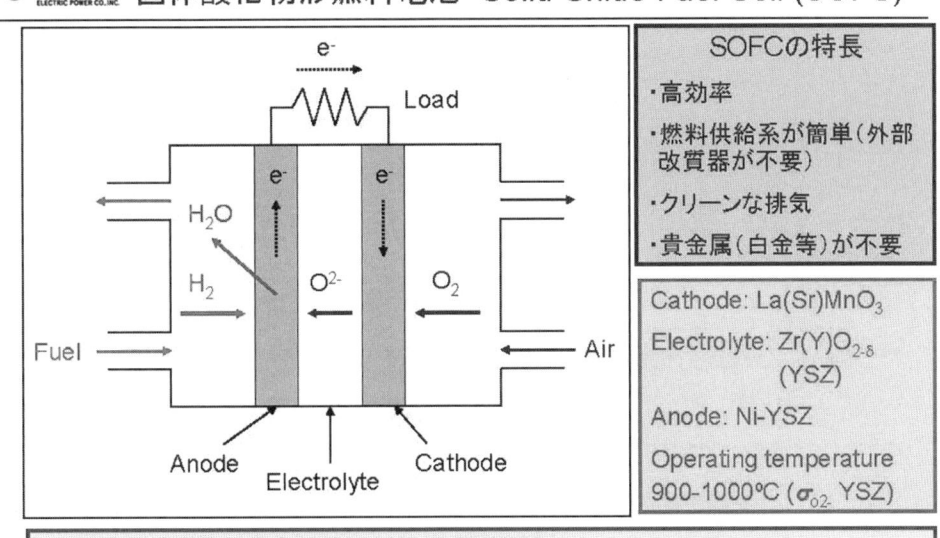

SOFCの特長
- 高効率
- 燃料供給系が簡単（外部改質器が不要）
- クリーンな排気
- 貴金属（白金等）が不要

Cathode: La(Sr)MnO$_3$
Electrolyte: Zr(Y)O$_{2-\delta}$ (YSZ)
Anode: Ni-YSZ
Operating temperature 900-1000°C (σ_{O2-} YSZ)

1000°C付近でSOFCを作動させるには課題が多い
　電極／電解質界面の反応性，電極の焼結，材料のコスト，熱応力．．．
→　SOFCの低温作動化（600～800°C）　従来とは異なる材料を使用する。
　セリア，ランタンガレート，ナノ粒子（Ru等）添加．．．

関西電力(株)におけるSOFCへのSPring-8の適用例

空気極に対するSPring-8適用例
・雰囲気ガスが材料構造に与える影響の解明(運転開始時(セル昇温過程)における電子導電性の低下防止)
・残留応力評価(反りや割れの防止)

燃料極に対するSPring-8適用例
・噴霧熱分解過程におけるミストの熱分解過程の解明(電子・イオン導電性に優れた合成法開発)
・添加ルテニウムの化学状態解明(燃料改質および触媒反応の活性向上)
・残留応力評価(電解質との密着性向上)

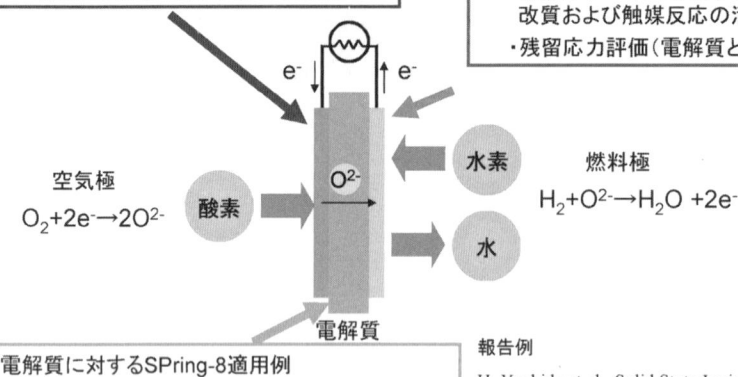

空気極　$O_2 + 2e^- \rightarrow 2O^{2-}$

燃料極　$H_2 + O^{2-} \rightarrow H_2O + 2e^-$

電解質に対するSPring-8適用例
・ドーパント種がイオン導電率に与えるメカニズムの解明(高イオン導電率を有する材料設計への指針)
・残留応力評価(反りや割れの防止)

報告例
H. Yoshida et al., Solid State Ionics, 140, 191 (2001)
H. Deguchi et al., Solid State Ionics, 176, 1817 (2005)
H. Yoshida et al., Solid State Ionics, 178, 399 (2007)
H. Yoshida et al., J. Electrochem. Soc., 155, B738 (2008)

測定例1

ドーパント種がイオン導電率に与えるメカニズムの解明(1)

～XAFSによる希土類元素添加セリアの
　　　　　カチオン－酸素パス測定結果～

イオン導電性の発現

価数の異なる陽イオンをドープすると酸素空孔が導入され、O^{2-}はそれを伝って移動

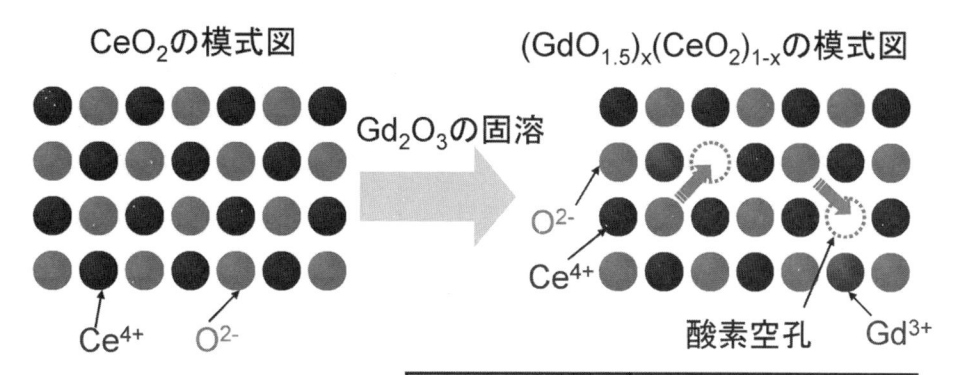

CeO_2の模式図　　　　　　　　$(GdO_{1.5})_x(CeO_2)_{1-x}$の模式図

Gd_2O_3の固溶

Ce^{4+}　　O^{2-}　　　　　　Ce^{4+}　　O^{2-}　　酸素空孔　　Gd^{3+}

Gd_2O_3 1ヶあたり1ヶの酸素空孔が生成

セリア系固体電解質の結晶構造

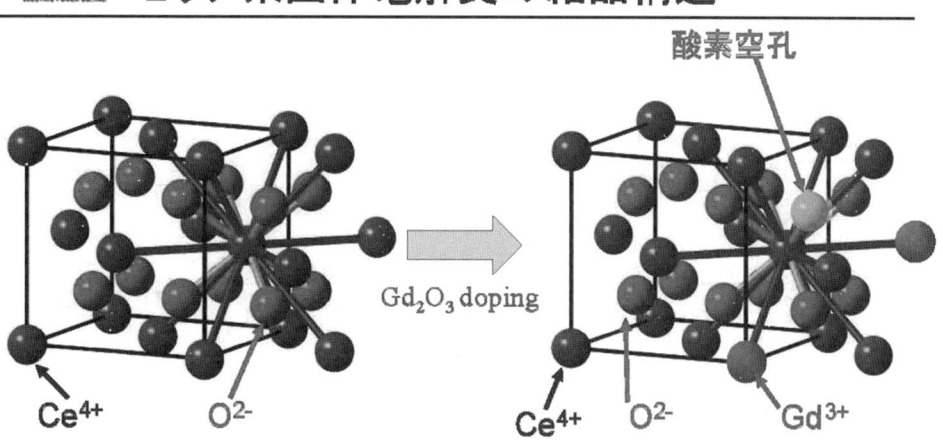

酸素空孔

Gd_2O_3 doping

Ce^{4+}　O^{2-}　　　　　　Ce^{4+}　O^{2-}　Gd^{3+}

	CeO_2	Gadolinia Doped Ceria	
	around Ce	around Ce	around Gd
nearest neighbor	Ce-O (number of path : 8)	Ce-O (number of path : < 8)	Gd-O (number of path : < 8)
second nearest neighbor	Ce-Ce (number of path : 12)	Ce-Ce, Ce-Gd (number of path : 12)	Gd-Gd, Gd-Ce (number of path : 12)

1：$(CeO_2)_{0.8}(LnO_{1.5})_{0.2}$のイオン導電率（800°C）

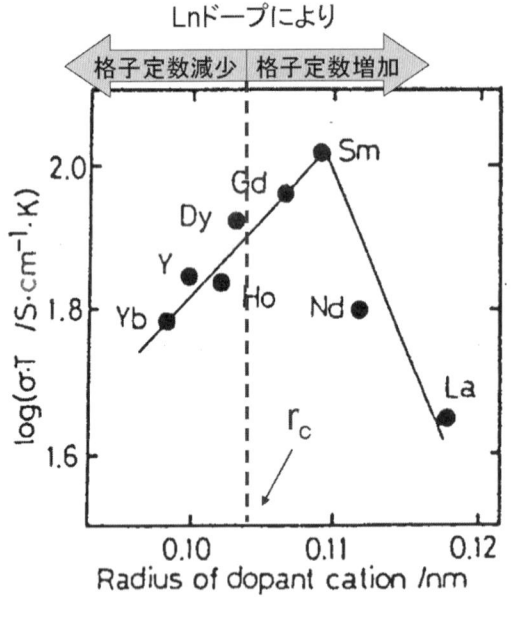

Lnドープにより
← 格子定数減少 ｜ 格子定数増加 →

縦軸：$\log(\sigma \cdot T)$ /$S \cdot cm^{-1} \cdot K$
横軸：Radius of dopant cation /nm

プロット：Yb, Y, Dy, Ho, Gd, Sm, Nd, La
r_c（臨界半径）

イオン導電率が最大となるのは、臨界半径r_cと異なる。

↓

高いイオン伝導性を示すための条件は、マクロな格子の歪みだけでは説明できない。すなわち、局所構造が重要であることが示唆される。

↓

セリア系化合物の局所構造をXAFSにより解析した。

K. Eguchi et al. Solid State Ionics 52,165 (1992)

試料および測定条件

測定試料
$Ce_{0.8}Ln_{0.2}O_{1.9}$ (Ln =Y, Sm, Nd, La)
$Ce_{0.8}La_{0.1}Y_{0.1}O_{1.9}$

利用したビームライン　BL16B2

LnとしてY、Sm、Nd、Laをドープしたときの試料をそれぞれYDC、SDC、NDC、LDC、ダブルドーピング試料をCLYと呼ぶ

測定吸収端
Ce-K (40.440 keV)
Sm-K (46.830 keV)
Y-K (17.040 keV)
Nd-K (43.565 keV)
La-K (38.921 keV)

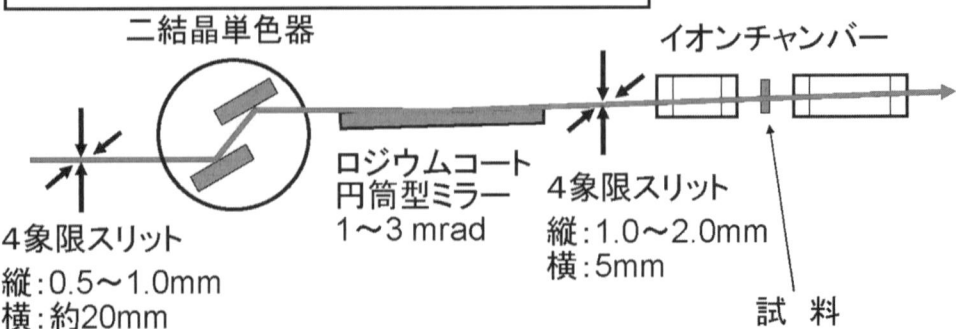

二結晶単色器
ロジウムコート円筒型ミラー 1～3 mrad
4象限スリット 縦:1.0～2.0mm 横:5mm
イオンチャンバー
試料
4象限スリット 縦:0.5～1.0mm 横:約20mm

第3章　燃料電池

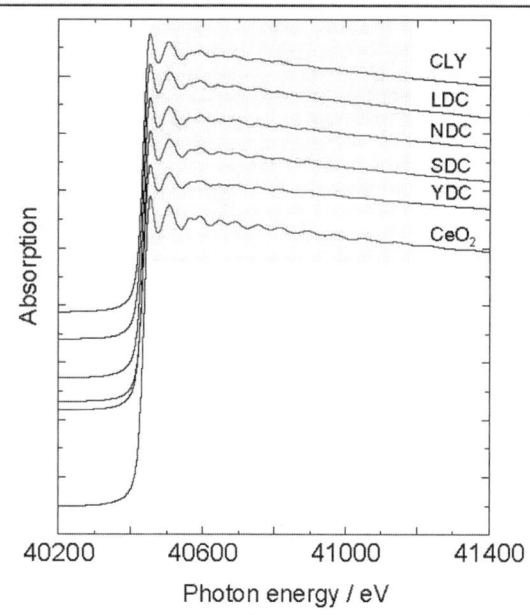

1：Ce-K端(40.44 keV)付近の吸収スペクトル

Absorption Spectra near the Ce K-edge (40.44 keV) of Doped Ceria Compounds

H. Yoshida et al., Solid State Ionics, **140**, 191 (2001)

1：各試料のフーリエ変換スペクトル

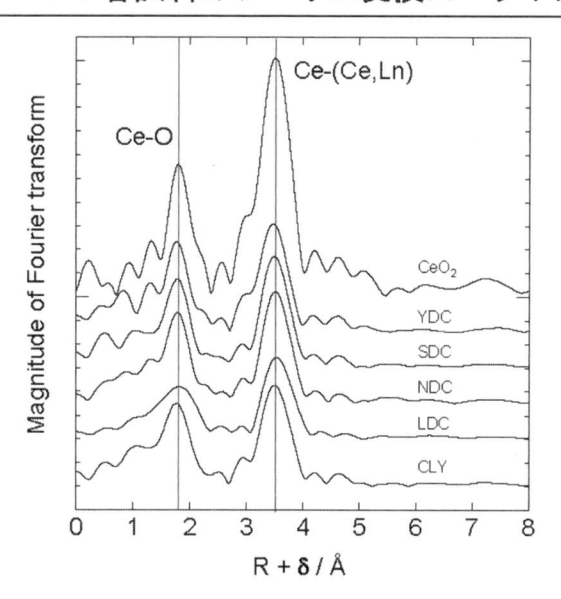

Magnitude of Fourier Transform of EXAFS Spectra near the Ce K-edge of Doped Ceria Compounds

H. Yoshida et al., Solid State Ionics, **140**, 191 (2001)

1：セリア周りの酸素配位数 (N_{Ce})

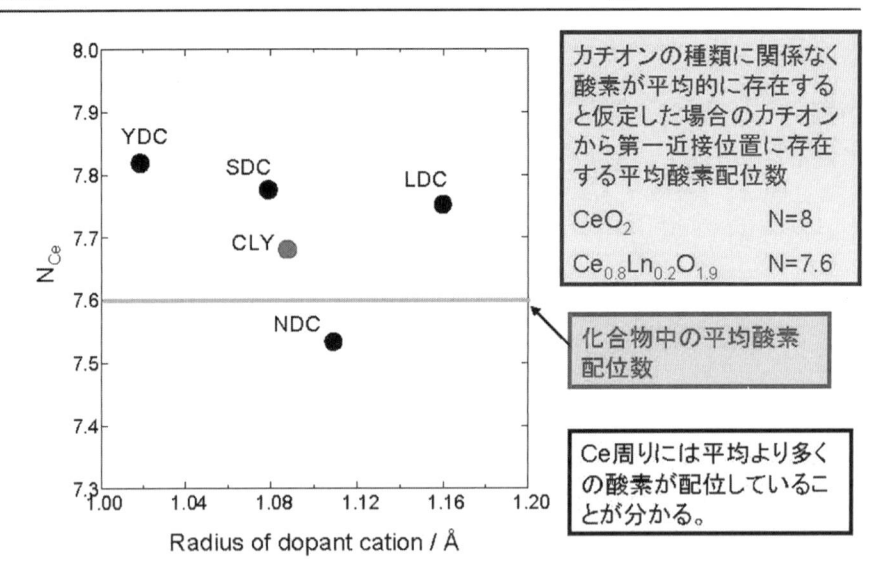

カチオンの種類に関係なく酸素が平均的に存在すると仮定した場合のカチオンから第一近接位置に存在する平均酸素配位数

CeO_2 　　　　　　　　$N=8$
$Ce_{0.8}Ln_{0.2}O_{1.9}$ 　　$N=7.6$

化合物中の平均酸素配位数

Ce周りには平均より多くの酸素が配位していることが分かる。

Coordination Numbers of Oxide Ions at the First Nearest Neighbor around Ce (N_{Ce})

H. Yoshida et al., Solid State Ionics, **140**, 191 (2001)

1：ドーパント周りの酸素配位数 (N_{Dopant})

ドーパント周りの酸素量はいずれも平均値(7.6)より明らかに小さい。
→ドーパント周りには酸素が少ない（酸素空孔が多い）

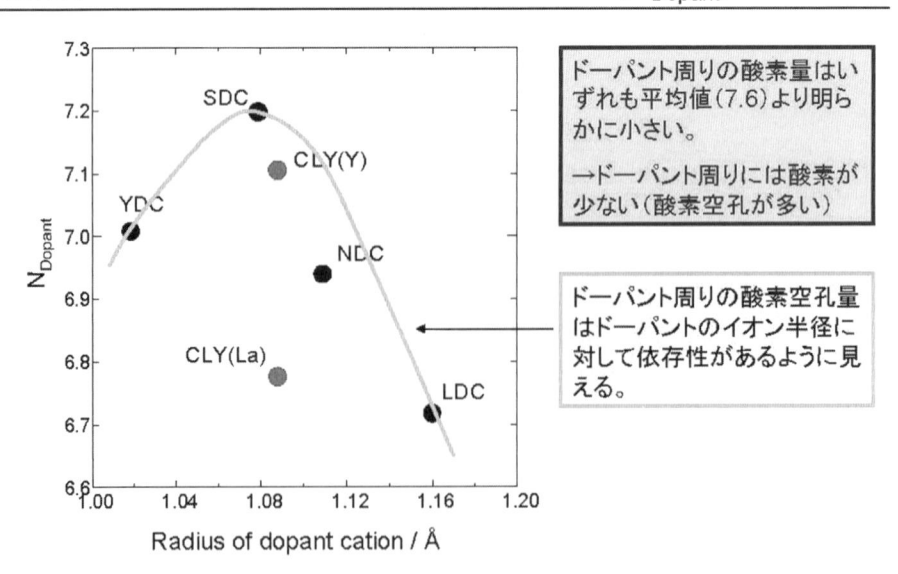

ドーパント周りの酸素空孔量はドーパントのイオン半径に対して依存性があるように見える。

Coordination Numbers of Oxide Ions at the First Nearest Neighbor of Dopant (N_{Dopant})

H. Yoshida et al., Solid State Ionics, **140**, 191 (2001)

1：酸素配位数と導電率の関係

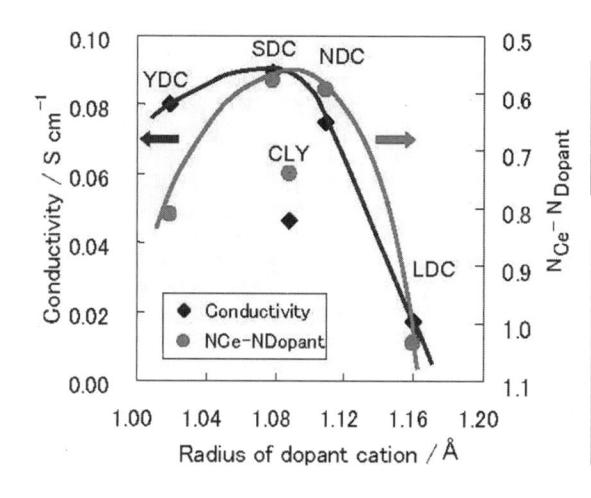

セリウム周りの酸素配位数（N_{Ce}）とドーパント周りの酸素配位数（N_{Dopant}）の差が小さいほど導電率が高い。

N_{Ce}とN_{Dopant}の差が小さい
＝カチオンの種類によらず酸素が均一に分布する
〔酸素分布が不均一→セリアの結晶構造に局所的な歪みを有する〕

Smをドープしたときに最も酸化物イオン導電率が高かったのは、酸素がより均一に分布しているため、酸素の伝導パスが最も多いからである。
→ XAFSにより局所的な歪みの観点から導電率のドーパント依存性を明らかにした。

測定例2

ドーパント種がイオン導電率に与えるメカニズムの解明（2）

～XAFSによる希土類元素添加セリアの
　　　　　カチオン－カチオンパス測定結果～

SPring-8の高輝度放射光を利用したグリーンエネルギー分野における電池材料開発

セリア系固体電解質の結晶構造

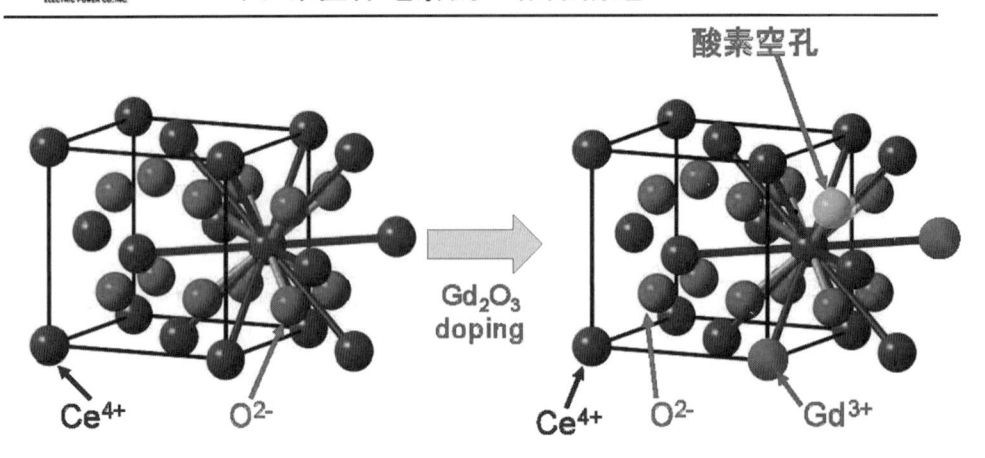

	CeO_2	Gadolinia Doped Ceria	
	around Ce	around Ce	around Gd
nearest neighbor	Ce-O (number of path : 8)	Ce-O (number of path : < 8)	Gd-O (number of path : < 8)
second nearest neighbor	Ce-Ce (number of path : 12)	Ce-Ce, Ce-Gd (number of path : 12)	Gd-Gd, Gd-Ce (number of path : 12)

図2：各試料のフーリエ変換スペクトル

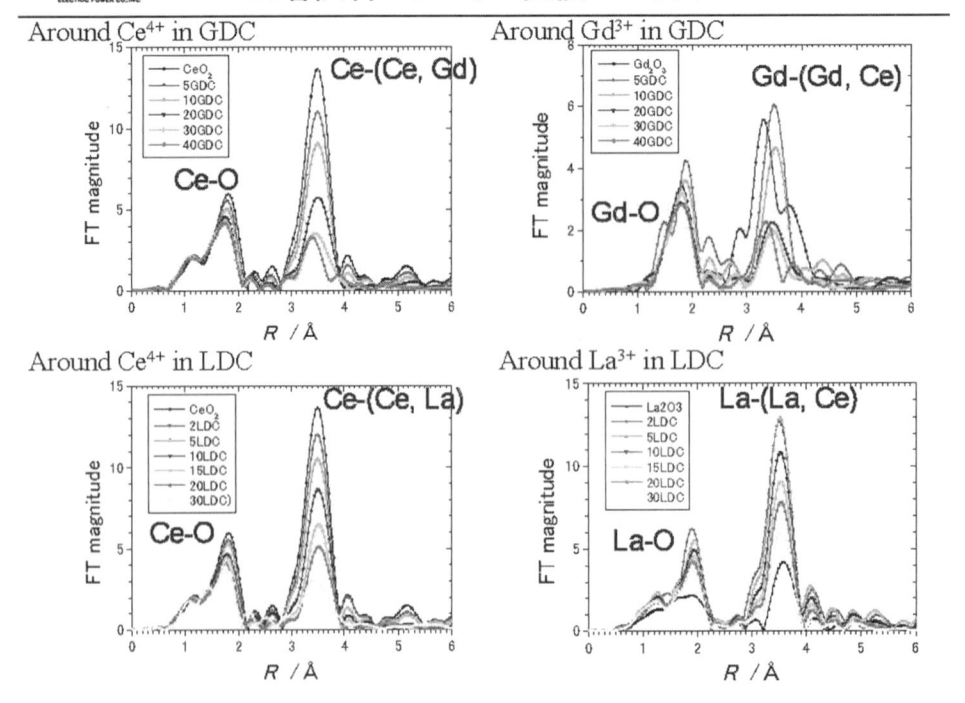

2: XAFS分析手法

同じ試料の別々のXAFSデータを同時にフィッティング(Multiple data set fit)

> Using correlation

$R_{(Ce-Ln)} = R_{(Ln-Ce)}$

$\sigma_{(Ce-Ln)} = \sigma_{(Ln-Ce)}$

$CN_{(Ce-Ln)} \times C_{Ce} = CN_{(Ln-Ce)} \times C_{Ln}$

Here,

$R_{(A-B)}$: interatomic distance from A atom to B atom
$CN_{(A-B)}$: coordination number of B atom around A atom
C_A: atomic fraction of A atom
$\sigma_{(A-B)}$: Debye-Waller factor of interatomic distance from A atom to B atom

> Edge energy shift

Unknown edge energy shifts of Ce-Ln and Ln-Ce were fixed to those of Ce-Ce and Ln-Ln, respectively.

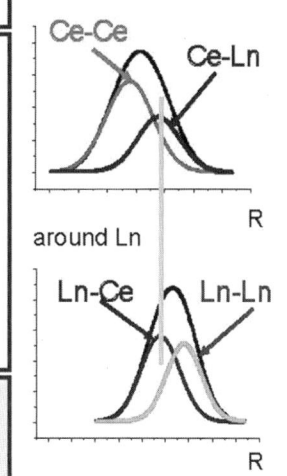

FT magnitude around Ce (Ce-Ce, Ce-Ln)

around Ln (Ln-Ce, Ln-Ln)

(Ln denotes the dopant cation.)

Calculated using feff7 based on cubic fluorite structure by editing of feff.inp for paths including dopant cation. Fitting software: feffit

2: 試料および実験条件

Samples

$(GdO_{1.5})_x(CeO_2)_{1-x}$ x=0.05, 0.10, 0.20, 0.30 → xGDC

$(YO_{1.5})_x(CeO_2)_{1-x}$ x=0.05, 0.10, 0.15, 0.20, 0.30 → xYDC

$(LaO_{1.5})_x(CeO_2)_{1-x}$ x= 0.02, 0.05, 0.10, 0.15, 0.20, 0.30 → xLDC

references CeO_2, Gd_2O_3, Y_2O_3, La_2O_3

Ionic conductivity GDC > YDC > LDC

Experiments

Edges : Ce-K(40.4 keV), Gd-K(50.2 keV), Y-K(17.1 keV), La-K(38.9 keV)

Beamline : SPring-8 BL16B2

Measurements: transmission mode in air at room temperature.

2：フィッティング状況の例

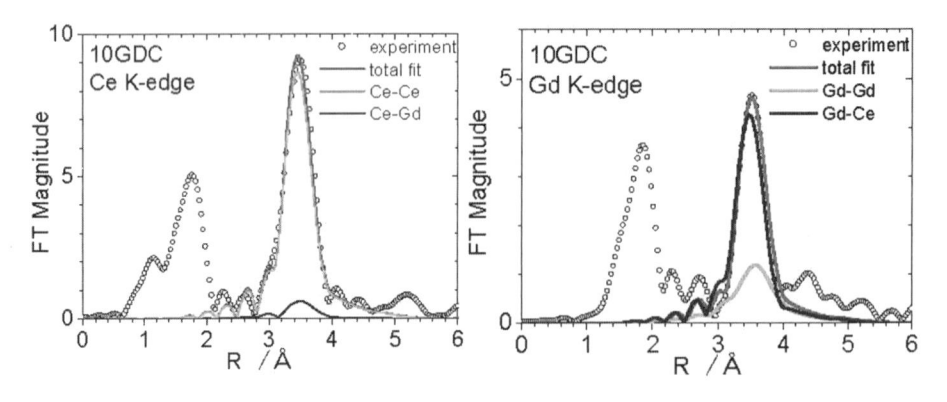

10GDC Ce K-edge — experiment, total fit, Ce-Ce, Ce-Gd

10GDC Gd K-edge — experiment, total fit, Gd-Gd, Gd-Ce

H. Deguchi et al., Solid State Ionics, **176**, 1817 (2005)

2：結果および考察

x in $(LnO_{1.5})_x(CeO_2)_{1-x}$

H. Deguchi et al., Solid State Ionics, **176**, 1817 (2005).

GDC: CN(Ce-Ce), CN(Ce-Gd), CN(Gd-Gd), CN(Gd-Ce)
YDC: CN(Ce-Ce), CN(Ce-Y), CN(Y-Y), CN(Y-Ce)
LDC: CN(Ce-Ce), CN(Ce-La), CN(La-La), CN(La-Ce)

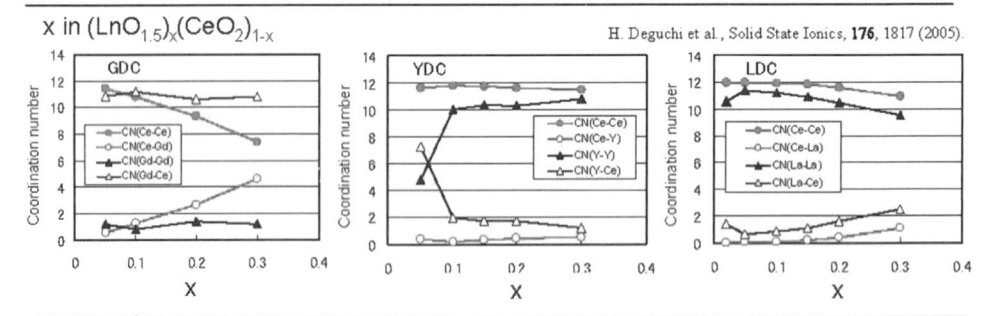

- YDC、LDCでは、それぞれY^{3+}-Y^{3+}パス、La^{3+}-La^{3+}パスの割合がドーパント濃度に比べて非常に高い
- GDCにおけるGd^{3+}-Gd^{3+}パスの割合は低く、Gd濃度が高くなるにつれて徐々に増加
  →Y^{3+}、La^{3+}はGd^{3+}と比べて、互いに集まる傾向が強い

- Ce^{4+}-O^{2-}およびLn^{3+}-O^{2-}の解析から、YDC、LDCにおける酸素空孔はそれぞれY^{3+}、La^{3+}に隣接する傾向が強いが、GDCでは比較的均一に存在

- イオン導電率の低いドーパント種では、酸素空孔はドーパントカチオンに囲まれるように存在することが明らかとなった。このような状態で存在する酸素空孔はO^{2-}の移動に寄与しにくくなるため、イオン導電率が低いと考えられる。

第4章 太陽電池

1 ハイブリッド型太陽光・熱利用電池の研究開発

津久井茂樹*

1.1 再生可能エネルギー利用

　太陽の光と熱のエネルギーを同時に利用するハイブリッド型素子を作製した。光エネルギーは太陽電池で，熱エネルギーは熱電変換材料でそれぞれ発電する。

　図1に，ハイブリッド素子の断面図を示す。太陽電池での発電に加えて，温度勾配を利用した熱電素子薄膜の発電によってシステムの発電効率を向上させることができる。

　太陽電池の変換効率を20％とした場合，80％のエネルギーが反射，電圧損失や伝熱で散逸する。この散逸するエネルギーのうち，熱エネルギーとして1/4が熱電変換材料で利用できると仮定すると，熱電材料に200 W/m²の熱量が通過する。伝熱面積が1 m²のとき，図1に示すように熱電変換材料部分の温度差は約2℃となり，一般的なBiTe系熱電材料（熱伝導率：1 W/mK，ゼーベッ

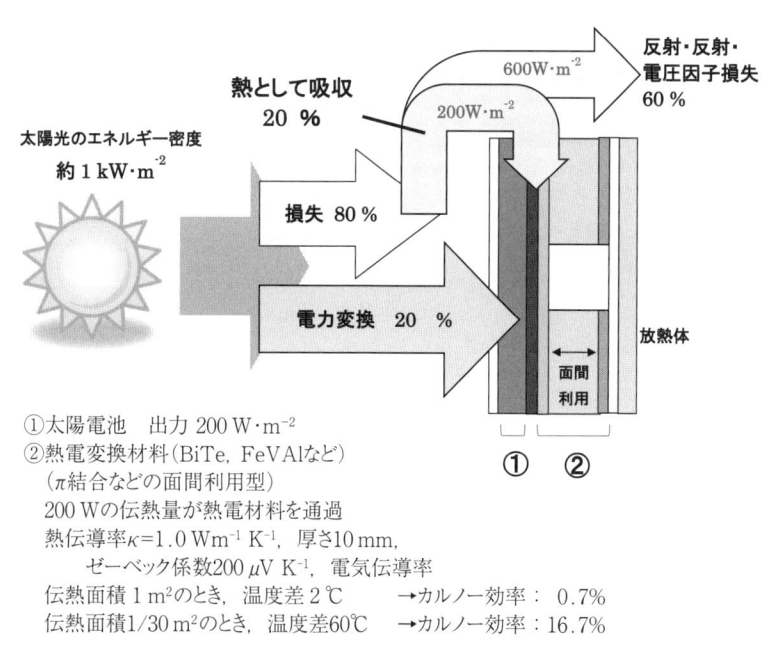

①太陽電池　出力 200 W・m⁻²
②熱電変換材料（BiTe，FeVAlなど）
　（π結合などの面間利用型）
　200 Wの伝熱量が熱電材料を通過
　熱伝導率 κ=1.0 Wm⁻¹ K⁻¹，厚さ10 mm，
　ゼーベック係数200 μV K⁻¹，電気伝導率
　伝熱面積 1 m²のとき，温度差 2℃　　→カルノー効率：0.7％
　伝熱面積 1/30 m²のとき，温度差60℃　→カルノー効率：16.7％

図1　ハイブリッド素子による発電の試算
（面間利用型熱電薄膜）

* Shigeki Tsukui　大阪府立大学　大学院工学研究科　准教授

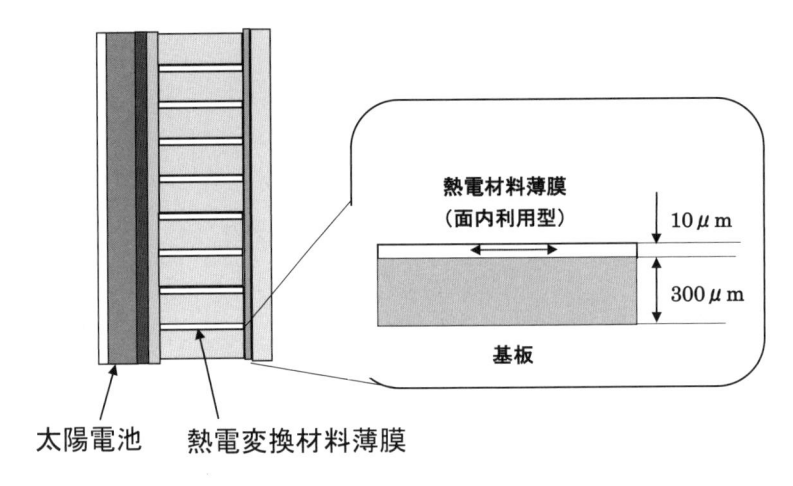

SPring-8の高輝度放射光を利用したグリーンエネルギー分野における電池材料開発

図2　横置き型ハイブリッド素子
（面内利用型熱電変換材料）

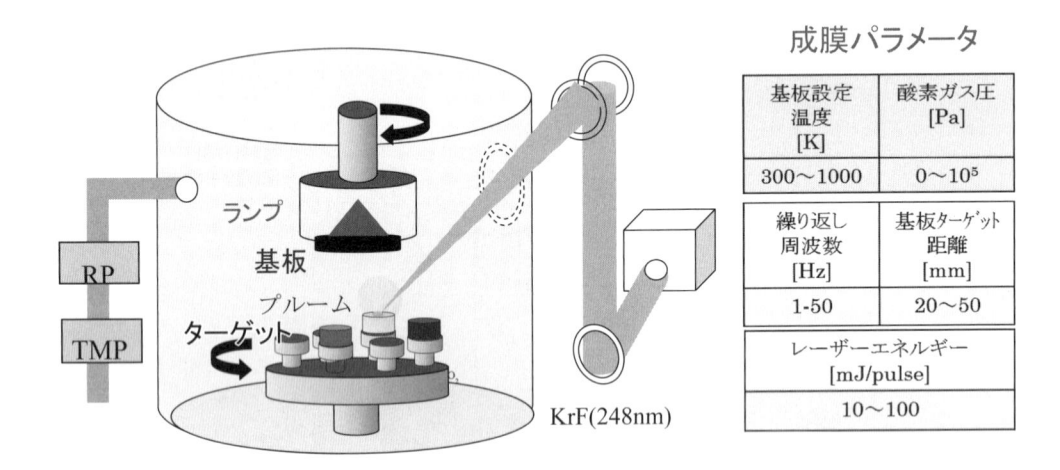

図3　パルスレーザー堆積装置（PLD装置）

ク係数：200μV/K）の場合，カルノー効率は0.7%と小さくなる。

　ここで，図2に示すように，基板の厚さ300μmに10μmの熱電変換材料薄膜を堆積し，太陽電池の背面に垂直に並べると，伝熱面積は10/300＝1/30 m^{2}となる。また，熱の半分が熱電変換材料薄膜を通過すると仮定すると，伝熱量は200/2＝100 Wとなり，温度差が約30℃となる。このときのカルノー効率は9.1%となり，無次元性能指数ZT＝4の熱電材料では，全体の効率は3.5%となる。このとき，熱電変換材料から，100 W×0.035＝3.5 Wのエネルギーが回収可能である。

第4章　太陽電池

1.2　作製方法

太陽電池は薄くても効率の高いCIS系太陽電池薄膜を，熱電材料薄膜は室温付近で高い熱電変換効率を示すBi-Te系と，低毒性のFeVAl系の材料を用いた。

太陽電池薄膜と熱電材料薄膜，導電性薄膜は図3に示すパルスレーザー堆積装置（PLD装置）で，絶縁膜はRFスパッタ装置で作製した。PLD装置の特徴は，①高融点材料でも製膜が可能，②成膜パラメータが多く，緻密性・多孔性といった膜質の制御が容易，③低温合成が可能，④薄膜の連続積層が可能などである。

1.3　太陽電池，熱電材料薄膜の評価

1.3.1　太陽電池薄膜の評価

CIS系太陽電池の中で，CIGS（CuInGaSe）よりもコスト軽減に有効と考えられているCIAS（CuInAlSe）を利用して，図4に示すようなCdフリーのCIAS系太陽電池薄膜を作製したが，AlをドープしたZnSとCIAS界面の抵抗が高く，大きな出力は得られなかった。

今後，成膜方法などを改良し，高出力の太陽電池薄膜を作製する必要がある。

1.3.2　熱電材料薄膜の評価

本研究で作製したBiTe系および，FeVAl系の熱電変換材料薄膜の熱電特性などを，他の報告値

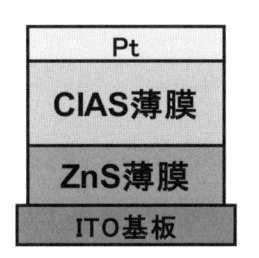

図4　CIAS太陽電池の構成

表1　熱電変換材料の特性比較

材料	Type	ゼーベック係数S [μV/K]	電気導電率σ [S/m]	熱伝導率κ [W/mK]	パワーファクターPF [mW/(m·K2)]	性能指数Z [1/K]	無次元性能指数ZT (at 300 K)
Bi_2Te_3 [1]	n	-240	8×10^4	1.2	4.0	3.4×10^{-3}	1.00
Fe-V-Al [2]	n	-125	1.4×10^5	16	3.1	2.0×10^{-4}	0.06
Fe-V-Al-Si [3]	n	-130	2.5×10^5	15	4.2	2.8×10^{-4}	0.08
Fe-Ir-V-Al [4]	n	-170	2.2×10^5	7	6.4	9.1×10^{-4}	0.27
Bi_2Te_3 [※1]	n	-500	8×10^4 [※2]	6 [※2]	20.0	3.3×10^{-3}	0.99
Fe_2VAl_3 [※1]	n	-700	1×10^5	16 [※3]	49.0	3.1×10^{-3}	0.93

※1 This work.
※2 文献1）の導電率の値と，熱伝導率の5倍の値を使用。
※3 文献2）の熱伝導率の値を使用。

とともに表1に示す．

これをみると，今回作製したBiTe系熱電材料は，ゼーベック係数が報告されている値[1]の約2倍（－500 μV/K）と大きな値を示した．また，FeVAl系では，ゼーベック係数が約4倍（－700 μV/K），パワーファクターも約7倍の大きな値を示した．BiTe系とFeVAl系の熱電変換材料において，無次元性能指数も実用化レベルの1.0に近い値を示すことがわかった．

今後は，BiTe系の電気伝導率および，BiTe系とFeVAl系熱電材料薄膜の熱伝導率の計測が必要となる．

1.4 ハイブリッド素子の作製と評価

CIAS系太陽電池薄膜，FeVAl系熱電素子薄膜，導電性薄膜，絶縁膜の積層化を試み，テストピースを作製した．図5に断面の概略図を，図6に作製したハイブリッド素子の写真を示す．11段階にわたり薄膜を積層化させて作製したハイブリッド素子の物性測定を行った結果を表2に示す．

電流太陽電池はソーラーシミュレータ（分光計器製，本助成金で購入）を利用し，1.5 sun（1 kW/m^2）の条件下で測定した．熱電材料薄膜は，ハイブリッド素子の表面（太陽光照射面）を高温（95℃），熱電膜側（裏面）を低温（50℃）にして，素子表裏の温度差45℃のもとで熱起電力を測定した．

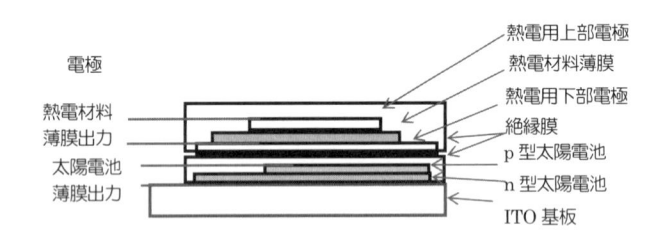

図5　ハイブリッド素子の断面の概略図

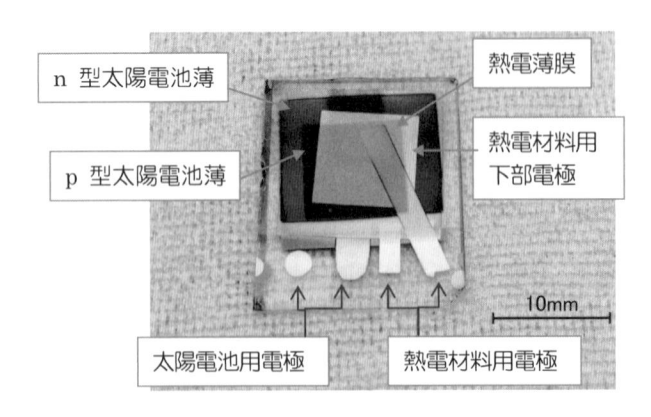

図6　ハイブリッド素子の写真

第4章 太陽電池

表2 ハイブリッド素子の出力測定結果

	電圧	電流	
太陽電池薄膜	89 mV（開放電圧）	14 μA	出力：1.2×10^{-3} mW/cm^2
熱電材料薄膜	12 μV	—	見かけのゼーベック係数：0.27 μV/K

ハイブリッド化した太陽電池薄膜，熱電材料薄膜ともに，出力が得られたが，太陽電池薄膜の出力は1.2×10^{-3} mW/cm^{2}であり，変換効率は1.2×10^{-3}％と低い値であった。

ハイブリッド素子で低い出力となった原因として，次の要因が考えられる。

① n型太陽電池（AlドープZnS）の膜質が悪い
② p型太陽電池（CIAS）の膜質が悪い
③ n型太陽電池とp型太陽電池の界面抵抗が大きい
④ 絶縁膜の性能が十分でなく，積層界面で電流のリークがある

熱電材料薄膜による熱起電力は12 μVと低く，見かけのゼーベック係数が3.8 μV/Kと見積もられた。これは-700 μV/Kの値の約1/200であった。

この低いゼーベック係数として，薄膜の薄い面間を利用した発電の限界が考えられる。そこで，ハイブリッド型素子の面間の熱解析により，熱電素子薄膜部分の温度差を計算し，ゼーベック係数を算出した。

それぞれの薄膜の温度差をΔt_i，厚さをx_i，熱伝導率をλ_i，伝熱面積をAとすると，ハイブリッド素子を通過する熱量qは次式で表される。

$$q = \frac{\Delta t_1}{(x_1/\lambda_1 A)} = \frac{\Delta t_2}{(x_2/\lambda_2 A)} = \frac{\Delta t_3}{(x_3/\lambda_3 A)} = \cdots$$

$$= \frac{\Delta t_1 + \Delta t_2 + \Delta t_3 + \cdots}{(x_1/\lambda_1 A) + (x_2/\lambda_2 A) + (x_3/\lambda_3 A) + \cdots}$$

$$= \frac{\Delta t_1 + \Delta t_2 + \Delta t_3 + \cdots}{R_1 + R_2 + R_3 + \cdots}$$

$$= \frac{\Delta t}{R}$$

ここで，Δtは，ハイブリッド素子の表面と裏面の温度差，R_iは各層での伝熱抵抗，Rはハイブリッド素子の伝熱抵抗である。図7に，各層における温度差，熱伝導係数，厚さなどの概略図を示す。熱伝導率には報告されている値を利用した。

この式を利用して，熱電変換材料薄膜部分（厚さ2 μm）の温度差を計算すると，約0.016℃となり，熱電材料から得られた電圧12 μVをこの温度差で割ると，ゼーベック係数は-750 μV/Kとなり，FeVAl系熱電材料のゼーベック係数-700 μm/Kとほぼ等しい値であることがわかった。したがって，FeVAlが薄いため大きな温度差を付けることが困難なため，図2で示すような面内を利用した熱電材料の利用が有効であると考えられる。今後は，面内を利用した素子の特性を評価

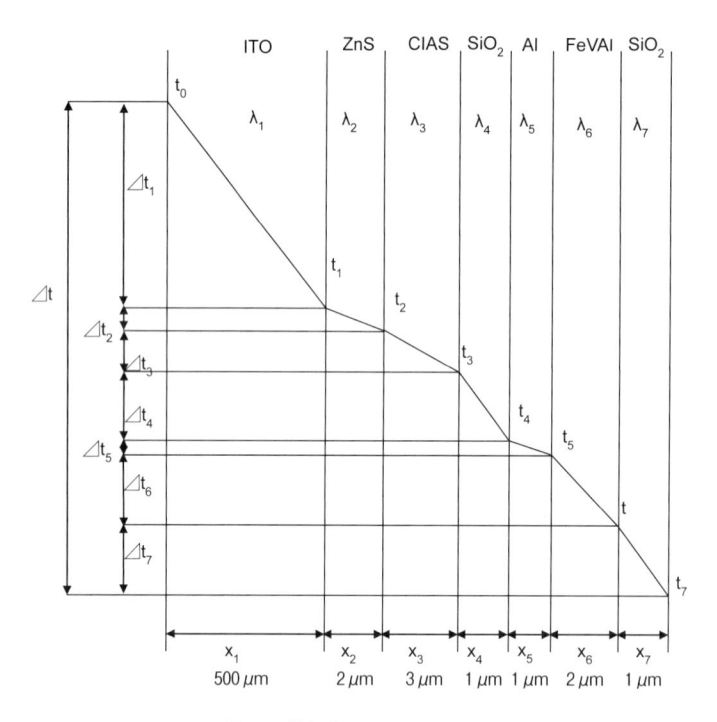

図7 熱解析に用いた断面図

1.5 結言

　太陽の光エネルギーと熱エネルギーを同時に使用する，ハイブリッド素子を作製し，光と熱で発電することが確認できた。また，簡易な熱解析により，熱電変換材料部分の温度差を比較的正確に予想することが可能であることがわかった。今後は，太陽電池薄膜の性能向上と，熱電変換材料部分に大きな温度差をつける構造に改良する必要がある。

文　　　献

1) L. M. Goncalves, C. Couto, P. Alpuim, A. G. Rolo, F. Völklein, J. H. Correia, *Thin Solid Films*, **518**(10), 2816-282 (2009)
2) M. Mikami, T. Kamiya, K. Kobayashi, *Thin Solid Films*, **518**, 2796 (2010)
3) M. Mikami, K. Kobayashi, T. Kawada, K. Kubo, N. Uchiyama, *Jpn. J. Appl. Phys.*, **47**, 1512 (2008)
4) 杉浦隆寛，西野洋一，日本金属学会誌，**73**, 846 (2009)

2 放射光XANESなどを利用した太陽電池用半導体材料の開発

大下祥雄*

2.1 序

　半導体結晶中の重金属や結晶欠陥は光吸収により生成した過剰少数キャリアの効率的な再結合中心として働く。それゆえ，それらの存在は，太陽電池の変換効率を大きく低下させる。不純物や欠陥に起因するこれらの問題を解決するには，金属不純物の空間分布やその電子状態，さらには結晶欠陥の生成機構を理解し，結晶中の不純物や欠陥量を低減する方法を見つけることが必要である。この課題に対し，放射光施設を用いて半導体材料によるX線の吸収や回折の様子を調べることにより，シリコン結晶中の局所領域に存在する鉄などの重金属の分析や，格子不整合に起因して化合物半導体成長中に発生する欠陥形成機構の議論が可能となる。

2.2 太陽電池の発電原理と変換効率を低下させる要因

　半導体を用いた太陽電池の基本構造は広い面積を有するpnダイオードである。拡散電流のみを考慮すれば，光照射時に得られる電流密度Jと電圧Vの関係は次の式で与えられる。

$$J = J_L - J_0 \left(\exp\left(q\frac{V + R_s J}{k_B T} \right) - 1 \right) - \frac{V + R_s J}{R_{sh}} \tag{1}$$

ここで，q，k_BならびにTは，それぞれ電荷，ボルツマン定数，絶対温度である。また，R_sは直列抵抗，R_{sh}は並列抵抗，J_Lは光電流密度，J_0は逆方向飽和電流密度である。短絡電流密度J_{sc}（short circuit current density）と開放電圧V_{oc}（open circuit voltage）との間には，R_sとR_{sh}の影響が無視できるとき次の関係が存在する。

$$V_{oc} = \frac{k_B T}{q} \left(\frac{J_{sc}}{J_0} + 1 \right) \tag{2}$$

これらの式から，高いV_{oc}，大きなJ_{sc}値を実現するには，小さなJ_0値が要求されることが示される。一方，小さなJ_0値を実現するには，長い拡散長Lが必要である。少数キャリアの拡散長Lは，拡散係数Dと少数キャリアτの関数として次のように表される。

$$L = \sqrt{D\tau} \tag{3}$$

すなわち，高い変換効率を得るには，光照射により生成した過剰少数キャリアの拡散長Lが長いこと，特に少数キャリアが長い寿命τを有していることが必要である。しかし，実際の太陽電池においては，金属不純物や結晶欠陥が多く存在する場合があり，それらが再結合中心として働くために，変換効率が低下する問題が生じている。

＊　Yoshio Ohshita　豊田工業大学　大学院工学研究科　半導体研究室　教授

SPring-8の高輝度放射光を利用したグリーンエネルギー分野における電池材料開発

2.3 多結晶シリコン中の結晶粒界—鉄複合体の局所解析

多結晶シリコン中における少数キャリア寿命の低下は粒界などの結晶欠陥の量や分布だけでは説明できない。例えば，太陽電池製造プロセス中の熱処理過程により，同一の粒界においても少数キャリア再結合速度が変化する。その理由としては，結晶中には結晶欠陥と鉄などの重金属が複合した構造が存在し，熱処理過程により金属不純物分布やその電子状態が変化し，その結果再結合速度が変化していることが考えられる。それら重金属の多くは，鋳型表面に離型剤として塗布されたシリコン窒化膜からの汚染である。金属不純物濃度が変換効率に与える影響に関しては，1970年代後半から詳細な検討が行われてきた[1]。しかし，粒界などの結晶欠陥に捕獲された重金属の挙動に関しては未だ不明な点が多い。一方，近年ではシンクロトロンの放射光を利用した微量金属不純物測定が可能となり，基板中の金属不純物の分布や電子状態などの情報が得るための研究が精力的に行われている[2]。ここでは，多結晶シリコン基板中の鉄の挙動について，放射光を利用して評価した結果[3,4]について紹介する。

2.3.1 放射光を用いた実験：鉄の分布と電子状態

SPring-8の37XUビームラインを使用し，X線マイクロビームを用いた顕微蛍光X線（μ-XRF）マッピング測定により鉄の結晶内分布を，吸収端近傍のX線吸収スペクトル（XANES）測定により鉄の電子状態を調べた。実験には，太陽電池製造時の鉄汚染を模擬するため，意図的に多結晶シリコンを鉄汚染させた基板を使用した。リン（P）ゲッタリングが鉄の分布に与える影響を調べるため，熱処理後上記測定を再度行った。X線のエネルギーは10 keV，ビーム径は約$2\mu m$とした。加えて，後方散乱電子線回折（EBSD）による粒界方位解析，電子線誘起電流（EBIC）マッピング測定，ならびに透過電子顕微鏡（TEM）観察を行った。

2.3.2 実験結果および考察

測定領域の光学顕微鏡写真を図1(a)に示す。図中の記号は結晶粒界を区別するために記している。測定領域は，A1-A2粒界の上方領域（G1），Bシリーズの記号で囲まれている領域（G2），それ以外の領域（G3），の3つの結晶粒から構成されている。XRF測定により得られたゲッタリング前の鉄濃度分布を図1(b)に示す。鉄濃度の高いマイクロメーターサイズの点状のものが存在する他に，中程度の鉄濃度を示すサブミリメーターサイズの領域が存在する（矢印の領域）。後者は結晶粒G2とほぼ相似の形状である。X線の進入長が$100\mu m$を超えていることを考慮に入れると，鉄は結晶粒G2に選択的に捕捉されていると考えられる。リンゲッタリング後の鉄濃度分布を図1(c)に示す。リンゲッタリング前の分布（図1(b)）と比較すると，大部分（約80%）の鉄が除去された。一方，残留している鉄はA1-A2粒界に選択的に捕獲されている。粒界方位解析ならびにTEM観察の結果（図2(a)）から，B1-B2，B2-B3，B3-B4粒界はΣ3粒界であることが示された。A1-A2粒界はランダム粒界である（図2(b)）。ゲッタリング後にA1-A2粒界に鉄が選択的に捕獲されている。これらの結果から，鉄はΣ3粒界のような対称性の高い粒界ではなく，ランダム粒界などの対称性の低い粒界に多く捕獲されることが考えられる。粒界に存在する析出物のTEM像の一例を図2(c)に示す。粒界に$100\mu m$程度の大きさの鉄を含む析出物が存在しており，先のXRFの

第4章 太陽電池

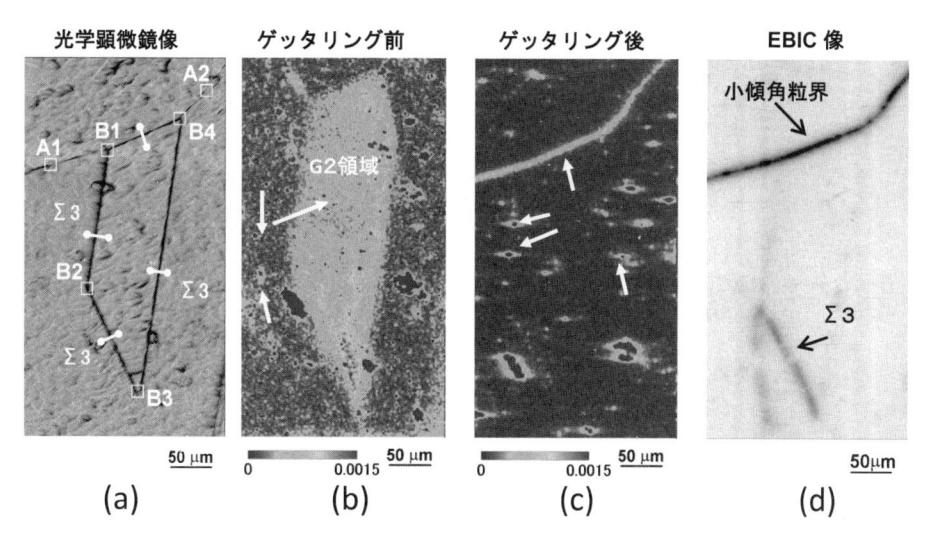

図1 (a)光学顕微鏡写真, (b)ゲッタリング前のXRF像, (c)ゲッタリング後のXRF像, (d)EBIC像

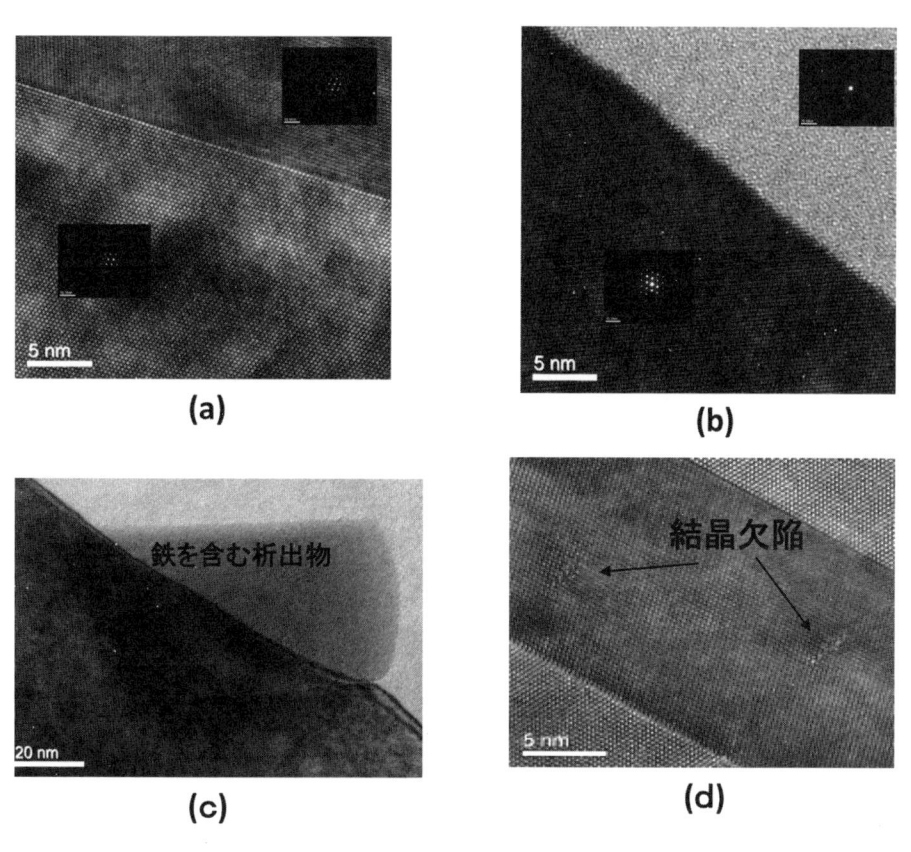

図2 粒界におけるTEM像
(a)B1-B2粒界, (b)A1-A2粒界, (c)粒界における鉄の析出, (d)Σ3粒界に挟まれた領域に存在する結晶欠陥

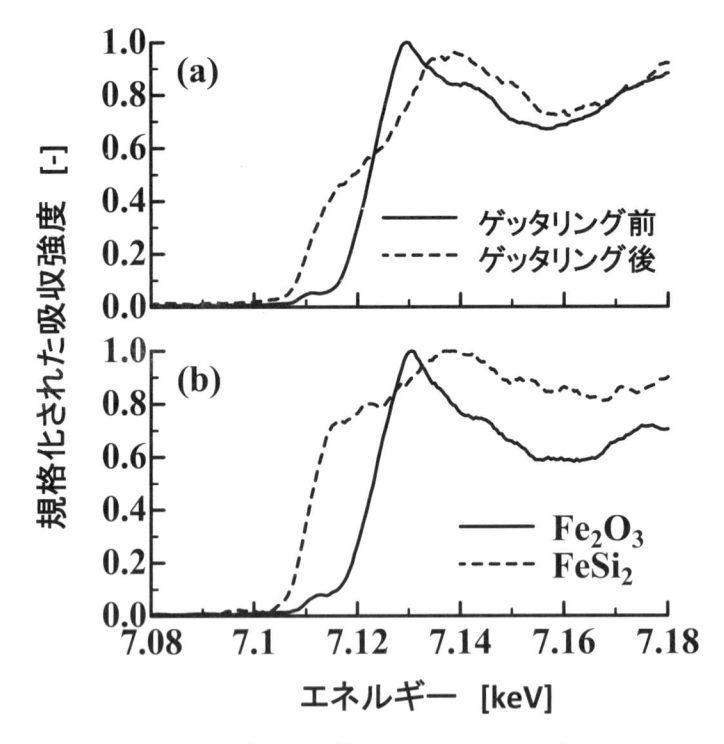

図3 ゲッタリング前後の(a)X線吸収端近傍のスペクトルと(b)標準試料からのスペクトル

結果と一致している。

吸収端近傍のX線吸収スペクトル（XANES）を図3に示す。これらは，ゲッタリング前後のスペクトルと，比較のために用意した標準試料のスペクトルである。ゲッタリング前のスペクトルは，鉄酸化物（標準試料）のスペクトルとほぼ同じである。一方，ゲッタリング後のスペクトルからは，ゲッタリング後の鉄は鉄シリサイドと鉄酸化物の複合体（存在比は約7：3）として析出していることが示唆された。

EBICにより求めた電気的活性度を図1(d)に示す。図中の輝度の低い領域は，その場所での再結合速度が速いことを意味している。図中において輝度の低い線が一本存在するが，これはA1-A2粒界である。ここでの再結合中心は，前述したように鉄が多く析出した領域の離散的な集まりであると考えられる。Σ3粒界に着目すると，B1-B2およびB3-B4粒界での信号輝度は周囲とほぼ同じであり，電気的に不活性である。ただし，同じΣ3粒界でもB2-B3粒界ではA1-A2粒界ほど活性ではないが再結合中心として働いている。B2-B3粒界のTEM像において，Σ3粒界に挟まれた狭い領域に結晶欠陥が観察された（図2(d)）。B2-B3粒界に沿って存在するそれら結晶欠陥が再結合中心として働いていると予想される。

以上の結果から，鉄を効率よくゲッタリングにより除去するには，鉄化合物がほとんど析出しない構造，すなわち対称性の高い粒界で構成される多結晶シリコン成長技術の開発を進める必要

第4章 太陽電池

がある。

2.4 格子不整合系多接合太陽電池用結晶における応力緩和時の欠陥形成のその場観察
2.4.1 格子不整合系太陽電池
　一つの材料を用いた太陽電池の変換効率の理論限界は30％程度である。これに対し，異なる禁制帯幅を有した化合物半導体を積層した多接合型タンデム太陽電池では，太陽光スペクトルを効率的に活用できるため50％以上の高い変換効率が期待される。本タンデム構造においては，格子定数の異なる複数の材料を用いる格子不整合系がある。本構造では，材料選択の自由度が高いため，原理的には格子整合系よりも高い変換効率が期待できる。しかし，格子不整合に起因して発生する結晶欠陥が変換効率を低下させる問題がある。それゆえ，格子不整合系太陽電池の変換効率向上には，格子緩和に伴う結晶欠陥形成過程の理解と，発電層における欠陥量の抑制が重要である。これまで，格子不整合歪に起因した転位生成，転位運動とそれらに伴う格子歪の緩和過程の評価に関しては，結晶成長後の試料を室温で測定するex-situ観察が主体であった。しかし，本測定においては，熱膨張係数差による熱歪の影響を無視できない，得られる情報に限りがある，などの問題がある[5]。これに対し，放射光の強度の強いX線を利用すると，回折の逆格子マッピングを結晶成長中のその場観察結果として得ることが可能となる[6,7]。この時，回折ピークの位置やピーク形状などから残留歪量や結晶性に関する情報が同時に得られる。

2.4.2 実験結果および考察
　Spring-8のBL11XUにおけるX線回折"その場観察装置"の概略を図4に示す。分子線エピタキシャル成長（MBE）装置とX線回折装置（XRD）が一体化したシステムである。高輝度かつ高指向性を有する放射光の結晶からの回折を2次元CCDにより高分解能かつ高速に測定することが可能である。例えば，2次元CCDカメラの位置を掃引することにより，004逆格子点まわりの3次元逆格子マッピング像を結晶成長中のほぼ一原子層ごとに得られる。

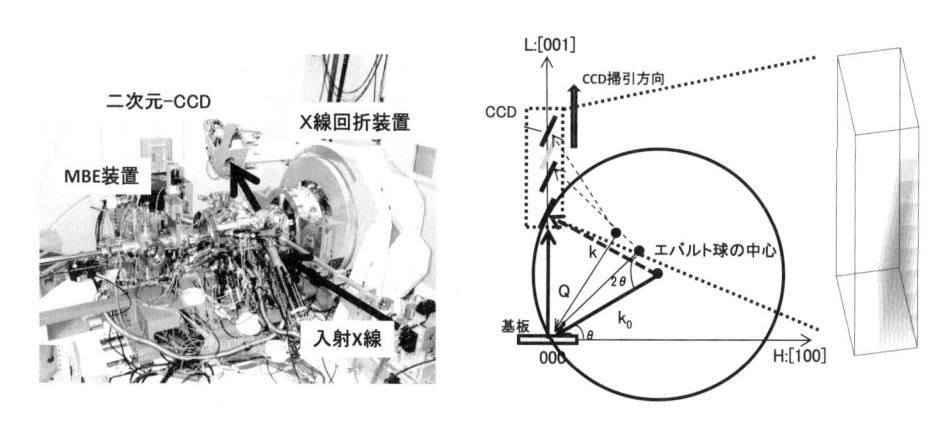

図4　BL11XUにおけるX線回折"その場観察装置"の概略

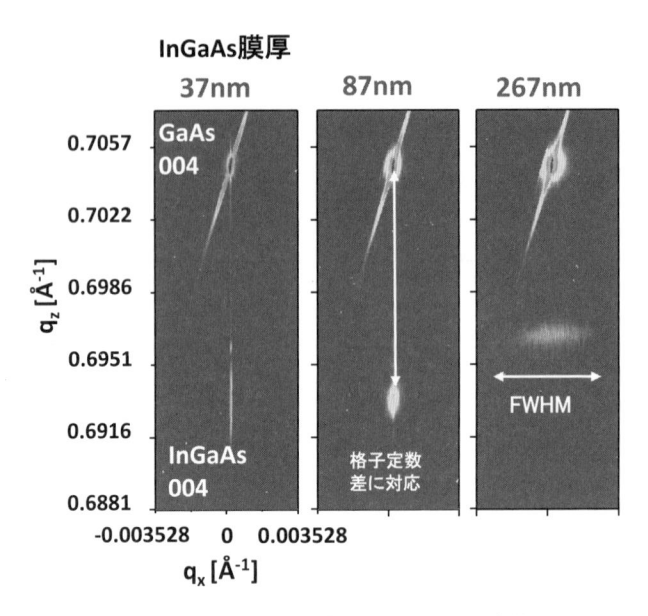

図5　004逆格子マップのInGaAs膜厚依存性

　InGaAsの膜厚に対する004回折のその場観察結果を図5に示す。ここで，縦軸は[001]（q_z），横軸は[100]（q_x）方向である。膜厚が厚くなるに従いInGaAsからの回折のピーク位置と形状が変化している。InGaAs結晶は基板GaAsと比較し大きな格子定数を有している。そのため，成長初期においては，GaAs結晶の格子定数に合わせるためにInGaAs結晶は[001]（q_z）方向に伸びた状態で成長する。その結果，InGaAsからの回折ピークは，歪が存在しないInGaAsの結晶からのピークと比較すると逆格子空間において小さな値をとる。一方，歪緩和が進むにつれ，回折ピークは本来のInGaAs結晶のピーク位置（逆格子空間では大きな値）に近づいていく。すなわち，ピーク位置は成長中のInGaAs層中の残留歪量を反映している。一方，回折ピークの面内方向（q_x）の広がりはガウス関数と散漫散乱と呼ばれるブロードな信号の足し合わせと考えられる。実験的に得られた回折スペクトルをガウス関数でフィティングした時の半値幅（FWHM）とその残さに対応する散漫散乱の強度は，結晶内における貫通転位密度とミスフィット転位密度の量をそれぞれ反映している[8,9]。膜厚に対する残留歪量とFWHMの値を図6に示す。本結果をもとに，緩和機構を次の5つの異なる領域に分離した。成長初期においては，In原子の表面偏析が生じ，見掛け上格子歪が膜厚に対して増加する（A）。その後，緩やかに緩和が進む領域では，ピーク形状の解析から，最初は主にミスフィット転移の生成（B），続いて貫通転移の生成（C）が，緩和の主な理由であると考えられる。その後，転移の増殖に伴う急速な緩和（D）が生じ，最後には転移の対消滅が支配的になり，結晶上層部の結晶性が向上する（E）。

　一方，格子不整合歪により発生するミスフット転位は，結晶構造の異方性に起因してヘテロ界面内の[110]，[1$\bar{1}$0]に異方性が存在する。InGaAs薄膜の厚さが30，145 nm時の022回折の逆格子

第4章 太陽電池

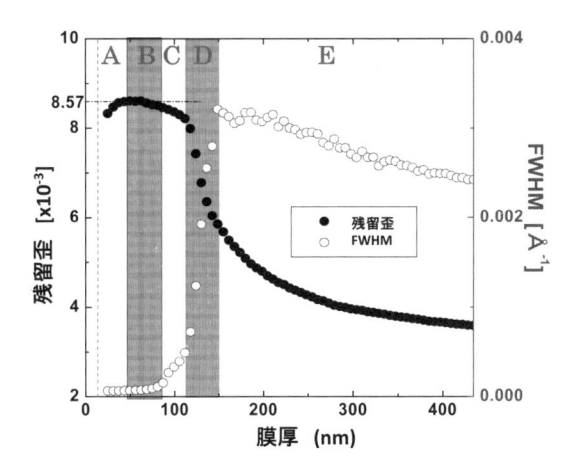

図6 残留歪とFWHMのInGaAs膜厚依存性

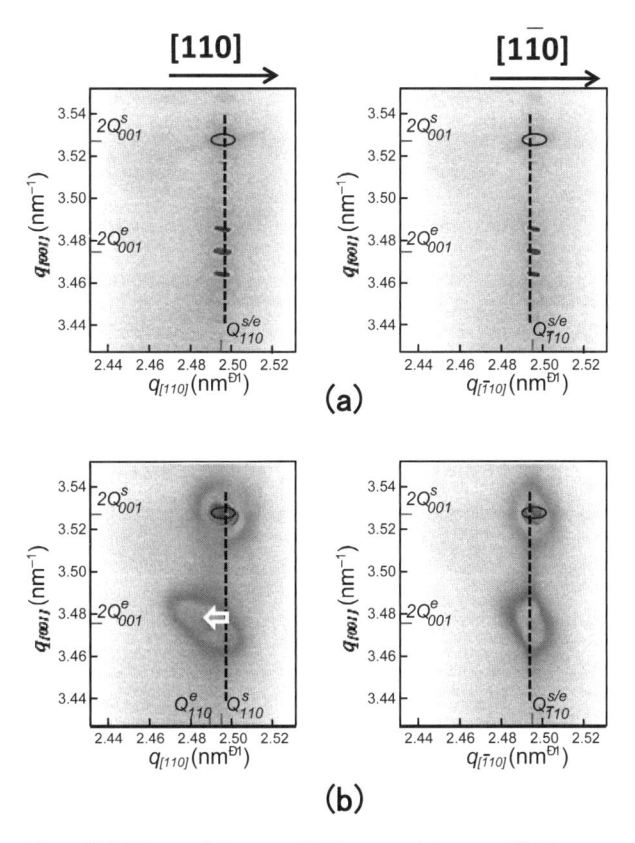

図7 逆格子マップ(a)InGaAs膜厚30 nm, (b)InGaAs膜厚145 nm

マッピング像として，3次元像から[110]-[001]と[1$\bar{1}$0]-[001]に投影した2次元像を図7に示す。膜厚30 nmでは大きな差は存在しないが，膜厚145 nmおいては[110]方向にのみ大きく緩和が生じている。このことは，歪緩和時には残留歪と結晶性に関して面内[110]，[1$\bar{1}$0]で異方性が生じ，ヘテロ界面に直交して存在する転位間に相互作用が存在する可能性を示している。以上の結果は，変換効率向上のために貫通転位密度を低減させる方法を考える上で重要である。

文　　　献

1) J. R. Davis *et al.*, *Proceeding of 13 th IEEE Photovoltaics Specialists Conference*, 490 (1978)
2) T. Buonassisi *et al.*, *J. Crystal Growth*, **287**, 402 (2006)
3) K. Arafune *et al.*, *Physica B*, **376-377**, 236 (2006)
4) K. Arafune *et al.*, *Jpn. J. Appl. Phys.*, **45**(8A), 6153 (2006)
5) C. Lynch *et al.*, *J. Appl. Phys.*, **100**, 013525 (2006)
6) T. Sasaki *et al.*, *Jpn. J. Appl. Phys.*, **51**, 02BP01 (2012)
7) T. Sasaki *et al.*, *J. Cryst. Growth*, **323**, 13 (2011)
8) J. E. Ayers *et al.*, *J. Cryst. Growth*, **135**, 71 (1994)
9) V. W. Kaganer *et al.*, *Pys. Rev.*, **B55**, 1793 (1997)

3 太陽電池用アモルファスシリコン薄膜の電気的および構造的評価

高野章弘[*1]，佐藤眞直[*2]

　アモルファスシリコン薄膜太陽電池は，製造時の必要エネルギー（熱，電力など）が少ない，大面積化しやすく量産性に優れる，耐久性に優れるなどという特徴を持つ。富士電機では，耐熱性プラスチックフィルムを用いてアモルファスシリコン薄膜太陽電池を製造することにより，超軽量・大面積・フレキシブル太陽電池を実現している。さらに，独自のデバイス構造により，電気的な接続を裏面で可能にするとともに（図1）[1]，カッターなどによる切断や導電性テープによる接続により，容易に太陽電池をカスタマイズできる。カスタマイズにより，低電圧の独立電源システムから高電圧の系統連系システムまで，幅広い応用が実現している（図2）。製造では，フィルムをロール形状にしてハンドリングできるため，量産性，プロセス再現性，さらに品質再現性に極めて優れるロールツーロールプロセスを採用することができる。図3に示すような，複数のロールツーロール製造装置（加工装置，製膜装置）を用いた製造プロセスを経ることで，ロール単位での安定した太陽電池製造が可能となっている。1 m幅で3,000 m長さのプラスチックフィルム基板のロールを，順次投入していく製造ラインが，熊本工場に導入されている。

　さらなる応用用途拡大のためには，一層の低コスト化や高効率化が求められる。しかしながら，

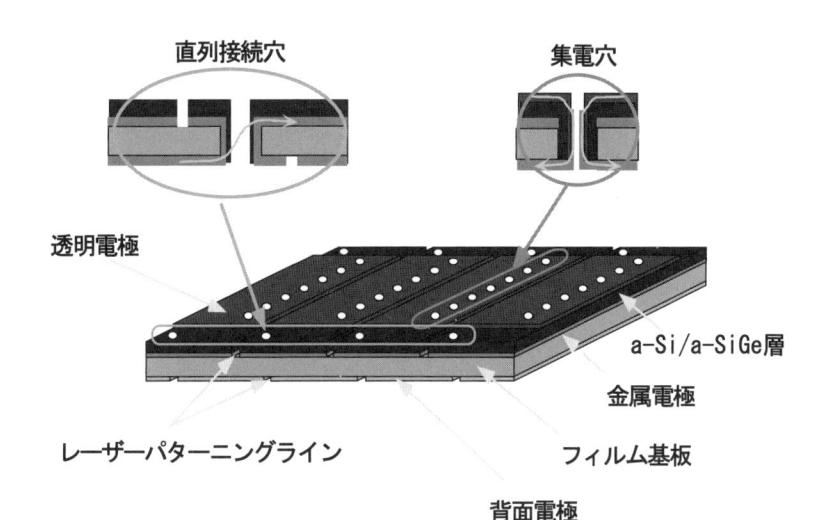

図1　独特なフィルム太陽電池の構造

---

*1　Akihiro Takano　富士電機㈱　太陽電池部　担当部長
*2　Masugu Sato　（公財）高輝度光科学研究センター　産業利用推進室　主幹研究員

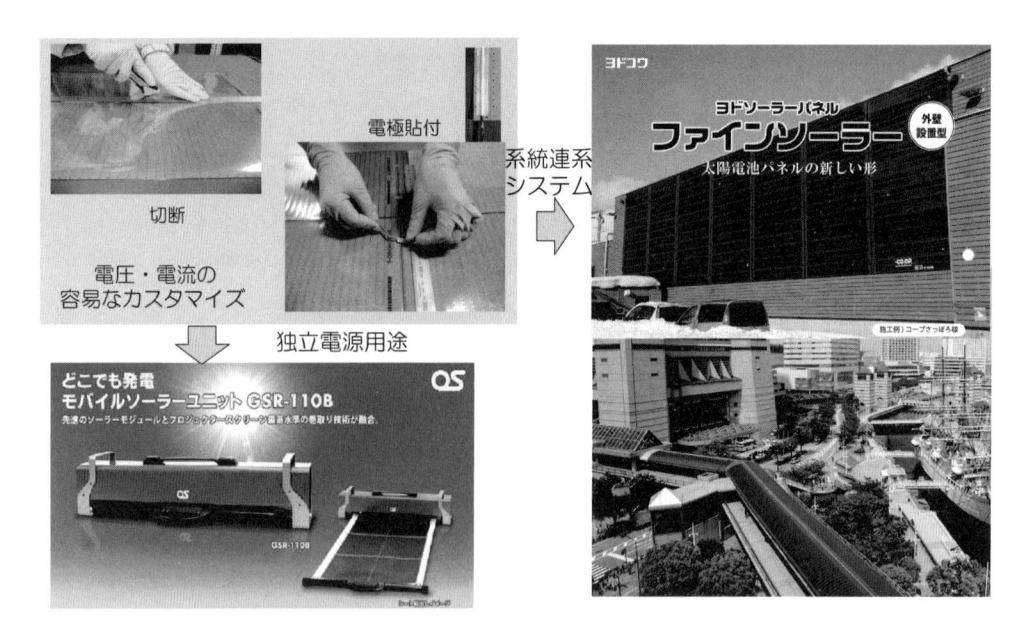

SPring-8の高輝度放射光を利用したグリーンエネルギー分野における電池材料開発

図2　フィルム太陽電池のカスタマイズ

　アモルファスシリコン薄膜は初期に，光劣化現象（光安定化現象）を発現してしまう。このため，アモルファスシリコン太陽電池のデバイスあるいはプロセス開発では，初期性能の改善のみならず，安定化効率の改善も非常に重要となっている。

　アモルファスシリコン薄膜は，高周波プラズマ化学気相成長（Chemical Vapor Deposition, CVD）法により製膜される。量産性を画期的に改善するためには，アモルファスシリコン薄膜の製膜速度を速くすれば良いのであるが，プラズマ発生のために投入する高周波出力を増加させるだけでは，むやみに原料ガスの分解を促進するだけで膜質の低下を招いてしまう。膜質を維持したまま，製膜速度を増加させるのには，特別な技術が必要である。

　プラズマ中の反応プロセスを支配する重要なパラメーターの一つに，プラズマポテンシャルがある。プラズマポテンシャルは，プローブ法などの手法で測定することが可能であるが，製膜中の測定や量産装置内での測定は極めて難しい。富士電機では，高周波プラズマの電力導入部の電圧振幅（ピークツーピーク電圧，Vpp）が，プラズマポテンシャルと正の相関を持つことを見出し，この値をモニターすることで，間接的にプラズマポテンシャルを観察することに成功した[1]。このVppの値は，製膜圧力，製膜装置内の電極構造，さらにプラズマ発生用の高周波電源の周波数などで制御することが可能である。各種の手法でVppを低くすることができると，実効的にプラズマポテンシャルおよび電子温度が下がるため，製膜中に発生するイオンダメージあるいは気相中での高次シランの生成が抑制され，良質なアモルファスシリコン膜が高速でも形成できるようになる。つまり，プラズマ中の過度な分解反応，クラスタリング反応が抑制され，良好なSi-Siネットワーク構造を持つアモルファスシリコン薄膜が形成できることとなる。結果として，高効

第4章 太陽電池

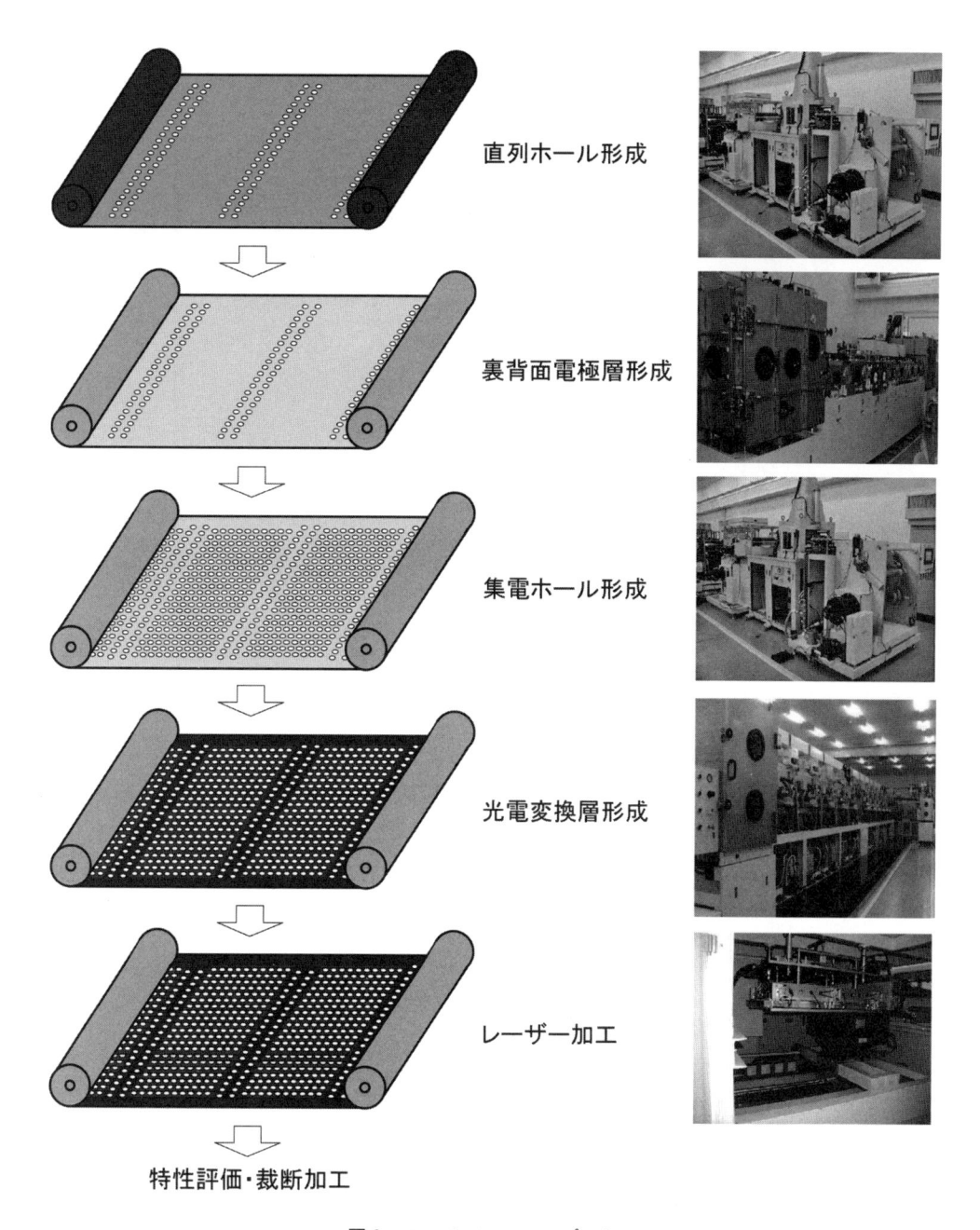

直列ホール形成

裏背面電極層形成

集電ホール形成

光電変換層形成

レーザー加工

特性評価・裁断加工

図3 ロールツーロールプロセス

率の太陽電池が得られることとなる。図4は，アモルファスシリコンシングル接合太陽電池（i層膜厚は300(nm)に設定）を各種のVpp条件で作製し，太陽電池の安定化効率との関係を求めたものである。各種の製膜条件を制御し，Vppの低い条件でアモルファスシリコン薄膜を製膜すると，高い安定化効率を示す太陽電池が得られることが確認できる。特に，プラズマ発生用の高周波電

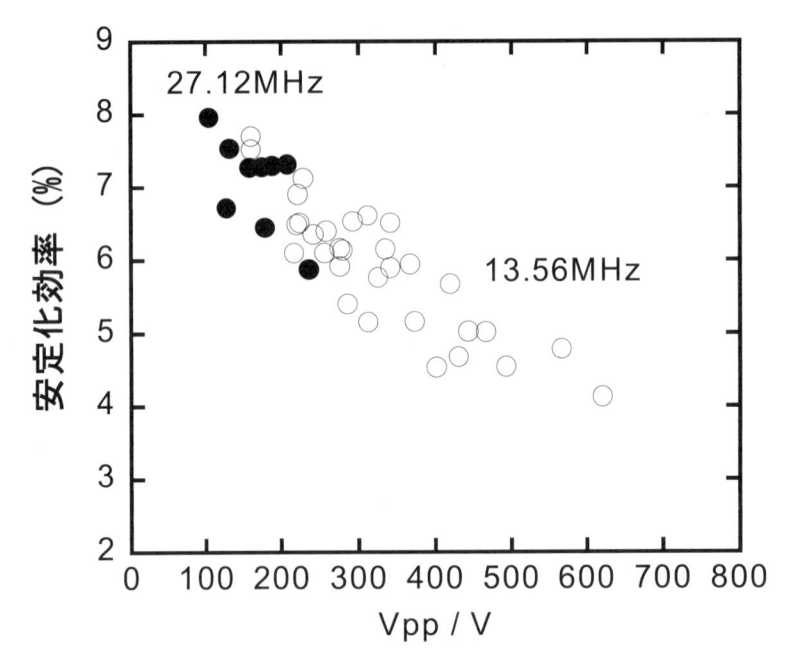

図4　Vppと太陽電池安定化効率の関係

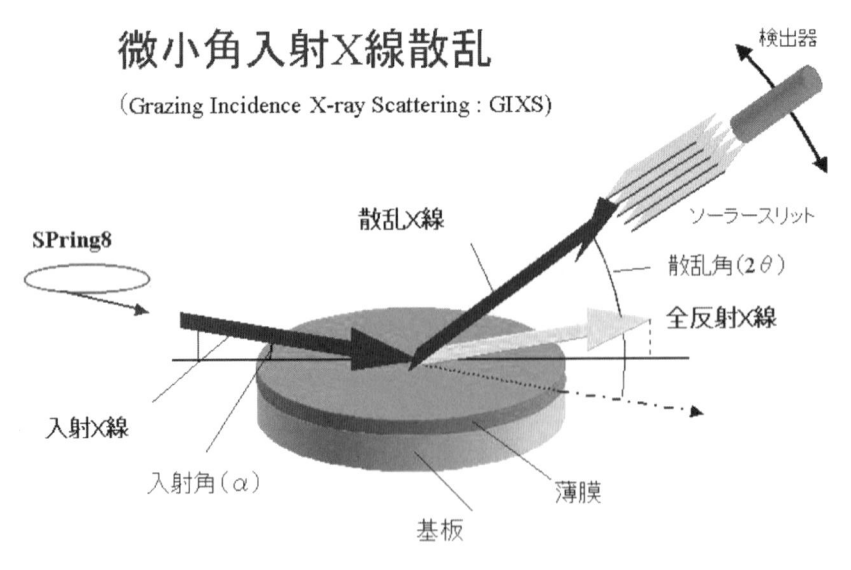

図5　微小角入射X線散乱(GIXS)

源の周波数が，アモルファスシリコン膜の高速製膜条件下での高品質化に効果があった。

　これまでに，高周波プラズマCVD法の製膜条件と得られたアモルファスシリコン薄膜の微視構造評価を結び付けての評価が行われていなかった。光電特性だけではなく，SPring-8での微小角

第4章 太陽電池

入射X線散乱（GIXS），高エネルギーX線光電子分光（HAX-XPS），さらにラマン散乱などの微視構造情報が収集できる分析手法を用い，製膜条件とアモルファスシリコン薄膜微視構造の関係を明らかにした。

GIXSは薄膜のX線散乱測定法であり，図5の概念図のように測定試料に対するX線の入射角を全反射条件にして試料表面からの侵入深さを抑制することにより基板からの散乱を抑えて薄膜からのX線散乱信号のみを精度良く測定することができる。特に非晶質のハローパターンを測定するにはバックグラウンドノイズの低減は必須である。試料周りは空気からの散乱によるバックグラウンドを抑制するためHeチャンバーで覆った。実験に使用したX線のエネルギーは20 keVである。この手法には入射条件を全反射条件にするために試料表面が平坦な鏡面であることが必要である。さらに，アモルファスシリコン薄膜試料を製膜する基板をSiより全反射臨界角の大きいGeの単結晶基板にし，試料表面へのX線の入射角を，アモルファスシリコン薄膜とGe基板の界面でX線が全反射する条件であるSiとGeの全反射臨界角（Si：$\theta c = 0.09°$，Ge：$\theta c = 0.13°$）の間の0.1°に設定することでアモルファスシリコン全体の散乱信号を検出できる条件に制御した。膜厚は300 nm，基板の厚みは成膜時に反りが生じないように5 mm厚の厚いものを使用した。

表1に示す，異なるVppの条件で製膜したアモルファスシリコン薄膜4種類を用いて，光照射試験前後でGIXSの測定を行った。測定で得られたX線散乱データとそのハローパターンから抽出された干渉散乱因子は，波数Q＝約16 Å^{-1}まで十分統計の良いデータが得られている。この干渉性散乱因子をフーリエ変換し，原子動径分布関数（Radial Distribution Function：RDF）を導出して試料間の比較を行ったものが図6である。Si-Siの第1,2,3近接原子対に相当するピーク（矢印）がはっきり確認できる。光照射前後それぞれについて各試料のRDFを比較すると，各ピーク位置，ピーク強度ともほとんど差異はない。第1ピークについては若干ピーク強度に違いが出ているように見えるが，配位数に相当するピーク面積をそれぞれ比較してみると（図7）Vppに対する傾向は確認できず，有意な差は認められない。また，光照射前後のRDFを比較してみたが，これについても変化は見られなかった。原子動径分布関数から得られる情報は，膜中の原子の平均位置であり，光照射劣化の原因として予想される構造欠陥における結合状態の変化までは捉えられていない可能性があった。

続いて，SPring-8において開発されたHAX-XPS測定技術を用い，アモルファスシリコン薄膜

表1 実験に用いた各種のアモルファスシリコン薄膜の製膜条件

sample No.	成膜速度（nm/min）	Vpp（V）
637	9.2	194
638	10.4	133
639	22	144
640	20.5	184

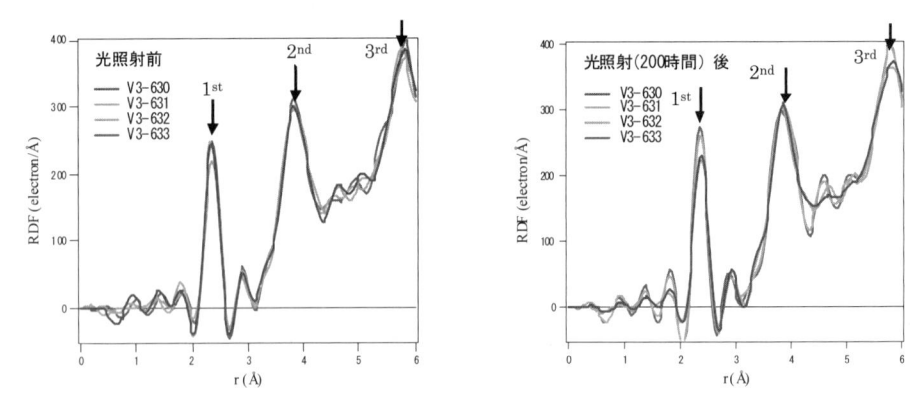

図6 原子動径分布関数の製膜条件および光照射依存性

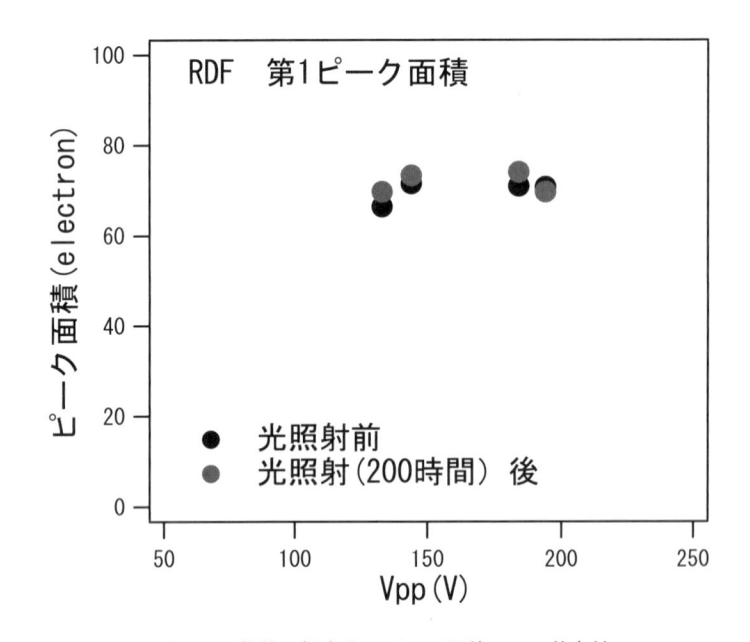

図7 配位数に相当するピーク面積のVpp依存性

のSiの光電子スペクトルを測定し，そのプロファイルからSi周りの結合状態の光劣化前後の変化およびその成膜プロセス依存性を検討した。それぞれの試料は表面酸化膜の影響を低減するために希釈したHFで表面の洗浄を行った。入射X線のエネルギーは8 keV，測定は室温で行った。HAX-XPS技術の最大のメリットは検出される光電子の運動エネルギーが大きいため，観察深度が深く，バルクの電子状態を容易に検出できることにある。まず最初に表面酸化皮膜の影響を見積もるため，角度分解XPS測定をSi1SおよびO1Sピークについて行った。これにより，HAX-XPSによってバルクSiの電子状態の情報を得ることができることを，まず確認した。次に，アモルフ

第4章　太陽電池

ァスシリコン薄膜中の原子間の結合状態の情報を得るため，Si1Sおよび2Pスペクトルの評価を行った。Si1S，2Pピーク幅は，Si周りの局所構造の乱れを反映していると考えられる。このピークプロファイルの成膜プロセス依存性に注目することで，光照射劣化の原因となる構造欠陥の検出を試みた。図8に，Si2Pピークについて表1に示した各試料の比較を行った結果を示す。プロファイルの変化はほとんど確認できなかった。Si1Sピークについても同様に，変化は無かった。さらに，光照射前後を比較してみても，光照射劣化に相関するようなスペクトルの変化は認められなかった。

次に，ラマン散乱測定による比較を行った。ラマン散乱スペクトル中のTransverse Acoustic（TA）モードピークとTransverse Optic（TO）モードピークを用いると，アモルファスシリコンのSi-Siネットワークの評価を行うことができる。TAモードとTOモードのピーク強度比（ITA/ITO）やTOモードピークの半値幅が，アモルファスシリコン薄膜材料中のSi-Siネットワークの歪を反映していると言われている。Si-Siネットワークの歪が大きくなってくると，ITA/ITOが小さくなったり，TOモードの半値幅が大きくなるといった現象が観察される[2,3]。図9に，Vppの異なるプラズマ条件（No.638およびNo.640）で製膜したアモルファスシリコン薄膜の，TOモードスペクトルを示す。Vppの小さい，良質なアモルファスシリコン薄膜が形成される条件で製膜したサンプル（No.638）のTOモードの半値幅が，Vppの大きい条件で製膜したサンプル（No.640）の半値幅よりも小さいことが確認できる。Vppの小さいプラズマプロセスで製膜されると，イオンダメージあるいは気相中での高次シランの生成が抑制され，成長最表面での良好なマイグレーションができるSiH_3プリカーサーがメインとなる製膜が実現する。これにより，より高い中距離秩序を持つ緻密なSi-Siネットワークが構築でき，優れた光電特性の太陽電池が得られると考えている。

GIXSやHAX-XPSで明確な違いが見られず，ラマン散乱スペクトルのTOモードや光電特性で違いが見られることについて，下記のような可能性を考えている。

（1）アモルファスシリコン薄膜の光電特性（光劣化特性を含む）は，局所的でマイナー（原子数と比較して，欠陥数が桁で小さい）な部分で発生すると考えられるため，全体の平均情報

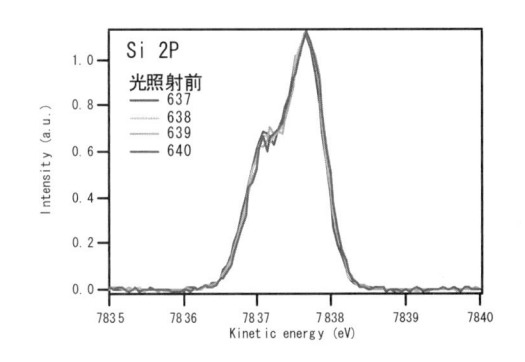

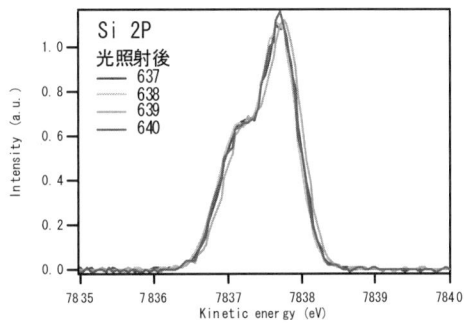

図8　HE-XPSスペクトルの製膜条件および光照射依存性

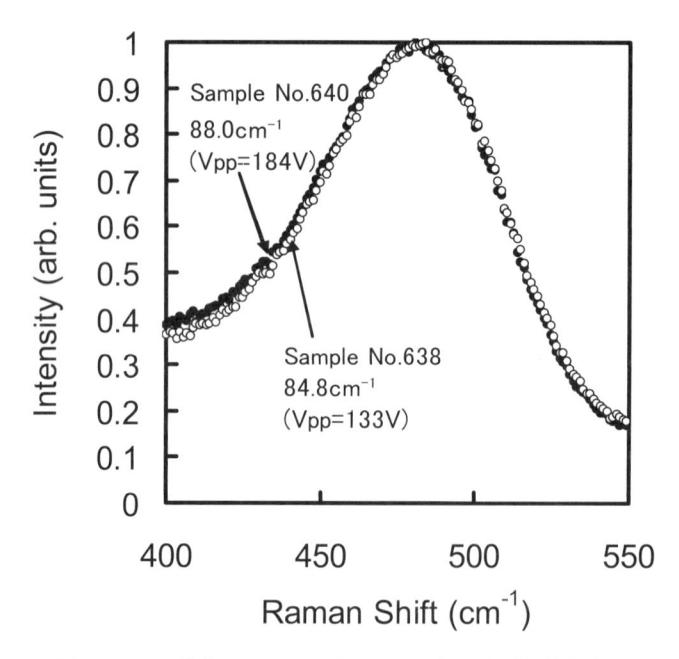

図9 ラマン散乱スペクトル（TOモード）の製膜条件依存性

を測定する手法では，その違いを見ることができない。
(2) 格子振動が関係するような動的な分析手法では違いが見られるが，動径分布関数や電子状態など，いわゆる静的な分析手法では違いが見えないということも有り得る。
(3) ラマン散乱は，局所的な格子ひずみに対して感度が良く，中距離秩序の観察が可能といわれている。X線回折による観察される動径分布関数の領域よりも，広範囲の秩序に関する情報が，ラマン散乱で観察されている可能性も有る。
(4) 想定される欠陥に感度が高いと予想される手法，例えば，ダングリングボンドに対して感度のよい電子スピン共鳴（ESR），格子空孔に対して感度のよい陽電子消滅などの手法を用いることで，より詳細な観察ができる可能性が有る。

文　　献

1) A. Takano, T. Kamoshita, *Jpn. J. Appl. Phys.*, **43**, pp.7976（2004）
2) J. S. Lannin "Semiconductors & Semimetals", Vol.21, Pt.B, Chap.6, p.159, Academic Press（1984）
3) A. Takano *et al.*, *Jpn. J. Appl. Phys.*, **41**, pp.L323（2002）

4 高輝度白色X線を用いた太陽電池用多結晶シリコン基板の評価

新船幸二[*1], 三木祥平[*2]

4.1 はじめに

2007年当時, 政府は地球温暖化対策として"Cool Earth 50"を提案し, 低炭素化のために重点的に取り組むべきエネルギー革新技術の一つとして原子力発電を挙げていた。しかし, 2011年の東日本大震災に伴う福島第一原子力発電所事故をきっかけに, エネルギー政策の見直しが急務となっている。このような状況下, 再生可能エネルギーの固定価格買取制度[1]が2012年7月1日に施行されたこともあり, 再生可能エネルギーへの期待が高まっている。中でも太陽電池による発電(太陽光発電)は個人でも導入可能であるため, その導入量も増加の一方を辿っているが, 総発電量に対する寄与は未だ低いレベルにとどまっている。太陽光発電をより一層普及させるためには, 太陽電池の更なる変換効率の改善やコストダウンが求められる。

現在の太陽電池の主流の一つに多結晶シリコン太陽電池が挙げられる。太陽電池用の多結晶シリコン基板には, 多くの結晶粒界, 欠陥, 不純物が含まれている。これらの"異物"は結晶中に歪を生じさせる。加えて, 多結晶シリコンインゴットは結晶成長中に機械的および熱的な応力にさらされる。そのため, シリコン結晶格子は局所的に歪んでいる。この結晶の非完全性は太陽電池の変換効率や製造歩留まりを低下させる。しかしながら, 多結晶シリコン基板中に歪み分布を効率的に測定する方法は, 電気特性を評価する手法と比べて十分な開発が為されているとは言い難い状況である。

歪み分布を可視化する方法として, 近赤外偏光を利用した方法[2]が提案されている。この手法は全体の傾向を得るのに適している。しかしながら, 多結晶シリコン基板に適用するには, 結晶方位に依存する複屈折を考慮する必要がある。他の歪み分布測定方法としては, ラマン分光法[3]がある。ラマン分光法は空間分解能は高いものの, 歪み検出感度はそれほど高くない。結晶中の歪みを検出する最も一般的な方法は検出感度の高いX線回折を利用した方法[4]である。X線トポグラフ(XRT)法は単結晶中の歪み分布の測定に用いられている。XRT法の場合, 入射X線, 測定試料および検出器(2次元X線カメラ, フィルムなど)の配置はBragg回折条件を満たす必要がある。多結晶シリコン基板の場合, 結晶面方位の異なる多数の結晶粒から構成されているため, それぞれの結晶粒に対応して装置の配置を変更しなければならない。当然, それぞれの結晶粒の面方位を事前に調べる必要も生じる。そのため, XRT法は多結晶シリコン基板の測定には適しているとは言い難い。一方, 結晶面方位の測定に用いられる透過ラウエパターンに含まれるラウエ斑点は, X線を照射した領域の平均的な歪みなどの格子情報を含んでいる。入射X線のビーム径を小さくすることで, より局所的な情報を得ることが可能となり, さらにマッピング手法と組み合わせることで分布測定も出来る。しかしながら, X線ビーム径を小さくすることでX線強度が

---

*1 Koji Arafune 兵庫県立大学 大学院工学研究科 機械系工学専攻 准教授
*2 Shohei Miki 兵庫県立大学 大学院工学研究科 機械系工学専攻

SPring-8の高輝度放射光を利用したグリーンエネルギー分野における電池材料開発

減少し，露光時間が増加する。この問題を解決するために，放射光を利用して実験を行った。本稿では，ラウエパターンをマッピングし解析する手法の妥当性を検証するために，単結晶および多結晶シリコン基板を用い，従来法であるXRT法と今回提案するラウエパターンマッピング（LPM）法を比較した結果について紹介する。

4.2 実験方法

実験試料として，CZ法により育成した(100)単結晶シリコン基板およびキャスト法により育成した多結晶シリコン基板[5,6]を用意した。なお多結晶シリコン基板は成長方向と平行にスライスしたものである。単結晶・多結晶シリコン基板のどちらも10 mm角にダイシングしている。ダイシングにより切断面近傍に歪が導入されることが予測される。そこで，単結晶シリコン基板におけるダイシングによる歪を，XRT法，LPM法，およびラマン分光法により測定することで，LPM法の有効性を検証した。図1は単結晶シリコン基板の測定領域などを示した概略図である。多結晶シリコン基板の場合は，基板全体の歪分布をLPM法で測定し，基板内の比較的大きな結晶粒に対してはXRT法による測定も実施した。

実験はSPring-8のビームラインBL28B2にて実施した。図2にLPM法の測定装置概略図を示す。入射する白色X線はスリットにより50 μm角に絞った。試料はステッピングモーターにより制御されるステージにより，x, y, z軸での平行移動および回転が可能である。なお，y軸は入射X線

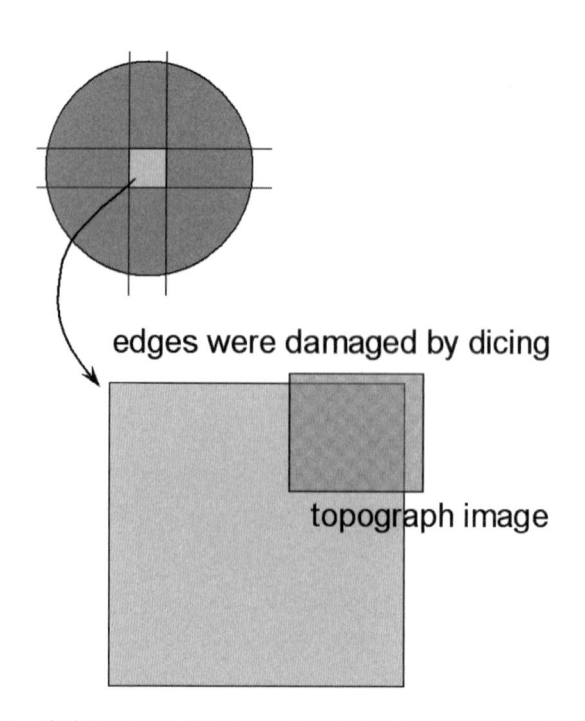

図1　単結晶シリコン基板の切り出し位置および測定領域の概略図

第4章　太陽電池

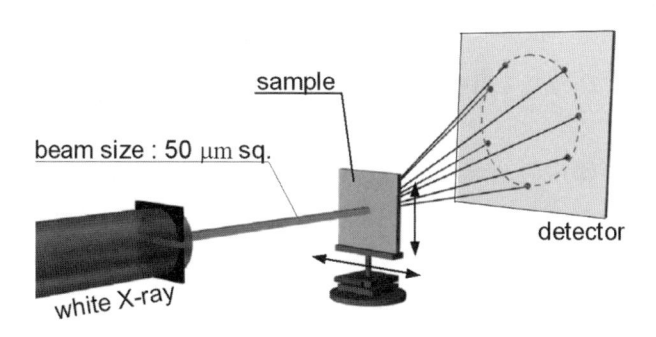

図2　ラウエパターンマッピング（LPM）法の測定装置概略図

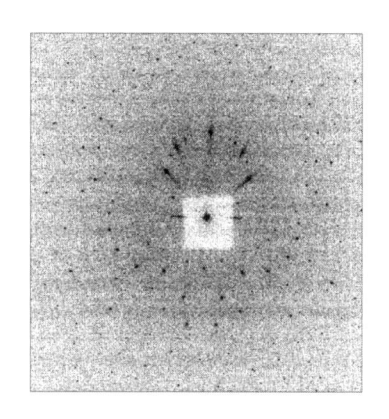

図3　透過ラウエパターンの一例

の方向に対応している。LPM法での測定では，試料を載せたステージをx軸およびz軸方向に直線的に移動させる。測定間隔は，単結晶シリコン基板の場合はライン状に50 μm間隔でエッジから5 mm程度まで，多結晶シリコン基板の場合は上下・左右方向ともに200 μm間隔で60×60＝3600点で測定を行った。なお，X線二次元検出器は試料の背面側15 cmの位置に設置し，透過ラウエパターンを取得する。X線トポグラフ像に関しては，最大で3×5 mm程度の領域を一度に測定可能だが，異なる面方位を有する結晶粒が隣接しているため，回折像が重なることもある。そのため，多結晶シリコン基板の場合は0.5×2.5 mmにX線を絞り，複数のトポグラフ像を合成した。このとき，X線二次元検出器はBragg回折条件を満たす位置に設置する必要がある。

　LPM法では図3に示すような透過ラウエパターンが測定点数分画像データとして得られる。これらの画像データを自作のプログラムにより画像処理し，ラウエスポット検出，スポット重心座標，積分強度などの情報を取り出し，マッピングデータとして再構築する。

4.3 結果および考察
4.3.1 単結晶シリコン基板を用いた歪検出能の検証

　完全な結晶の場合，入射したX線は結晶中で複数回の散乱を起こす（動力学的回折）のに対し，不完全な結晶の場合では1回だけ散乱（運動学的回折）するため，X線強度の高い領域は歪が大きい（不完全）領域と考えることが出来る。試料が単結晶の場合，結晶面方位が明らかであり，かつ均一であるため，X線トポグラフ像の取得は比較的容易である。図4に10 mm角の単結晶シリコン基板の右上部，約3 mm角のX線トポグラフ像を示す。また，画像から抽出したX線回折強度プロファイルも合わせて示している。なお，画像の白い部分はX線強度が高い領域に対応している。図4から明らかなように，基板エッジに沿って切断面から約0.4 mmの領域に歪が導入されていることが確認出来た。

　X線トポグラフ像から得られた結果と比較するために，図4に示した矢印方向に50 μm間隔でエッジから5 mm程度まで，LPM法による測定を行った。比較的強度の高いラウエスポットを選択し，それぞれのラウエスポットから求めたX線回折強度プロファイルを図5に示す。ラウエスポットが異なっていても，ほぼ同じ回折強度分布を示していることが判る。また，X線トポグラフ像から求めた回折強度分布と比較すると，若干の相違はあるものの，ほぼ同一の傾向を示した。さらに，同一領域をラマン分光法により測定したところ，明確な歪は検出されなかった。以上の結果から，LPM法は空間分解能的にはXRT法に劣るものの，歪検出能としてはラマン分光法よりも優れており，歪検出手法として有効であることが確認出来た。

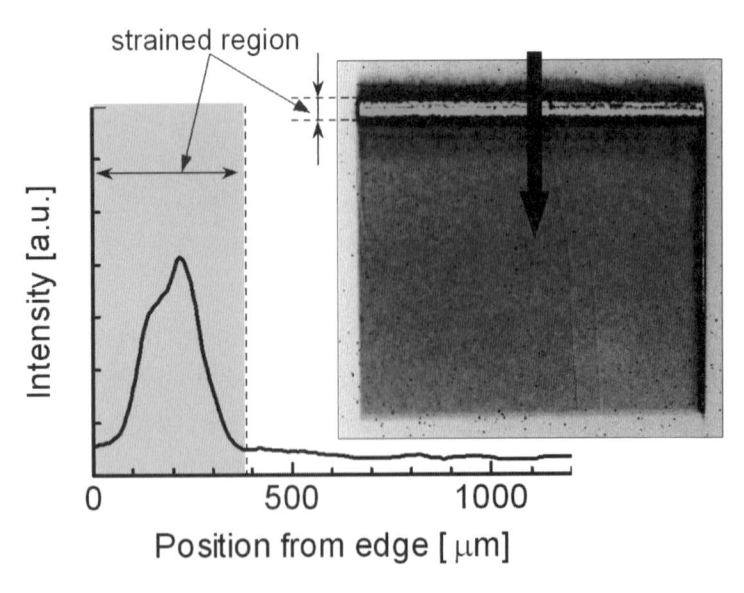

図4　単結晶シリコン基板のX線トポグラフ像および画像から抽出したX線回折強度プロファイル
　　トポグラフ像中の矢印はLPM法およびラマン分光法での測定位置を示している。

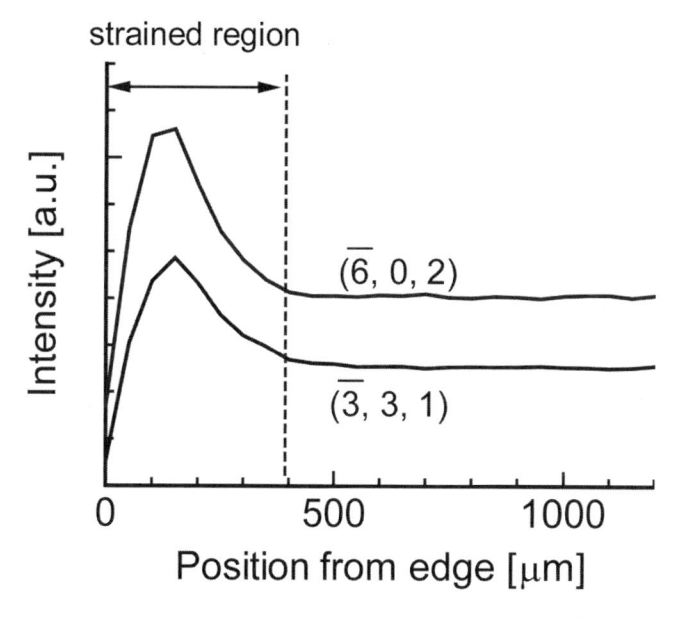

図5 LPM法から求めた単結晶シリコン基板のX線回折強度プロファイル

4.3.2 多結晶シリコン基板への応用

図6に測定に使用した多結晶シリコン基板の光学スキャン画像と電子線後方散乱回折法（EBSD）により求めた面方位分布図を示す。なおスキャン画像中の黒線は，結晶粒界の位置を判別しやすいように書き加えたものであり，面方位分布図では，同一色の部分が同じ面方位であることを示している。試料中の各結晶粒の面方位は大別すると3種類に分類出来，これらの中で最も面積の広いAの面方位に合わせてX線トポグラフ像は取得した。

図7にXRT法とLPM法により得た歪分布を示す。なおX線トポグラフ像では斜め下方向に平行な3本の目立つ濃淡縞が確認出来るが，これは0.5×2.5 mmのトポグラフ像を85枚合成した際に出来た人工的なものである。2つの像の大きな違いはトポグラフ像では面方位Aに対応する結晶粒のみしか情報が得られていないのに対し，LPM法では基板全体の情報が得られている点にある。もちろん，XRT法でも各結晶粒毎に試料の角度，検出器位置を調整することで面方位の異なる結晶粒の情報も得られるが，画像を再構築するためには"張り合わせ"，"切り取り"などの作業を人の判断で行う必要があるため，現実的には困難である。一方，LPM法では，試料と検出器の位置関係は一定であり，画像取得後はプログラムにより処理するため簡便である。歪分布を比較すると，X線トポグラフ像の方が明らかに明瞭（高分解能）である。しかし，分布の傾向は両者で一致している。また，空間分解能に関しても，今回の測定では手法の検証という目的で200 μm間隔で測定しているが，より詳細な情報が得たい場合にはX線ビーム径程度までは分解能を上げることは可能である。

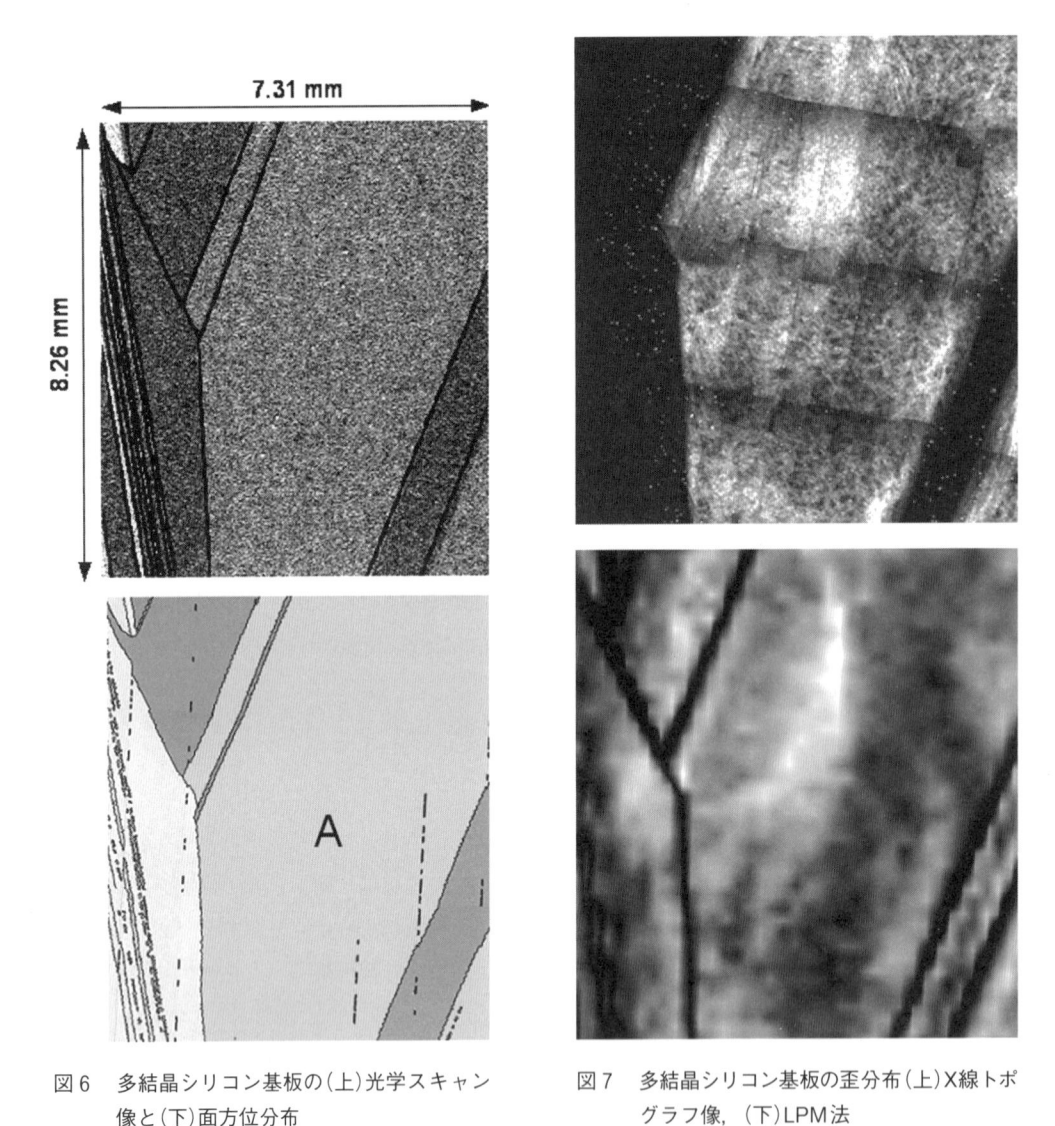

図6　多結晶シリコン基板の(上)光学スキャン像と(下)面方位分布

図7　多結晶シリコン基板の歪分布(上)X線トポグラフ像，(下)LPM法

4.4　まとめ

　多結晶シリコン基板中の歪み分布を評価するために，放射光を利用したラウエパターンマッピング（LPM）法の検討を行った。X線トポグラフ法やラマン分光法と比較した結果，LPM法は多結晶シリコン基板への適合性が他の手法に比べて高いことが示された。また，放射光を利用した微量元素分析やX線誘起電流測定など他の手法と組み合わせることでより多くの情報が得ることが可能であり，太陽電池開発への寄与が期待される。

第4章　太陽電池

謝辞

　放射光実験を実施させていただいた高輝度光科学研究センター（SPring-8，課題番号：2009A1347）およびビームライン担当者の梶原堅太郎氏に感謝致します。また，ラマン分光法による測定で協力頂いた明治大学小椋教授および立花博士に感謝致します。

文　　献

1) 資源エネルギー庁，http://www.enecho.meti.go.jp/saiene/kaitori/index.html
2) F. Li, V.Gracia, S. Danyluk, Proc. IEEE 4th World Conference on Photovoltaic Energy Conversion, p.613（2006）
3) I. D. Wolf, *Semicond. Sci. Technol.*, **11**, p.139（1996）
4) D. K. Bowen, B. K. Tanner, High resolution x-ray diffractometry and topography, CRC Press, Florida（1998）
5) K. Arafune, E. Ohishi, H. Sai, Y. Ohshita, M. Yamaguchi, *J. Crystal Growth*, **308**, 5（2007）
6) K. Arafune, M. Nohara, Y. Ohshita, M. Yamaguchi, *Sol. Energy Mater. Sol. Cells*, **93**, 1047（2009）

5　参考資料

太陽光発電ビジネスの現状と展望

大東威司*

SPring-8 グリーンエネルギー研究会（第3回）
―太陽電池の最前線―

2010年7月30日開催

注：掲載されている内容は2010年当時のものですので、最新情報は各自でご確認されるようお願いいたします。

---

*　Takashi Ohigashi　㈱資源総合システム　太陽光発電事業支援部　担当部長

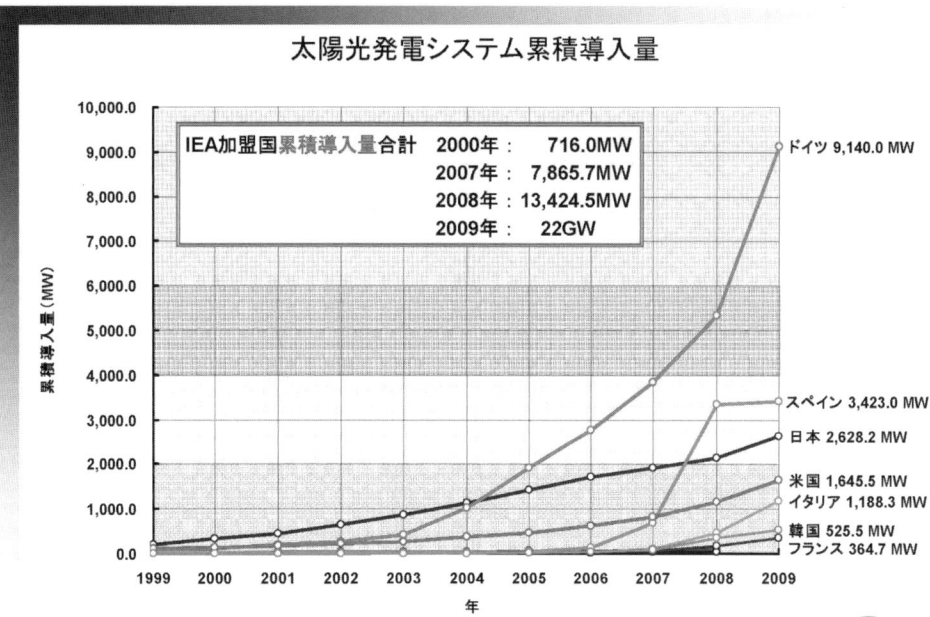

第4章 太陽電池

太陽光発電システム累積導入量

IEA加盟国累積導入量合計
- 2000年： 716.0MW
- 2007年： 7,865.7MW
- 2008年： 13,424.5MW
- 2009年： 22GW

- ドイツ 9,140.0 MW
- スペイン 3,423.0 MW
- 日本 2,628.2 MW
- 米国 1,645.5 MW
- イタリア 1,188.3 MW
- 韓国 525.5 MW
- フランス 364.7 MW

出典：〜2008年：IEA PVPS Task 1, "Trends in Photovoltaic Applications Survey report of selected IEA countries between 1992 and 2008"（2009年9月）
2009年：EPIA "Global Market Outlook for Photovoltaics 2014"（2010年4月）

主要市場における太陽光発電システム市場規模

IEA加盟国年間導入量合計
- 2000年： 208.8MW
- 2007年： 2,238.8MW
- 2008年： 5,558.8MW
- 2009年： 7.2GW

- ドイツ 3,800.0 MW
- イタリア 730.0 MW
- 日本 484.0 MW
- 米国 477.0 MW
- フランス 185.0 MW
- 韓国 168.0 MW
- スペイン 69.0 MW

出典：〜2008年：IEA PVPS Task 1, "Trends in Photovoltaic Applications Survey report of selected IEA countries between 1992 and 2008"（2009年9月）
2009年：EPIA "Global Market Outlook for Photovoltaics 2014"（2010年4月）

世界における太陽電池生産量推移（地域別）

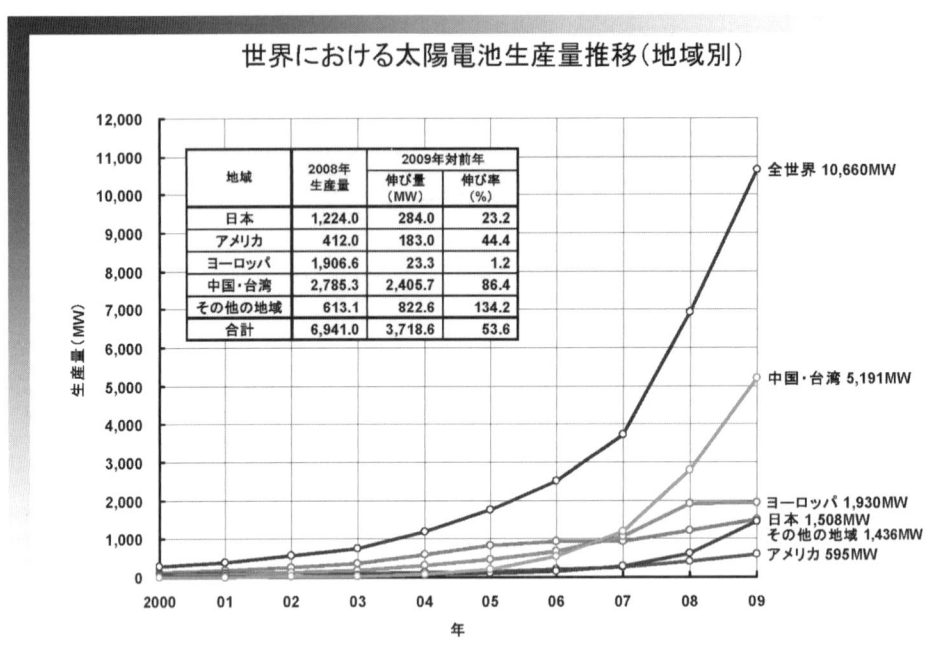

地域	2008年生産量	2009年対前年 伸び量(MW)	2009年対前年 伸び率(%)
日本	1,224.0	284.0	23.2
アメリカ	412.0	183.0	44.4
ヨーロッパ	1,906.6	23.3	1.2
中国・台湾	2,785.3	2,405.7	86.4
その他の地域	613.1	822.6	134.2
合計	6,941.0	3,718.6	53.6

全世界 10,660MW
中国・台湾 5,191MW
ヨーロッパ 1,930MW
日本 1,508MW
その他の地域 1,436MW
アメリカ 595MW

出典：PV News 2009年4月号及び2010年5月号を基に、㈱資源総合システムが作成

世界における太陽電池生産量推移（国別）

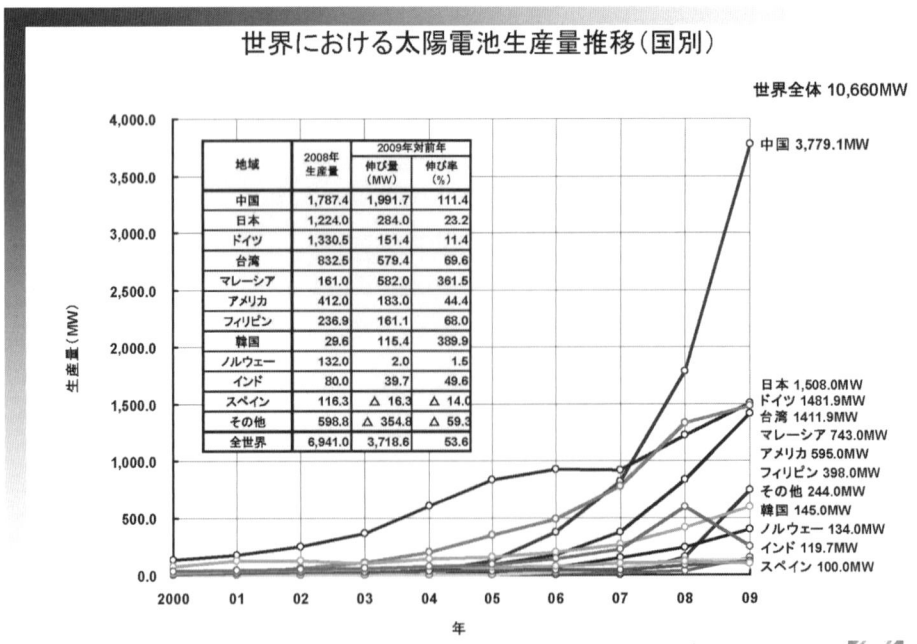

地域	2008年生産量	2009年対前年 伸び量(MW)	2009年対前年 伸び率(%)
中国	1,787.4	1,991.7	111.4
日本	1,224.0	284.0	23.2
ドイツ	1,330.5	151.4	11.4
台湾	832.5	579.4	69.6
マレーシア	161.0	582.0	361.5
アメリカ	412.0	183.0	44.4
フィリピン	236.9	161.1	68.0
韓国	29.6	115.4	389.9
ノルウェー	132.0	2.0	1.5
インド	80.0	39.7	49.6
スペイン	116.3	△ 16.3	△ 14.0
その他	598.8	△ 354.8	△ 59.3
全世界	6,941.0	3,718.6	53.6

世界全体 10,660MW
中国 3,779.1MW
日本 1,508.0MW
ドイツ 1,481.9MW
台湾 1,411.9MW
マレーシア 743.0MW
アメリカ 595.0MW
フィリピン 398.0MW
その他 244.0MW
韓国 145.0MW
ノルウェー 134.0MW
インド 119.7MW
スペイン 100.0MW

出典：PV News 2009年4月号、2010年5月号及び㈱資源総合システム調査を基に一部推定し、作成

第4章 太陽電池

世界における太陽電池生産量推移（材料別）

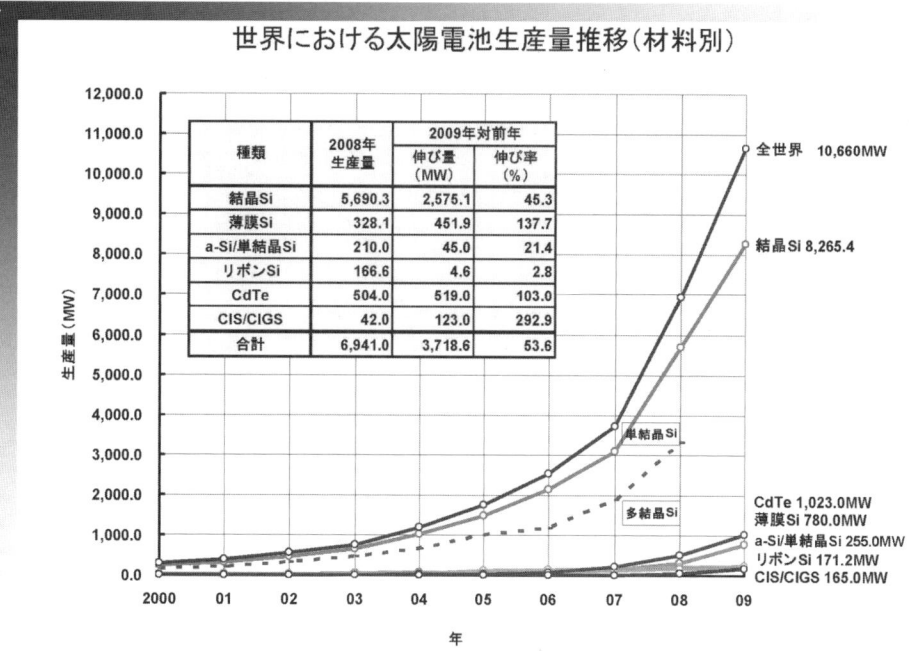

種類	2008年生産量	2009年対前年 伸び量（MW）	2009年対前年 伸び率（％）
結晶Si	5,690.3	2,575.1	45.3
薄膜Si	328.1	451.9	137.7
a-Si/単結晶Si	210.0	45.0	21.4
リボンSi	166.6	4.6	2.8
CdTe	504.0	519.0	103.0
CIS/CIGS	42.0	123.0	292.9
合計	6,941.0	3,718.6	53.6

全世界 10,660MW
結晶Si 8,265.4
CdTe 1,023.0MW
薄膜Si 780.0MW
a-Si/単結晶Si 255.0MW
リボンSi 171.2MW
CIS/CIGS 165.0MW

出典：PV News 2009年4月号及び2010年5月号を基に、㈱資源総合システムが一部推定して作成

世界における主な太陽電池生産企業

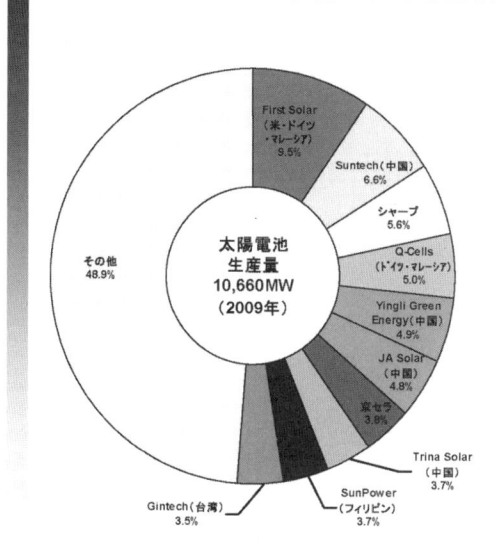

太陽電池生産量 10,660MW（2009年）

順位	企業名（国名）	生産量（MW）
1	First Solar（米・ドイツ・マレーシア）	1,011.0
2	Suntech（中国）	704.0
3	シャープ（日本）	595.0
4	Q-Cells（ドイツ・マレーシア）	537.0
5	Yingli Green Energy（中国）	525.0
6	JA Solar（中国）	509.0
7	京セラ	400.0
8	Trina Solar（中国）	399.0
9	SunPower（フィリピン）	398.0
10	Gintech（台湾）	368.0

- First Solarは、ドイツで196MW、マレーシアで668MW、アメリカで147MW、計1,011MWを生産、世界で初めて1企業で年産1GWを達成し、世界1位を奪取
- Suntechは、対前年比41.5％増の704MWを生産し、700MWを達成、世界第3位から2位に上昇
- シャープは、Q-Cellsを抜き、595MWを生産し、600MW目前、世界4位から3位に上昇
- 日本は、第7位京セラ、第13位三洋電機、第22位三菱電機となり順位が大きく後退、この他カネカ、三菱重工業、ホンダソルテック、富士電機、昭和シェル石油、クリーンベンチャー21

出典：PV News 2009年4月号及び2010年5月号を基に、㈱資源総合システムが作成

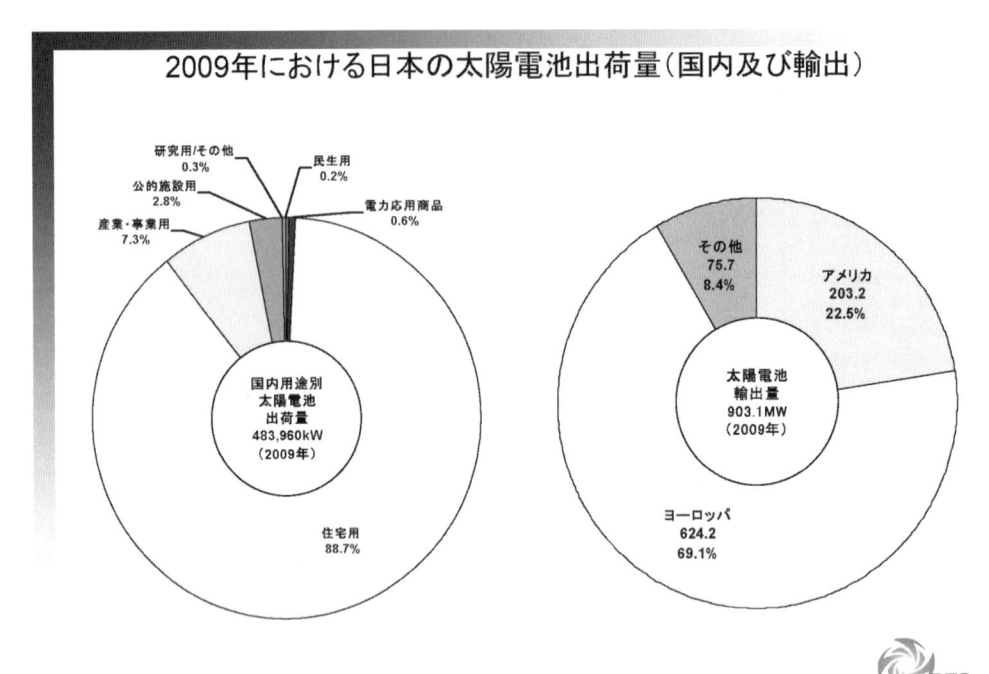

SPring-8の高輝度放射光を利用したグリーンエネルギー分野における電池材料開発

2009年における日本の太陽電池出荷量(国内及び輸出)

国内用途別太陽電池出荷量 483,960kW (2009年)
- 住宅用 88.7%
- 産業・事業用 7.3%
- 公的施設用 2.8%
- 研究用/その他 0.3%
- 民生用 0.2%
- 電力応用商品 0.6%

太陽電池輸出量 903.1MW (2009年)
- ヨーロッパ 624.2 69.1%
- アメリカ 203.2 22.5%
- その他 75.7 8.4%

出典:光発電協会(JPEA)/(財)光産業技術振興協会調査統計報告を基に㈱資源総合システム作成

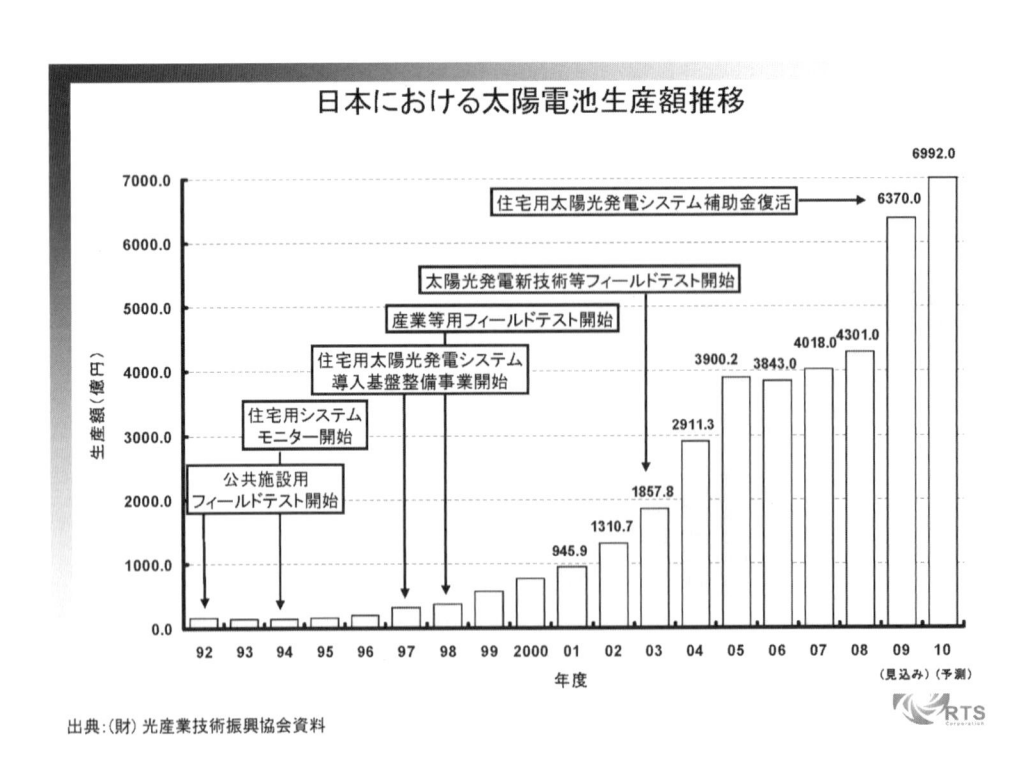

日本における太陽電池生産額推移

年度	生産額(億円)
99	945.9
2000	1310.7
01	1857.8
02	2911.3
03	3900.2
04	3843.0
05	4018.0
06	4301.0
07	6370.0
08	6992.0

- 公共施設用フィールドテスト開始 (92)
- 住宅用システムモニター開始 (94)
- 住宅用太陽光発電システム導入基盤整備事業開始 (97)
- 産業等用フィールドテスト開始 (98)
- 太陽光発電新技術等フィールドテスト開始 (03)
- 住宅用太陽光発電システム補助金復活 (09)

(見込み)(予測)

出典:(財)光産業技術振興協会資料

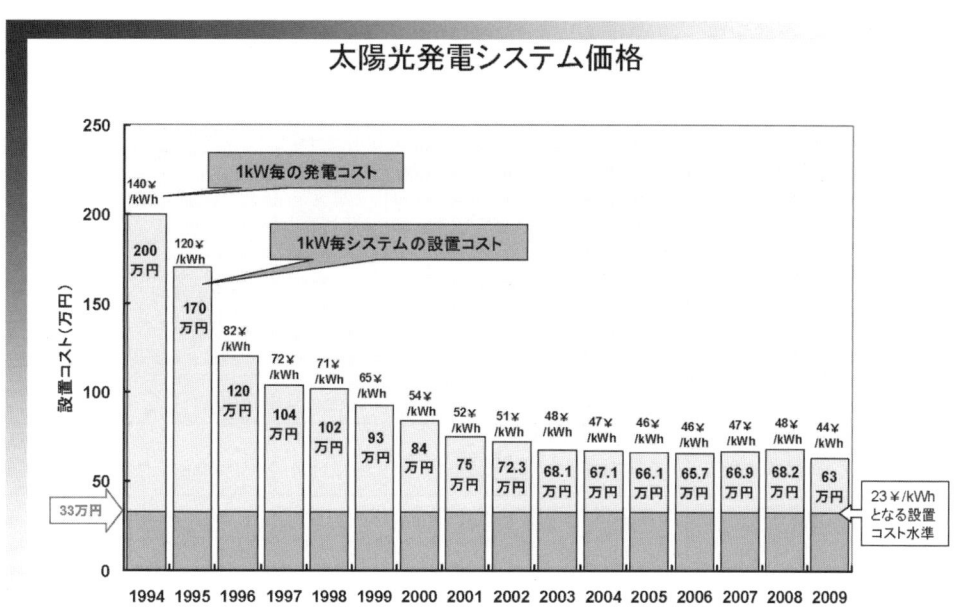

第4章 太陽電池

太陽光発電システム価格

(グラフ:設置コスト(万円)と1kW毎の発電コスト、1994年～2009年)

年	設置コスト	発電コスト
1994	200万円	140¥/kWh
1995	170万円	120¥/kWh
1996	120万円	82¥/kWh
1997	104万円	72¥/kWh
1998	102万円	71¥/kWh
1999	93万円	65¥/kWh
2000	84万円	54¥/kWh
2001	75万円	52¥/kWh
2002	72.3万円	51¥/kWh
2003	68.1万円	48¥/kWh
2004	67.1万円	47¥/kWh
2005	66.1万円	46¥/kWh
2006	65.7万円	46¥/kWh
2007	66.9万円	47¥/kWh
2008	68.2万円	48¥/kWh
2009	63万円	44¥/kWh

33万円 → 23¥/kWhとなる設置コスト水準

利率:4%、寿命:20年、システム利用率:12%

出典:経済産業省資料及びNEF資料を基に、㈱資源総合システムが追加、加筆

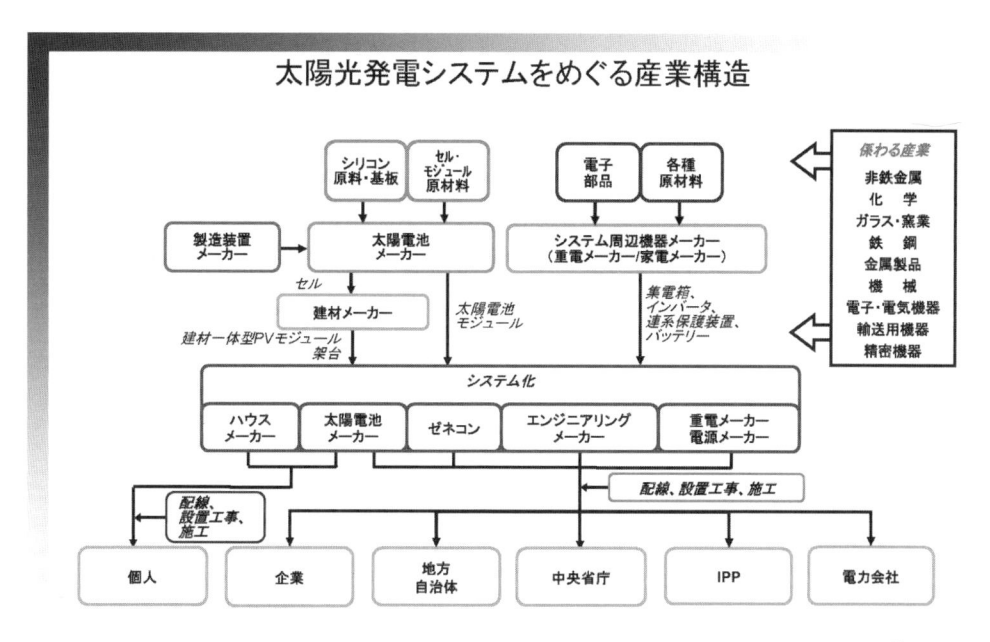

太陽光発電システムをめぐる産業構造

関わる産業:
- 非鉄金属
- 化学
- ガラス・窯業
- 鉄鋼
- 金属製品
- 機械
- 電子・電気機器
- 輸送用機器
- 精密機器

(産業構造フロー図)
- シリコン原料・基板、セル・モジュール原材料 → 製造装置メーカー → 太陽電池メーカー
- 電子部品、各種原材料 → システム周辺機器メーカー(重電メーカー/家電メーカー)
- 太陽電池メーカー → 建材メーカー(セル)、太陽電池モジュール
- システム周辺機器メーカー → 集電箱、インバータ、連系保護装置、バッテリー
- 建材一体型PVモジュール、架台 → システム化
- システム化 → ハウスメーカー、太陽電池メーカー、ゼネコン、エンジニアリングメーカー、重電メーカー・電源メーカー
- 配線、設置工事、施工
- → 個人、企業、地方自治体、中央省庁、IPP、電力会社

出典:太陽光発電事業戦略支援データ(㈱資源総合システム 2009年9月)

193

SPring-8の高輝度放射光を利用したグリーンエネルギー分野における電池材料開発

太陽光発電システム支援施策

支援施策：フィードイン・タリフや補助金等が主流だが、地球温暖化ガス削減目標が強化されるとRPSや建物への設置義務等の義務付けが強化される可能性がある

	財政的支援				義務付け	
	フィードイン・タリフ FIT	余剰電力購入 /Netmetering	補助金 Subsidy	税額控除 Tax Credit	RPS	設置義務 Building Code
種類	発電量(kWh)に対する補助（優遇価格）	発電量(kWh)に対する補助（等価）	kWに対する補助	kW/価格	再生可能エネルギー利用量の義務	制度
欧州	◎ (ドイツ、スペイン、イタリア、フランス等21ヶ国）、英(2010)	△ (ベルギー等5ヶ国)	△ (ベルギー、キプロス、イギリス等 11ヶ国)	○ (フランス等 8ヶ国)	△ (イギリス、イタリア、スウェーデン、ポーランド、ハンガリー、ベルギー) 含むグリーン電力証書	△ (スペイン、イタリア)
米国	△ (ワシントン州他)	○ (42州＋DC)	△ (35州)	◎ (連邦/21州)	○ (28+5州)**	
日本	◎(電力) 余剰電力倍額買取 2009年11月〜-	◎(電力) 〜2009年10月まで	◎ (国、自治体、電力)	-	△(国)	
その他	韓国、カナダ(州)、オーストラリア(州)、インド(州)等、台湾		韓国、オーストラリア、インド、マレーシア、台湾等、中国			韓国

出典：(株)資源総合システム調べ

日本における普及支援体制の強化

新国家エネルギー戦略 (2006/5/31)
↓
福田ビジョン (2008/6/24) → 太陽光発電の普及拡大を表明
↓
低炭素社会づくり行動計画 (2008/7/29) → 太陽光発電導入量：2020年 14GW / 2030年 53GW
↓
未来開拓戦略・J-Recovery Plan (2009/4/11) → 太陽光発電導入量：2020年 28GW / 太陽光発電世界一プラン
↓
麻生首相 温暖化ガス削減の中期目標 (2009/6/10) → 2005年比15%削減表明
↓
エネルギー供給構造高度化法 (2009/7/1) ← 太陽光発電 余剰電力購入義務化
↓
新買取制度 (2009/8/25) ← 買取額 住宅用太陽光発電：48円/kWh 非住宅：24円 (2009年11月開始)
↓
全量買取制度(検討中) (〜2010/3〜)

第4章　太陽電池

太陽光発電市場と導入量の変化（日本の導入シナリオ）

政府の導入普及政策に依存した市場形成（日本の加速）

- 2030年目標 5300万kW（40倍）
- 2005年の約20倍
- 住宅用：約530万戸
- 700万kl（2800万kW）
- 住宅用 1,960万kW
- 非住宅用 840万kW
- 年率30%以上の伸びが必要
- 350万kl（1400万kW）
- 系統対策の技術開発が必要
- 3～4年前倒し
- 2005年の約10倍
- 新たな買取制度の実施
- 住宅用：約32万戸
- 35万kl（140万kW）
- 住宅約7割
- 非住宅約3割
- 住宅約8割
- 非住宅約2割
- 住宅用太陽光発電補助金開始

- ・導入目標（2020年28GW、2030年53GW）
- ・太陽光発電の新たな買取制度の創設
- ・太陽光発電の導入抜本加速（公共施設、公的施設、農業用施設）
- ・太陽光発電の導入の推進
- ・新エネ導入支援事業の支援拡充（民間施設）
- ・住宅用太陽光補助金の拡充
- ・太陽光発電設備等環境配慮型施設設置 小中学校に対する環境教育促進・支援事業

出典：第34回 新エネルギー部会資料（2009年4月24日）、㈱資源総合システムにより追記

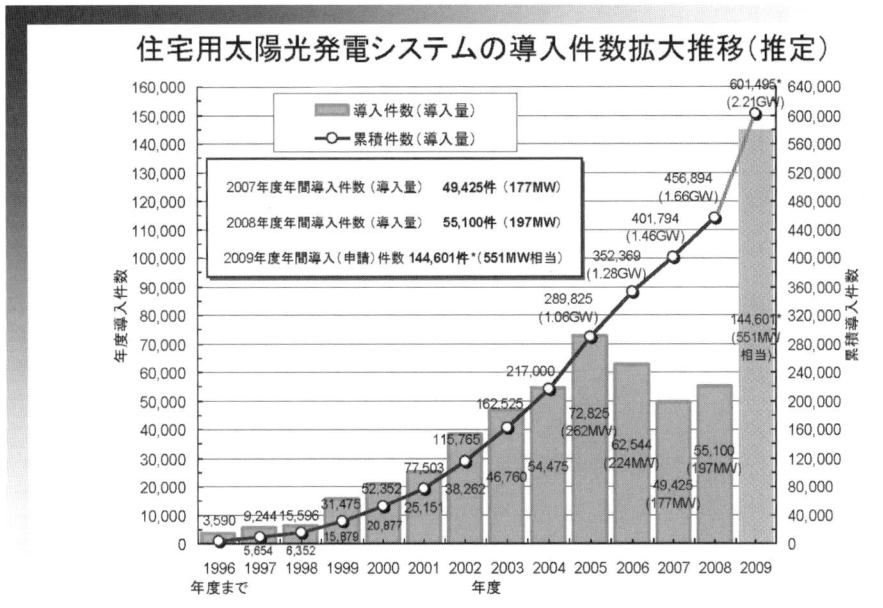

住宅用太陽光発電システムの導入件数拡大推移（推定）

年度別導入件数（導入量）：
- 1996年度まで：3,590件
- 1997年度：5,654件
- 1998年度：6,352件
- 1999年度：15,879件
- 2000年度：20,877件
- 2001年度：25,151件
- 2002年度：38,262件
- 2003年度：46,760件
- 2004年度：54,475件
- 2005年度：72,825件（262MW）
- 2006年度：62,544件（224MW）
- 2007年度：49,425件（177MW）
- 2008年度：55,100件（197MW）
- 2009年度：144,601件*（551MW相当）

累積件数（導入量）：
- 1996年度まで：3,590
- 1997年度：9,244
- 1998年度：15,596
- 1999年度：31,475
- 2000年度：52,352
- 2001年度：77,503
- 2002年度：115,765
- 2003年度：162,525
- 2004年度：217,000
- 2005年度：289,825（1.06GW）
- 2006年度：352,369（1.28GW）
- 2007年度：401,794（1.46GW）
- 2008年度：456,894（1.66GW）
- 2009年度：601,495*（2.21GW）

- 2007年度年間導入件数（導入量）　49,425件（177MW）
- 2008年度年間導入件数（導入量）　55,100件（197MW）
- 2009年度年間導入（申請）件数　144,601件*（551MW相当）

*2008年度までは新エネルギー導入促進協議会（NEPC）データ、2009年度は太陽光発電普及拡大センター（J-PEC）公表の申請受理件数（2010年4月現在）。2009年度の設備容量は、別途J-PECが公表した交付決定データの平均設備容量（3.81kW/件）を用いて試算。

出典：太陽光発電普及拡大センター（J-PEC）、新エネルギー導入促進協議会（NEPC）データを基に株式会社資源総合システムが作成

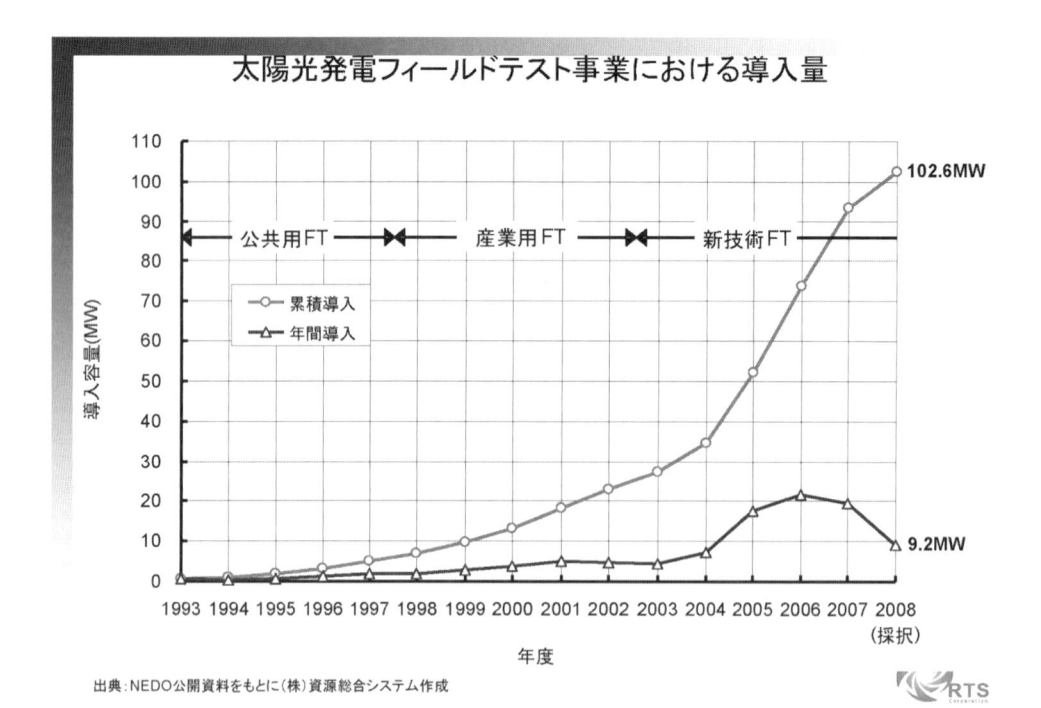

太陽光発電フィールドテスト事業における導入量

凡例：
- 公共用FT → 産業用FT → 新技術FT
- 累積導入
- 年間導入

2008年（採択）：累積導入 102.6MW、年間導入 9.2MW

出典：NEDO公開資料をもとに（株）資源総合システム作成

2009年度 地域新エネ・事業者支援事業採択結果

上段：件数
下段：容量（kW）

事業名	第1次公募	第2次公募	第3次公募	第4次公募	合計
地域新エネルギー等導入促進事業	237	98	151	61	547
	38,662	4,142	6,155	24,561	73,480
新エネルギー等事業者支援対策事業	266	183	112		548
	32,825	9,582	9,732		50,661

普及啓発事業事業　設計のみの案件を除く
出典：一般社団法人 新エネルギー普及促進協議会（NEPC）資料を元に（株）資源総合システムが集計

第4章　太陽電池

電力会社による大規模太陽光発電所（実績および計画）

	電力会社	容量	設置場所	稼働開始	備考
実績	北海道電力	5 MW	北海道稚内市	2007～09年	NEDOの大規模電力供給用太陽光発電系統安定化等実証研究
	電源開発	1 MW	福岡県北九州市	2008年	響灘太陽光発電所、稼働中
計画	北海道電力	1 MW	北海道伊達市	2011年	伊達火力発電所構内（伊達メガソーラー発電所）
	東北電力	2 MW	宮城県七ヶ浜町	2012年	仙台火力発電所構内
		1.5 MW	青森県八戸市	2012年	八戸火力発電所構内
		1 MW	福島県南相馬市	2013年度	原町太陽光発電所（原町火力発電所構内）
	東京電力	13 MW	神奈川県川崎市	2011年	扇島太陽光発電所、神奈川県川崎市と共同事業、日立/NTTファシリティーズ/京セラ
		7 MW	神奈川県川崎市	2011年	浮島太陽光発電所、、神奈川県川崎市と共同事業、東芝/シャープ
		10 MW	山梨県甲府市	2011年	米倉ニュータウン造成地、山梨県と共同事業、2011年5MW稼働
	中部電力	7.75 MW	愛知県武豊町	2011年	メガソーラーたけとよ、武豊火力発電所構内、東芝/シャープ
		1 MW	長野県飯田市	2011年度	メガソーラーいいだ、長野県飯田市と共同事業
	北陸電力	1 MW	富山県富山市	2011年	富山火力発電所敷地内（富山メガソーラー発電所）
		1 MW	石川県珠洲市	2012年	宝立小学校跡地、（珠洲メガソーラー発電所）
		1 MW	福井県坂井町	2012年	テクノポート福井、総工費10億円、（三国メガソーラ発電所）
		1 MW	石川県志賀町	2011年	能登中核工業団地内
	関西電力	18 MW	大阪府堺市	2011年	シャープ堺コンビナート、シャープと共同事業
		10 MW	大阪府堺市	2010年	産業廃棄物埋立地、大阪府堺市と共同事業、総工費50億円、2010年3MW稼働
		1 MW	福井県敦賀市	2012年	若狭地方
	中国電力	3 MW	広島県福山市	2012年	埋立地・未利用遊休地（福山太陽光発電所）
		未定	広島県廿日市市	未定	大野研修所跡地（候補地）
	四国電力	4 MW	愛媛県松山市	2011年	松山太陽光発電所の増設、総工費30億～40億円、1.74MW(2011)、2.3MW(2021)
	九州電力	10 MW	長崎県大村市	2012年	大村火力発電所跡地
		3 MW	福岡県大牟田市	2010年	総工費18億円、西日本プラント工業/京セラ
	沖縄電力	4 MW	沖縄県宮古島	2010年	離島独立型系統新エネルギー導入実証事業（離島マイクログリッド）、東芝/シャープ

© 株式会社資源総合システム　電気事業連合会（電事連）は、電力10社で合計140MWの導入を発表（2008/10/10）

民間及び自治体による大規模太陽光発電システム設置実績と計画

	電力会社	容量	設置場所	稼働開始
実績	再春館製薬所	1.59MW	熊本県益城町	2001～2007年
	ヒルズガーデン清田	～1MW	北海道札幌市	2003年
	島精機製作所	1.02MW	和歌山県和歌山市	2003～2005年
	パルタウン城西の杜	2.13MW	群馬県太田市	2003～2007年
	産業技術総合研究所	1.014 MW	茨城県つくば市	2004年
	東京都	1.2MW	埼玉県朝霞市	2005年
	シャープ、シーエナジー	5.22MW	三重県亀山市	2006年
	佐久咲くひまわり	約1 MW	長野県佐久市	2006～2009年
	おひさま進歩エネルギー	約1 MW	長野県飯田市	2006～2009年
	よさこいメガソーラー	約1 MW	高知県香南市	2006～2009年
	トヨタ自動車	2.007MW	愛知県豊田市	2008年
	NTTファシリティーズ、NEDO	2 MW	山梨県北杜市	2008～2009年
	プロロジス	1 MW	神奈川県座間市	2009年
計画	羽田太陽光発電	2 MW	東京都大田区	2010年
	中部高速道路	1.95 MW	愛知県	2010年度
	レンゴー	1.535 MW	福島県矢吹町	2010年
	日本空港ビルディング	1.24MW	東京都大田区	2010年
	昭和シェルソーラー	1 MW	宮崎県清武町	2010年
	兵庫県淡路市	1 MW級	兵庫県淡路市	2010年
	新潟県、昭和シェル石油	1 MW	新潟市東区	2010年
	トステム有明工場	3.75 MW	熊本県長洲町	2011年
	国際環境ソリューションズ	1 MW	宮崎県都農町	2011年
	新潟県	1 MW	新潟県阿賀野市	2011年度
	東京都	2 MW	東京都江東区豊洲	未定
	柏プロパティ特定目的会社	1.485 MW	東京都	未定
	横浜市	1 MW	神奈川県横浜市	未定

© 株式会社資源総合システム

欧州における支援制度・施策

EU	・2020年までに、再生可能エネルギー導入目標量20%に設定（今後加盟国各国が実行計画を策定） ・ヨーロッパソーラー計画 　2020年までに電力消費量の12%をPVで賄う目標 ・戦略的研究開発実行計画を発表（PV技術プラットフォーム）
ドイツ	・2009年からのFITを改定し、低減率の引上げ、2010年に改定 ・低利融資プログラム（ドイツ開発銀行（KfW））
スペイン	・2009年からのFITを改定し、年間導入量500MWにキャッピング ・電力買取り額の低減、建物への導入を優遇
フランス	・FITに加え、導入に対する税額控除の実施、建物への導入を優遇、2010年1月に改定 ・2020年までの導入目標量を、5,400MWに設定 ・国内各地に大規模発電所建設を計画
イタリア	・FITによる導入上限を、1,200MWに設定 ・2016年の導入目標量を、3,000MWに設定 ・建物一体型を優遇

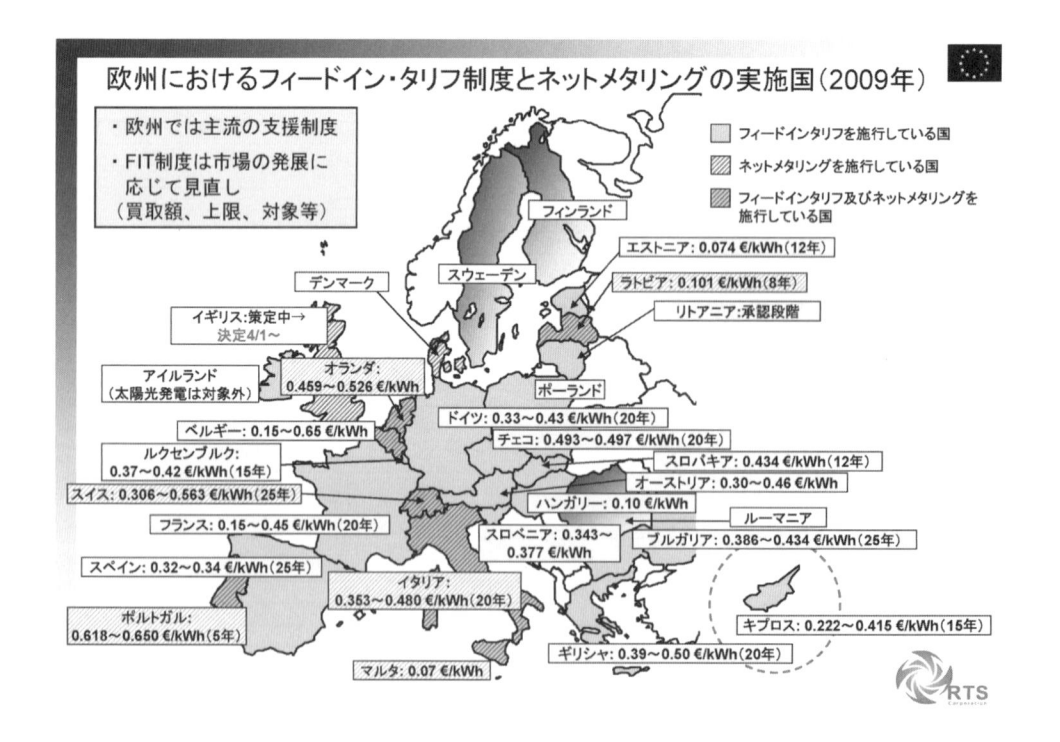

欧州におけるフィードイン・タリフ制度とネットメタリングの実施国（2009年）

・欧州では主流の支援制度
・FIT制度は市場の発展に応じて見直し
　（買取額、上限、対象等）

凡例：
- フィードインタリフを施行している国
- ネットメタリングを施行している国
- フィードインタリフ及びネットメタリングを施行している国

- フィンランド
- エストニア: 0.074 €/kWh（12年）
- スウェーデン
- ラトビア: 0.101 €/kWh（8年）
- デンマーク
- リトアニア: 承認段階
- イギリス: 策定中→決定4/1〜
- オランダ: 0.459〜0.526 €/kWh
- アイルランド（太陽光発電は対象外）
- ポーランド
- ベルギー: 0.15〜0.65 €/kWh
- ドイツ: 0.33〜0.43 €/kWh（20年）
- ルクセンブルク: 0.37〜0.42 €/kWh（15年）
- チェコ: 0.493〜0.497 €/kWh（20年）
- スロバキア: 0.434 €/kWh（12年）
- スイス: 0.306〜0.563 €/kWh（25年）
- オーストリア: 0.30〜0.46 €/kWh
- フランス: 0.15〜0.45 €/kWh（20年）
- ハンガリー: 0.10 €/kWh
- ルーマニア
- スロベニア: 0.343〜0.377 €/kWh
- ブルガリア: 0.386〜0.434 €/kWh（25年）
- スペイン: 0.32〜0.34 €/kWh（25年）
- イタリア: 0.353〜0.480 €/kWh（20年）
- ポルトガル: 0.618〜0.650 €/kWh（5年）
- キプロス: 0.222〜0.415 €/kWh（15年）
- マルタ: 0.07 €/kWh
- ギリシャ: 0.39〜0.50 €/kWh（20年）

第4章　太陽電池

ドイツのフィードイン・タリフ制度改正（7月8日現在）

2008年以降の太陽光発電フィードイン・タリフの低減率と買取額　　FIT単位：ユーロセント/kWh

年	ルーフトップ ≦30kW		>30kW		>100kW		>1,000kW		地上設置 一般*1		転換地*1		農地	自家消費ボーナス*2
	低減率	FIT	低減率	FIT	低減率	FIT	低減率	FIT	低減率	FIT	低減率	FIT		
2008年		46.75		44.48		43.99		43.99	35.49Ct/kWh					
2009年	8%	43.01	8%	40.91	10%	39.58	25%	33.00	低減率；10%、FIT；31.94Ct/kWh					
2010年1月	8+1%	39.14	8+1%	37.23	10+1%	35.23	10+1%	29.37	低減率；10+1%、FIT；28.43					22.76
2010年7月	13%	34.05	13%	32.39	13%	30.65	13%	25.55	12%	25.02	8%	26.16		16.50/ 20.88*2
2010年10月	3%*3	32.88	3%*3	31.27	3%*3	29.59	3%*3	24.67	3%*3	24.16	3%*3	25.30	廃止	
2011年1月	9%+SS		9%+SS		9%+SS		9%+SS		9%+SS		9%+SS			9%+SS

*1：地上設置・一般：商業地・工業地・高速道路・鉄道隣接地など、転換地：軍事基地跡地、廃棄物処理上跡地、土壌汚染地域など
*2：自家消費ボーナスは、自家消費率30%以下であれば16.50ユーロセント/kWh、30%以上であれば20.88ユーロセント、最大500kW
*3：2010年10月の低減率3%の母数は2010年7月以前のタリフ

フィードイン・タリフ低減のための「スライディング・スケール（SS）」における調整ポイント

適用年	カウント時期	調整ポイント
2010年適用	2008年10月～2009年9月導入量	1.5GW超＋1%ポイント、1GW未満－1%ポイント
2011年適用	2010年6月～2010年9月導入量から外挿	2.5～3.5GWで9%、1GW増減毎に±1%ポイント
2012年適用	2010年10月～2011年9月	ベース値（未定）で9%、1GW±3%ポイント

出典：各種資料から（株）資源総合システムが作成

米国の制度・施策概況

連邦政府
- 「金融安定化法」により、ITC（太陽光発電システムの導入法人・個人に対する所得税控除）を2016年まで延長、さらに住宅向けの上限撤廃、電力事業者へも適用
- 「アメリカ復興再投資法（ARRA）」により、太陽光発電システム導入拡大取り組みを本格化し、グリーンカラーの雇用創出、再生可能エネルギーシェアを2025年に25%設定を提案

州政府
- RPS、補助金制度、ネットメタリングにより導入を支援
- 「アメリカ復興再投資法（ARRA）」の州政府エネルギープログラム（SEP）により導入を支援等

電力事業者
- RPS達成のために太陽光発電の導入を推進：①自社で太陽光発電所を導入、②太陽光発電所からの電力を買取、③ソーラー証書取引

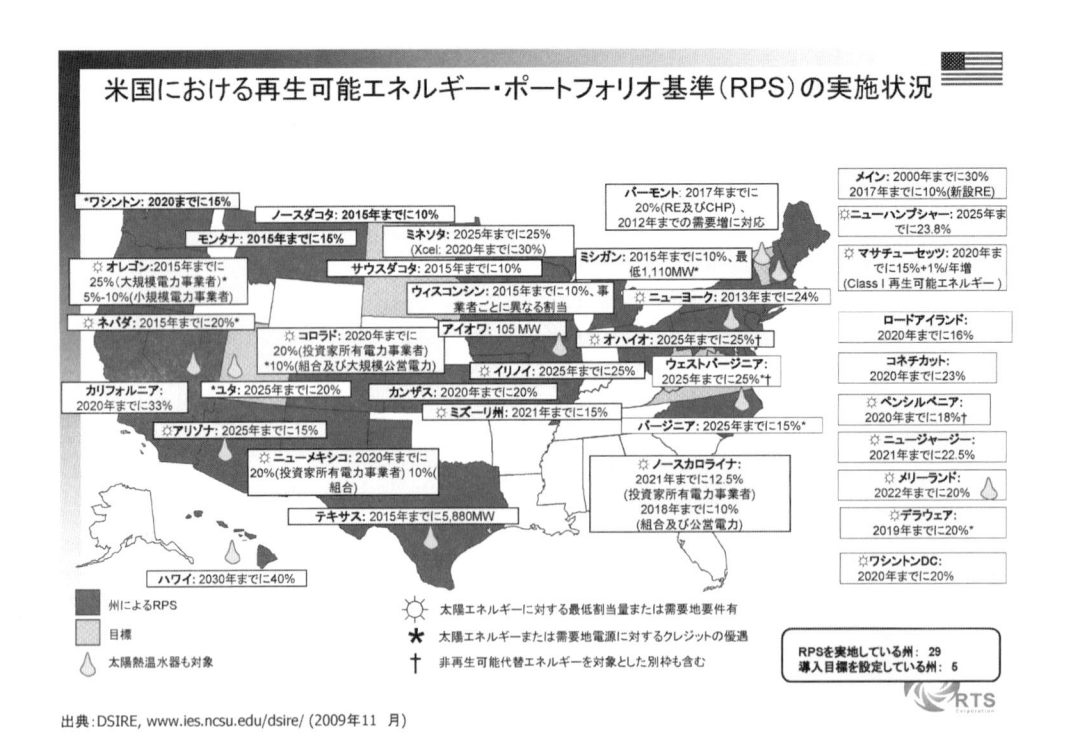

SPring-8の高輝度放射光を利用したグリーンエネルギー分野における電池材料開発

米国における再生可能エネルギー・ポートフォリオ基準（RPS）の実施状況

- *ワシントン: 2020年までに15%
- ノースダコタ: 2015年までに10%
- モンタナ: 2015年までに15%
- ミネソタ: 2025年までに25%（Xcel: 2020年までに30%）
- バーモント: 2017年までに20%（RE及びCHP）、2012年までの需要増に対応
- メイン: 2000年までに30% 2017年までに10%（新設RE）
- ☼ オレゴン: 2015年までに25%（大規模電力事業者）*5%-10%（小規模電力事業者）
- サウスダコタ: 2015年までに10%
- ミシガン: 2015年までに10%、最低1,110MW*
- ☼ ニューハンプシャー: 2025年までに23.8%
- ☼ マサチューセッツ: 2020年までに15%+1%/年増（Class I 再生可能エネルギー）
- ☼ ネバダ: 2015年までに20%*
- ウィスコンシン: 2015年までに10%、事業者ごとに異なる割当
- ☼ ニューヨーク: 2013年までに24%
- ロードアイランド: 2020年までに16%
- アイオワ: 105MW
- コロラド: 2020年までに20%（投資家所有電力事業者）*10%（組合及び大規模公営電力）
- ☼ オハイオ: 2025年までに25%†
- コネチカット: 2020年までに23%
- カリフォルニア: 2020年までに33%
- ☼ ユタ: 2025年までに20%
- イリノイ: 2025年までに25%
- ウェストバージニア: 2025年までに25%*†
- ☼ ペンシルベニア: 2020年までに18%†
- ☼ アリゾナ: 2025年までに15%
- カンザス: 2020年までに20%
- ミズーリ州: 2021年までに15%
- バージニア: 2025年までに15%*
- ニュージャージー: 2021年までに22.5%
- ニューメキシコ: 2020年までに20%（投資家所有電力事業者）10%（組合）
- ☼ ノースカロライナ: 2021年までに12.5%（投資家所有電力事業者）2018年までに10%（組合及び公営電力）
- ☼ メリーランド: 2022年までに20%
- テキサス: 2015年までに5,880MW
- ☼ デラウェア: 2019年までに20%*
- ☼ ワシントンDC: 2020年までに20%
- ハワイ: 2030年までに40%

- ■ 州によるRPS
- □ 目標
- 💧 太陽熱温水器も対象
- ☼ 太陽エネルギーに対する最低割当量または需要地要件有
- ★ 太陽エネルギーまたは需要地電源に対するクレジットの優遇
- † 非再生可能代替エネルギーを対象とした別枠を含む

RPSを実地している州: 29
導入目標を設定している州: 5

出典：DSIRE, www.ies.ncsu.edu/dsire/ (2009年11月)

米国における大規模太陽光発電システムの設置計画
・現時点で数GWの設置計画（パイプライン）が存在

プロジェクト名	容量(MW)	売電先電力事業者	開発業者	設置場所(州)	完成予定年	太陽電池
Topaz Solar Farm	550	Pacific Gas & Electric (PG&E)		カリフォルニア	2011~2013	
PG&E PV DG Program	500	PG&E		カリフォルニア	2015	
Stateline	300	Southern California Edison	First Solar	カリフォルニア	2013	CdTe
SCE DG PV Program	250	Southern California Edison		カリフォルニア	2008~2012	
California Valley Solar Ranch	250	PG&E		カリフォルニア	2010-2012	
Desert SunLight	250	Southern California Edison	First Solar	カリフォルニア	2012	CdTe
AV Solar Ranch One	230	PG&E	NextLight	カリフォルニア	2013	sc-Si
Boulder City Solar	150	Boulder City Council	NextLight	ネバダ	2013	
APS DG Program	125	Arizona Public Service		アリゾナ	2009~2013	
Solar 4All DG PV Program	120	PSEG		ニュージャージー	2009~2013	
CPS Energy Solar Project	100	CPS Energy	juwi solar	テキサス	2011	CdTe
SDG&E DG PV Program	77	San Diego Gas & Electric		カリフォルニア	未定	
Babcock Ranch Project	75	Florida Power & Light		フロリダ	2010	
LIPA PPA (2 plants)	50	Long Island Power Authority		ニューヨーク	2011	
El Dorado Solar II	48	PG&E	Sempra Generation	ネバダ	2010	CdTe
Lucerme Valley Solar Project	45	Southern California Edison	Chevron Energy Solutions	カリフォルニア	2012	CdTe
JCP&L DG PV Program	42	Jersey Central P&L		ニュージャージー	2012	
Brookhaven National Labs	36.9	Long Island Power Authority	BP	ニューヨーク	2011	

金太陽プロジェクト(Golden Sun Project)

・財政部、科学技術部、国家能源局が共同で2009年7月21日に発表
・太陽光発電の産業化、大規模化が目的
・各地の電力事業者に対し太陽光発電に対する系統連系要件のための条件整備が義務付け
・今後2～3年以内に500MW以上(最大680MW)のプロジェクトに対して財政補助を通じた支援を実施、補助対象は
　　- 系統連系形大規模太陽光発電プロジェクト(50%補助)
　　- 独立型太陽光発電システム・プロジェクト(70%補助)
　　- ポリシリコン生産(利子補給・補助)
　　- 送配電設備の整備(利子補給・補助)
・発電電力の買取価格は、中央政府の査定した現地の脱硫施設付石炭火力発電標準売電価格に従い全量買取(住宅用等の余剰電力買取も同額)

中国において公表されている大規模導入計画

地域	発表設置容量(MW)	プロジェクト数
Inner Mongolia(内蒙古自治区)	2,301.26	4
Jiangsu(江蘇省)	1,500.03	3
Qinghai(青海省)	1,500	2
Ningxia(寧夏回族自治区)	1,400	4
Sichuan(四川)	500	1
Jiangxi(江西省)	310	2
Shaanxi(陝西省)	305	2
Yunnan(雲南省)	266	2
Gansu(甘粛省)	190	2
Hainan(海南省)	100	1
Zhejiang(浙江省)	50	1
Tibet(チベット自治区)	10	1
Shanghai(上海)	1	1
合計	8,433.29	26

出典:Photon International

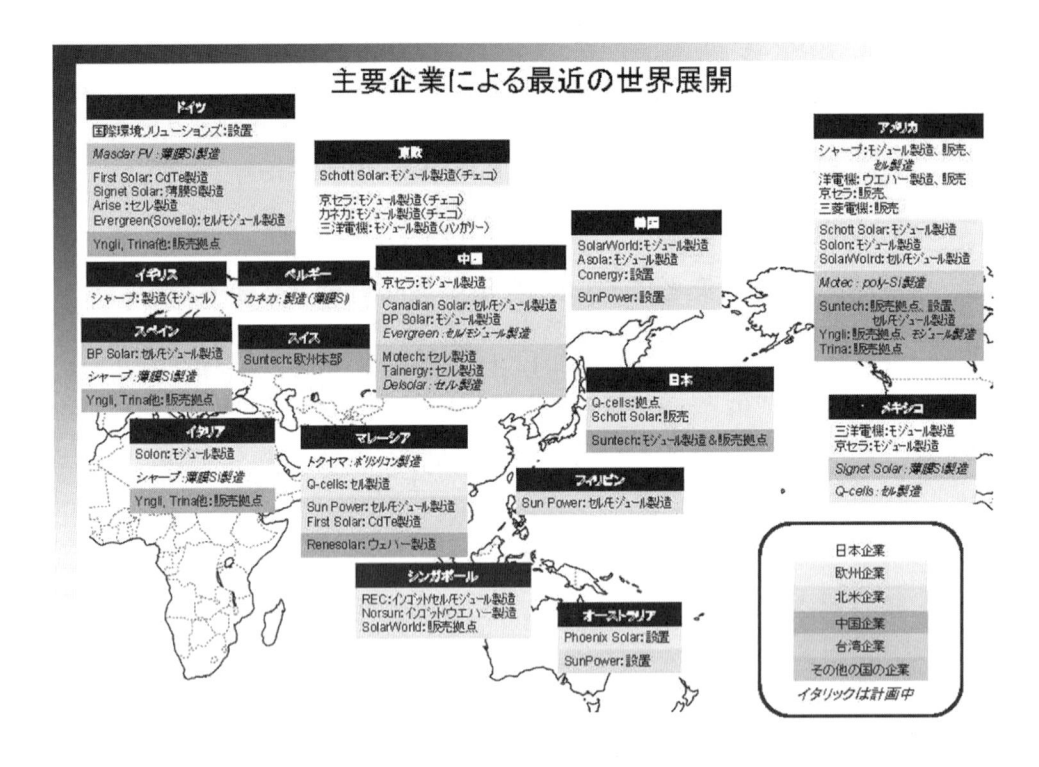

SPring-8の高輝度放射光を利用したグリーンエネルギー分野における電池材料開発

主要企業による最近の世界展開

ドイツ
国際環境ソリューションズ：設置
Masdar PV：薄膜Si製造
First Solar：CdTe製造
Signet Solar：薄膜Si製造
Arise：セル製造
Evergreen(Sovello)：セル/モジュール製造
Yngli, Trina他：販売拠点

東欧
Schott Solar：モジュール製造（チェコ）
京セラ：モジュール製造（チェコ）
カネカ：モジュール製造（チェコ）
三洋電機：モジュール製造（ハンガリー）

韓国
SolarWorld：モジュール製造
Asola：モジュール製造
Conergy：設置
SunPower：設置

アメリカ
シャープ：モジュール製造、販売、セル製造
洋電機：ウエハー製造、販売
京セラ：販売
三菱電機：販売
Schott Solar：モジュール製造
Solon：モジュール製造
SolarWolrd：セル/モジュール製造
Motec：poly-Si製造
Suntech：販売拠点、設置、セル/モジュール製造
Yngli：販売拠点、モジュール製造
Trina：販売拠点

イギリス
シャープ：製造（モジュール）

ベルギー
カネカ：製造（薄膜Si）

中国
京セラ：モジュール製造
Canadian Solar：セル/モジュール製造
BP Solar：モジュール製造
Evergreen：セル/モジュール製造
Motech：セル製造
Tainergy：セル製造
Delsolar：セル製造

スペイン
BP Solar：セル/モジュール製造
シャープ：薄膜Si製造
Yngli, Trina他：販売拠点

スイス
Suntech：欧州本部

日本
Q-cells：拠点
Schott Solar：販売
Suntech：モジュール製造＆販売拠点

メキシコ
三洋電機：モジュール製造
京セラ：モジュール製造
Signet Solar：薄膜Si製造
Q-cells：セル製造

イタリア
Solon：モジュール製造
シャープ：薄膜Si製造
Yngli, Trina他：販売拠点

マレーシア
トクヤマ：ポリシリコン製造
Q-cells：セル製造
Sun Power：セル/モジュール製造
First Solar：CdTe製造
Renesolar：ウェハー製造

フィリピン
Sun Power：セル/モジュール製造

シンガポール
REC：インゴット/セル/モジュール製造
Norsun：インゴット/ウエハー製造
SolarWorld：販売拠点

オーストラリア
Phoenix Solar：設置
SunPower：設置

凡例：日本企業／欧州企業／北米企業／中国企業／台湾企業／その他の国の企業
イタリックは計画中

各国の太陽光発電導入目標/見通し（欧米）

国	導入目標量	出典
EU（欧州連合）	太陽光発電シェア目標 欧州における電力消費量の12％を太陽光発電で賄う 太陽光発電シェア目標	欧州太陽光発電産業会（EPIA）/戦略エネルギー計画（SET）
ドイツ	特になし（再生可能エネルギー法（EEG））	（連邦環境・自然保護・原子力安全省（BMU））
スペイン	再生可能エネルギー計画 2010年：400 MW（既に達成済み）、 新たな導入目標を審議中（2009-2010年に策定予定））	スペイン政府 （2005年8月）
フランス	太陽光発電システム導入目標 2012年1,100MW→2020年：5,400MW 2011年までに総計300MWの太陽光発電所を各地域に設置	グルネル環境会議に基づく50の実行計画（2008年10月）
イタリア	太陽光発電システム導入目標 2016年までに3GW フィードイン・タリフ制度による導入量 1,200MW	環境・国土保全省（MATT） （2007年2月）
ギリシャ	国家目標 2020年　700 MW（本土：500MW、島嶼：200MW）	ギリシャ政府 （2006年6月）
アメリカ	アメリカ・ソーラー・イニシアチブ（SAI） 2015年までに新設発電容量を5～10GW （ASI実施効果としての予測） 米国太陽エネルギー産業協会（SEIA）の目標 2020年の全電力需要中のシェア10％（2020年の累積導入量で350GW相当）	米国エネルギー省（U.S. DOE） 米国太陽エネルギー産業会（SEIA） （2009年12月）

第4章　太陽電池

各国の太陽光発電導入目標（アジア）

国	導入目標量	出典
日本	低炭素社会づくり行動計画（2008年7月）/未来開拓戦略（2009年4月） 太陽光発電導入量 2020年：現状（1.4GW）の20倍 ⇒ 28GW 2030年：現状（1.4GW）40倍 ⇒ 53GW	閣議決定/ 経済産業省・内閣府
中国	2050年までの太陽光発電システムの導入見通し 2010年:0.5GW → 2020年:20GW →→ 2030年:100GW	中国政府（2009年9月）
インド	2020年までの太陽光発電システム導入量 22GW（系統連系20GW、独立形2GW）	インド政府 ソーラーミッション計画 （2009年11月）
韓国	国家太陽光発電プログラム 2012年　1,300 MW	産業資源省（MOCIE）
台湾	太陽光発電システム導入目標 2010年：31MW→2015年：320MW→2025年：1GW（ 行政院2007年産業科技策略会議）	行政院2007年産業科技策略会議

太陽光発電ロードマップ（PV2030+）－低コスト化シナリオ

● 低コスト化シナリオと太陽光発電の展開

実現時期（開発完了）	2010年	2020年(2017年)	2030年(2025年)	2050年
発電コスト	家庭用電力並 (23円/kWh)	業務用電力並 (14円/kWh)	事業用電力並み (7円/kWh)	汎用電源として利用 (7円/kWh以下)
モジュール変換効率 （研究レベル）	実用モジュール16% （研究セル20%）	実用モジュール20% （研究セル25%）	実用モジュール25% （研究セル30%）	（研究セル40%）
国内向生産量(GW)	0.5～1	2～3	6～12	25～35
（海外市場向け）	～1	～3	30～35	～300
主な用途	戸建住宅、公共施設	住宅（戸建、集合） 公共施設、事務所など	住宅（戸建、集合）公共 施設、民生業務用、電気 自動車など充電	民生用途全般 産業用、運輸用、 農業他、独立電源

出典：「太陽光発電ロードマップ（PV2030+）」新エネルギー・産業技術総合開発機構(2009年4月)

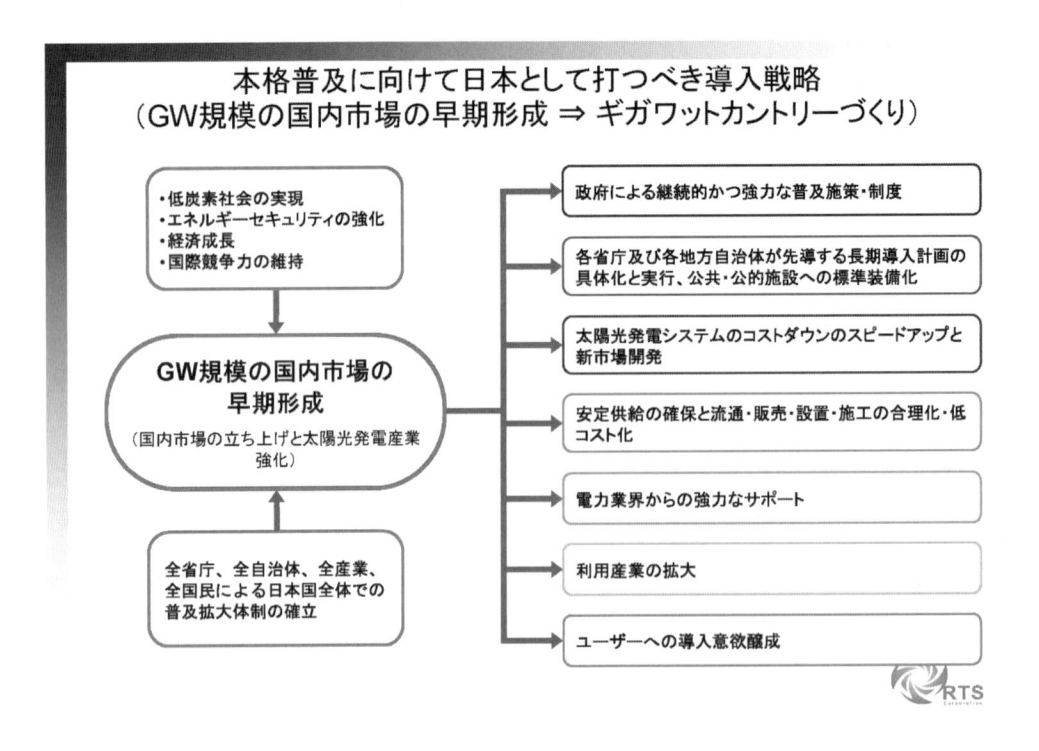

SPring-8の高輝度放射光を利用したグリーンエネルギー分野における電池材料開発

本格普及に向けて日本として打つべき導入戦略
（GW規模の国内市場の早期形成 ⇒ ギガワットカントリーづくり）

- 低炭素社会の実現
- エネルギーセキュリティの強化
- 経済成長
- 国際競争力の維持

↓

GW規模の国内市場の早期形成
（国内市場の立ち上げと太陽光発電産業強化）

↑

全省庁、全自治体、全産業、全国民による日本国全体での普及拡大体制の確立

→
- 政府による継続的かつ強力な普及施策・制度
- 各省庁及び各地方自治体が先導する長期導入計画の具体化と実行、公共・公的施設への標準装備化
- 太陽光発電システムのコストダウンのスピードアップと新市場開発
- 安定供給の確保と流通・販売・設置・施工の合理化・低コスト化
- 電力業界からの強力なサポート
- 利用産業の拡大
- ユーザーへの導入意欲醸成

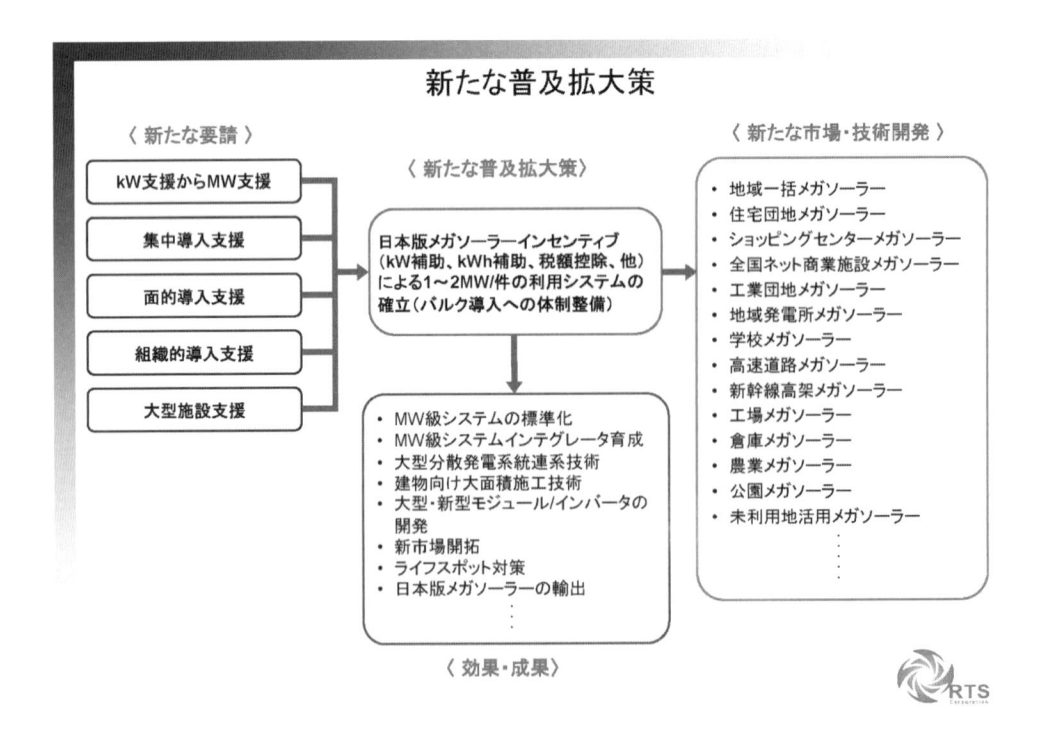

新たな普及拡大策

〈 新たな要請 〉
- kW支援からMW支援
- 集中導入支援
- 面的導入支援
- 組織的導入支援
- 大型施設支援

〈 新たな普及拡大策 〉
日本版メガソーラーインセンティブ（kW補助、kWh補助、税額控除、他）による1～2MW/件の利用システムの確立（バルク導入への体制整備）

〈 効果・成果 〉
- MW級システムの標準化
- MW級システムインテグレータ育成
- 大型分散発電系統連系技術
- 建物向け大面積施工技術
- 大型・新型モジュール/インバータの開発
- 新市場開拓
- ライフスポット対策
- 日本版メガソーラーの輸出
- …

〈 新たな市場・技術開発 〉
- 地域一括メガソーラー
- 住宅団地メガソーラー
- ショッピングセンターメガソーラー
- 全国ネット商業施設メガソーラー
- 工業団地メガソーラー
- 地域発電所メガソーラー
- 学校メガソーラー
- 高速道路メガソーラー
- 新幹線高架メガソーラー
- 工場メガソーラー
- 倉庫メガソーラー
- 農業メガソーラー
- 公園メガソーラー
- 未利用地活用メガソーラー
- …

広げるべき太陽光発電市場と導入拡大を主導する原動力

太陽光発電市場	対象	補助金	新余剰電力買取り	RPS	グリーン電力証書	税制支援	政府によるアクションプラン	太陽光発電業界によるコストダウン	公共・公的施設への標準装備化
戸建住宅	個人	○（住宅用補助金）	○			△	△		○
集合住宅（賃貸/分譲）	事業主/個人	○（事業者支援/住宅用補助金）	○		△				○
民間施設	企業	○（事業者支援）	△/○		○	○			○
公共施設＆公的施設	自治体等	○（地域新エネ他）	△/○		○		○	○	○
商業施設	民間	○（事業者支援他）	△/○		○	△			○
農業施設	民間/個人	○（事業者支援他）	△/○		○	△	○		○
国の施設	各省庁		△/○		○		○	○	○
大規模発電所	自治体等	○（地域新エネ）			○				○
大規模発電所	電力会社	○（事業者支援）		○	○				○

今後の見通し

		2008年（実績）	2009年（推定）	2012年（見通し）	
市場規模	日本	225MW	480MW	現状ベース	1～1.2GW
				政策支援強化	1.5～2GW
	世界	5,559MW	4.5～5.5GW	10～12GW	
国内中心市場		住宅	住宅、学校を中心とする公共施設	住宅、公共施設、産業施設、商業施設、(道路施設)、(鉄道施設)、(農業施設)、(集合住宅)	
世界市場		・日本市場は横這い ・ヨーロッパ市場はスペイン・ドイツ中心に急増 ・アメリカ市場はカリフォルニア中心	・日本市場は大きな伸び ・ヨーロッパ市場全体は横ばいか緩やかな伸び（ドイツは活況） ・アメリカ市場は期待先行	・日米欧の同時拡大に加え、新興国・途上国に拡大	
太陽電池国内市場供給メーカー		国内メーカー	国内メーカー中心、海外メーカー進出	国内メーカー、一部海外メーカー	
日系太陽電池生産量		1.2GW	1.2GW±200MW	3～4GW	
世界生産量		6.9GW	5～6GW	～15GW	
住宅用太陽光発電システム価格		68万円/kW	65万円/kW	35～50万円/kW	
世界の太陽光発電産業		生産能力増強 新規参入ラッシュ	再編・統廃合スタート	再編進展中	

第5章　電池における触媒開発

1　カーボンアロイ触媒の開発，そしてその可能性

難波江裕太[*1]，原田慈久[*2]，尾嶋正治[*3]

1.1　はじめに

　固体高分子形燃料電池（PEFC）の実用化において，電極触媒に用いられている白金のコスト，および希少性が，本格普及の大きな障壁となっている。白金使用量の大幅低減はもとより，貴金属を全く使用しない電極触媒の開発が，PEFCの本格普及に大きく貢献するであろうことは論を待たない。そこで近年注目されているのが，炭素，窒素を含む前駆体を少量の遷移金属と共に熱処理して得る，カーボンアロイ触媒である。この材料は貴金属を全く含んでいないにもかかわらず，白金に類似した酸素還元（ORR）触媒活性を示し，PEFCのカソード触媒に用いることができるのではないかと，真剣に検討されている。炭素だけではこのような機能は発現せず，炭素に窒素原子などの異質性を持ち込むことでこのような酸素還元触媒作用が発現するので，我々はこの材料群をカーボンアロイ触媒（CAC）と呼んでいる。本稿では最近の触媒開発動向と，最新の触媒開発に対して放射光分光が果たす役割について紹介する。

1.2　カーボンアロイ触媒の開発動向

1.2.1　研究の経緯

　窒素と遷移金属を含む前駆体を熱処理して酸素還元触媒を得る研究は，かなり古くから行われてきた。最初に生体の酵素を模倣した触媒として，熱処理を施していないCoフタロシアニンの機能が報告され[1]，その後安定性向上の観点から錯体の熱処理が検討された[2]。以来，様々な前駆体からの触媒調製が報告されており，Fe，Coをはじめとする遷移金属，窒素源，炭素源から成る前駆体を熱処理すれば，何らかの酸素還元触媒活性が発現するというのが現在の共通認識である[3]。しかしながら触媒活性，耐久性の観点から本当に実用化を見通すことのできる触媒はこれまで開発されていないのが現状である。触媒活性点の構造に関しては，90年代は前述した研究の経緯から金属―窒素の配位構造が重要であるとの考え方が主流であったが[4]，一方でそのような配位構造が無くとも触媒活性は発現するとの主張も同時に存在し[5,6]，現在でも決着に至っていない。

1.2.2　カーボンアロイ触媒プロジェクト

　上記の様な背景の中，我々研究グループはNEDOの固体高分子形燃料電池実用化推進技術開発

[*1]　Yuta Nabae　東京工業大学　大学院理工学研究科　有機・高分子物質専攻　助教
[*2]　Yoshihisa Harada　東京大学　物性研究所　准教授
[*3]　Masaharu Oshima　東京大学　放射光連携研究機構　特任教授

第5章　電池における触媒開発

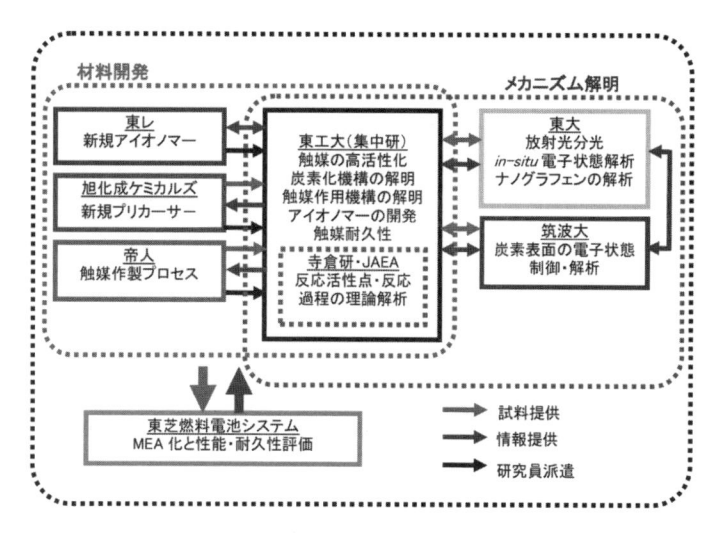

図1　カーボンアロイ触媒プロジェクトの研究体制図

の一環として3大学4企業から成るコンソーシアムを形成し，カーボンアロイ触媒の研究開発に取り組んでいる。図1に現在の研究体制を示す。我々のプロジェクトの特徴は，東京工業大学（東工大）に集中研を設置し，企業からの出向者と大学の研究者がお互いのノウハウを持ち寄り，また参画者同士が互いに秘密を作らずに，精力的に研究・開発に取り組んでいる点である。また単なる触媒開発に留まらず，理論計算や放射光分光の専門家が学術的にも非常に高いレベルの解析を行っており，触媒開発や，反応メカニズムの理解に大きく貢献している。

NEDOは平成26年度末の目標として，自動車用燃料電池を想定した単セル発電において，電流密度$1.0\,A\,cm^{-2}$で電圧$0.6\,V$以上の性能を示す電極触媒を開発すること，また耐久性は5000時間の作動および起動停止6万回を見通すことを求めている。本プロジェクトで開発する触媒の主たるターゲットは自動車用燃料電池であるが，得られた成果は定置用燃料電池やアルコール型燃料電池などにも応用可能である。

1.2.3　ポリイミドの多段熱処理による高活性触媒の開発

上記の目標を達成するために，東工大集中研では，高活性かつ高耐久なカーボンアロイ触媒の調製法を精力的に探索している。我々の触媒調製法の特徴は，カーボンブラックなどの既存の炭素材料を修飾するのではなく，カーボンアロイ触媒に適した炭素材料を自ら合成している点である。粒子中に均一に活性点が分布する炭素材料の方が，表面修飾によって調製された触媒よりも耐久性に優れると考えている。

東工大集中研では，窒素を含み不融性を有する高分子の一つとしてポリイミドを選定し，これに鉄源を添加した前駆体の炭素化に取り組んでいる[7]。図2にカーボンアロイ触媒の前駆体として我々が実際に用いているポリイミドの合成スキームを示す。芳香族テトラカルボン酸二無水物と芳香族ジアミンを重合すると，ポリアミド酸となるが，この際適切な重合条件を選ぶと粒子径

図2　カーボンアロイ触媒の前駆体となるポリイミド微粒子の合成スキーム

図3　(a)炭素化前と(b)炭素化後のポリイミド微粒子のSEM像

の揃った微粒子となる。重合中，あるいは重合後に鉄源を添加しておき，加熱による脱水環化を行って鉄入りポリイミド微粒子を得る。これを後述する多段熱処理法によって炭素化し，カーボンアロイ触媒を得ることができる。多段熱処理法とは，酸洗浄と熱処理を繰り返し，活性点構造を失うことなく，高温で熱処理を施す方法である。例えば，まず窒素気流下600℃で熱処理し，これを酸洗浄後にアンモニア雰囲気下800℃で熱処理し，再度酸処理を行った後にアンモニア雰囲気下1000℃で熱処理をすることで，高活性なカーボンアロイ触媒を合成することが可能である。このようにして得た触媒のBET比表面積は1000 $m^2 g^{-1}$ 以上，CHN元素分析による窒素含有量は約3 wt％，EPMAによって求めたFe含有量は約2 wt％であった。図3に多段熱処理後のSEM写真を示す。若干の融着が認められたが，前駆体高分子の微粒子化とアンモニアによる賦活効果によって，高い比表面積となったと考えられる。

第 5 章　電池における触媒開発

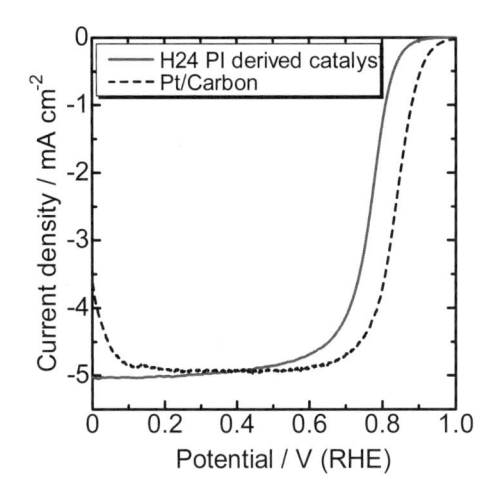

図 4　ポリイミド微粒子から調製したカーボンアロイ触媒のRDE評価結果
Temperature：RT, Anode：CAC 0.2 mg cm^{-2} on glassy carbon, Electrolyte：O$_2$ saturated H$_2$SO$_4$ (0.5 M), Rotation：1500 rpm. Sweep：5mV sec^{-1} (1.1 V→0 V)

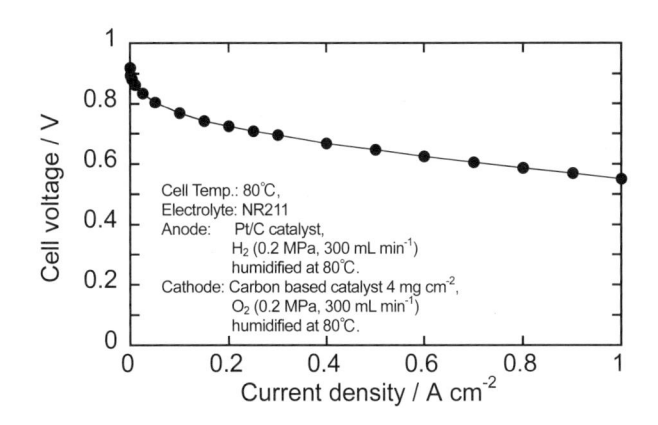

図 5　ポリイミド微粒子から調製したカーボンアロイ触媒のMEA評価結果
（東芝燃料電池システムで測定）

　このようにして作製したカーボンアロイ触媒の酸素還元活性を，回転ディスク電極法（RDE）によって評価した結果を図4に示す。後述するフェノール樹脂系前駆体から作製した触媒よりも高活性であることが明らかである。さらにこの触媒を用いて実際の電池の構造をした膜電極接合体（MEA）を作製し，単セル試験を行った結果を図5に示す。純酸素加圧条件下の初期特性ではあるが，開回路起電力は0.95 V程度，発電時の出力はNEDOが掲げる数値目標（0.6 V@1.0 A cm^{-2}）に匹敵する出力が観測された。この出力は非白金カソード触媒としては世界最高クラスである[8]。空気で発電を行うと出力が半分以下に低下すること，耐久性の見通しがNEDOの掲げる数値目標

SPring-8の高輝度放射光を利用したグリーンエネルギー分野における電池材料開発

(5000 h) には及ばないことなどが，今後解決すべき課題である。

以上述べたように，本カーボンアロイ触媒プロジェクトでは，前駆体の最適化と炭素化プロトコルの探求を通して，世界最高クラスの触媒性能を達成しており，今後のさらなる発展が期待できる。

1.3 炭素化プロトコルの探求と放射光分光
1.3.1 炭素化プロトコルの重要性

炭化水素系高分子を不活性ガス中で熱処理すると，水素が脱離していき，炭素となるわけであるが，この際の炭素化プロトコルによって，カーボンアロイ触媒の活性に大きな差が生じる。我々研究グループは，前述したポリイミド微粒子の炭素化に取り組む前に，より入手が容易な鉄フタロシアニンとフェノール樹脂の混合物（FePc/PhRs）を用いて炭素化プロトコルの探求を行い，前述した多段熱処理法の開発に至った。図6に，平成20～23年度にFePc/PhRsの炭素化プロトコルを改良し，回転ディスクボルタンメトリー（RDE）による評価結果が向上した様子を示す。全く同じ触媒であるのに，劇的に触媒活性が向上しており，炭素化中における雰囲気や金属量の制御がいかに重要であるかを示している。以下に，この多段熱処理法の開発において，放射光分光のフィードバックが貢献した事例を紹介する。

1.3.2 多段熱処理法の開発と放射光解析

「カーボンアロイ触媒の活性点は何か？」を解明する上で，放射光による電子状態解析法は極め

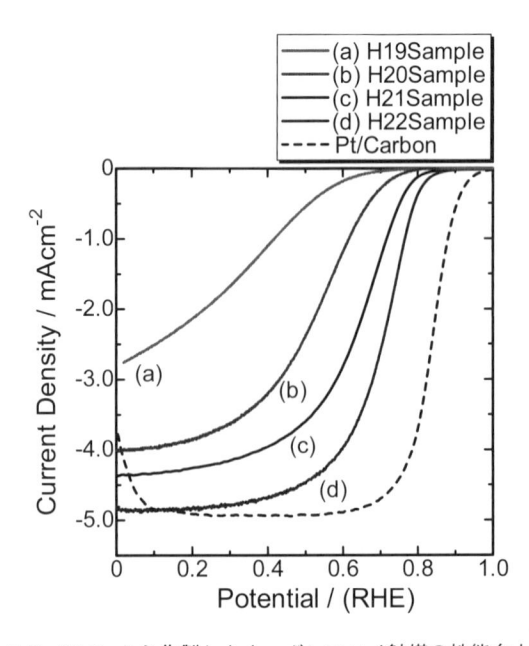

図6　FePc/PhRsから作製したカーボンアロイ触媒の性能向上の変遷

第5章　電池における触媒開発

て有益な情報を与えてくれる手法である。さまざまな触媒活性を示すカーボンアロイ触媒を放射光を用いたX線吸収分光や光電子分光で解析した結果，活性点としてグラファイト置換位置にドープされた窒素が関与している可能性を見出した[9]。一方の鉄種については熱処理過程でグラファイト構造を形成する触媒的な役割を担っているものと思われる。実際，600℃焼成カーボンアロイ触媒を塩酸で除去してもほとんど電気化学特性が変わらなかったことから，新しく多段熱処理法を考案した。これは，熱処理温度を一気に高温化せず，途中で酸洗浄を挟みながら熱処理温度を上げていく方法で，触媒の耐久性向上にも効果があると考えた。熱処理の温度を制御することによってORR活性が大きく変化するが，途中段階の熱処理温度を決定する際に，放射光を用いたX線吸収分光により熱処理温度と生成される炭素種，窒素種，鉄種の局所構造との関係を見出し，最適な多段熱処理の条件を得ることに成功した。X線吸収分光は，調べたい元素の内殻準位に光のエネルギーを共鳴させ，光の吸収量をモニターする手法である。図7に，FePc/PhRsの熱処理温度に依存した炭素内殻（C 1s）吸収スペクトルを示す[10]。図中に示した試料名の数字は熱処理温度（℃）を表す。Fe400はフェノール樹脂の多くが分解し，前駆体の鉄フタロシアニンは一部しか分解していない温度のため，フタロシアニン環に特有のスペクトル形状が現れている。Fe600，Fe800では，sp^2炭素に由来する吸収が285 eV，291 eV付近に強く現れており，前駆体分解後の炭素化が進行していることを表している。Fe600ではさらに287 eV，288 eVに構造B,C，π^*吸収ピ

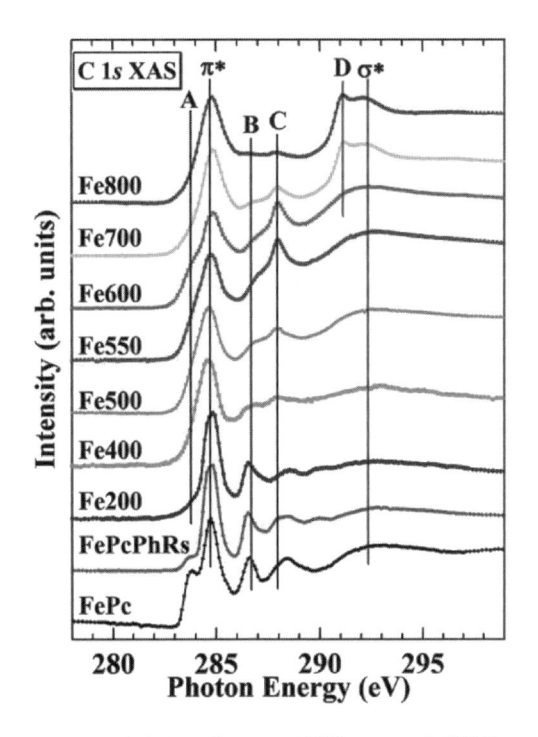

図7　FePc/PhRs由来カーボンアロイ触媒のC 1s内殻吸収スペクトル

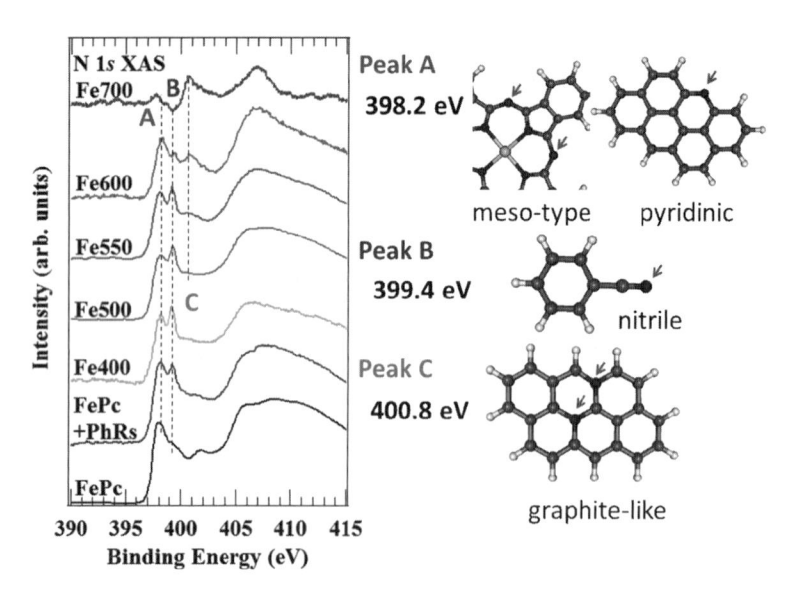

図8 FePc/PhRs由来カーボンアロイ触媒のN 1s内殻吸収スペクトルと想定される窒素種

ークの低エネルギー側にも特徴的な構造Aが現れている。構造B,Cは水素あるいは酸素官能基と結合したエッジ炭素の示すピークであることが複数の実験，理論により示されている。構造Aはπ*吸収よりも低エネルギー側であることから，エッジ露出に起因するフェルミ準位近傍への励起であることが示唆される[11]。実際FePc/PhRsにおいては，π*からピーク分離して求めたこの構造Aの積分強度がORR活性と正の相関を持つことが示されている[10]。放射光解析の結果は，600℃の熱焼成で最もORR活性と相関する電子状態が形成され，それ以上の熱処理温度では急激に炭素化が進行することを表している。

図8は同じ試料に対し，窒素の内殻に共鳴するエネルギーを用いて取得した窒素内殻（N 1s）吸収スペクトル[12]である。スペクトルは表示の範囲で強度を窒素の相対量で規格化している。窒素量は熱処理温度によって変化し，600℃以上の高温で急激に減少する。前駆体である鉄フタロシアニン（FePc）のスペクトルは，メソ位の窒素（398 eV）の存在を示すが，400℃熱処理（Fe400）までの過程で，フタロシアニンの分解に伴って減少し，代わってフタロニトリルに由来するニトリル成分（B：399.4 eV）が成長してくる。さらに，最高活性を発現する600℃を境に窒素種が再び入れ替わり，相対的にピリジン型窒素（A：398.2 eV）とグラファイト置換型窒素（C：400.8 eV）が支配的となる。この窒素種の変化から，活性の発現にピリジン型窒素かグラファイト置換型窒素が関与していることが示唆される。600℃より高温側では窒素量が減少してゆき，活性も落ちて行く。

図9(a)，(b)は同じ試料群および参照系に対する鉄内殻（Fe 1s）吸収スペクトルを示す。原料からFe metalに近い800℃熱焼成まで連続的にスペクトルが変化するように見えるが，参照系で

第 5 章　電池における触媒開発

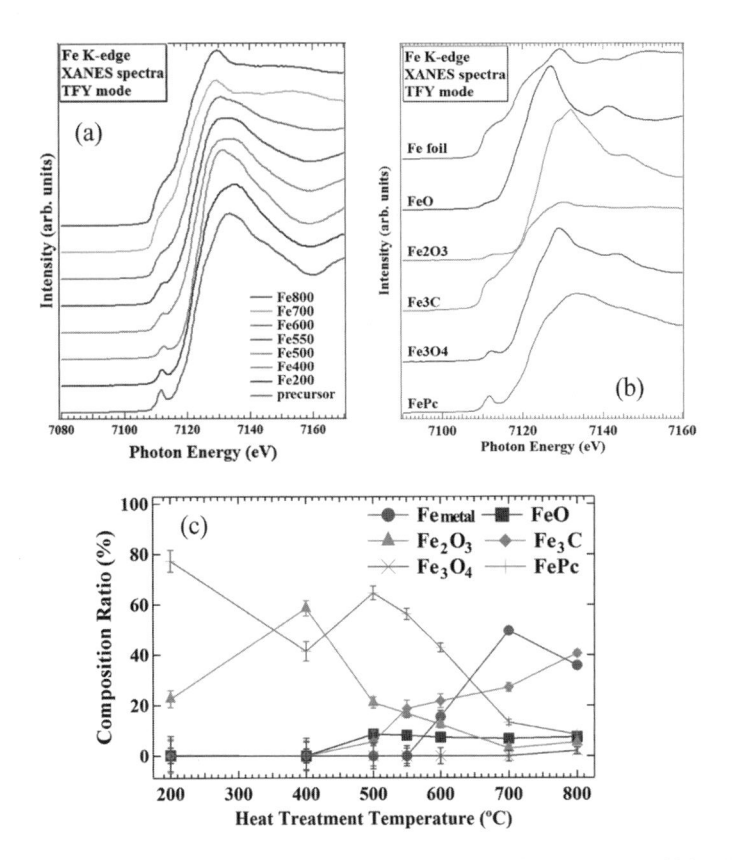

図 9　(a)FePc/PhRs由来カーボンアロイ触媒のFe 1s内殻吸収スペクトル，(b)参照物質の
Fe 1s内殻吸収スペクトルと(c)フィッティングにより求めた残存鉄種の相対比

吸収端近傍の成分分解を行うと，図 9(c)に示すようにいくつかの成分が入れ替わっていることがわかる。全体としては，熱処理温度を上げると600℃付近を境に原料および酸化成分（FePc, Fe_2O_3）が減少して還元成分（FeO, Fe metal, Fe_3C）が増加してゆく様子が捉えられている。細かく見るとFe metalよりもFe_3Cの方が低温側で生成される傾向が見られるなど，活性点形成のメカニズムを考える上でヒントとなる情報も含まれている。

　以上の検討のフィードバックを受けて開発した，FePc/PhRsの多段熱処理法の概念図を図10に示す。鉄フタロシアニンは400℃位から分解し始め，600℃程度で還元された鉄ナノ粒子が生成する[13]。以降鉄ナノ粒子の触媒作用によって炭素のネットワークが発達しながら炭素化が進行する[10]。この際，耐久性確保の観点から，このまま熱処理温度を上昇させると，鉄の触媒作用によって炭素化の進行とともに今度は窒素の脱離が促進され，結果的に酸素還元触媒活性も低下してしまう。そこで，600℃付近で一端鉄種を酸洗浄で除去してから，高温で熱処理を施すことで，窒素量の低下を最小限に抑えたまま高温処理を施すことが可能なのである。

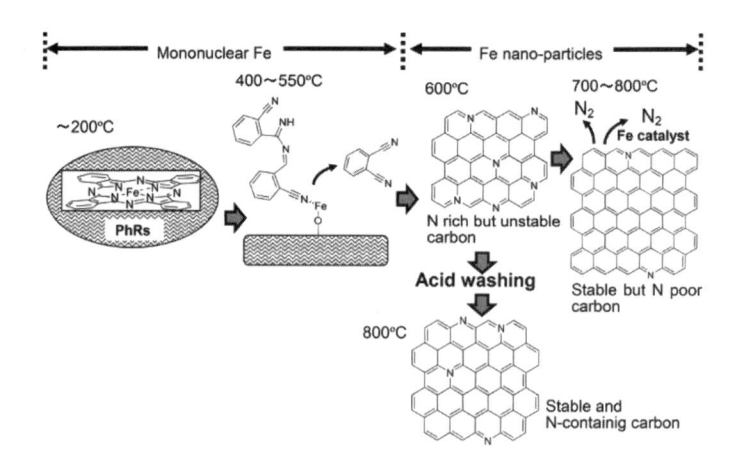

図10 多段熱処理法の概念図

1.4 反応メカニズムに迫る放射光分光

　放射光を用いた分光の最大の強みは，X線の高いエネルギーを利用して特定の元素の内殻を選択励起できることであり，特にX線吸収・発光分光は完全な元素選択性を持つ．元素を選べるということは，特定の反応過程を追って，どの元素が反応に寄与するかを見分けられるということであり，物質設計に極めて有用かつ直接的な情報を提供する．さらに近年の高分解能競争によりエネルギー分解能50 meVを切るのが当たり前の時代になってきており，元素の違いのみならず同一元素のわずかな配位環境の違いも見分けられるようになっている．

　カーボンアロイ触媒のように，炭素を主体として軽元素や遷移金属がドープされている系では，いずれの元素の内殻に対しても吸収・発光分光測定をすることが可能な軟X線が光源として適している．一方で，軟X線を用いた分析では試料を真空中におく必要があり，通常は触媒の分析でも真空中に導入した乾燥状態を測って議論する．乾燥状態であっても，種々の条件で作成した触媒試料の電子状態を比較することにより酸素還元活性と相関を持つ化学種を特定することができる．しかし触媒として働いている環境における電子状態を知らなければ，その触媒の機能を電子構造から理解したとは言えない．そこで我々は，SPring-8 BL07LSU東京大学放射光アウトステーションにおいて超高分解能の軟X線オペランド電子状態解析装置（図11(a)）を開発[14]し，酸素や窒素等の特定のガス環境下における正極触媒の電子状態変化を観測した．図11(b)に多段熱処理法によって作成したFePc/PhRsインク（Nafionとの混合物）の酸素吸着に伴う軟X線発光スペクトルの変化を示す．励起エネルギーはFe 2p内殻に合わせていることから，鉄の電子状態変化だけを追っている．エネルギーのロスは主にd軌道間の励起を伴う光散乱，いわゆるdd遷移に対応する．窒素環境下（対照）と比較して，最もエネルギーロスが小さくシャープなdd遷移の強度が酸素環境下で減少し，代わりに大きいエネルギーロス（～8 eV）のピークが出現する様子が捉えられている．酸素吸着によって鉄の電子状態が変化するということは，鉄が酸素を吸着すること，

第5章　電池における触媒開発

つまり酸素還元に寄与する可能性があることを表している。多段焼成で1000℃の熱焼成を行っても一部の鉄が酸素吸着能を保持しているということは，真空中の分析で得た鉄の役割を再考する必要があることを示している。またこのスペクトル変化は，定性的には結合の手を余していた非結合性のFe 3d軌道が酸素吸着によって消費された結果が低エネルギーdd遷移の減少となり，鉄と酸素の間で新たに生じた結合―反結合性軌道間の励起が8 eVのdd遷移（正確には電荷移動遷移）として現れたと解釈することができる。後者の8 eVのエネルギーロスは，酸素吸着，脱離過程の触媒全体としての熱エネルギー変化を表すものではなく，鉄と酸素の直接の結合に伴う軌道エネルギーの変化を反映したユニークな物理量である。

さらに燃料電池の動作環境であるMEAを組んだ状態で，特定の正極電圧に保持したまま同じ多段焼成触媒を観測すると，インクと同じ条件であるOCV（1.0 V）においてもインクとは異なった電子状態が発現する（図11(c)）[14]。鉄に酸素が吸着することは確かであるが，吸着による変化，電位による変化ともに，これまでの解釈では説明できない部分が多く，今後の解析が待たれる。

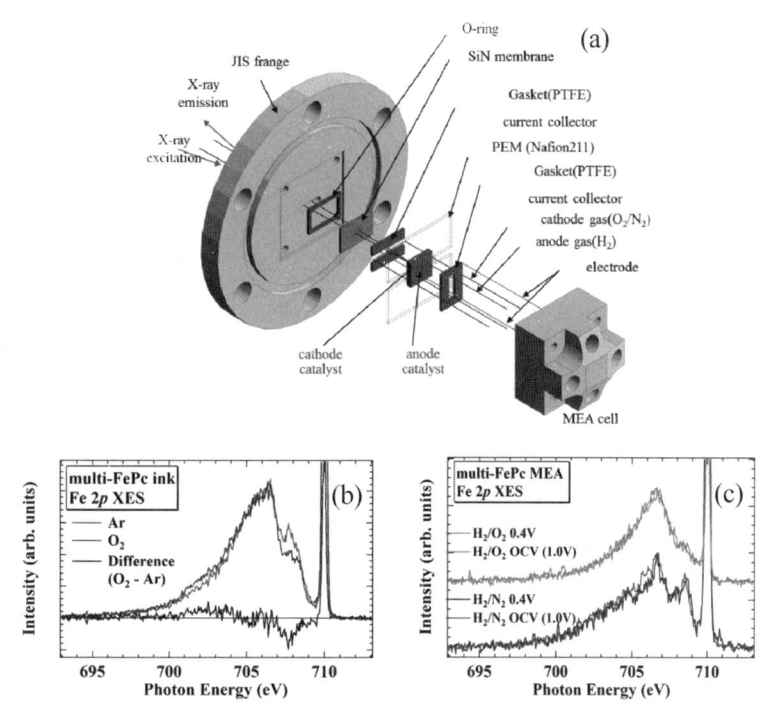

図11　(a)軟X線オペランド電子状態解析用セルの俯瞰図，(b)FePc/PhRs由来多段焼成触媒のin situ Fe 2p XESスペクトル，(c)FePc/PhRs由来多段焼成触媒を組み込んだMEAのFe 2p XESスペクトル

1.5 おわりに

　カーボン系の触媒が酸素還元触媒作用を示すことは半世紀前から知られていたが，白金触媒の優れた特性に比べて開回路起電力，電流密度，耐久性の点で圧倒的に劣っており，やはり$s,\,p$電子しかないカーボン触媒ではd電子が豊富な白金触媒の代替は無理ではないか，という批判が溢れていた。しかし，カーボンアロイ触媒という複雑系の極みのような触媒に対して，スパコンなどコンピュータの急速な進歩によって計算された電子状態と，急速に高輝度化が進む放射光を用いて測定された電子状態を上手く組み合わせ，産学が一体となって作った東工大集中研でアイデアを出し合って開発を進めることで触媒活性が年々向上し，また耐久性についても要因の特定と対策が着々と進みつつある。また一連の研究が，d電子に依存する他の触媒を代替する研究にも波及することで，従来の常識を覆すようなさらなる飛躍の可能性も秘めている。この三位一体の開発は，資源が乏しい日本が21世紀の新しいモノづくりとしてめざすべき1つの方向を示していると考える。

　しかし，実用化の目標達成にはまだまだ越えなければならない山が控えている。また，真の活性点は未だ明らかになっていない。今回のオペランド放射光解析が明らかにした事実，すなわち乾燥状態では活性点として働かない不純物と考えていた鉄種が，実際の発電環境では酸素を吸着し活性点になり得る，という発見は極めて示唆に富む。我々がこれまで見落としていた事実を1つ1つ押さえていけば，カーボン系触媒の応用と学理の解明が，これまで触媒化学を席巻してきた遷移金属触媒や酸化物触媒のそれに匹敵する日が来ると信じている。

文　　献

1) R. Jasinski, *Nature*, **201**, 1212（1964）
2) H. Jahnke, M. Schönborn, G. Zimmermann, *Top. Curr. Chem.*, **61**, 133（1976）
3) F. Jaouen, E. Proietti, M. Lefevre, R. Chenitz, J. P. Dodelet, G. Wu, H. T. Chung, C. M. Johnston, P. Zelenay, *Energy Environ. Sci.*, **4**, 114（2011）
4) M. Lefevre, J. P. Dodelet, P. Bertrand, *J. Phys. Chem. B*, **104**, 11238（2000）
5) F. Jaouen, E. Proietti, M. Lefevre, R. Chenitz, J. P. Dodelet, G. Wu, H. T. Chung, C. M. Johnston, P. Zelenay, *Energy Environ. Sci.*, **4**, 114（2011）
6) E. Yeager, *Electrochim. Acta*, **29**, 1527（1984）
7) M. Chokai, Y. Nabae, S. Kuroki, T. Hayakawa, M. Kakimoto, S. Miyata, *J. Photopolym. Sci. Technol.*, **24**, 241（2011）
8) 難波江裕太，畳開真之，市原建生，青木努，早川晃鏡，第19回燃料電池シンポジウム（2013）
9) H. Niwa, M. Kobayashi, K. Horiba, Y. Harada, M. Oshima, K. Terakura, T. Ikeda ,Y.

第 5 章　電池における触媒開発

Koshigoe, J. Ozaki, S. Miyata, S. Ueda, Y. Yamashita, H. Yoshikawa, K. Kobayashi, *J. Power Sources*, **196**, 1006（2011）
10) H. Niwa, M. Saito, M. Kobayashi, Y. Harada, M. Oshima, S. Moriya, K. Matsubayashi, Y. Nabae, S. Kuroki, K. Terakura, T. Ikeda, J. Ozaki, S. Miyata, *J. Power Sources*, **223**, 30（2013）
11) S. Entani, S. Ikeda, M. Kiguchi, K. Saiki, G. Yoshikawa, I. Nakai, H. Kondoh, T. Ohta, *Appl. Phys. Lett.*, **88**, 153126（2006）
12) Y. Harada, M. Kobayashi, H. Niwa, M. Saito, M. Oshima, "Synchrotron Radiation Analysis of Carbon Alloy Catalysts", *Hyomen Kagaku*, **32**, 716（2011）
13) Y. Nabae, M. Malon, S. M. Lyth, S. Moriya, K. Matsubayashi, N. Islam, S. Kuroki, M. Kakimoto, J. Ozaki, S. Miyata, *ECS Transactions*, **25**, 463（2009）
14) H. Niwa, H. Kiuchi, J. Miyawaki, Y. Harada, M. Oshima, Y. Nabae, T. Aoki, *Electrochem. commun.*, **35**, 57（2013）

2　In situ XAFSによる燃料電池用触媒の劣化解析

今井英人*

2.1　はじめに

　1990年代初頭に基礎的な研究が始まった固体高分子形燃料電池は改良を重ね，2015年には初の商業燃料電池自動車に搭載され，本格市場投入される見通しである。さらなる性能向上に貢献する基礎的な解析はもとより，電池設計に関する情報を得るための評価や長時間動作を補償すべく劣化モード解析による耐久性向上など，より現実的な産業上の問題に対する取り組みが求められている。

　本稿では，放射光を用いた時間分解構造解析手法を用いて，実触媒として用いられている白金ナノ粒子および白金合金触媒の表面状態の変化を原子レベルで in situ かつリアルタイムで解析した結果を紹介する[1,2]。この手法を用いれば，実際に燃料電池が動作する電位領域において，酸素または電解液に含まれる水によって白金表面がダイナミックに構造変化を起こしている様子をとらえることができる。観測された構造変化は，触媒活性を支配する因子であることに加えて，溶解劣化現象にかかわる直接的な影響を及ぼしている可能性があることが明らかとなった。白金コバルト合金系触媒においては，単味白金触媒とは異なる現象が観測され，今後高性能な触媒の材料設計に関わる情報を含んでいると期待される。

2.2　固体高分子形燃料電池の触媒層とその劣化

　固体高分子形燃料電池は，プロトン伝導性をもつ固体高分子膜と主成分とする電解質を使用することが特徴で130℃程度以下の比較的低温で動作する。水素と酸素を供給するそれぞれの電極には，反応を促進させるための触媒が用いられている。この触媒の性能が，燃料電池の出力・容量あるいは耐久性を決める主要因となっており，その性能向上が研究開発の中心となっている。図1に，一般的な固体高分子形燃料電池の構成および触媒層を示す。おおよそ30 nmの膜厚をもつ固体高分子膜を2枚の電極で挟んだ構造になっている。電極上には，比表面積の大きなカーボン担体上に2 nm程度の平均粒子径をもつ白金または白金合金触媒が担持されている。導電性をもつカーボン，プロトン導電性をもつアイオノマーとともに結着され触媒層を形成している。この触媒層のなかを電子，プロトン，酸素がそれぞれ拡散し触媒活性点上で反応が起こる。

　触媒層の劣化は，大きく分けて触媒自体の劣化と電極から触媒に至る三相界面の不具合の二つに分かれる。なんらかの理由で，電極から触媒表面への電子伝導パスが損なわれたり，プロトン伝導，燃料供給が損なわれたりすれば，その部分の触媒は機能しなくなり燃料電池としての特性が損なわれる。さらに，比較的安定なイメージのある白金でも，燃料電池の酸素極という強酸・高電位での極めて過酷な環境下では，溶解による深刻な触媒劣化が起こりうる。白金の溶解析出に伴う粒子の肥大化（オストワルト成長），あるいは触媒のマイグレーションによる粒子の焼結に

　　＊　Hideto Imai　㈱日産アーク　デバイス機能解析部　部長

第5章 電池における触媒開発

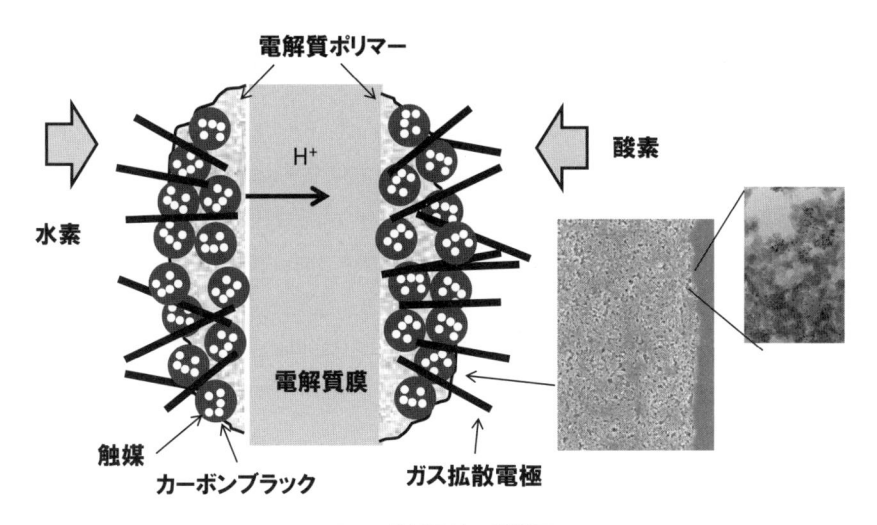

図1 燃料電池の触媒層

よる肥大化によって触媒粒子の有効料面積が減少すれば，単位体積あたりの活性は減少する。合金触媒により活性を高めている場合には，合金成分の溶出や触媒粒子内の元素分布の変化による触媒活性の低下も起こりうる。実際，酸素極上の触媒が溶け出し，電解質膜中に析出する「白金バンド形成」という現象も確認されている。さらに燃料電池の運転動作に対応する電位サイクルを繰り返すことや電位変動を伴う燃料電池の起動・停止を繰り返すことでも，劣化が加速することも明らかになってきている[3]。触媒の材料設計は，単に活性を高めるだけでは不十分で耐久性をあらかじめ考慮して進める必要が改めて認識されている。

燃料電池動作中の白金溶出現象は，動的な構造変化を繰り返すことや燃料として供給される酸素や電解液中の水分との反応を伴い，通常の平衡状態における溶解現象とは異なると予想される。その詳細を放射光を利用した分析手法により解析し，耐久性の高い触媒を得る指針を得ることが本稿の狙いである。

2.3 放射光を用いた電気化学環境下におけるナノ粒子の in situ 構造解析

燃料電池の触媒表面のように電気化学環境下（電解質溶液中，電極上）では，シンクロトロンを利用した放射光による構造解析手法が有効である。高エネルギーX線が望ましいが，比較的軽元素から構成される電解質や電極材料に対して高い透過能力を持ち，白金など重元素とはコントラストが付きやすい。また，ラボのX線装置に比べて極めて輝度が高いため，短時間測定，すなわち時間分解測定も可能である。

触媒表面の構造電子状態解析には，X線吸収分光法（XAFS）が有効である。2～5 nmの触媒粒子では，表面原子の割合が多くなるため透過スペクトルにも表面の情報が十分に含まれ，構造や電子状態の変化をとらえることができる。SPring-8の共用ビームラインでは，BL28B2（白色X

線ビームライン)のエネルギー分散型XAFSおよびBL40XU(高フラックスビームライン)の高速Quick XAFS測定装置を用いて時間分解XAFSの測定を利用できる。エネルギー分散型XAFSは透過法により測定を行い,条件次第ではマイクロ秒のXAFSデータ取得が可能である。計測駆動部がなく高速測定が可能である一方で測定できるエネルギー範囲に制限があり,広いk範囲でXAFSデータが取得できない場合もある。単一元素からなる比較的高担持触媒の解析に向いている。一方の高速Quick XAFSは,高速で動作するコンパクトモノクロメータによりエネルギースキャンを行い,XAFSデータを取得する。透過法に限らず蛍光法や転換電子収量法でもXAFSデータの取得が可能である。エネルギースキャン範囲は時間分解能との兼ね合いとなるが任意に設定でき,広いk範囲での測定も可能である。合金触媒など多くのパラメータでフィッティングしたい場合に適している。

燃料電池触媒の in situ XAFS解析には,目的に応じて様々な形態の専用セルが用いられている。本稿の測定では,触媒表面上の構造解析に主眼を置き,触媒電極を電気化学セルに浸漬して測定する3電極セルを使用した。白金触媒(平均粒子径2ナノ)とそれよりも耐久性の高い白金コバルト合金触媒($Pt:Co = 3:1$,平均粒子径4nm)の電気化学環境下における構造変化の違いから高耐久性に関する情報を得た。

2.4 白金触媒の電気化学的酸化過程の in situ リアルタイムXAFS[1]

電気化学環境下における白金の状態変化は,連続的な酸化プロセス,

$Pt + H_2O \rightarrow Pt\text{-}OH + H^+ + e^-$,
$Pt\text{-}OH \rightarrow Pt\text{-}O + H^+ + e^-$,
$Pt\text{-}O + H_2O \rightarrow PtO_2 + 2H^+ + 2e^-$

によって進行すると考えられる。高電位における高次酸化物形成過程は,表面に吸着した酸素種と白金原子が入れ替わることで酸化物が成長していくと解釈されている[4]。電位サイクル時の表面酸化物の形成過程,さらにはその逆の還元過程が溶解現象と密接に関係があると推定され,そのプロセスを原子レベルで理解することが高耐久性触媒の開発にとって重要である。時間分解XAFS測定には,BL28B2で利用可能なエネルギー分散型のDXAFS (dispersive XAFS) を用いた。起動停止劣化モードの解析に相当する1.4Vでのポテンシャルステップ時の構造解析を実施した。

図2は,$Pt\text{-}L_3$吸収端のEXAFSをフーリエ変換した動径分布関数の時間変化である。時間経過とともに最表面が酸化していく様子がとらえられている。横軸は結合の原子間距離に対応し,縦軸は配位数に対応している。もっとも大きなピーク(2.7Å付近)は,バルク白金中の第一近接Pt-Pt結合に相当する。二つ目(2.0Å付近)は,吸着酸素種,あるいは,表面酸化物中のPt-Oに帰属される結合である。三つ目は,長いPt-Pt結合で酸化物中のPt-Pt(Pt-O-Pt)結合である。

表面酸化過程の詳細は,配位数および結合長の時間変化から読み取れる。(図3(a), (b))。水溶

第5章　電池における触媒開発

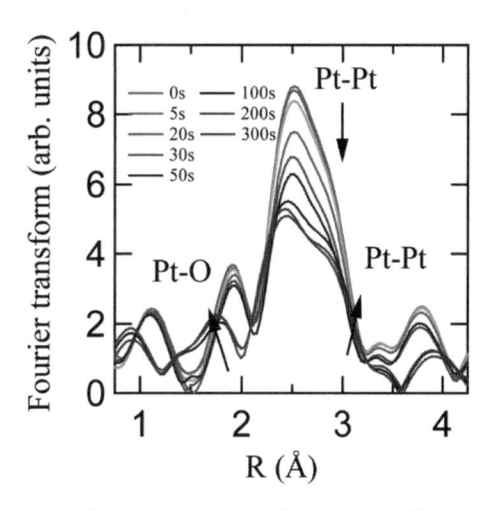

図2　1.4 V vs RHEでポテンシャルステップを行った時の動径分布関数の時間変化
（吸収端：Pt-L_3, 0.5 M H_2SO_4溶液中）[1]

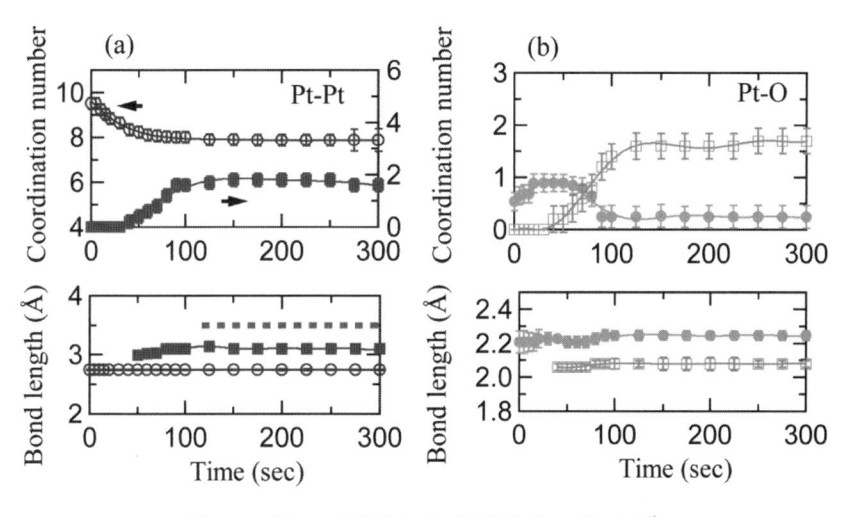

図3　Pt周りの配位数および結合距離の時間変化[1]
(a)Pt-Pt結合，(b)Pt-O結合

　液中での酸化反応の場合，Pt-Oで表される化学種としては，Pt-OHH，Pt-OH，Pt-Oなどの表面吸着種や酸化物中のPt-O結合などが考えられるが，Pt-O結合距離の値からこれらのPt-Oの化学種を帰属することが可能である。結合長が2.3 Å程度のものは，Pt-OHH種，2.2 Å程度のものは，Pt-OH種である。短い2.0 Å程度のものは，Pt表面に吸着した原子状のO種，または，バルクPtO，PtO_2などの酸化物中のPt-Oの結合に対応する[1]。

　初期酸化過程ではPt-O結合は長さの異なるものが2種類存在する（図3(b)）。酸化直後から形成されるPt-O結合は，結合長が2.2～2.3 Åのもので，Pt表面に吸着したPt-OHHやPt-OHであ

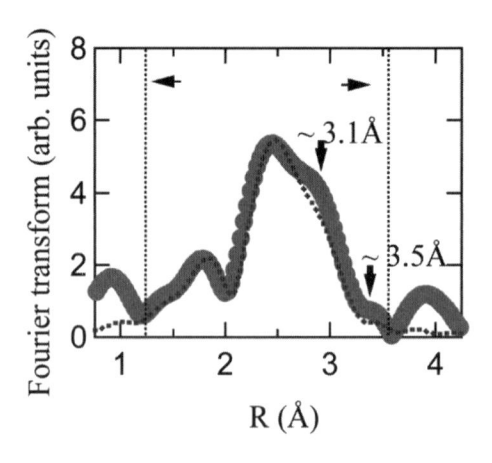

図4　Pt-L_3 EXAFSから算出した動径分布関数[1]
1.4 Vで酸化し150秒経過時

る。時間経過とともに配位数（吸着量）が増加する。30秒後からは，Pt-OH種などの吸着量が減少し，それと入れ替わるように，結合長が2.0 Åの短いPt-O結合が出現する。短いPt-O結合については，表面のPt-Oか，内部のPt-Oか結合長からのみでは判断できないが，酸化物が形成されると，長いPt-Pt結合が形成されるはずで，実際80秒後からは長いPt-O-Pt結合（結合長，約3.1 Å）が観測されるようになる（図3(a)）。

最終的に形成される表面酸化物の構造は，β-PtO$_2$に近い構造を持っていると考えられる。図4は，ポテンシャルステップ後，150秒後の動径分布関数と酸素種の表面吸着の状態（Pt-Pt第一近接（2.74 Å）および二種類のPt-O結合（2.2 Å，2.0 Å））を仮定したシミュレーションである。3.1 Å付近と3.5 Å付近には明らかな不一致が見られ，これが酸化物中のPt-(O)-Pt結合であると考えられる。PtO，α-PtO$_2$，β-PtO$_2$の中でこの二つのPt-O結合を同時に取りうる可能性があるのは，β-PtO$_2$のみである[1]。

2.5　酸化プロセスモデルと溶解劣化機構[1]

In situ XAFSによって明らかになった白金触媒の表面酸化に伴う構造変化をまとめると，図5(a)～(e)のようになる。酸化過程は，OHの吸着から始まる。続いて原子状酸素の吸着状態（Pt-O）へ推移する（図5(c)）。さらに酸化が進むと酸素原子が内部へ潜り込み始め酸化物が形成される。酸素原子は，0.61 Åと比較的大きいため，4面体位置よりも隙間の大きな八面体位置に入る。表面の3-fold(hcp)hollowサイトと直下の八面体格子間位置を酸素が占有すると，その局所構造はα-PtO$_2$となる。

ほぼエピタキシャルに酸化物が形成されることになるが，格子膨張は10%にも達し，表面の割合が多いナノ粒子においてこのまま3次元的に成長するとは考えにくい。最終的に別の構造をもった3次元表面酸化物が形成される。この段階では，3.5 Åの長さをもつPt-(O)-Pt結合が観測

第5章　電池における触媒開発

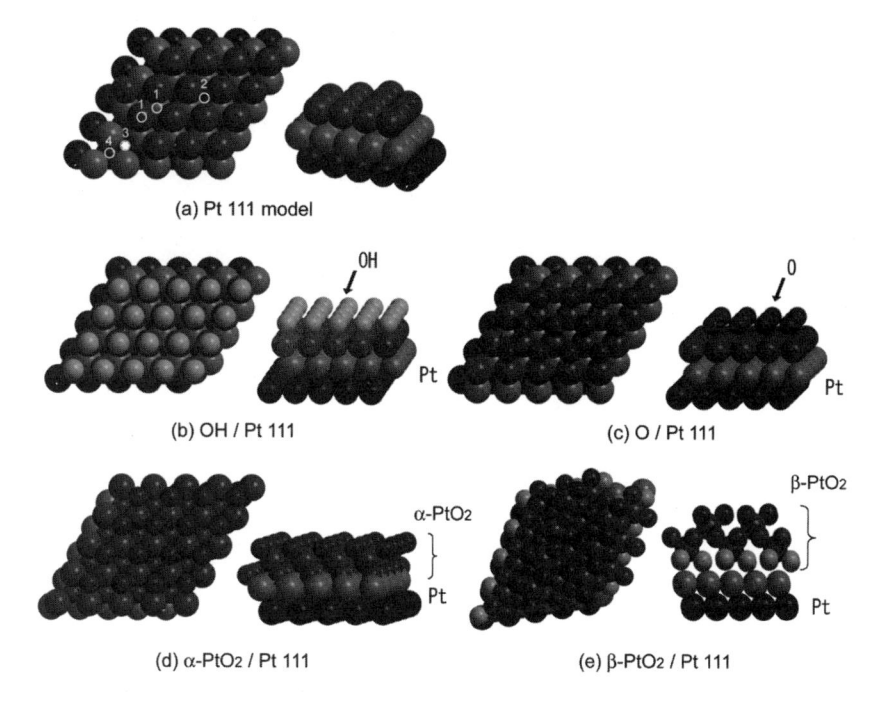

図5　Pt(111)モデル表面上での酸化メカニズム
(a) 3層からなるPt(111)モデル表面．(1)hcp hollowサイト，(2)fcc hollowサイト，(3)octahedral intestinalサイト，(4)tetrahedral interstitialサイト．(b)OH吸着（on topサイト）．(c)原子状酸素吸着（fcc hollowサイト）．(d)α-PtO_2モノレイヤー．(e)β-PtO_2モノレイヤー

され，β-PtO_2型の酸化物が形成されると考えられる。β-PtO_2は，α-PtO_2と同じPtO_6八面体ユニットをベースとした構造をもつが，Pt原子の一部がα-PtO_2構造において酸素が向かい合った層に入り，より安定した構造になっている（図5(e)）。

このα相⇒β相の構造転移が高電位あるいは電位サイクルで溶解による劣化を加速する原因の一つと考えられる。α-PtO_2まではほぼエピタキシャルに成長するため可逆的に構造変化が起こるが，α-PtO_2からβ-PtO_2の構造転移では，表面のおおよそ半分の白金原子が，表面方向に飛び出すような大きな白金原子の移動を伴う。このため，逆に還元を行なった場合には，白金原子は，準安定な状態を保ちながら白金表面へ戻るはずであるが，一部不可逆に進行するこの不可逆な還元過程において，一部の不安定な白金原子が水和し電解質中に溶け出し，結果的に溶解を誘発・加速しているものと考えられる。

2.6　白金コバルト合金触媒の酸化過程と耐久性[2]

Pt_3Co合金触媒は，高い酸素還元活性と耐久性を併せ持つ可能性があるとして注目を集めている。図6に，同条件でポテンシャルステップ酸化を行ったPt_3Co合金触媒の表面酸化過程のXAFS

解析の結果を示す。測定はBL40XUの高速Quick XAFS装置を使用している。このPt$_3$Co触媒は，表面のCo成分をあらかじめ溶出させ，内部にPt$_3$Co格子，表面にはPtスキンレイヤーが形成されており，この表面Pt層の酸化過程を観測している。Pt触媒と同じ酸化条件で酸化を行った場合，XANESやEXAFSのPt-Pt結合数に相当するピーク高さが，ある酸化レベルで一定となる振る舞いが観測されている。詳細なEXAFS解析からは，Pt$_3$Co表面酸化は，α-PtO$_2$の生成過程でとどまっており，β-PtO$_2$の生成が抑制されていることがわかる（図7）。合金化によりPt-Oの結合が強くなり内部への酸素拡散が抑制された可能性などが考えられ，高活性と高耐久性を両立させる一つの要因と考えられている。

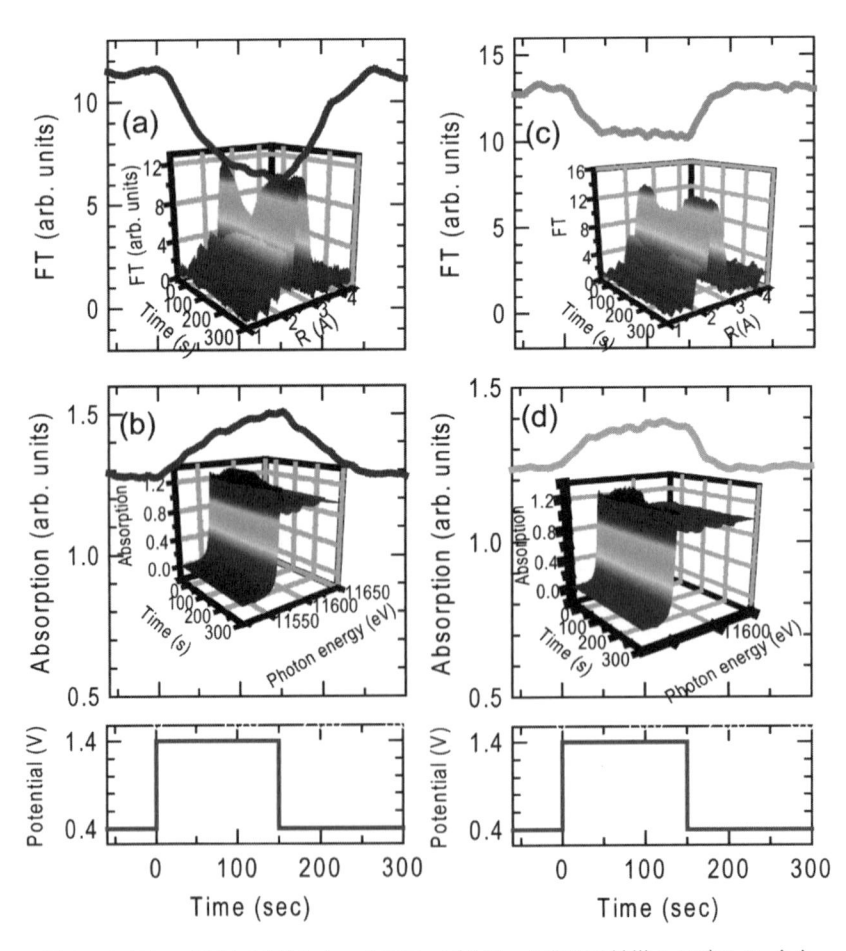

図6 1.4 V vs RHEでポテンシャルステップを行った時のPt触媒およびPt$_3$Co合金触媒のPt周りの動径分布関数およびホワイトライン強度の時間変化
（吸収端：Pt-L_3，0.5 M H$_2$SO$_4$溶液中）[2]

第5章　電池における触媒開発

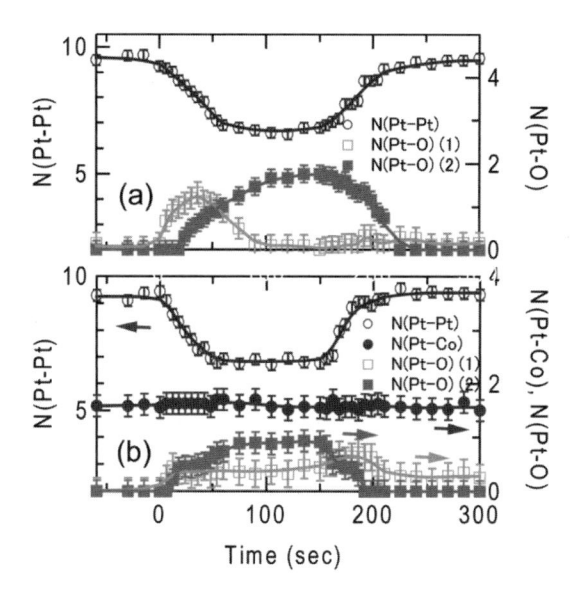

図7　Pt-Pt，Pt-Co，Pt-O結合の配位数(a)，結合長(b)の時間変化

文　　献

1) H. Imai, K. Izumi, M. Matsumoto, Y. Kubo, K. Kato, Y. Imai, *J. Am. Chem. Soc.*, **131**, 6293 (2009)
2) H. Imai, M. Matsumoto, T. Miyazaki, K. Kato, H. Tanida, T. Uruga, *Chem. Comm.*, **47**, 3538-3540 (2011)
3) R. Broup *et al.*, *Chem. Rev.*, **107**, 3904 (2007)
4) B. E. Conway, B. Barnett, H. A. Kozlowska, B. V. Tilak, *J. Chem. Phys.*, **93**, 8361 (1990)

3 Au@Pt/C（コアーシェル）燃料電池電極触媒の電位依存 in situ XAFS構造解析

岩澤康裕[*1]，永松伸一[*2]，東晃太朗[*3]

3.1 はじめに

　燃料電池の産業化は進んでいるが，特に燃料電池自動車の本格普及を実現するための燃料電池触媒の真の活性構造や酸素還元反応（ORR）機構などカソード触媒作用の本質，および劣化・溶出機構は依然としてブラックボックスのままである。また，PEFC発電下でのMEA内の活性・不活性な触媒ナノ粒子やその酸化状態（Ptイオン化）の分散・空間分布はほとんど分かっていない。燃料電池自動車の実現・本格普及のためにはORR活性増大，耐久性向上，低コスト化が依然として大きな課題である[1～6]。特に耐久性は一層の大幅向上が望まれる[7]。燃料電池性能を支配する活性因子，ORR速度論，劣化因子については次世代燃料電池触媒開発設計と関連するため，これまで多くの研究と提案がなされているが未だ未解明の課題も多く，また相互に矛盾もある。ウエット・不均質・不均一空間分布・多相・界面など複雑環境の固体高分子形燃料電池電極触媒の表面で起こる現象（吸着・反応）は，Ptなど活性金属ナノ粒子のサイズ，結晶面，構造，dバンドセンターなど金属表面特性に加えて，周囲の環境条件（温度，ガス，水，電位，炭素，アイオノマー）に強く影響を受けており，その実態は良くわかっていないため，燃料電池作動下での理解を困難にさせている。次世代燃料電池開発設計指針を得るためには，触媒構造・電子状態変化，触媒表面の化学反応機構，カソード触媒の溶解機構，MEA内での活性触媒粒子と酸化状態の分散・空間分布などを，in situ，時間軸，および空間軸で本質を明らかにする必要がある。実燃料電池系は複雑環境の不均一混合分散系であるため，測定条件に制限のある電子分光法，電子顕微鏡，走査プローブ顕微鏡，振動分光法などは，実燃料電池発電条件下での使用が困難であるが，多くの分析方法がほとんど適用できない実燃料電池ナノ粒子触媒の反応条件下での in situ 構造反応解析にはXAFSが唯一で強力な手法となる。また，元素選択的である特長を持つ[8～33]。

　実用系触媒のORR反応機構と劣化過程機構に本質的な化学反応・物質移動の素過程を実時間で捉えるには，100 μsから1 sの時間分解能をもつ計測が必要である。また，触媒/担体，アイオノマー，空孔，反応ガス，水分などが複雑に混合分散した空間的に不均一な系であるMEA内での活性触媒の構造・電子状態の空間分布と変化を解明するには，50 nmから10 μmの2次元・3次元空間分解能をもつ計測が求められる。我々は，NEDO「固体高分子形燃料電池実用化推進技術開発」プロジェクトの研究開発テーマ「時空間分解X線吸収微細構造（XAFS）などによる触媒構造反応解析」の一環として，燃料電池の in situ XAFS，時間分解（リアルタイム）XAFS，空間

[*1] Yasuhiro Iwasawa　電気通信大学　燃料電池イノベーション研究センター　センター長；特任教授

[*2] Shin-ichi Nagamatsu　電気通信大学　燃料電池イノベーション研究センター　特任助教

[*3] Kotaro Higashi　電気通信大学　燃料電池イノベーション研究センター　特任助教

第5章 電池における触媒開発

分解XAFS計測を可能とする様々な計測機器群を開発・整備し，また，相補的な情報を提供できる同時間・同位置計測可能な *in situ* XAFS/XRDおよび気体・液体雰囲気下計測可能な硬X線光電子分光（AP-HAXPES）もあわせて，次世代燃料電池電極触媒の高性能化および高耐久性を実現するために必要な基盤情報を提供することを目的として，世界オンリーワンでかつ世界最高レベルの性能をもつ「先端触媒構造反応リアル計測ビームライン」（BL36 XU）をSPring-8に建設して2013年4月から本格運用に入っている[34~36]。

本稿では，Pt-Au/Cカソード触媒のXAFS解析に関する執筆要請を受けて，BL01B1ビームラインにおいてホンダ技術研究所と共同で行ったMEA Au@Pt/C（コアシェル）の電位変化過程の *in situ* XAFS構造解析を主に概説し，また，参照となるMEA Pt/Cの電位変化過程についても概説する[37]。

3.2　MEA Pt/C触媒の表面PtO相形成とbiphasic電位依存構造ヒステリシス

Au@Pt/C（コアシェル）触媒について述べる前に，その参照として，Pt/C触媒の電位応答構造変化について述べる。PEFC MEA内のPt/C触媒を0.4Vから0.2Vずつ1.4Vまで電位（vs RHE）を昇位させていった時，或いは逆に1.4Vから0.2Vずつ0.4Vまで降位させた時の各電位での発電下の触媒構造を *in situ* XAFSにより解析した。最初Pt粒径は2.8 nmであったが電位変化過程によるXAFS測定後の試料では3.6 nmに増大したがその差は0.8 nmであり，XAFS解析結果の比較検討を行うに際し考慮すべき程の大きな差ではない。むしろEXAFS解析誤差に注意を置きつつ慎重に議論することの方が大事である。図1(a)はPt L_{III}端XANES white line ピーク（$2p \rightarrow 5d$ 遷移）強度の電位依存性を示す。0.4Vでのピーク強度はPt foilのものとほとんど同じであり，Ptナノ粒子は0.4Vで金属的であることが分かる。また，EXAFS解析からも酸素とのPt-O結合は観察されない。この状態は電位が0.8Vまでは変わらないが，1.0V以上になるとwhite lineピーク強度が増大していき（Pt 5d軌道のvacancyが増大し），1.4Vまでptナノ粒子の酸化が進むことを意味する。1.4Vから電位が下降するとwhite lineピーク強度は減少するが，昇位と降位で同じ軌跡を辿らず明確なヒステリシスを示した（図1(a)）。1.4Vでのwhite lineピーク強度

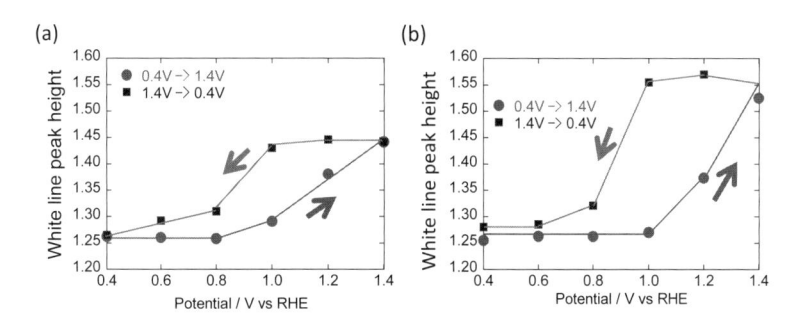

図1　燃料電池MEA内のPt/C(a)およびAu@Pt/C(b)カソード触媒の *in situ* Pt L_{III}端XANES white lineピーク強度の電位変化（0.4V→1.4V→0.4V vs RHE）[37]

およびXANESのフィッティング分析からPtナノ粒子のPt平均価数を見積もると+0.85であった。バルクPt原子の存在を考えると，この価数は表面吸着酸素のみでは説明できず酸素原子はsubsurfaceにも侵入していることが示唆される。高電位でのsubsurfaceへの酸素の侵入はSTMによりPt(111)単結晶表面で観察されており，1.3 Vでsubsurface酸素原子により表面の格子歪が起り，低電位で元の平滑面に戻ると報告されている[38]。後述するEXAFSのPt-O配位数解析からも，1.2～1.4 Vでの吸着酸素はPt表面とsubsurfaceに存在するとされるので，バルクPtは0価とすると，3.6 nm粒径Ptナノ粒子の直接酸素と結合を作る最表面Ptの価数は+2.2と見積もられる。0.4 Vから1.4 Vへの電位変化過程の一連のXANESスペクトルには11.569 keVに等吸収点が存在し，Ptが0価から安定な中間体を経ることなく2価に直接移行することを意味する。PEFC動作条件下ではそれ以上の高酸化状態に酸化されることはない。1.4 Vから0.4 Vへの変化でも同じ等吸収点を持ち，Ptが2価から0価に直接移行していることが示唆される。

　図2は in situ Pt L$_{III}$端EXAFSから求めたPt-PtとPt-Oの配位数と結合距離の電位依存性を示す。昇位過程では，0.4 Vから1.0 VまではPt-Pt（0.276 nm）のみが観察され，配位数は11.2（±1.6）であり1.0 Vまで有意な変化は見られない。1.0 V以上で0.202 nmにPt-Oが形成され，その配位数は1.2 Vで0.8（±0.4），1.4 Vで1.2（±0.4）であった。同時に，Pt-Pt配位数が1.2 Vで8.7（±1.3）に減少し，1.4 Vで7.0（±1.1）に大きく減少した。1.4 Vから降位した場合，1.0 VまではPt-Pt配位数もPt-O配位数も昇位の時の配位数を辿らず余り変化せず図1(a)のXANESと

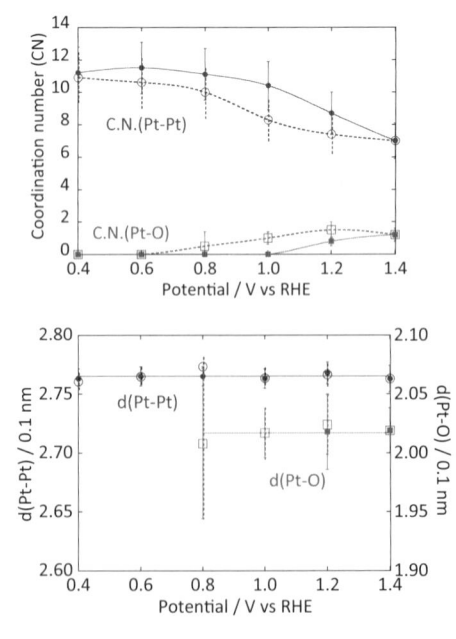

図2　燃料電池Pt/Cカソード触媒の in situ Pt L$_{III}$端 EXAFS解析によるPt-PtおよびPt-Oの配位数（CN）と結合距離（d）の電位変化[37]

第5章 電池における触媒開発

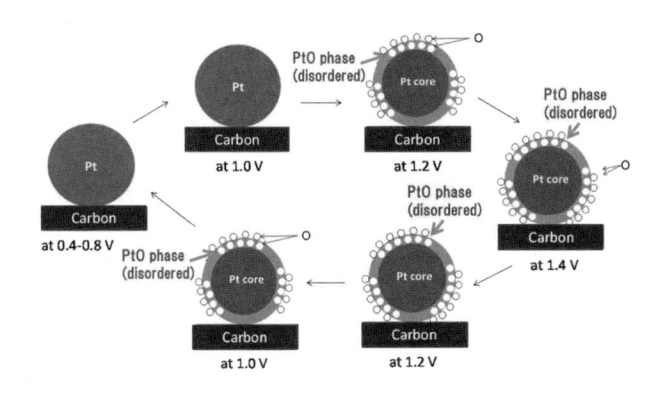

図3 *in situ* XAFS解析による0.4～1.4 V（power-off & power-on）過程の燃料電池MEA内Pt/Cカソード触媒の構造変化：表面disordered PtO形成とヒステリシス[37]

同様なヒステリシスを示した。それらの配位数は0.6～0.4 Vになるとほぼ元に戻る。

粒径3 nm程度のPtナノ粒子はPt 6層から形成されると考えられ，表面のPt原子のPt-Pt配位数は9，第2層以下のPt原子のPt-Pt配位数は12なので，期待されるPt-Pt配位数は10.6と計算され，実測値の11.2（±1.6）と一致している。1.0～1.4 VではPtは酸化されPt-O結合が形成されていく。実測された1.4 VでのPt-Ptの配位数7.0（±1.1）およびPt-Oの配位数1.2（±0.4）は次のように説明できる（図3）。XANESからPtナノ粒子表面に$Pt^{2+}O$相が形成されていることが示唆されたが，EXAFSから決定されるPt-O結合距離0.202 nmはPtO tetragonal monoxide結晶の0.200 nmとほとんど同じであり，1.4 VではPtナノ粒子表面にPtO相が形成されていると思われる。PtO結晶のPt-O配位数4を適用し，表面全部でなく2/3がPtO相であり残り1/3はPt金属相のままであると仮定すると，Pt-Pt配位数は7.3と計算され，実測値の7.0（±1.1）を再現する。また，Pt-O配位数は1.6と計算される。約3 nm粒径のナノ粒子表面では結晶と同じ秩序あるPtO原子配置が連続的に形成されるのは幾何学的に無理なのでdisordered PtO相とならざるを得ないため，実際のPt-O配位数は1.6より小さくなると予想される。事実，実測値は1.2（±0.4）であり1.6より小さい。1.2 Vでは，PtO相は表面の半分を覆うと仮定すると，Pt-Pt配位数は8.1，Pt-O配位数は1.2と計算され，それぞれ実測値の8.7（±1.3）と0.8（±0.4）とほぼ一致する。以上の*in situ* XAFS解析と議論に基づき，PEFC発電条件下でのMEA内のPt/Cカソード触媒の電位変化過程の構造変化を図3にまとめた。電気化学的にはPtOバルクは1.3 V以上で生成するとされるが，バルクと異なり薄層（1～2層）の場合は，DFT計算によればPtナノ粒子表面でPtO組成が安定である[39]。PtO層が厚くなるとPtO_2が形成されるようになるが，XANES強度と形状からPtO_2形成の可能性は除外されている[18]。また，図3のsubsurface酸素を含むdisordred PtO層形成はDFT計算からも支持される[40]。

3.3 MEA Au@Pt/Cコアシェル触媒の表面再構成とヒステリシス

PEFC電極触媒のPt使用量低減，活性増大および耐久性向上のためにPtとCo，Ni，Cu，Fe，Cr，Tiなどの遷移金属との合金化が検討され，Pt単独に比べPt量当り2〜10倍の活性が報告されている[41〜49]。また，Pt低減化の他の方法として，Ru，Ir，Rh，Au，Pdなどのナノ粒子をPt単原子層或いは薄層で被覆したコアーシェル型触媒が検討されており，Pt量当り5〜8倍の活性が報告されている[50〜59]。しかし，それら合金やコアーシェル触媒の燃料電池発電条件下での活性表面構造や組成，ORR機構，劣化機構などは依然として不明であり相反する議論もあり，分子レベルでの理解が望まれている。以下に，MEA Au@Pt/Cコアーシェル触媒の電位変化過程（power-offとpower-on過程に相当）におけるバイメタル表面構造と組成の変化について概説する[37]。

図4にSTEMとEDSラインプロファイルを示す。As-synthesized試料（図4(a)）では，6.2 nmサイズの粒子のコア部分はAuが主元素であるが，粒子の両端で急激に減少しPtが主な元素となる。Ptは粒子全体を被覆している。これらはコアーシェル構造と矛盾ない。しかし，電位変化を行った発電後（XAFS測定後）の試料（図4(b)）では，粒子両端にPtシェル部分は見られずPtとAuが共存した状態に変化しており，もはやコアーシェル構造が保持されているとは思われない。STEM/EDSは*in situ*測定でないため，電位変化過程の構造変化は分からず，また高電位下の試料の測定はできず，Pt電子状態やPt-O結合など化学状態の情報も得られない。一方，*in situ* XAFSは電位変化過程でのPEFC MEA内のAu@Pt/CのPt酸化状態，Pt-PtとPt-O結合状態の変化をその場観察することができる。電位変化過程のXAFS測定後の試料の粒径は6.5 nmであり，6.2 nmからほとんど変化なく，発電条件下でAu@Pt/C触媒は比較的安定である。

Au@Pt/CのPt L$_{III}$端XANES white lineピーク強度はPt/Cの場合と同様に電位が1.2 Vに上昇すると増加し，1.4 Vでさらに増加する（図1(b)）。1.4 Vから電位を1.2 V，1.0 Vへと下げてもwhite lineピーク強度は減少せず，昇位過程の値を辿らず，Pt/Cと同様に明らかなヒステリシスを示した。電位が0.6 V以下になると元に戻る（図1(b)）。0.4 Vのピーク強度はPt foilのものとほとんど同じでありPt原子はメタル状態にあることが分かる。また，AuからPtへの電子移動に

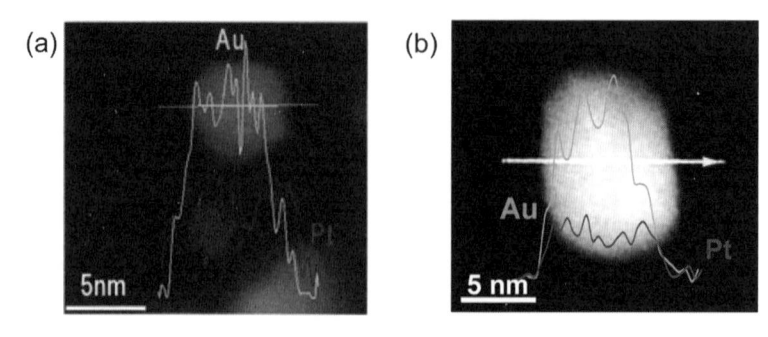

図4 Au@Pt/CのSTEM像とEDS ラインプロフィル（Hitachi HD-2700 STEM）
(a)As-synthesized試料，(b)発電後（XAFS測定後）の低電位試料[37]

第5章　電池における触媒開発

よりPt 5d軌道vacancyが影響を受けることでORR活性が増大すると報告されているが[46,60]、XANESスペクトルからはAuからPtへの電子移動は極めて小さいと思われる。Pt/Cと同様に $in\ situ$ XANES解析から、1.4 VでのAu@Pt/Cの表面Pt原子の価数は+1.4と評価された。0.4 Vから1.4 Vに電位を上げていくときの一連のXANESスペクトルには11.571 keVに等吸収点が見られた。また、1.4 Vから0.4 Vに下げていくときにも同じ11.571 keVに等吸収点が観察された。すなわち、Ptは還元状態（0価）から最終の酸化状態（平均価数+1.4）に安定な中間体を経ることなく直接変化し、或いは逆にその酸化状態から還元状態に直接変化することを示唆する。Pt L_{III} 端XANESの電位変化と対照的に、Au L_{III} 端XANESは電位変化過程においてほとんど変化せずAu原子の電子状態は変化しない。

　図5は0.4 V→1.4 V→0.4 Vの0.2 V毎の電位変化過程におけるそれぞれの電位での発電下のAu@Pt/C触媒の構造を $in\ situ$ XAFSにより解析したもので、各電位でのPt-Pt（Au）およびPt-Oの配位数と結合距離を示す。PtとAuとは周期表で隣り合う位置にあり、後方散乱因子と位相シフトがPtとAuとで似ているためPtとAuを完全に区別することは難しい。しかし、幸いなことに本稿でのEXAFS解析によるAu@Pt/Cの構造の議論にはそのことが問題となることはない。用いたAu@Pt/C触媒はAuコア粒子を作成しておき、その粒子表面にPt単原子層を作成したものである。6.2〜6.5 nmの粒径を持つAu@Pt粒子がコア−シェル構造をとるなら、Pt単原子層シェルのPt-Pt（Au）配位数は9であるはずだが、図1(b)のSTEM/EDSが示唆するように合金化が起こっ

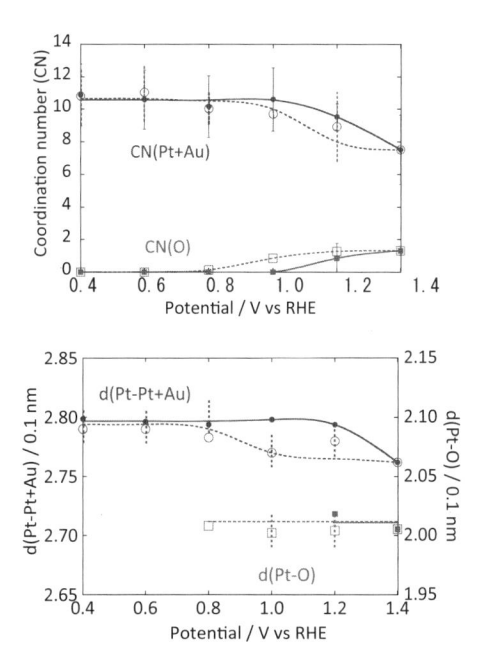

図5　燃料電池Au@Pt/Cカソード触媒の $in\ situ$ Pt L_{III} 端EXAFS解析によるPt-PtおよびPt-Oの配位数（CN）と結合距離（d）の電位変化[37]

ているなら配位数は約11となると予想される。図5のEXAFS解析では，aging後のAu@Pt/Cの配位数は10.6（±1.9）であり，表面層がPt-Au合金となっていることを示す。コアーシェル構造が合金相に変わる理由は，Au-Au結合よりPt-Au結合の方が強いことと，PtよりAu表面の方が表面エネルギーが小さいことのバランスの結果と考えられる。0.4Vから1.0VまではPt-O結合は見られずPt-Pt（Au）結合のみが観察されバイメタル触媒はメタリックである。図5に示すように，Pt-Pt（Au）結合距離は0.280（±0.001）nmであり，Pt-Pt結合の0.277 nmより長く，Au-Au結合の0.288 nmより短いことからも合金化していることが示唆される。通常，合金におけるPtとAuの割合と結合距離は比例するので，その関係を用いるとPt：Auが3：1と計算され，Pt_3Au合金相が形成されていると思われる。Pt量が1MLなので，表面1層目と2層目がPt_3Au合金相となっていることになる（1層目と2層目をあわせてPt量は1ML）。1.2V以上で0.202（±0.007）nmのPt-O結合が観察された。また，1.4VでPt-Pt（Au）配位数が7.5（±2.1）に大きく減少した。同時に，Pt-Pt（Au）結合距離が0.276（±0.001）nmに減少した。この距離はPt foilの0.277 nmとほぼ等しく，Pt_3Au合金層からPt層が分離しAuコア―Ptシェル構造に再配列したことを示す。Pt1層がAuコアを被覆しているとすると，Pt-Pt配位数が6，Pt-Au配位数が3となりPt-Pt（Au）配位数は計9となるはずであるが，実際は7.5（±2.1）と若干小さい。これは，AuコアとPtシェルとの構造的ミスマッチ（M-M距離が異なる）により第1層と第2層との界面が若干disorderしていることを示す。これら電位変化過程のAu@Pt/Cの構造変化を図6にまとめた。Pt_3Au合金相からAuコア―Ptシェル構造への再配列の誘因は，1.2V以上での酸素吸着でありPt-O結合エネルギーによるものと考えられる。Au@Ptコアーシェル構造は，1.4Vから1.0Vに電位を下げてもPt-Pt（Au）結合距離，Pt-Pt（Au）配位数，およびPt-O配位数がほとんど変化しないことからコアーシェル構造は1.0Vまで保持されている。コアーシェル構造は0.8VでPt_3Au合金層に転換する。Pt/Cと同様，Au@Pt/Cも昇位と降位とで構造ヒステリシスを示した。

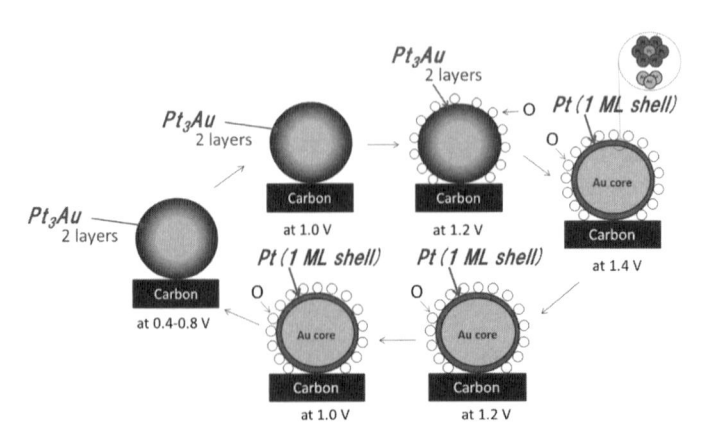

図6 *in situ* XAFS解析による0.4～1.4V（power-off & power-on）過程の燃料電池MEA内Au@Pt/Cカソード触媒の構造変化：表面再構成とヒステリシス[37]

第 5 章　電池における触媒開発

ヒステリシスは図1(b)でのXANESでも見られ、EXAFSとXANESのヒステリシス変化は構造と電子状態の再配列に起因する。同様な再配列は0.5 M H_2SO_4中のRDEでのCVにおいても指摘されているが、RDEにおいては、低電位でAuが表面に拡散しPt表面を覆い触媒は失活する[61]。MEA Au@Pt/Cでは、0.4 V〜1.0 VまではPt$_3$Au合金層が安定に存在しその表面には酸素がほとんど存在していないが、1.2 VになるとPt-O結合が形成し表面に吸着酸素が増え、1.4 Vでは吸着酸素（Pt-O結合）がさらに増えると共に表面が再配列を起こして、表面にPt単原子層が形成されAu@Ptコアーシェル構造に転換することが見いだされた。この時、Pt表面は吸着酸素により飽和している。この酸素吸着Pt層は電位を減少させても安定でPt-Oは還元されない。再配列構造が元の合金層に戻るのは0.8 Vに電位が下がった時である。このように、Au@Pt/C触媒は燃料電池のPower-off and-on過程において、吸着酸素に誘起されて、合金とコアシェル構造との間を行ったり来たりのダイナミックな構造変換を起こしていることが分かった[37]。

3.4　おわりに

固体高分子形燃料電池セルは多層複合体であることに加え、内部の各層にガスおよび水分が混在するため、*in situ* XAFS計測を行う上で、測定難度の高い対象の一つといえる。*in situ* XAFSに加え時間分解XAFSを用いると、PEFC MEA触媒の反応素過程と速度定数を決定することが可能で、活性因子、反応機構、劣化因子などを明らかにすることができる。最近、MEA Pt$_3$Co/C触媒の*in situ*時間分解XAFS解析から、ORR機構が10の素過程から成り立っていることが分かり、それらの全ての速度定数が決定され、高い活性の要因が明らかにされた。また、Pt/Cより高い耐久性の原因として、Pt-O解離とPt-Pt再結合の速度定数が大幅に増大していることが見いだされた[16,30]。今後、BL36XUの最先端性能をフルに用い、時間軸と空間軸で燃料電池触媒作用のブラックボックスに迫ることで、活性因子、反応機構、溶出・失活機構などが解明され、次世代燃料電池開発研究が格段に進むことが期待される。

文　　献

1) 岩澤康裕, SPring-8 Channel（YouTube動画）(2012) http://www.youtube.com/watch?v = WR_4gnMDMUU&feature = youtu.be
2) W. Vielstich, A. Lamm, H. A. Gasteiger, "Handbook of Fuel Cells-Fundamentals, Technology and Applications, vol. 3", Wiley, (2003)
3) R. Borup, J. Meyers, B. Pivovar, Y. S. Kim, R. Mukundan, N. Garland, D. Myers, M. Wilson, F. Garzon, D. Wood *et al.*, *Chem. Rev.*, **107**, 3904-3151 (2007)
4) W. Schmittinger, A. Vahidi, *J. Power Sources*, **180**, 1-14 (2008)
5) F. A. De Bruijn, V. A. T. Dam, G. J. M. Janssen, *Fuel Cells*, **8**, 3-22 (2008)

6) S. Gottesfeld, T. A. Zawodzinski, "Advances in Electrochemical Science and Engineering", p.195, Wiley, (2008)
7) M. K. Debe, *Nature*, **486**, 43-51 (2012)
8) S. Mukerjee, S. Srinivasan, M. P. Soriaga, J. McBreen, *J. Electrochem. Soc.*, **142**, 1409-1422 (1995)
9) Y. Iwasawa, "X-ray Absorption Fine Structure for Catalysts and Surfaces, World Scientific Publishing, (1996)
10) Y. Iwasawa, K. Asakura, H. Ishii, H. Kuroda, *Z. Phys. Chem. N. F.*, **144**, 105-115 (1985)
11) Y. Iwasawa, *Adv. Catal.*, **35**, 187-264 (1987)
12) K. Asakura, K. K. Bando, Y. Iwasawa, H. Arakawa, K. Isobe, *J. Am. Chem. Soc.*, **112**, 9096-9104 (1990)
13) A. Suzuki, Y. Inada, A. Yamaguchi, T. Chihara, M. Yuasa, M. Nomura, and Y. Iwasawa, *Angew. Chem. Int. Ed.*, **42**, 4795-4799 (2003)
14) A. E. Russell, A. Rose, *Chem. Rev.*, **104**, 4613-4636 (2004)
15) M. Tada, Y. Uemura, R. Bal, Y. Inada, M. Nomura, Y. Iwasawa, *Phys. Chem. Chem. Phys.*, **12**, 5701-5706 (2010)
16) M. Tada, S. Murata, T. Asaoka, K. Hiroshima, K. Okumura, H. Tanida, T. Uruga, H. Nakanishi, S. Matsumoto *et al.*, *Angew. Chem. Int. Ed.*, **46**, 4310-4315 (2007)
17) T. Yamamoto, A. Suzuki, Y. Nagai, T. Tanabe, F. Dong, Y. Inada, M. Nomura, M. Tada, Y. Iwasawa, *Angew. Chem. Int. Ed.*, **46**, 9253-9256 (2007)
18) A. Witkowska, S. Dsoke, E. Principi, R. Marassi, A. Di Cicco, V. R. Albertini, *J. Power Sources*, **178**, 603-609 (2008)
19) D. Friebel, V. Viswanathan, D. J. Miller, T. Anniyev, H. Ogasawara, A. H. Larsen, C. P. O'Grady, J. K. Nørskov, A. Nilsson, *J. Am. Chem. Soc.*, **134**, 9664-9671 (2012)
20) Y. H. Zhang, M. L. Toebes, A. van der Eerden, W. E. O'Grady, K. P. de Jong, D. C. Koningsberger, *J. Phys. Chem. B*, **108**, 18509-18519 (2004)
21) H. Yoshitake, T. Mochizuki, O. Yamazaki, K. Ota, *J. Electroanal. Chem.*, **361**, 229-237 (1993)
22) H. Imai, K. Izumi, M. Matsumoto, Y. Kubo, K. Kato, Y. Imai, *J. Am. Chem. Soc.*, **131**, 6293-6300 (2009)
23) T. M. Arruda, B. Shyam, J. S. Lawton, N. Ramaswamy, D. E. Budil, D. E. Ramaker, S. Mukerjee, *J. Phys. Chem. C*, **114**, 1028-1040 (2010)
24) E. Principi, A. Witkowska, S. Dsoke, R. Marassi, A. Di Cicco, *Phys. Chem. Chem. Phys.*, **11**, 9987-9995 (2009)
25) F. J. Scott, S. Mukerjee, D. E. Ramaker, *J. Phys. Chem. C*, **114**, 442-453 (2010)
26) T. M. Arruda, B. Shyam, J. M. Ziegelbauer, S. Mukerjee, D. E. Ramaker, *J. Phys. Chem.*, **112**, 18087-18097 (2008)
27) R. R. Adzic, J. X. Wang, B. M. Ocko, J. McBreen, "EXAFS, XANES, SXS. Handbook of Fuel Cells" Wiley, (2010)
28) Y. Uemura, Y. Inada, K. K. Bando, T. Sasaki, N. Kamiuchi, K. Eguchi, A. Yagishita, M. Nomura, M. Tada, Y. Iwasawa, *Phys. Chem. Chem. Phys.*, **13**, 15833-15844 (2011)

29) M. Tada, N. Ishiguro, T. Uruga, H. Tanida, Y. Terada, S. Nagamatsu, Y. Iwasawa S. Ohkoshi, *Phys. Chem. Chem. Phys.*, **13**, 14910-14913 (2011)
30) N. Ishiguro, T. Saida, T. Uruga, S. Nagamatsu, O. Sekizawa, K. Nitta, T. Yamamoto, S. Ohkoshi, Y. Iwasawa, T. Yokoyama, M. Tada, *ACS Catal.*, **2**, 1319-1330 (2012)
31) L. Liu, G. Samjeske, S. Nagamatsu, O. Sekizawa, K. Nagasawa, S. Takao, Y. Imaizumi, T. Yamamoto, T. Uruga, Y. Iwasawa, *J. Phys. Chem. C*, **116**, 23453-23464 (2012)
32) T. Saida, O. Sekizawa, N. Ishiguro, M. Hoshino, K. Uesugi, T. Uruga, S. Ohkoshi, T. Yokoyama, M. Tada, *Angew. Chem. Int. Ed.*, **124**, 10457-10460 (2012)
33) G. Samjeske, S. Nagamatsu, S. Takao, K. Nagasawa, Y. Imaizumi, O. Sekizawa, T. Yamamoto, Y. Uemura, T. Uruga and Y. Iwasawa, *Phys. Chem. Chem. Phys.*, **15**, 17208-17218 (2013)
34) O. Sekizawa *et al.*, *J. Phys., Conf. Ser.*, **430**, 012020 (2013)
35) 宇留賀朋哉, 関澤央輝, 唯美津木, 横山利彦, 岩澤康裕, SPring-8利用者情報, **18**, 14-17 (2013)
36) 20回FCDIC燃料電池シンポジウム講演要旨集 (2013)
37) S. Nagamatsu, T. Arai, M. Yamamoto, T. Ohkura, H. Oyanagi, T. Ishizaka, H. Kawanami, T. Uruga, M. Tada, Y. Iwasawa, *J. Phys. Chem. C*, **117**, 13094-13107 (2013)
38) M. Wakisaka, S. Asizawa, H. Uchida, M. Watanabe, *Phys. Chem. Chem. Phys.*, **12**, 4184-4190 (2010)
39) T. Jacob, *J. Electroanal. Chem.*, **607**, 158-166 (2007)
40) Z. Gu, P. B. Balbuena, *J. Phys. Chem. C*, **111**, 17388-17396 (2007)
41) S. Mukerjee, S. Srinivasan, *J. Electroanal. Chem.*, **357**, 201-224 (1993)
42) H. A. Gasteiger, S. S. Kocha, B. Sompalli, F. T. Wagner, *Appl. Catal. B: Environmental*, **56**, 9-35 (2005)
43) V. R. Stamenkovic, B. Fowler, B. S. Mun, G. Wang, P. N. Ross, C. A. Lucas, N. M. Markovic, *Science*, **315**, 493-497 (2007)
44) C. Wang, M. Chi, D. Li, D. Vliet, G. Wan, Q. Lin, J. F. Mitchell, K. L. More, N. M. Markovic, V. R. Stamenkovic, *ACS Catal.*, **1**, 1355-1359 (2011)
45) P. Yu, M. Pemberton, P. Plasse, *J. Power Sources*, **144**, 11-20 (2005)
46) T. Toda, H. Igarashi, H. Uchida, M. Watanabe, *J. Electrochem. Soc.*, **146**, 3750-3756 (1999)
47) I. N. Leontyev, V. E. Guterman, E. B. Pakhomova, P. E. Timoshenko, A. V. Guterman, I. N. Zakharchenko, G. P. Petin, B. Dkhil, *J. Alloys Compd.*, **500**, 241-246 (2010)
48) P. Mani, R. Srivastava, P. Strasser, *J. Power Sorces*, **196**, 666-674 (2011)
49) A. Rabis, P. Rodriguez, T. J. Schmidt, *ACS Catal.*, **2**, 864-890 (2012)
50) J. Zhang, M. B. Vukmirovic, K. Sasaki, A. U. Nilekar, M. Mavrikakis, R. R. Adzic, *J. Am. Chem. Soc.*, **127**, 12480-12481 (2005)
51) J. Zhang, F. H. B. Lima, M. H. Shao, K. Sasaki, J. X. Wang, J. Hanson, R. R. Adzic, *J. Phys. Chem. B*, **109**, 22701-22704 (2005)
52) C. Yu, S. Koh, J. E. Leisch, M. F. Toney, P. Strasser, *Faraday Discuss.*, **140**, 283-296 (2008)
53) Y. Chen, Z. Liang, F. Yang, Y. Liu, S. Chen, *J. Phys. Chem. C*, **115**, 24073-24079 (2011)

54) H. Yang, *Angew. Chem. Int. Ed.*, **50**, 2674-2676 (2011)
55) C. Wang, M. Chi, D. Li, D. Strmcnik, D. Vliet, G. Wang, V. Komanicky, K.-C. Chang, A. P. Paulikas *et al.*, *J. Am. Chem. Soc.*, **133**, 14396-14403 (2011)
56) J. Zhang, Y. Mo, M. B. Vukmirovic, R. Klie, K. Sasaki, R. R. Adzic, *J. Phys. Chem. B*, **108**, 10955-10964 (2004)
57) R. R. Adzic, J. Zhang, K. Sasaki, M. B. Vukmirovic, M. Shao, J. X. Wang, A. U. Nilekar, M. Mavrikakis, J. A. Valerio, F. Uribe, *Top Catal.*, **46**, 249-262 (2007)
58) K. Sasaki, H. Naohara, Y. Cai, Y. M. Choi, P. Liu, M. B. Vukmirovic, J. X. Wang, R. R. Adzic, *Angew. Chem. Int. Ed.*, **49**, 8602-8607 (2010)
59) J. Zhang, M. B. Vukmirovic, Y. Xu, M. Mavrikakis, R. R. Adzic, *Angew. Chem. Int. Ed.*, **44**, 2132-2135 (2005)
60) S. Mukerjee, S. Srinivasan, M. P. Soriaga, J. Mcbreen, *J. Phys. Chem.*, **99**, 4577-4589 (1995)
61) B. L. Abrams, P. C. K. Vesborg, J. L. Bonde, T. F. Jaramillo, I. Chorkendorff, *J. Electrochem. Soc.*, **156**, B273-B282 (2009)

4 燃料電池正極触媒としての鉄含有炭素材料のXAFS測定による活性点構造解析

丸山 純*

4.1 はじめに

　燃料電池はクリーンで高効率なエネルギーシステムとして注目されている。それは、燃料として水素を用いると、酸素との燃焼反応のエネルギーを直接電気エネルギーに変換することにより発電が可能であり、水しか排出しないためである。なかでも固体高分子型燃料電池（PEFC）は、着実に研究開発がなされ、電気自動車用の電源や家庭用のコジェネレーションシステムとして既に実用化されている。燃料電池自動車については2002年12月に日本で世界に先駆けて政府関係機関などを対象にした限定的なリース販売が開始され、現在では、水素ステーションの普及のための規制緩和も進んでいる。家庭用コジェネレーションシステムについても累計5万台を超え、普及が進みつつある[1]。しかし、本格的普及に至るまでには多くの問題が残されている。そのなかでも大きな問題は電極に触媒として白金を使用する必要があることである。白金は高価であり、その埋蔵量は全世界の自動車数のおよそ4分の1にあたる分しかないとされ、普及への大きな障害となっている。そのため電極に使用する白金量をできる限り減らす、または全く白金を使用しない触媒を開発することが求められている。

　最近になり、白金などの貴金属を全く使用しないPEFC正極触媒（非貴金属系触媒）の研究開発が活発に行われてきた。現在のところ、PEFCの酸性電解質にも溶解しにくいTiやZrなどの金属酸化物[1]、窒素やホウ素を含有する炭素材料[2,3]、窒素に加えFeやCoなどの金属を含有する炭素材料[4,5]が、その有望な候補であると考えられている。筆者は、これまで、FeとNを含有する炭素材料を、カタラーゼやヘモグロビンなどの鉄タンパク質、アミノ酸やプリン塩基、ピリミジン塩基などの窒素を含有する有機化合物と、グルコース、鉄塩の混合物の熱処理によって作製可能であることを見出し、非貴金属系PEFC正極触媒としての特性を調べてきた。これらの原料は天然物であり、化石資源由来の原料と比較して、資源的に有利であると考えられる。これらの炭素材料について、X線吸収微細構造（XAFS）ならびにX線光電子分光スペクトル（XPS）の測定により調べた鉄周囲の局所構造、鉄の酸化状態と、触媒活性、耐久性が関連していることが明らかになっている。本節では、これらの結果について述べるとともに、活性、耐久性向上のための方法について考察する。

4.2 鉄タンパク質由来の炭素材料における触媒活性点

　鉄タンパク質のカタラーゼ、ヘモグロビンの熱処理により、炭化物が得られ、その炭化物は、PEFC正極触媒として機能することが明らかとなっている[6,7]。カタラーゼ、ヘモグロビンはそれぞれ分子量が23万、6万5千であり、ともにプロトヘム（図1）を1分子中に4つ含んでいる[8]。特にヘモグロビンについては、食肉生産時に廃棄されている赤血球を有効に利用できれば、大量

---

* Jun Maruyama　（地独）大阪市立工業研究所　環境技術研究部　炭素材料研究室　研究主任

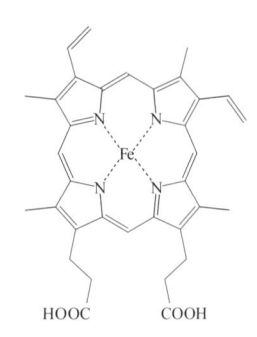

SPring-8の高輝度放射光を利用したグリーンエネルギー分野における電池材料開発

図1　プロトヘムの構造式

に得ることができる。食肉生産量は年々増加し、現在、全世界で2億5千万トンであり、大雑把に見積もってヘモグロビンはおよそ250万トン得られることになる。したがって、貴金属と比較し資源的に非常に有利である。

　ヘモグロビン炭化物について、熱処理を1段階から2段階とすると、活性が向上し、PEFC発電特性も向上する（図2）[9]。2段階の熱処理による触媒活性の向上の要因は、活性点の中心のFeの酸化状態にある。同じく図2に1段階の熱処理で得られた触媒と、2段階の熱処理で得られた触媒中のFe 2pのXPSを示す。2段階の熱処理で得られた触媒におけるスペクトル中のピークは1段階の熱処理で得られた触媒のものより低エネルギー側にシフトしており、これはFeの酸化状態がほとんど3+であったものが、2+のFeも含まれるようになってきたことを示している。酸素還元反応は多段階の素過程から構成され、その1段階目の反応に、この2+のFeが必要であり、このため、活性が向上したと考えられる。

　熱処理1段階目の温度、2段階目の熱処理雰囲気をさらに検討することにより、活性かつ耐久性が向上することがわかった[10]。これら一連のヘモグロビン炭化物のFe-K端の広域X線吸収微細構造（EXAFS）から得られる動径構造関数において、第一配位圏には、ヘマチンと同様なピークが現れる。ヘマチンは炭化物原料中に含まれるプロトヘムに水酸基が結合した化合物であることから、炭化物中のFe周囲の局所構造は、部分的に維持され、Fe-N_4構造をとっているといえる。図3にヘマチン、2種類の2段階熱処理条件で得られたヘモグロビン炭化物の動径構造関数を示す。

　図3において、CHb200900では、第一配位圏に加えて、第二配位圏にもはっきりとピークが現れている。このピーク強度は触媒の耐久性と相関があることがわかっている。ヘモグロビン炭化物を正極触媒として用いて作製したPEFCの連続運転において、第二配位圏のピークが強い触媒を用いた方が、性能低下度が小さく、耐久性が高いことを示唆している。ピークが弱い場合、ランダムに原子が配置していることを意味しており、過酸化水素などの酸素還元反応の副生成物に対する耐性が低くなるため、触媒耐久性が低くなると思われる。

第5章　電池における触媒開発

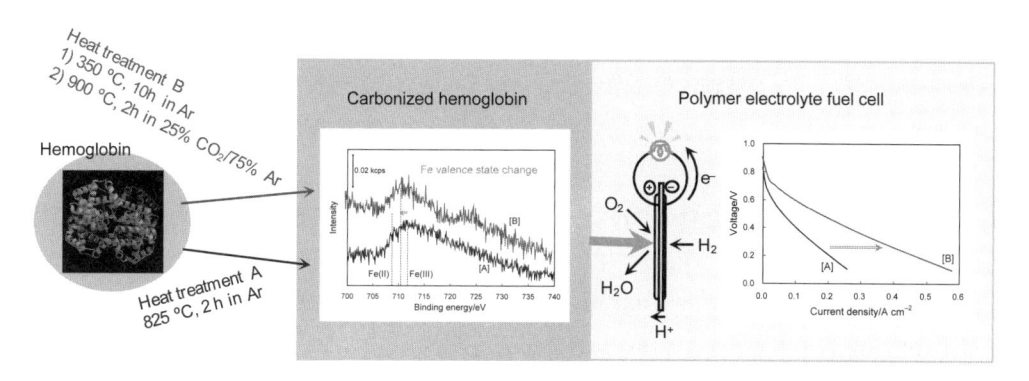

図2　ヘモグロビンの分子構造と熱処理条件A, B, それぞれの熱処理条件で得られた炭素材料中のFe 2p X線光電子分光スペクトル, 得られた炭素材料を正極に用いて作製したPEFCの性能の比較

熱処理条件Aでは, Ar雰囲気中, 825℃で2時間熱処理, 熱処理条件Bでは, Ar雰囲気中, 350℃で10時間, 1段階目の熱処理を行い, 25% CO_2＋75% Ar雰囲気中, 900℃で2時間, 2段階目の熱処理を行う.

[Reproduced with permission from *J. Phys. Chem. C*, **111**, 6597 (2007), Copyright 2007, American Chemical Society.]

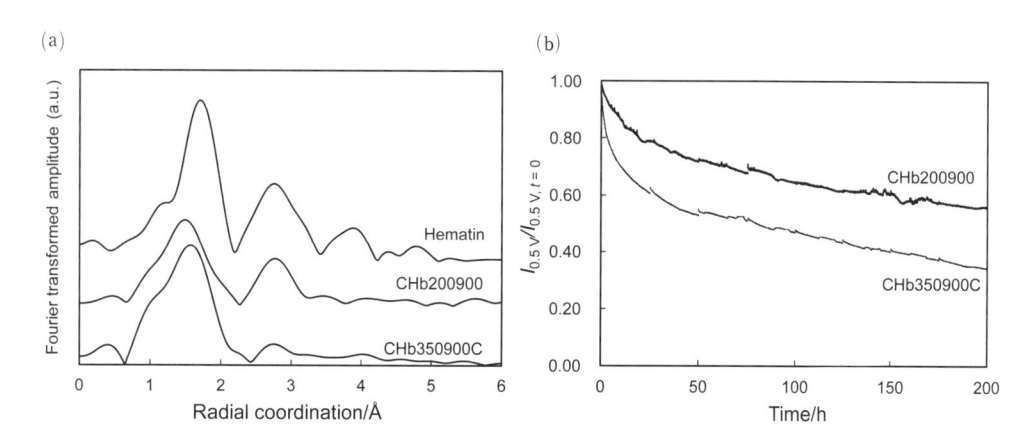

図3　(a)ヘマチン, 2種類の2段階熱処理で得られたヘモグロビン炭化物 (CHb350900C, CHb200900) におけるFe-K端EXAFSスペクトルから得られた動径構造関数

CHb350900C作製の熱処理条件：1段階目, Ar雰囲気, 350℃, 10h；2段階目, 25% CO_2＋75% Ar雰囲気, 900℃, 2h

CHb200900作製の熱処理条件：1段階目, Ar雰囲気, 200℃, 10h；2段階目, 10% CO_2＋90% Ar雰囲気, 900℃, 2h

(b)CHb350900C, CHb200900を正極触媒として用いて作製したPEFCの連続運転試験における電流減少率（セル電圧0.5Vにおける電流値$I_{0.5V}$を連続運転開始時の電流値$I_{0.5V, t=0}$で割った値の時間変化）

[Reproduced with permission from *J. Phys. Chem. C*, **112**, 2784 (2008), Copyright 2008, American Chemical Society.]

以上，ヘモグロビン炭化物に関しては，Feの酸化状態と活性，Fe周囲の局所構造と耐久性が直結することから，Feが触媒作用に関わっていると考えるのが妥当で，EXAFSより，FeはFe-N_4構造をとることが明らかなことから，触媒活性点は，Fe-N_4構造であると考えられる。

4.3 窒素含有天然有機化合物・グルコース・鉄塩の混合物由来の炭素材料における触媒活性点

カタラーゼ，ヘモグロビンのほかにも，安価でありふれた再生可能な資源としての天然有機化合物低分子を原料として，PEFC正極触媒が作製可能である。アミノ酸のグリシンとグルコース，乳酸鉄の混合物をカラメル化した後に熱処理することによって，グルコースが炭素マトリックス源，グリシンが活性点の窒素源として，Fe-N_4構造を有する炭素材料が作製でき，正極触媒として機能することがわかっている[11]。

上述したヘモグロビン由来触媒と同様に，EXAFSの結果と連続運転試験結果と相関させることにより，耐久性に関する知見も得られている。グリシンとグルコースとの混合比率を変えて作製した触媒を用いたPEFCの連続運転試験結果を図4に示す。グリシンの比率が高くなるほど，耐久性が向上していることがわかる。同じく図4にこれらの触媒のEXAFSから得られた動径分布関数を示す[10]。1.7Å付近のピークはFe-N_4構造のN，2.2Å付近のピークは鉄箔のスペクトルとの比較から，活性点とは無関係の凝集した鉄に由来する。グリシンの比率が高くなるほど，2.8Å付近のピークが強くなっており，これはFe-N_4活性点周囲の構造の規則性が高くなっていること

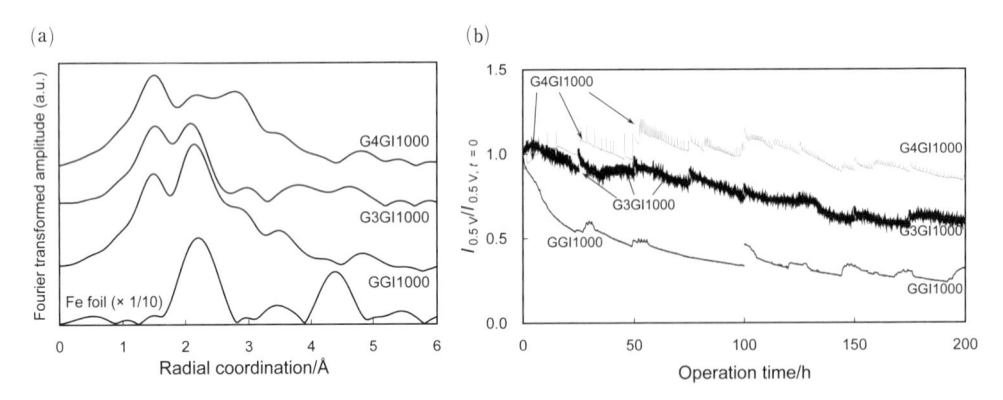

図4 (a)グルコース-グリシン-乳酸鉄の混合物から作製した炭素材料（GGI1000，G3GI1000，G4GI1000）におけるFe-K端EXAFSスペクトルから得られた動径構造関数
（混合物中のグリシン／グルコースの比率：1/1，GGI1000；3/1，G3GI1000；4/1，G4GI1000）
(b)GGI1000，G3GI1000，G4GI1000）を正極触媒として用いて作製したPEFCの連続運転試験における電流減少率（セル電圧0.5Vにおける電流値$I_{0.5V}$を連続運転開始時の電流値$I_{0.5V, t=0}$で割った値の時間変化）

[Reproduced with permission from *J. Phys. Chem. C*, **112**, 2784 (2008), Copyright 2008, American Chemical Society; Reproduced with permission from *J. Electrochem. Soc.*, **154**, B297 (2007), Copyright 2007, The Electrochemical Society.]

第5章 電池における触媒開発

を意味している。したがって，活性点周囲の構造の規則性が高いほど触媒の耐久性が高くなることが明らかになった。この結果は，ヘモグロビン由来正極触媒の結果と一致する。

グリシン以外のアミノ酸，プリン塩基，ピリミジン塩基（図5）を用いても，Fe-N_4活性点の窒素源となり，酸素還元反応に対する触媒活性を有する炭素材料を作製できる[12,13]。図6にアデニン，アルギニン，グリシンを窒素源として作製した炭素材料のFe-K端EXAFSから得られた動径構造関数を示す。これらの動径構造関数を比較すると，窒素源分子中の窒素数が多いほうが，活性点とならない凝集したFeに由来するピークが小さいことがわかる。これは，より効率的に活性点が生成しているためと考えられる。GRIには，酸化鉄がわずかに含まれていることがX線回折測定結果わかっており，第二配位圏のピークがやや強いのはこのためである。

プリン塩基，ピリミジン塩基を用いて作製した炭素材料の触媒活性は，これらの炭素材料におけるFe 2p XPSのピーク強度とよい相関を示した（図7）。また，アデニンを窒素源として用いた場合に，原料混合物中に鉄塩だけではなく，銅塩を共存させると，炭素材料のマトリックス構造が変化して細孔が発達するとともに，鉄の酸化状態が3価から2価に近づき，活性が向上することも分かっている[14]。これらの結果からも，これまでの研究で得られた窒素含有天然有機化合

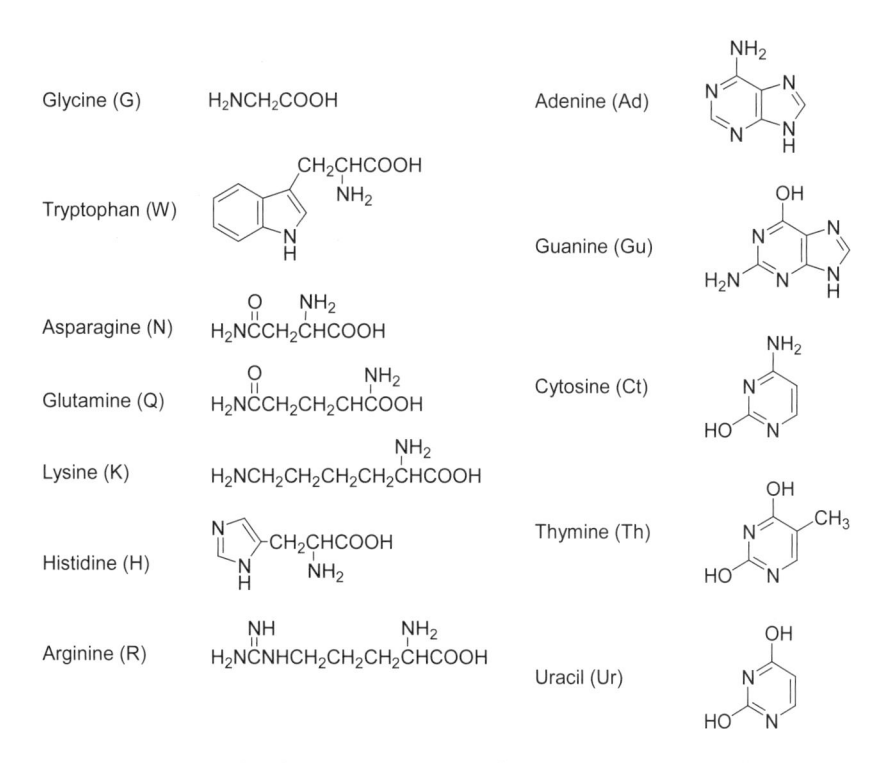

図5 活性点生成に用いたアミノ酸，プリン塩基，ピリミジン塩基

[Reproduced with permission from *J. Power Sources*, **182**, 489 (2008), Copyright 2008, Elsevier; Reproduced with permission from *J. Power Sources*, **194**, 655 (2009), Copyright 2009, Elsevier.]

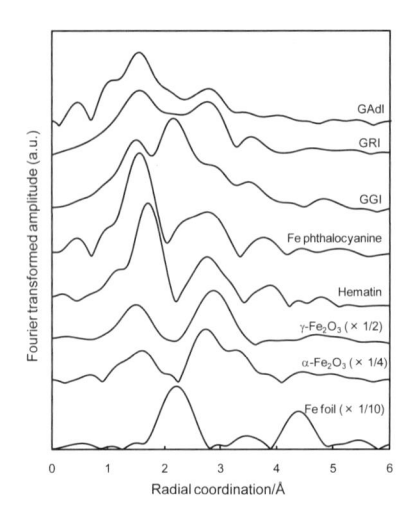

図6 グルコースと乳酸鉄,および,アデニン(GAdl),アルギニン(GRl),グリシン(GGl)の混合物から作製した炭素材料,ならびに,鉄フタロシアニン,ヘマチン,α-Fe_2O_3,γ-Fe_2O_3,鉄箔におけるFe-K端EXAFSスペクトルから得られた動径構造関数

[Reproduced with permission from *J. Power Sources*, **194**, 655 (2009), Copyright 2009, Elsevier.]

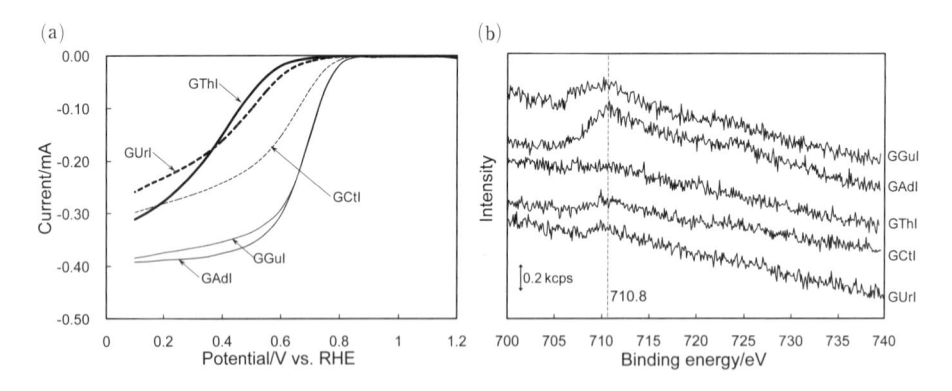

図7 (a)グルコースと乳酸鉄,および,アデニン(GAdl),グアニン(GGul),シトシン(GCtl),チミン(GThl),ウラシル(GUrl)の混合物から作製した炭素材料100 μgを直径3 mmのグラッシーカーボン回転ディスク電極上に固定し,酸素で飽和した0.1 M $HClO_4$水溶液中,電極を2000 rpmで回転させて測定した酸素還元電流(慣例によりマイナス側に表示)と電極電位,Potential/V vs. RHE(可逆水素電極),の関係,(b)それらの炭素材料のFe 2p XPS

[Reproduced with permission from *J. Power Sources*, **194**, 655 (2009), Copyright 2009, Elsevier.]

物・グルコース・鉄塩の混合物由来の炭素材料に関しては,Feが触媒作用に関わっていると考えるのが妥当で,触媒活性点は,Fe-N_4構造であると考えられる。

4.4 おわりに

非貴金属系PEFC正極触媒に関し,あまり注目されていなかった10年ほど前に比べ,活性,耐久性ともに著しい向上が見られている。しかし,いまだに実用化までは至っていない。今後は,これまでに用いられたことのない出発原料からの作製の試み,全く新たな製法の開発が,さらなる高活性化,高耐久性化のために重要になると思われる。筆者らも,ヘモグロビン炭化物作製のための新たな製法,さまざまな出発原料からの触媒作製を試みている[15〜17]。本節で述べたように,触媒材料のXAFSと,触媒活性,耐久性は密接に関連しており,非貴金属系触媒の研究開発において,今後もXAFS測定は重要な役割を果たしていくと思われる。

ごく最近,米国エネルギー省2013 Annual Merit Review and Peer Evaluation Meetingにおいて,Northeastern大学Mukerjee教授は,その場EXAFSにより,反応中の触媒活性点状態を観察し,Fe-N_4構造におけるFeと酸素分子の結合を示唆する結果を発表している[18]。また,4つのNは等価ではなく,等価な2つのNが2組Feに配位していると提案されている。

このように,金属酸化物,窒素を含有する炭素材料と比較して,窒素に加えFeやCoなどの金属を含有する炭素材料では,触媒活性,耐久性に関するより多くの知見が得られているように思われるが,いずれの材料も,PEFCの本格的普及の実現に向け,今後の活発な研究開発が望まれる。

文　献

1) A. Ishihara, Y. Ohgi, K. Matsuzawa, S. Mitsushima, K.-i. Ota, *Electrochim. Acta*, **55**, 8005 (2010)
2) W. Y. Wong, W. R. W. Daud, A. B. Mohamad, A. A. H. Kadhum, K. S. Loh, E. H. Majlan, *Int. J. Hydrogen Energy*, **38**, 9370 (2013)
3) Z. Yang, H. Nie, X. Chen, X. Chen, S. Huang, *J. Power Sources*, **36**, 238 (2013)
4) F. Jaouen, E. Proietti, M. Lefévre, R. Chenitz, J.-P. Dodelet, G. Wu, H. T. Chung, C. M. Johnston, P. Zelenay, *Energy Environ. Sci.*, **4**, 114 (2011)
5) Z. Chen, D. Higgins, A. Yu, L. Zhang, J. Zhang, *Energy Environ. Sci.*, **4**, 3167 (2011)
6) J. Maruyama, I. Abe, *Chem. Mater.*, **17**, 4660 (2005)
7) J. Maruyama, I. Abe, *Chem. Mater.*, **18**, 1303 (2006)
8) 大塚斉之助,山中健生,金属タンパク質の化学,講談社,東京 (1983)
9) J. Maruyama, J. Okamura, K. Miyazaki, I. Abe, *J. Phys. Chem. C*, **111**, 6597 (2007)
10) J. Maruyama, J. Okamura, K. Miyazaki, Y. Uchimoto, I. Abe, *J. Phys. Chem. C*, **112**, 2784 (2008)
11) J. Maruyama, I. Abe, *J. Electrochem. Soc.*, **154**, B297 (2007)
12) J. Maruyama, N. Fukui, M. Kawaguchi, I. Abe, *J. Power Sources*, **182**, 489 (2008)

13) J. Maruyama, N. Fukui, M. Kawaguchi, I. Abe, *J. Power Sources*, **194**, 655 (2009)
14) J. Maruyama, I. Abe, *Chem. Commun.*, 2879 (2007)
15) J. Maruyama, T. Hasegawa, T. Amano, Y. Muramatsu, E. M. Gullikson, Y. Orikasa, Y. Uchimoto, *ACS Appl. Mater. Interfaces*, **3**, 4837 (2011)
16) J. Maruyama, N. Fukui, M. Kawaguchi, T. Hasegawa, H. Kawano, T. Fukuhara, S. Iwasaki, *Carbon*, **48**, 3271 (2010)
17) J. Maruyama, T. Shinagawa, Z. Siroma, A. Mineshige, *Electrochem. Commun.*, **13**, 1451 (2011)
18) S. Mukerjee, Development of Novel Non-Pt Group Metal Electrocatalysts for Proton Exchange Membrane Fuel Cell Applications, 2013 Annual Merit Review, Department of Energy, USA

5 表面敏感なX線吸収分光法を用いた，4および5族酸化物をベースとした固体高分子形燃料電池用非白金酸素還元触媒の活性点の解明と触媒設計指針の提示

石原顕光[*1]，太田健一郎[*2]，今井英人[*3]

5.1 はじめに

固体高分子形燃料電池（PEFC：Polymer electrolyte fuel cell）は，再生可能エネルギーから産出するグリーン水素を利用した水素エネルギー社会において中核的な役割を果たすことが期待されている[1]。しかし，空気極での酸素還元反応（ORR：Oxygen Reduction Reaction）に用いられている白金の使用量削減は，本格普及に向けた喫緊の課題の一つである。また，PEFCの空気極は酸性かつ酸化雰囲気という強い腐食環境におかれるので，白金のような貴金属であっても溶解する。そのため，より高い耐久性をもつ触媒の開発も実用化への課題となっている。PEFCの本格普及には，資源量，コストおよび安定性の観点から，白金に替わる高い安定性とORR活性を併せ持つ非白金酸素還元触媒が必要なのである。

そのため，筆者らはまず，酸性かつ酸化雰囲気で高い安定性を持つ材料に着目して，非白金酸素還元触媒を開発してきた。酸化雰囲気では一部の貴金属を除きすべての材料は本質的に酸化物を形成する。その酸化物が酸に溶解せず安定であれば，十分な耐久性を持たせることができる。4および5族遷移金属は，バルブメタル（弁金属）と呼ばれ，その酸化物は極めて安定である。これらの酸化物が十分なORR活性を示せば，酸性電解質中においても安定性な触媒として機能する可能性がある。

筆者らはこのアイディアに基づき，4および5族金属の酸化物，酸窒化物，炭窒化物など，C，N，Oを含む化合物，具体的にはWC + Ta，TaO_xN_y，TaC_xN_y，ZrO_xN_y，ZrO_2，TiO_xN_y，CrC_xN_y，TaON，部分酸化処理したTa_2CN，Zr_2CN，Nb_2CNなどを中心に，カソード環境での耐久性やORR活性などを系統的に調べ，これらの触媒が酸性電解質中で高い安定性と高いORR活性を併せ持つ非白金系触媒として高い潜在能力を持つことを明らかにしてきた[2]。中でも$TaC_{0.52}N_{0.48}$粉末の表面を酸化処理した触媒は高いORR活性を持つことがわかっている[3,4]。しかし，実験操作的に活性が発現する条件がわかっても，それは触媒設計の開発指針を与えることにはならない。触媒設計の指針を提示するためには，活性点を知り，活性発現のメカニズムを解明する必要がある。そこで，放射光を用いて，この部分酸化した$TaC_{0.52}N_{0.48}$粉末触媒のORR活性点の解明を行ったので紹介したい。

[*1] Akimitsu Ishihara　横浜国立大学　グリーン水素研究センター　産学連携研究員
[*2] Ken-ichiro Ota　横浜国立大学　グリーン水素研究センター　特任教授
[*3] Hideto Imai　㈱日産アーク　デバイス機能解析部　部長

5.2 部分酸化したTaC$_{0.52}$N$_{0.48}$粉末触媒の活性点の解明

筆者らは，非酸化物を出発物質とし酸化の度合を制御して，触媒を作製することを試みてきた。具体的には，出発物質としてTaC$_{0.52}$N$_{0.48}$粉末を用い，微量の酸素分圧を制御した雰囲気での熱処理により，部分酸化した触媒（Ta-CNOと表記する）を作製した。

図1に，TaC$_{0.52}$N$_{0.48}$を出発物質として，酸化の度合を制御した試料のXRD回折パターンを示す。酸化は，1000℃で，N$_2$をベースに2% H$_2$と0.5%O$_2$を含むガス雰囲気で数～数十時間行っている。TaCとTaNはともに岩塩型の結晶構造をとり完全に固溶する。本稿ではTaCからTaNの間にピークを持つものをTaC$_x$N$_y$と表記した。酸化の進行とともに，TaC$_x$N$_y$のピークが減少し，Orthorhombic Ta$_2$O$_5$のピークが成長する。すなわち，酸化の進行とともに，表面から酸化物が形成され，徐々に内部へと進行している様子が伺える。筆者らは，この比較的時間をかけて進行する酸化過程を「部分酸化」と呼んでいる。

筆者らは，部分酸化の程度を表す指標として酸化度（DOO：Degree Of Oxidation）を導入した。酸化度はTaC$_x$N$_y$の最強ピーク強度である１００面[$2\theta \approx 35°$]の積分ピーク強度I[TaCN]と，Ta$_2$O$_5$の最強ピーク強度である１１１０面[$2\theta \approx 28.3°$]の積分ピーク強度I[Ta$_2$O$_5$]を用いて，(1)式で定義した。

$$\mathrm{DOO} = \frac{\mathrm{I[Ta_2O_5]}}{\mathrm{I[TaC_xN_y]} + \mathrm{I[Ta_2O_5]}} \tag{1}$$

(1)式より，DOO値はTaC$_x$N$_y$では0，Ta$_2$O$_5$では1となる。酸化が進むにつれて集電が困難になると考えられるので，カーボンブラックとの混合粉末触媒とし，グラッシーカーボンロッド上に塗布し電極を作製して評価した。電解質溶液は0.1M硫酸，温度30℃で3電極式セルを用いて測定した。なお，本稿では，電流密度は幾何面積基準，電極電位は可逆水素電極（Reversible Hydrogen Electrode：PEFCではほぼ燃料極の平衡電極電位に等しい）基準で表示した。

図2(a)に，カーボンブラックを7wt%混合した触媒のDOOと酸素還元開始電位E_{ORR}の関係を，図2(b)にDOOと0.6Vでの酸素還元電流密度$|i_{ORR}@0.6V|$の関係を示す。E_{ORR}は活性点の質を表し，$|i_{ORR}@0.6V|$は0.6Vにおいて働いている活性点の量を表す。まずE_{ORR}に関して，出発物

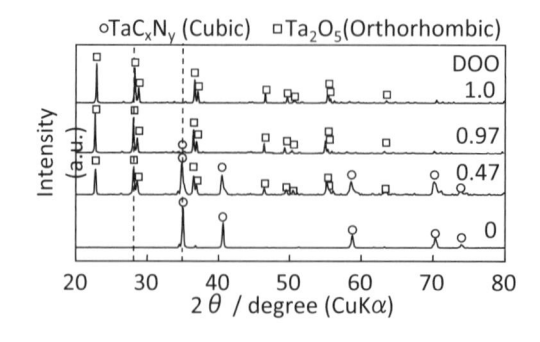

図1 TaC$_{0.58}$N$_{0.42}$，部分酸化したTa-CNOおよびTa$_2$O$_5$粉末のXRDパターンおよびDOO

第 5 章 電池における触媒開発

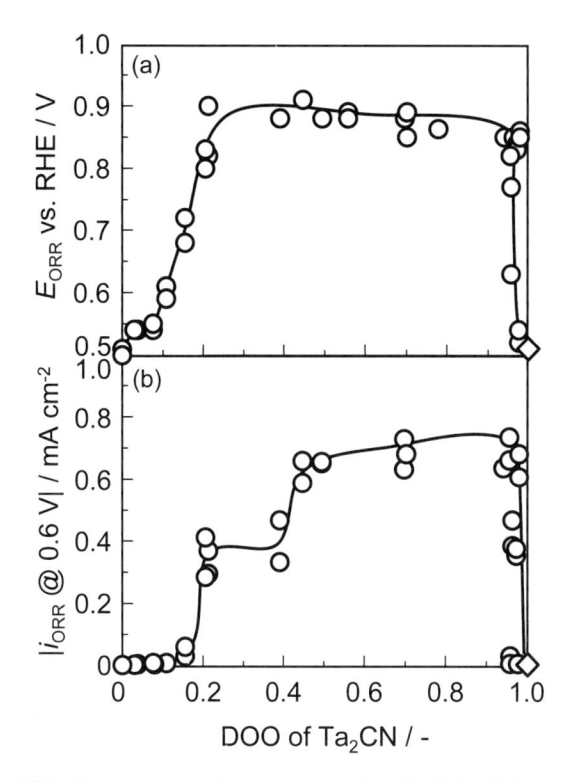

図2 酸素還元開始電位 E_{ORR}(a)および0.6Vにおける酸素還元電流密度 i_{ORR}(b)のDOO依存性

質 $TaC_{0.52}N_{0.48}$（DOO = 0），および市販の完全酸化物 Ta_2O_5（DOO = 1）いずれも，E_{ORR} は0.5 Vと，活性点の質は低い。それに対して，Ta-CNO触媒では，DOOが 0 から0.2に増加するにつれて，0.4Vにおよぶ飛躍的な E_{ORR} の上昇が観察された。さらに $0.2 \leq DOO \leq 0.98$ で，E_{ORR} が0.85 V以上の高い値をとった。すなわち，ある程度の部分酸化が進行すれば，表面に質の高い活性点を形成するようになると考えられる。$|i_{ORR}@0.6V|$ に関しては，DOOが0.2まではほとんど電流は観察されず，0.2以上でDOOの増加とともに段階的に増加する。すなわち，0.6Vで働く活性点の量は酸化の進行とともに増加するといえる。

ここで，$TaC_{0.52}N_{0.48}$ の部分酸化により，ORR活性が劇的に向上した要因を明らかにすれば，活性点が解明できる。そのためには，Ta-CNO触媒の表面状態を調べ，ORR活性との相関を検討すればよい。筆者らは特に，X線吸収分光により得られる触媒の電子状態および局所構造に注目した。本稿で報告しているTa-CNO粉末の粒子径は，サブミクロンオーダーと大きい。そのため，従来よく用いられる透過法では内部情報ばかりで，表面の情報はほとんど得られない。触媒反応は表面層の状態によって決まるため，内部の状態と表面近傍を分離して評価することが必要である。そこで，筆者らは，透過法とともに，オージェ電子を検出する転換電子収量法（Conversion-Electron-Yield：CEY）という表面敏感なX線吸収分光法を，放射光を用いて実施し，酸化物粉

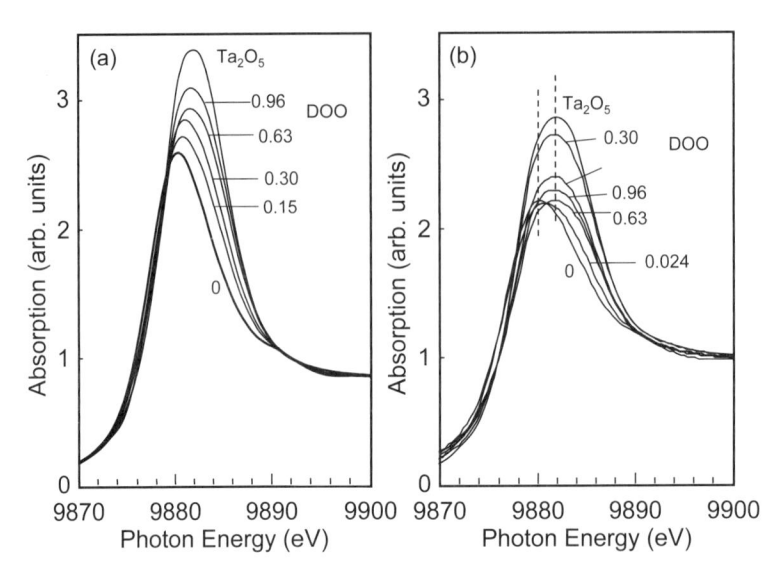

図3 異なったDOOを持つTa-CNOのTa-L_3吸収端の透過法(a)およびTa-LMMの
オージェ過程に対応するCEY法(b)を用いたXANESスペクトル

末表面の結晶構造および電子状態の分析に成功した[3]。

　図3(a)および(b)に，異なったDOOを持つTa-CNOのTa-L_3吸収端の透過法およびTa-LMMのオージェ過程に対応するCEY法を用いたXANESスペクトルを示した。CEY法の測定深さは，28.5 nmと見積もられた[3]。したがって，CEYにより得られる情報は，表面近傍に関する性質である。透過法で観察されるTa-L_3吸収端のXANESスペクトルのピーク位置は，Ta 5dバンドの電子の下端エネルギー準位を反映し，酸化の進行とともに高エネルギー側にシフトする。これは，酸化が進行し酸化物が形成されるとバンドギャップが開き，Ta 5dバンドのエネルギー準位が上昇するためである。それに対して，表面近傍を測定したCEY法で得られたピーク位置は，DOOが0.2までに一気に高エネルギー側にシフトし，それ以降ほぼ一定となった。

　図4(a)および(b)に，透過法とCEY法で得られる，Ta-L_3吸収端のXANESスペクトルのピーク位置および吸収強度のDOO依存性を示した。透過法で観測されるピークはまさにDOOの増加とともに高エネルギー側にシフトしており，酸化の進行を反映していることがわかる。DOOも粒子全体の情報を反映しているので，当然の結果である。一方，CEY法で得られたピーク位置は，E_{ORR}が飛躍的に上昇するDOOが0.2までにシフトしており，E_{ORR}のDOO依存性と一致する結果となった。DOOが0.3以上でピーク位置が変化しないことは，CEY法では，表面の酸化物相を選択的に観測していることを間接的に示している。

　一方，吸収強度に関しては，透過法の場合には，予想されるとおり，DOOの増加とともに吸収強度も線形に増加した。それに対して，CEY法で測定した表面近傍の吸収強度は，DOOが0.4以上では驚くべきことに減少した。吸収強度の減少は，Ta 5dバンドへ遷移する電子が減少するこ

第 5 章　電池における触媒開発

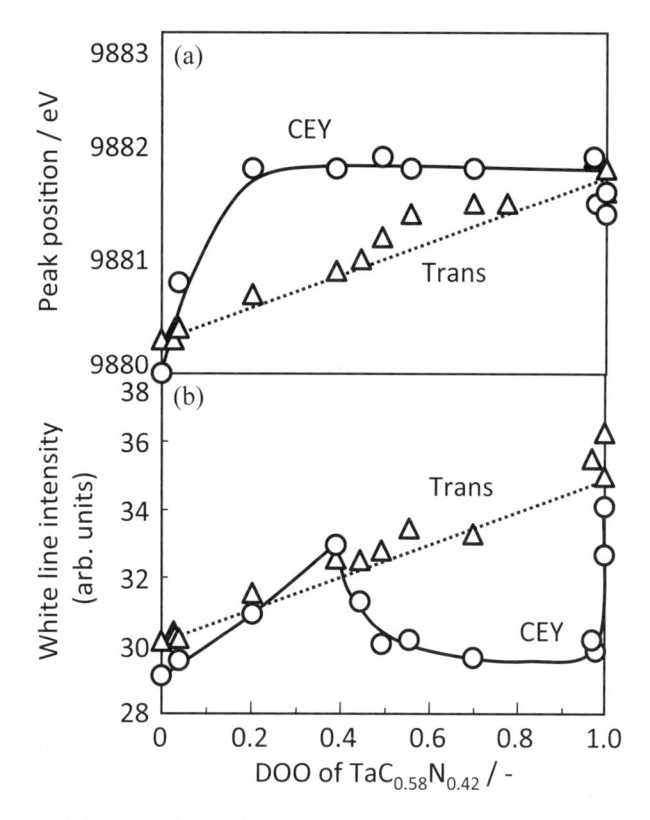

図 4　Ta-L_3吸収端の透過法およびTa-LMMのオージェ過程に対応するCEY法を用いた XANESスペクトルのピーク位置(a)および吸収強度(b)のDOO依存性

とを意味するので，Ta 5dバンドの一部が電子で占有されていることを示唆する．つまり，DOOが0.4以上での吸収強度の減少は，全体としての酸化は進行しているにもかかわらず，表面近傍ではTa 5dバンドの電子の下端エネルギー準位近傍に局在準位が生成していることを意味している．この局在準位の原因を突き止めるために，同じCEY法を用いたTa-L_3吸収端のEXAFSスペクトルから動径分布関数を求めた．

図 5 に，DOOが0.97でほぼ完全に酸化されているがORR活性を示すTa-CNOと，完全酸化物で活性を示さないTa_2O_5の動径分布関数を示した．0.16 nm付近のピークは，Ta-Oの第一近接に対応する．図 5 に見られるように，Ta-CNOの0.16 nm付近のピークは，Ta_2O_5のピークよりも，動径分布関数の振幅が減少している．このことは，第一近接のTa-Oの配位数が減少していることを意味する．すなわち，酸素空孔の存在を示しており，シミュレーションによると4.7％程度酸素が抜けていると解釈された．EXAFSは局所構造を反映するが，長距離秩序構造を反映するXRDにおいても，放射光を用いた高分解XRDにおいて，Ta_2O_5の1 1 1 0面および0 0 1面に対応するピークが，低角度側へシフトすることが観察され，酸素空孔の存在が支持された．これらのことから，XANESスペクトルの吸収強度の減少は，Ta 5dバンドの電子の下端エネルギー準位近傍に，

酸素空孔による局在準位が生成したためと考えられる。ORR活性との相関を考慮すると，まず表面酸化物層の形成とともにE_{ORR}が上昇する。そして，少し酸化が進行した状態（DOO≧0.4）からXANESの吸収強度が減少するとともに，$|i_{ORR}@0.6V|$が増加する。XANESの吸収強度の減少は酸素空孔の生成によると推定される。これらのことから，この酸素空孔がORRの活性点となっていると結論付けた[3]。

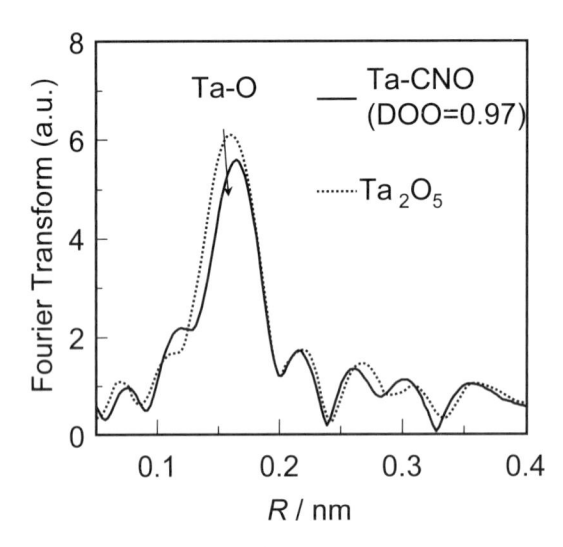

図5　Ta-LMMのオージェ過程に対応するCEY法を用いたEXAFSスペクトルから求めた動径分布関数

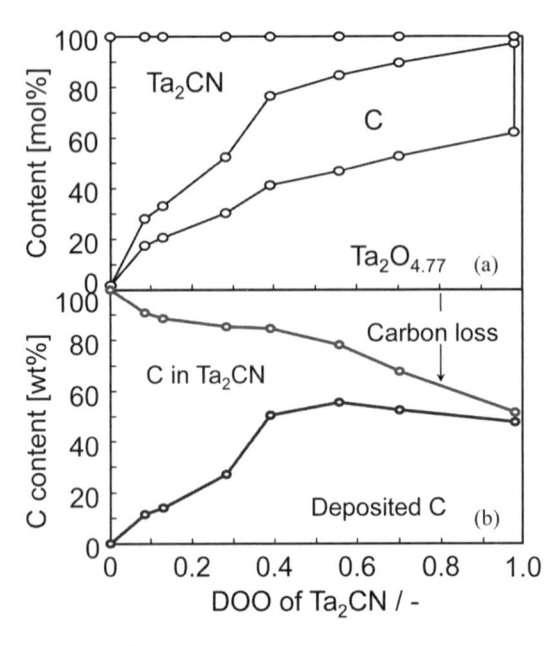

図6　Ta-CNOの構成化合物(a)および含有炭素の状態変化(b)のDOO依存性

第5章　電池における触媒開発

　次に明らかとすべきは，なぜDOO≧0.4から酸素空孔が生成するのかという点である。それを解明することにより，活性点密度を高くして，より大きなORR電流を得る設計を行うことができる。そこで，触媒の元素分析を行うことにより，触媒組成のDOO依存性を検討し，さらにその結果から推定された，Ta-CNOの構成化合物および含有炭素の状態変化のDOO依存性を，それぞれ図6(a)および(b)に示した[4]。炭窒化物の部分酸化と同時に，炭素の析出が観察された。析出炭素は，酸化物表面を薄く被覆し，局所的な電子伝導パスを形成していると推定される。注目すべきは，図6(b)に見られるように，DOO＝0.4付近で，炭素の減少が始まることである。これは析出炭素が雰囲気中の酸素と反応し，燃焼して消失することを意味する。そして，DOO≧0.4から酸素空孔が生成することを考え合わせると，炭素の燃焼により，局所的な還元雰囲気を作り出し，酸化物中に酸素空孔を生成していると推定される。このように，活性点が酸素空孔であることを最先端技術の放射光測定で明らかにし，その結果を元素分析という古典的な分析から得られる情報と組み合わせることによって，酸素空孔生成のメカニズムまで解明することができた。

5.3　おわりに

　PEFC用非白金触媒として機能する，4，5族酸化物をベースとした化合物の酸素還元反応の活性点の解明を試みた。表面敏感なX線吸収分光法を用いて解析した結果，表面近傍の酸素空孔が活性点であることを絞り込んだ。これらの情報に基づき，今後は酸素還元活性を有する酸素空孔を密度高く形成する手法を開発し，白金代替触媒を実現したいと考えている。

謝辞

　タンタル炭窒化物は㈱アライドマテリアルからご提供いただいた。また，放射光測定はSPring-8のビームラインBL16B2およびBL14B2にて，㈶高輝度光科学研究センター（JASRI）の協力のもとに（課題番号：2008B5392, 2009A5391, 2009B5390, 2008A1892, 2008B1850, 2009A1803および2009B1821）実施した。さらに，本研究は㈳新エネルギー・産業技術総合開発機構の援助のもとで行われている。関係各位に謝意を表します。

文　　献

1) K. Ota, A. Ishihara, K. Matsuzawa, S. Mitsushima, *Electrochemistry*, **78**, 970 (2010)
2) A. Ishihara, Y. Ohgi, K. Matsuzawa, S. Mitsushima, K. Ota, *Electrochim. Acta*, **55**, 8005 (2010)
3) H. Imai, M. Matsumoto, T. Miyazaki, S. Fujieda, A. Ishihara, M. Tamura, K. Ota, *Appl. Phys. Lett.*, **96**, 191905 (2010)
4) A. Ishihara, M. Tamura, Y. Ohgi, M. Matsumoto, K. Matsuzawa, S. Mitsushima, H. Imai, K. Ota, *J. Phys. Chem. C*, **117**, 18837 (2013)

6 *in-situ* XAFS測定による固体酸化物形燃料電池の電極反応機構解析

雨澤浩史*

6.1 はじめに

　水素に代表される燃料の持つ化学エネルギーを直接電気エネルギーに変換することのできる燃料電池は，地球温暖化や酸性雨，化石燃料枯渇といった，我々の社会が抱える環境問題，資源問題の解決に資する，次世代の高効率エネルギー変換システムとして注目されている。また，2011年3月に発生した東日本大震災以降，非常時対応の分散型電源，あるいは原子力代替電力源としても，燃料電池に対する期待はより一層高まっている。

　燃料電池は，使用される電解質材料によって，作動温度の異なるいくつかのタイプに分類される。現在，最も広く普及しているのは，Nafion®などのプロトン導電性固体高分子膜を電解質に用いた固体高分子形燃料電池（Polymer Electrolyte Fuel Cell, PEFC）である。PEFCは，80℃近辺で作動することから，起動性，操作性に優れた燃料電池として知られている。一方，安定化ジルコニア（例えば，$(Y_2O_3)_{0.08}(ZrO_2)_{0.92}$，8YSZ）に代表される酸化物イオン伝導性のセラミックス材料を電解質に用いた固体酸化物形燃料電池（Solid Oxide Fuel Cell, SOFC）も，近年研究開発が進められている燃料電池である。SOFCは，PEFCに比べ，かなり高い温度（700～1000℃）で作動する。このような高温作動に由来し，SOFCは，①エネルギー変換効率が燃料電池の中でも高い，②使用可能な燃料が多様である，③高品位の排熱を利用することができる，④白金などの高価な貴金属触媒を必要としない，など，多くの優れた特徴を有している。我が国でも，0.7 kWの小規模分散型SOFCコジェネレーションシステム（新型エネファーム）が2011年10月から市場導入されるなど，本格的普及を目指し，活発な研究開発が行われている。

6.2 SOFC電極反応の*in situ*解析の重要性

　既述の通り，SOFCは既に市販化が開始されている。しかし，今後SOFCを本格的に普及させていくためには，さらなる高性能化，高信頼性化，長寿命化，低コスト化を図る必要がある。これらのニーズを達成するためには，様々な技術的課題を解決しなければならない。なかでも電池特性そのものを左右することの多い電極性能の向上は，大きな課題の一つであるとされている。

　SOFCにおける電極反応は，電極に電子導電性材料あるいは電子―イオン混合導電性材料を用いると，それぞれ，電極（電子）―電解質（イオン）―気相（反応ガス，生成ガス）から成る三相界面あるいは電極（電子，イオン）―気相（反応ガス，生成ガス）から成る二相界面で進行する。電子導電性材料を用いる場合，電子導電性材料とイオン導電性（電解質）材料をコンポジット化させて使用することが多い。すなわち，通常のSOFC多孔質電極における反応サイトは，電子導電性材料あるいは電子―イオン混合導電性材料のいずれを用いた場合も，電極内部で3次元的に広がっていると考えられる。しかし，各反応サイトでの反応量は均一ではない。図1に，電

---

*　Koji Amezawa　東北大学　多元物質科学研究所　教授

第 5 章　電池における触媒開発

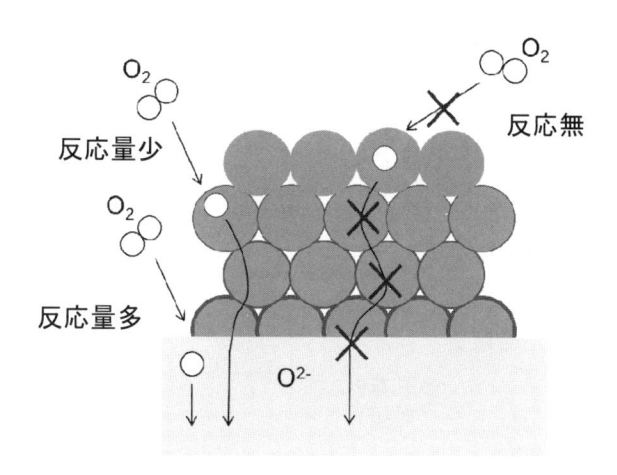

電気化学酸素還元反応：
O_2（気相）＋ $4e^-$（電極）→ $2O^{2-}$（電極 & 電解質）

図 1　電子—イオン混合導電性多孔質 SOFC 空気極における反応の概略図

子—イオン混合導電性多孔質空気極における反応分布の概略図を示す。三相もしくは二相界面での反応抵抗は各反応サイトで基本的には同じと見なせるのに対し，電極内（イオン導電性あるいは電子—イオン混合導電性材料）でのイオン拡散抵抗は電極／電解質界面からの距離に応じて増大する。そのため，図1に示される通り，実際のSOFC多孔質電極では，反応に位置分布が生じており，その分布の様子は界面での反応抵抗とイオン拡散抵抗の比率によって変化する。したがって，SOFC多孔質電極の性能向上を図るには，電極反応の素過程（イオンやガスの拡散，ガスの吸着・解離，電荷移動など）を踏まえた上で，反応の律速過程，反応サイトの分布，各反応サイトにおける反応量（反応分布）を正確に把握し，トータルの電極反応を円滑に進行させ得る電極材料・構造を選択・設計することが重要となる。

このように複雑なSOFCの電極反応を理解する上で，電極や電解質の物理的・化学的状態を知ることは非常に重要である。このためには，高温，制御ガス雰囲気，通電状態というSOFC作動環境下での in situ 分析が有効であることは言うまでもない。しかし，汎用の分析手法にとって，SOFCが作動する，高温，制御ガス雰囲気，通電状態という特殊環境は非常に過酷であり，これまでそれらの in situ 分析への適用は困難であることが多かった。そのため，SOFC電極・電解質の分析は，試験後の解体分析など，実際の作動環境とは大きく異なる ex situ 分析で行われることがほとんどで，作動状態にあるSOFC電極・電解質の in situ 分析の研究例は限られていた。その結果，実際の電池作動時のSOFC材料や反応についての理解は，電気化学測定や ex situ 分析の結果からの類推に留まってきた。一方，近年では，分析ならびにその周辺技術の進歩に伴い，SOFC電極・電解質の状態を実際の電池作動環境，もしくはそれに近い環境下で評価できる in situ 分析も可能になりつつある。例えば，大型放射光施設の共同利用が一般的になり，高輝度X線の利用

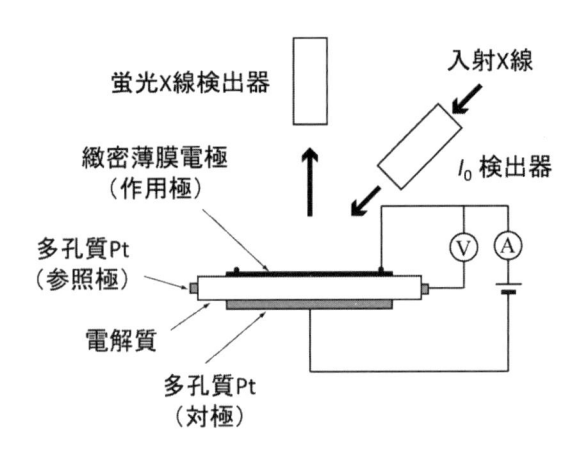

図2　in situ XAFS測定用3電極式電気化学セル

が比較的容易になるにつれて，in situのX線回折やX線吸収計測技術をSOFC材料・反応の研究に応用しようという動きが生まれている。X線，特にエネルギーが比較的高い硬X線を用いた分析は，超高真空や極低温といった特殊環境を必要としないため，SOFC材料のin situ分析には非常に適している。このような実環境分析から得られる結果を，電気化学測定など他の計測法から得られる結果と総合的に解析することにより，SOFC電極反応に関する理解は飛躍的に進み，科学的な知見に基づく高性能電極の設計が可能になると期待される。本稿では，このような放射光X線を利用したSOFC材料・反応のin situ解析のうち，材料の電子状態や構造に関する情報を得ることのできるX線吸収微細構造（XAFS）法を用いた研究例について概説する。

6.3　in situ硬X線XAFS法を用いたSOFC空気極の材料・反応の解析
6.3.1　緻密薄膜モデル電極を用いた反応律速過程の特定

　前節で述べた通り，SOFC電極には多孔質電極が用いられるのが一般的である。しかし，多孔質電極における反応は均一でないため，多孔質電極を用いた電極反応解析は非常に困難になることが多い。一方，電子―イオン混合導電性電極の場合，緻密薄膜電極を用いれば，反応サイトが電極表面において均一に生じる。そのため，電極の構造に起因する解析の困難を回避することができる。本節では，まず，このような緻密薄膜電極を用い，in situ XAFS測定により行われたSOFC空気極の電極反応解析の例を紹介する[1]。

　この実験で用いられた3電極式の電気化学セルを図2に示す。作用極には，優れた電子―イオン混合導電性を示し，SOFC空気極材料としての利用が期待される$La_{0.6}Sr_{0.4}CoO_{3-\delta}$の緻密薄膜（膜厚：400 nm）が用いられた。電解質は酸化物イオン導電体$Ce_{0.9}Gd_{0.1}O_{2-\alpha}$，作用極ならびに参照極は多孔質白金とした。このセルを，酸素分圧が制御された雰囲気下で昇温し，XAFS測定を行った。XAFS測定時は，緻密薄膜電極に45度の方向でX線を入射し，発生した蛍光X線を電極正面で計測することで，X線吸収量を評価した。この測定は，SPring-8のBL01B1において行われた。

第5章　電池における触媒開発

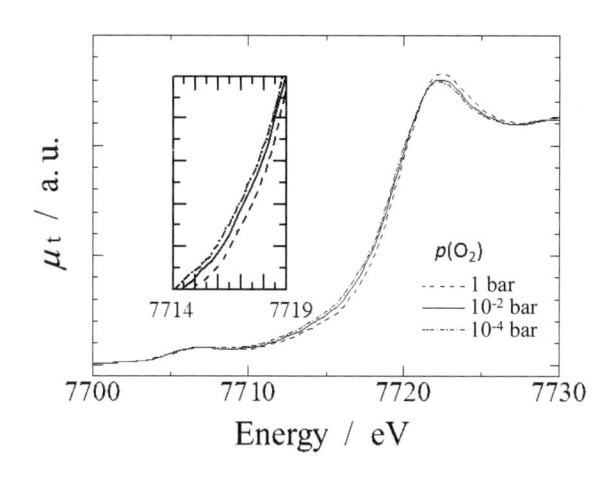

図3　800℃，開回路，種々の酸素分圧下における$La_{0.6}Sr_{0.4}CoO_{3-\delta}$緻密薄膜電極のCo K吸収端XANESスペクトル

　800℃の開回路状態で，雰囲気中の$p(O_2)$を変化させて測定された，$La_{0.6}Sr_{0.4}CoO_{3-\delta}$緻密薄膜電極のCo K吸収端XANESスペクトルを図3に示す。図3に示される通り，Co K吸収端のエネルギー値は，雰囲気中の$p(O_2)$が増加するにつれて，わずかではあるが高エネルギー側にシフトする傾向が観測された。$La_{0.6}Sr_{0.4}CoO_{3-\delta}$は，顕著な酸素不定性を示す（酸素空孔量$\delta$が変化する）材料として知られ，その不定比量（$\delta$）は温度，酸素分圧に応じて変化する。このような酸素不定比量の変化は，Coイオンの価数が比較的変化し易いことに起因する。図3に見られる吸収端エネルギーのシフトは，$p(O_2)$の増加と共に，$La_{0.6}Sr_{0.4}CoO_{3-\delta}$中の酸素不定比量が変化（酸素空孔量$\delta$が減少）し，それに伴ってCoイオンの形式価数が増加したことを反映している。実際，少なくとも$La_{1-x}Sr_xCoO_{3-\delta}$の場合，他の手法（熱天秤など）により得られた酸素不定比量から概算されるCoイオンの形式価数と吸収端エネルギーの値には，線形に近い1対1の関係が見られることが知られている[2]。本実験での$p(O_2)$変化に対し，$La_{0.6}Sr_{0.4}CoO_{3-\delta}$薄膜における酸素不定比量変化は多くても0.07程度，Coイオンの形式価数変化は0.14程度と見積もられる。図3の結果は，この程度の非常に微量な酸素量あるいはカチオン価数の変化であってもXAFS測定による評価が可能であることを表している。

　一方，温度，$p(O_2)$を800℃，10^{-2} barで一定に保ちながら，$La_{0.6}Sr_{0.4}CoO_{3-\delta}$緻密薄膜電極を分極させた際に観測されたCo K吸収端XANESスペクトルを図4に示す。図4より明らかな通り，$La_{0.6}Sr_{0.4}CoO_{3-\delta}$緻密薄膜電極のXANES吸収端スペクトルは，温度，$p(O_2)$が一定であるにも関わらず，カソード分極（酸素ガスが酸化物イオンになる方向に電圧を印可）させた際には低エネルギー側に，アノード分極（酸化物イオンが酸素ガスになる方向に電圧を印可）させた際には高エネルギー側にシフトした。図3の結果を参照すると，図4に示される結果は，電圧の印加に伴い，電極酸化物中の酸素不定比量，Coの形式価数が変化していることを表している。言い換

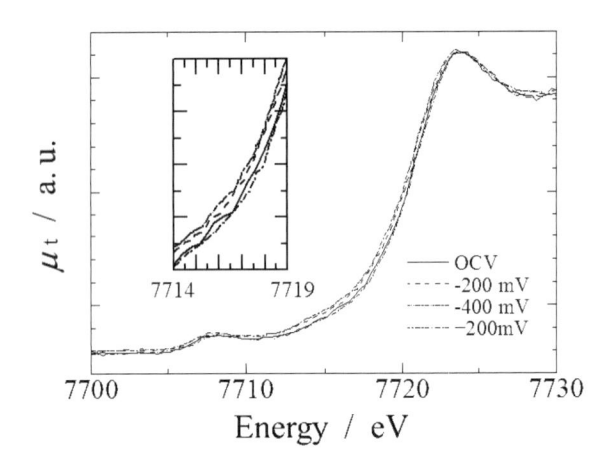

図4 800℃, 酸素分圧10^{-2}bar, 種々の直流分極下における$La_{0.6}Sr_{0.4}CoO_{3-\delta}$緻密薄膜電極のCo K吸収端XANESスペクトル

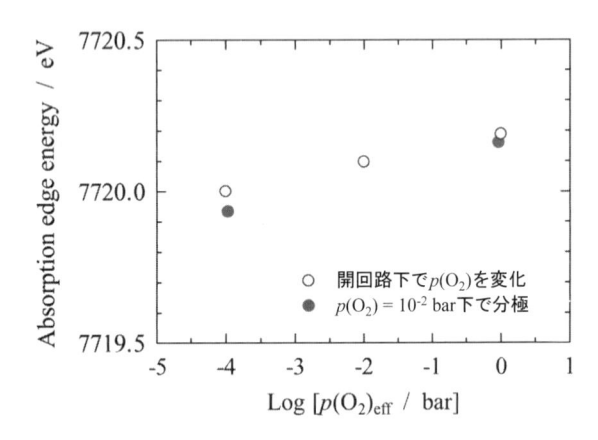

図5 $La_{0.6}Sr_{0.4}CoO_{3-\delta}$緻密薄膜電極の吸収端エネルギーと実効酸素分圧の関係

えると，電圧の印加に伴い，電極が感じる酸素ポテンシャルが変化していることを表している。

分極による$La_{0.6}Sr_{0.4}CoO_{3-\delta}$緻密薄膜電極における酸素ポテンシャル変化を定量的に議論するために，次式で与えられる実効酸素分圧$p(O_2)_{eff}$に対して吸収端エネルギー値をプロットした。

$$p(O_2)_{eff} = exp\left(\frac{2\mu_{O,eff}}{RT}\right) = p(O_2) exp\left(\frac{4F\Delta\eta}{RT}\right) \quad (1)$$

ここで，Rは気体定数，Fはファラデー定数，Tは温度，$\mu_{O,eff}$は$p(O_2)_{eff}$に対応する実効酸素ポテンシャル，$\Delta\eta$は電極過電圧（印可電圧からオーム損による電圧損失分を差し引いた量）を表す。結果を図5に示す。この結果より，$La_{0.6}Sr_{0.4}CoO_{3-\delta}$緻密薄膜電極を分極させた際の吸収端エネルギーのシフト量は，開回路状態で電極過電圧に相当する酸素ポテンシャル（分圧）を変化させた

第 5 章　電池における触媒開発

際のそれとよく一致することが分かる．一般的に，酸化物イオン導電体上にある電極における電極過電圧は，次式で示されるように，試料がもともと平衡している酸素ポテンシャル$\mu_{O,gas}$と，電極／電解質界面における酸素ポテンシャル$\mu_{O,int}$のズレとして解釈される．

$$2F\Delta\eta = \mu_{O,int} - \mu_{O,gas} \tag{2}$$

図 5 に示された結果は，分極時の電極が曝されている実効酸素ポテンシャル$\mu_{O,eff}$が，電極／電解質界面における酸素ポテンシャル$\mu_{O,int}$と等しいことを示している．比較的エネルギーの高い，すなわち比較的透過力の強い硬 X 線（>4000 eV）を使用した XAFS 測定では，数 100 nm 程度の緻密薄膜電極であれば，膜厚方向に平均化した電極状態を観測していることになる．しかし，$\mu_{O,eff}$と$\mu_{O,int}$が等しいという結果は，今回用いた$La_{0.6}Sr_{0.4}CoO_{3-\delta}$緻密薄膜電極の場合，分極に伴う酸素ポテンシャルの変化が電極の表面で生じており，電極の内部では酸素ポテンシャルはほぼ一定と見なせることを表している．

SOFC カソードにおける酸素の電気化学還元反応は，酸素ガスの拡散，酸素ガスの電極表面への吸着・解離（表面反応），電極内部あるいは表面での酸化物イオンの拡散，電極／電解質界面での電荷移動など，いくつかの素過程からなると考えられる．一方，$La_{0.6}Sr_{0.4}CoO_{3-\delta}$緻密薄膜電極では，上述の通り，分極時の酸素ポテンシャル変化は電極表面においてのみ生じていると考えられる．この結果は，$La_{0.6}Sr_{0.4}CoO_{3-\delta}$緻密薄膜電極では，他の反応素過程に比べ，電極表面における反応に大きな駆動力を要する，すなわち表面反応律速であることを表している．このように，*in situ* XAFS 法を用いることにより，従来の手法では評価が困難であった電池作動時の SOFC 材料の化学状態を直接明らかにすることができ，これにより電極反応メカニズムに関する情報を得られることが分かる．

6.3.2　多孔質電極における電気化学反応サイトの評価

前節では，高温，制御雰囲気，通電下における *in situ* XAFS 測定の例を示した．この手法は，作動下にある SOFC 材料の状態を直接評価することを可能とし，特に前節で紹介したような緻密薄膜のようなモデル電極を用いた電極反応解析には非常に有効である．しかし，この手法を用いて得られる情報は，あくまでも電極全体の平均的な情報に過ぎない．実際の SOFC では，通常，多孔質電極が用いられており，既に 7.2 で述べた通り，反応サイトならびに各サイトにおける反応量の分布は電極内で均一ではない．反応量の分布は，使用する電極の材料物性（表面反応係数，酸化物イオンの拡散係数など）や電極構造（多孔度，電極材料粒径，屈曲度など）に依存すると考えられている．しかし，これを具体的に評価することのできる実験手法はこれまでになく，上述の各要素がどのように反応量分布の形成に影響を及ぼしているかについては十分に理解されていない．$La_{0.6}Sr_{0.4}CoO_{3-\delta}$のような電子―イオン混合導電性 SOFC 電極の場合，実際に反応が生じている部位（反応サイト）では，7.3.1 で述べた通り，表面反応に駆動力を要するため，その反応量に応じた酸素ポテンシャルの変化が観測される．そのため，電極内部の酸素ポテンシャルの分布が評価できれば，反応サイトの分布を評価することが可能となる．このような測定を行うた

めには，電極／電解質界面近傍の状態を高い位置分解能で評価することのできる in situ 測定手法が必要となる。本節では，このような手法として，微小部位（サブμmオーダー）の評価を可能とする高温電気化学 in situ マイクロXAFS法について紹介する[3〜5]。

微小領域におけるXAFS測定を行うには，局所集光された高輝度X線を用いることが有効である。このようなX線は，大型放射光施設において使用可能である。例えば，SPring-8のBL37XUでは，ビームサイズ1μm以下に局所集光されたX線を得ることができる。

多孔質$La_{0.6}Sr_{0.4}CoO_{3-\delta}$をモデルSOFC空気極として，Co K 吸収端の in situ マイクロXAFS測定により，多孔質電極内部の酸素ポテンシャル分布の直接評価を試みた結果を以下に示す。用いた電気化学セルの構造は，作用極が多孔質であること以外は，図1に示したものと基本的には同じである。この測定では，K-B（Kirkpatrick-Baez）集光系によって0.5×0.8μmのサイズに集光された硬X線ビームを，セルの断面方向から入射し，試料からの蛍光X線を計測することにより，各測定部位におけるX線吸収量を評価した。測定は，温度600℃，酸素分圧$p(O_2)=10^{-4}$〜1 bar，印加電圧−0.7V（電極過電圧で−0.12V）の条件下で行った。この測定は，SPring-8のBL37XUにおいて行われた。

$La_{0.6}Sr_{0.4}CoO_{3-\delta}$多孔質電極に一定の直流電圧を印可して分極させ，その際のCo K 吸収端のXANESスペクトルを測定した。測定は，電流が定常状態に達したのを確認した後，電極／電解質界面間から距離を変化させた部位数ヵ所において行われた。その結果，電極／電解質界面に近い部位では，吸収端エネルギーが低エネルギー側にシフトする傾向が観測された。一方，電極／電解質界面から十分に離れた部位では，吸収端エネルギー位置は開回路状態で観測されたそれとほぼ一致した。以上の結果は，多孔質電極内部において，酸素ポテンシャルは一様に変化しておらず，酸素ポテンシャルの低下は電極／電解質界面近傍においてのみ観測されたことを示している。

観測されたXANESスペクトルの吸収端エネルギー値から，それぞれの部位における実効酸素分圧を求め，電極／電解質界面からの距離に対してプロットしたものを図6に示す。これより，界面から約2〜4μm以内の領域では，開回路時に比べ，電極が還元状態にあることが分かる。また，XAFS測定から求められた電極／電解質界面における実効酸素分圧は，印可した電極過電圧値と(1)式から算出される値とほぼ一致した。以上の結果は，今回用いた実験条件下での$La_{0.6}Sr_{0.4}CoO_{3-\delta}$多孔質電極における電気化学反応サイトは電極／電解質界面から約2〜4μm以内の領域に分布しており，反応量は界面に近いほど多くなることを示している。一方，電極／電解質界面から4μmを超える部位では，電極反応はほとんど起こっておらず，電極のこの部位は集電体としてのみ機能していることが分かる。このように，高温電気化学 in situ マイクロXAFS法を用いることにより，SOFC多孔質電極における酸素ポテンシャル分布ならびに反応サイトの分布を実験的に評価することが初めて可能となった。

6.4 まとめ

固体酸化物形燃料電池（SOFC）の高性能化，高信頼性化，長寿命化，低コスト化を達成する

第 5 章　電池における触媒開発

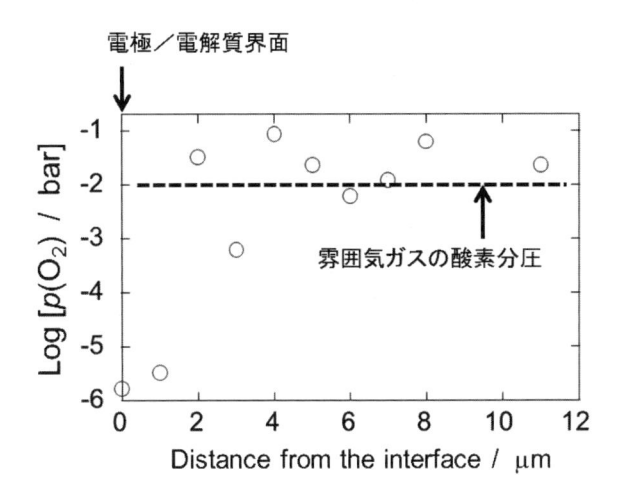

図6　600℃，酸素分圧10^{-2}bar，直流分極下の$La_{0.6}Sr_{0.4}CoO_{3-\delta}$多孔質電極における実効酸素分圧の分布

には，SOFC作動下において各構成材料が曝される環境を知り，かつ，その環境下における材料の物理的・化学的状態を把握することが重要である。SOFC材料・反応を in situ 解析することのできる各種XAFS法は，これらを可能とする数少ない手法の一つであり，本稿でもその数例を紹介した。このような in situ の分光学的測定を導入することにより，従来の電気化学測定や各種 ex situ 測定では得ることができなかった知見を得ることが可能となり，SOFC材料・反応に関する理解は飛躍的に進むと期待される。

文　　献

1) 内本喜晴，雨澤浩史，酒井夏子，「ナノイオニクス　―最新技術とその展望―」，第15章，山口周監修，シーエムシー出版（2008）
2) Y. Orikasa, T. Ina, T. Nakao, A. Mineshige, K. Amezawa, M. Oishi, H. Arai, Z. Ogumi, Y. Uchimoto, *J. Phys. Chem. C*, **115**, 16433 (2011)
3) K. Amezawa, Y. Orikasa, T. Ina, A. Unemoto, M. Sase, H. Watanabe, T. Fukutsuka, T. Kawada, Y. Terada, Y. Uchimoto, *Electrochem. Soc. Trans.*, **13**(26), 161 (2008)
4) K. Amezawa, T. Ina, Y. Orikasa, A. Unemoto, H. Watanabe, F. Iguchi, Y. Terada, T. Fukutsuka, T. Kawada, H. Yugami, Y. Uchimoto, *Electrochem. Soc. Trans.*, **25**(2), 345 (2009)
5) Y. Fujimaki, H. Watanabe, Y. Terada, T. Nakamura, K. Yashiro, S. Hashimoto, T. Kawada, K. Amezawa, *Electrochem. Soc. Trans.*, **57**(1), 1925 (2013)

SPring-8の高輝度放射光を利用した
グリーンエネルギー分野における電池材料開発

2014年2月28日　第1刷発行

編　　集	SPring-8グリーンエネルギー研究会　　（B1110）
監　　修	安保正一，杉浦正洽，山川　晃
発行者	辻　賢司
発行所	株式会社シーエムシー出版
	東京都千代田区内神田1-13-1
	電話 03（3293）2061
	大阪市中央区内平野町1-3-12
	電話 06（4794）8234
	http://www.cmcbooks.co.jp/
編集担当	門脇孝子／為田直子

Ⓒ M. Anpo, M. Sugiura, A. Yamakawa, 2014

〔印刷　株式会社遊文舎〕

落丁・乱丁本はお取替えいたします。

本書の内容の一部あるいは全部を無断で複写（コピー）することは，法律で認められた場合を除き，著作者および出版社の権利の侵害になります。

ISBN978-4-7813-0928-6　C3054　¥8000E